新时代·新文科×新工科·数字经济高质量人才培养系列（数字产业化）

大学计算机

（第4版）

◆ 曹慧英　邓江洲　主　编
◆ 周玉敏　龙　伟　谢　青　杜茂康　副主编

电子工业出版社
Publishing House of Electronics Industry
北京·BEIJING

内 容 简 介

本书根据教育部高等学校大学计算机课程教学指导委员会最新制定的白皮书和课程指南编写，主要内容侧重于计算思维能力，计算机应用能力和大数据基本能力的培养，包括：计算机与计算思维基础，计算机数字化基础，计算机硬件基础，计算机软件基础，操作系统基础，计算机网络基础，算法思维基础，云计算和大数据基础，信息安全基础。

本书注重知识与技术的先进性和实用性，重视理论概念与操作应用的结合。全书结构清晰，内容详实，通俗易懂，可作为高等院校计算机基础相关课程的教材，也可作为计算机初学者的入门书籍或计算机应用方面的培训教程。

图书在版编目（CIP）数据

大学计算机 / 曹慧英，邓江洲主编. —4 版. —北京：电子工业出版社，2023.9
ISBN 978-7-121-46134-7

Ⅰ. ① 大… Ⅱ. ① 曹… ② 邓… Ⅲ. ① 电子计算机－高等学校－教材 Ⅳ. ① TP3

中国国家版本馆 CIP 数据核字（2023）第 152762 号

责任编辑：章海涛　　　　　　特约编辑：李松明
印　　刷：涿州市般润文化传播有限公司
装　　订：涿州市般润文化传播有限公司
出版发行：电子工业出版社
　　　　　北京市海淀区万寿路 173 信箱　　邮编：100036
开　　本：787×1092　1/16　　印张：22.25　　字数：566 千字
版　　次：2009 年 9 月第 1 版
　　　　　2023 年 9 月第 4 版
印　　次：2024 年 7 月第 2 次印刷
定　　价：59.00 元

前　言

近年来，国家持续推行了以信息技术引领技术与产业发展的系列措施，包括"'互联网+'行动计划"《促进大数据发展行动纲要》和《新一代人工智能发展规划》等。《"十四五"国家信息化规划》中进一步确定了全民数字素养与技能提升、企业数字能力提升、前沿数字技术突破、基层智慧治理能力提升、数字乡村发展等10项优先发展规划，这些行动计划和发展规划的关键和基础是培养大量具有"互联网+"思维、大数据思维、人工智能思维的人才，而这些思维在本质上都是一种计算思维。

计算思维并非只是计算机专业才应该学习的"操作应用各种计算机硬件和软件"或者"用计算机程序语言训练编写程序"的方法和思想，而是人类解决社会和自然问题的一种思维方式，在本质上是与逻辑思维、实证思维并列的人类认识世界和改造世界的三大思维，是数字经济时代人才应该具备的基本素养。

为契合国家发展战略和人才需求，教育部提出并持续推行了以计算思维为切入点的大学计算机课程教学改革措施，目的是让大学生提升信息素养，掌握一定的计算机基础知识、技术和方法，具备运用计算机解决专业领域问题的思维能力，该能力的培养是大学计算机教学的核心任务之一。"大学计算机"正好是培养大学生计算思维能力的入门级课程，意义重大。

本书以计算思维和大数据基本能力培养为指引，注重学生信息素养的培育，系统而通俗地讲解计算机科学和应用方面的基础性和共性问题。本次修订根据教育部最新版的《大学计算机教学基本要求》，适应国家"十四五"规划对数字经济、大数据、人工智能的最新要求，以及数字经济社会对人才的知识能力要求，去旧纳新，删除了第3版的陈旧内容，增加了计算思维、云计算及大数据相关的基础内容，并运用"知识+应用能力训练"相结合的方式完成了大部分章节的修订和重新编写。全书由简到繁，深入浅出，从0/1开关到机器指令编码，从指令系统到计算机软件、硬件及网络的组成和工作原理，从程序语言的基本要素到 Python 语言的程序实现，从操作系统的功能结构到 Windows 和 Linux 系统的操作应用，从计算思维的基本算法到 Raptor 的程序实现，从云计算和大数据的基本概念到 VirtualBox 虚拟化和 Hadoop 的分布式实现与操作实践。本书共9章。

第1章　计算机与计算思维基础。介绍计算机及计算模式的发展过程、主要特征和发展趋势，信息技术、信息产业、云计算、物联网的基本概念，以及计算思维的基本概念和特征。

第2章　计算机数字化基础。介绍最基本的"0/1"计算思维，计算机通过语义符号化，将世间万物抽象化为由0和1组合成的二进制编码，构造出数制系统，进而实现数制系统之间的数据转换，以及数字、文字、符号、汉字、音频、图像和视频等信息在计算机中的编码、存储及转换方法。

第3章　计算机硬件基础。介绍运算器、控制器、存储器、输入设备、输出设备五大部件的功能、主要技术指标和工作原理。本章以电子线路和电平状态的变化阐述二进制编码原理，以指令的加载、运算过程阐述外存、内存、CPU 之间的分工合作，共同完成计算任务的原理和过程。

第 4 章　计算机软件基础。介绍软件基础知识，如常用软件、操作系统、语言处理程序、多媒体技术等，以及程序语言学习的全局思维和 Python 编程基础。

第 5 章　操作系统基础。介绍操作系统的基本概念、主要功能、基本应用，包括程序管理、文件管理、磁盘管理、设备管理等内容，以及在 DOS 和 Windows 系统中进行计算机操作和文件管理的应用实践。

第 6 章　计算机网络基础。介绍计算机网络的基本理论，基本概念，网络拓扑结构，网络类型，网络协议，网络设备和网络传输介质，常见的网络组建模式，互联网的基础知识及基本概念，TCP/IP，Internet 的接入方式，Windows 系统中 TCP/IP 配置的方法，以及 Internet 中的资料查询与下载等内容。

第 7 章　算法思维基础。结合计算思维的主要内容和形成过程，介绍穷举法、递推法、迭代法等计算机常用的基本算法，及其在 Raptor 中的编程实现过程。

第 8 章　云计算和大数据基础。介绍云计算和大数据的基础知识，包括云计算与大数据的基本概念、技术框架，虚拟化技术和分布式系统基础，以及创建 VirtualBox 虚拟机并在其中安装 Linux 和 Hadoop，进行分布式计算的实验过程。

第 9 章　信息安全基础。介绍计算机病毒、网络安全和信息安全的基本概念、技术、基本原理及防范措施，如木马防范、加密技术、数字认证、安全协议等。

本书由曹慧英、邓江洲、周玉敏、龙伟、谢青、杜茂康编写。曹慧英编写了第 1、2、3、4 章，周玉敏编写了第 5 章，龙伟编写了第 6 章，谢青编写了第 7 章，邓江洲编写了第 8 章，杜茂康编写了第 9 章。全书由杜茂康统稿和审校。

本书的编写得益于多年教学经验的积累，在整体思想、内容编排、案例选择、习题设计等方面做了精心安排，将低年级本科生教学要求的思想性、通俗性、基础性、实践性融为一体。全书注重图文并茂，利用图注解释一些基本原理、操作过程和基本概念，使之生动形象，深入浅出。

本书题材广泛，知识点多，但可聚焦为计算机理论基础、云计算和大数据基础、计算思维基础三个知识体系，各知识体系具有一定的独立性。若学时有限，可在计算机理论基础上再选取某知识体系作为教学内容。本书在内容编排方面也充分考虑了教与学的关系。第 1~4、6、9 章属于计算机基础理论的范畴，是课堂教学的重点，应注重这些章节中的基本概念、名词术语及基本原理的讲解。第 5、7、8 章的内容具有很强的可操作性，属于基本技能培养的内容，也是大学生必须掌握的计算机应用技术，宜采用示范式和实验式教学方式，以案例示范和学生上机实践为主。

本书尽可能结合了当前计算机的最新技术和发展趋势，参考了国内外许多与此相关的教材，论文，网络资源特别是维基百科、互动百科、百度百科等网站中的资料，以求教材知识的先进性和全面性。在此，特向这些资源的原创者表示崇高的敬意和至诚的感谢！由于作者水平有限，书中缺点和不足在所难免，敬请专家、同行和广大读者批评指正。联系方式：cqyddk@163.com。

作　者

目　录

第1章
计算机与计算思维基础

COMPUTER

本章主要介绍计算机的发展过程、主要特征和发展趋势，信息技术、信息产业、云计算、物联网的基本概念，以及计算思维的基本概念和特征。

1.1 计算机概述

1.1.1 早期的计算机

1. 算盘、计算尺、PascaLine 和织布机

计算机最初主要用于数值计算，是计算工具长久演化的结果。在公元前 3 万年左右的旧石器时代，欧洲中部的人类就在兽类的骨头、牙齿和石头上刻符号来记录数字；2000 多年前，中国人发明了算盘，称得上世界上第一种手动式计算器。

1622 年，英国数学家威廉·奥特雷德（William Oughtred）发明了对数计算尺，能够进行加法、减法、乘法、除法、乘方、开方、指数、三角函数和对数函数等运算，一直用到了 20 世纪 60 年代，才被袖珍电子计算器所取代。

1642 年，法国数学家布莱斯·帕斯卡（Blaise Pascal）发明了一种使用时钟齿轮和杠杆驱动的机械式计算器——PascaLine，能够进行加法和减法运算。帕斯卡是计算领域的先驱者，

程序设计语言 Pascal 就是以他的名字命名的，以示纪念。

1673 年，德国数学家莱布尼兹（Gottfried Wilhelm Leibniz）在帕斯卡加法器的基础上制造了一种能进行加法、减法、乘法、除法及开方运算的计算器，使计算工具又向前迈了一步。

1804 年，法国丝织工匠雅卡尔（Joseph Marie Jacquard）发明了雅卡尔织布机（Loom），能在打有小孔的纸卡片的控制下自动工作，纺织出花纹纤细精美的布料。这一发明曾一度造成纺织工人的惊慌，害怕因机器的自动化而失业，一名叫勒德的纺织工人在 1811 年带领他的同事对机器进行打砸。今天，人们仍用"勒德分子"来指代那些抵制技术进步的人。

雅卡尔织布机上的穿孔卡片被后人改进后成为计算机输入的最初形式，直到 20 世纪 80 年代，穿孔卡片仍被用来输入计算机的数据和程序。

2. 差分机和分析机

19 世纪初期，英格兰的巴贝奇（Charles Babbage）完成了世界上第一台现代计算机的设计。巴贝奇在攻读博士学位期间需要求解大量的复杂公式，他无法在合理的时间内手工解决这些问题，因此于 1822 年研制了一种用蒸汽驱动的机器——差分机；1834 年左右，巴贝奇又设计了一种与差分机不同的新机器——分析机，如图 1-1 所示。

(a) 差分机　　　　　　　　　　　　　　　(b) 分析机

图 1-1　巴贝奇设计的差分机和分析机

分析机由三部分组成：第一部分是由许多轮子组成的能够保存数据的"存储库"；第二部分是能够从存储库中取出数据进行各种基本运算的运算装置，运算是通过各种齿轮之间的咬合、旋转和平移等来实现的；第三部分是一个能够控制顺序、选择所需处理的数据和输出结果的装置。

巴贝奇在分析机中引入了"程序控制"的思想，根据存储在穿孔卡片上的指令来确定应该执行的操作，并自动运算。分析机比差分机精度更高，计算速度更快，而且具有通用性，可以进行数字或逻辑运算。分析机的设计与计算机的最终实现已经十分接近，所以巴贝奇被尊称为"计算机之父"。

诗人拜伦的女儿阿达·拜伦（Ada Augusta Byron）与巴贝奇一起进行了多年的设计工作。阿达是一位出色的数学家，为巴贝奇的设计工作做出了巨大的贡献，为分析机编制了一些计算程序，被公认为世界上第一位程序员。程序设计语言 Ada 就是以她的名字命名的。

3．自动制表机和 IBM 公司

美国每 10 年进行一次人口普查，19 世纪末之前一直都使用手工进行统计。由于统计极费时间，1880 年的人口普查花费了 7 年多的时间才统计出结果。一位当时参与人口普查工作的统计师霍勒里斯（Herman Hollerith）研制出了一种自动制表机。该机器首先将人口普查的数据记录在一种穿孔卡片上，然后读取并处理卡片中记录的数据。借助自动制表机，美国 1890 年的人口普查工作在 2 年半的时间内就完成了。

1896 年，霍勒里斯创立了表格制作机器公司，把他的设备推向市场。1911 年，表格制作机器公司与其他两家公司合并，组建了"计算—制表—记录"公司并取得了极大的成功，于 1924 年更名为国际商业机器公司，即发展至今的美国 IBM 公司。

1.1.2 近代计算机

1．Mark 计算机

巴贝奇对其分析机的设计论文在 100 年后被哈佛大学的霍华德·艾肯（Howard Aiken）教授在图书馆发现了，他在巴贝奇的设计基础上提出了用机电而非纯机械方式制作新的分析机。在 IBM 公司的资助下，艾肯于 1944 年研制出了大型电磁式自动计算机 Mark-Ⅰ，实现了巴贝奇的构想。后来，艾肯主持了 Mark-Ⅱ、Mark-Ⅲ 和 Mark-Ⅳ 等计算机的研制工作，而这些机器已经属于电子计算机的范畴了。

在 Mark 系列计算机的研制过程中，有一位天才女程序员——海军中尉格蕾丝·霍波（Grace Hopper）博士为这些机器编写了软件。1946 年，她在发生故障的 Mark-Ⅱ 计算机的继电器触点中找到了一只飞蛾，这只小虫子"卡"住了机器的运行，霍波因此把程序故障称为"Bug"。Bug 此后演变成计算机行业的专业术语，另一个术语 Debug 也由此而来，意为排除程序故障。霍波在 1959 年发明了商用语言 COBOL，开创了程序语言的编译时代，因此被称为"计算机语言之母"。

2．图灵机和图灵测试

阿兰·图灵（Alan Turing）是英国的一名数学家，在第二次世界大战期间，曾帮助军方破译德国用 Emigma 机器编码的德军密码。20 世纪 30 年代，他在论文《论可计算数及其在判定问题中的应用》中描述了一种理想的通用计算机器：该机器使用一条无限长度的纸带，纸带被划分成许多方格，有的方格被画上斜线，代表"1"，有的方格没有画任何线条，代表"0"；有一个读写头部件，可以从纸带上读出信息，也可以向空的方格中写下信息，如图 1-2 所示。该机器仅有的功能是：把纸带向右移动一格，然后把"1"变成"0"，或者相反，把"0"变成"1"。后人称之为"图灵机"。图灵机实际上是一种不考虑硬件状态的计算机逻辑结构。这篇论文奠定了现代计算机的理论基础，指出了计算机的发展方向。

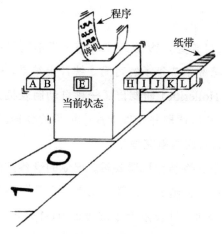

图1-2 图灵机模型

1950年，图灵发表了题为《计算机与智能》的论文，奠定了人工智能的理论基础。图灵从中提出了一种假想：一个人在不接触对方的情况下，通过一种特殊的方式与对方进行一系列的问答，如果在相当长时间内，无法根据这些问题判断对方是人还是计算机，就可以认为这台计算机具有同人相当的智力，即这台计算机是能思维的。这就是著名的"图灵测试"（Turing Testing）。

图灵对计算机的贡献极大，被称为"计算机之父"和"人工智能之父"。为了表示对他的纪念，美国计算机协会（Association Computer Machinery，ACM）于1966年设立了图灵奖，奖励那些对计算机事业做出重要贡献的个人。图灵奖是计算机界的最高奖项，要求极高，评奖程序极严，被认为是计算机界的诺贝尔奖。

1.1.3 现代计算机

1．第一台电子数字计算机

1946年2月，美国宾夕法尼亚大学的约翰·莫奇莱教授与研究生埃克特研制出了被世界公认的第一台电子计算机，名为ENIAC（Electronic Numerical Integrator and Calculator，电子数字积分计算机）。ENIAC使用了18000多个电子管、70000个电阻、10000个电容，重30多吨，占地170多平方米，耗电150千瓦，每秒能做5000次加、减运算，但价格非常昂贵。

ENIAC只表明人类创造了计算机，对后来的计算机研究没有多大的影响。因为它不具备现代计算机"存储程序"的主要特点，难以使用，每次解决新问题时，工作人员必须重新接线才能输入新的指令。

1947年，莫奇莱和埃克特创建了一个计算机公司，生产商用计算机，第一种作为商品售出的是他们1951年生产出的UNIVAC计算机，开启了计算机工业的新时代。

2．冯·诺依曼计算机

世界上的第二台电子计算机是美籍匈牙利科学家冯·诺依曼（John Von Neumann）教授

设计并参与研制的 EDVAC 计算机，是第一台"存储程序式"计算机。与 ENIAC 相比，EDVAC 有了重大改进，具有以下特点：① 采用二进制数 0、1 直接模拟开关电路的通、断两种状态，用于表示计算机内的数据或计算机指令；② 把机器指令存储在计算机内部，计算机能依次执行指令；③ 硬件由运算器、控制器、存储器、输入设备和输出设备五大部件组成。

1946 年 6 月，冯·诺依曼发表了论文《电子计算机装置逻辑结构初探》。这篇论文具有划时代的意义，标志着计算机时代的到来。文中广泛而具体地介绍了电子计算机的制造和程序设计的新思想，明确规定了计算机由运算器、控制器、存储器、输入设备和输出设备五大部件组成，并阐述了这五部分的职能和相互关系。凡是以此概念构造的各类计算机都被称为"冯·诺依曼计算机"。

时至今日，虽然计算机系统在运算速度、工作方式、应用领域和性能指标等方面都与当时的计算机有了较大区别，但其基本结构仍然属于冯·诺依曼计算机。冯·诺依曼也因此被称为"现代计算机之父"。

1.1.4　计算机的发展

构成计算机的物理元器件在不断地更新换代，人们据此将计算机的发展分为 4 个阶段。

1．电子管时代（1946—1957 年）

1904 年，英国物理学家弗莱明（Fleming）发明了二极管（真空管），标志着世界从此进入了电子时代。1906 年，被称为"电子管之父"的美国发明家李·德弗雷斯特（Lee De Forest）在二极管的基础上发明了三极管，使电子管成为了广泛应用的电子器件。

第一代计算机采用电子管作为基本元器件，用汞延迟线作为内存储器，用磁鼓和磁芯作为外存储器。由于电子管本身的特征和缺陷（体积大、功耗大和易发热等），致使第一代计算机造价高、存储容量小（内存只有几 KB）、体积庞大、耗电多、运算速度慢，每秒仅能做几千次到几万次的运算；而且，性能不稳定，经常出现故障，可靠性极低，大部分时间处于停机状态。

计算机程序只能用由 0 和 1 组成的机器语言编写，所有数据和指令都用穿孔卡片输入。机器语言难学难用，当时只有少数专家懂得如何用机器语言编写程序，且编写程序费时费力。因此，当时的计算机的应用范围较窄，主要用于军事领域和科学计算。

2．晶体管时代（1958—1964 年）

1947 年，美国的威廉·肖克利（William Shockley）、约翰·巴丁（John Bardeen）和沃尔特·布拉顿（Walter H.Brattain）发明了晶体管。晶体管具有体积小、重量轻、寿命长、效率高、发热少、功耗低等优点，容易实现电子管的功能。作为元器件，晶体管更容易制造出高速运算的电子计算机，而且成本更低。

1954 年，美国贝尔实验室制造了一台用了 800 多个晶体管的计算机 TRADIC，因此也有人认为第二代计算机应该从 1954 年开始。但第一台全部使用晶体管制成的计算机是 1958 年美国 IBM 公司制造的 RCA501 型计算机。此外，晶体管计算机的商业生产也始于 1958 年。因此，将第二代计算机的起点定为 1958 年似乎更加合理。

第二代计算机采用晶体管作为基本元件，磁芯作为内存储器，磁盘、磁带作为外存储器，运算速度为每秒几十万次到几百万次，比第一代计算机体积小、速度快、成本低、功能强、可靠性高。

除了汇编语言，程序设计语言出现了高级语言。1957 年，IBM 公司设计出了 FORTRAN 语言；1959 年，格蕾丝·霍波开发出了商用语言 COBOL，并由美国数据系统语言委员会对外发布；1960 年，美国计算机学会和德国应用数据协会共同研制出了算法语言 ALGOL 60。这些语言以英语为基础，接近人们的思维习惯，易学易用。

随着高级语言的推广，计算机的应用范围不断扩大，从政府和大学扩展到了工业、交通、医疗和商业等领域，除了用于科学计算，计算机还广泛用于商业数据处理和工业控制。

3．小规模集成电路时代（1965—1970 年）

1958 年，美国物理学家杰克·基尔比（Jack Killby）和罗伯特·诺伊斯（Robert N.Noyce）分别发明了集成电路。集成电路（Integrated Circuit，IC）是一种微型电子器件，把实现某逻辑功能的电路中所需的晶体管、二极管、电阻、电容和电感等元器件及布线连接起来，制作在一小块半导体晶片或介质基片上，然后封装在一个管壳内，成为具有所需电路功能的微型结构。

集成电路具有体积小、重量轻、引出线少、焊接点少、寿命长、可靠性高、性能好等优点，且可大规模生产、成本低。集成电路将人类引入了飞速发展的电子时代，美国 Intel（英特尔）公司的创始人之一戈登·摩尔（Gordon Moore）在 1965 年预言，"集成电路上能被集成的晶体管数目将会以每 18 个月翻一番的速度稳定增长，并在今后数十年内保持这种势头"。这就是著名的"摩尔定律"，被后来集成电路的发展所证明，指引着电子产品的发展方向。

1964 年，IBM 公司制成了 IBM360 系列的混合固体逻辑集成电路计算机，标志着计算机进入了第三代。第三代计算机采用集成电路代替晶体管，用半导体存储器代替磁芯存储器，不仅使计算机的体积大大减小，内存容量和计算速度也有了大幅提高，运算速度可达每秒几百万次至几千万次。

在软件方面，出现了操作系统、编译系统和应用程序。除了晶体管时代的高级语言，达特茅斯（Dartmouth）大学的约翰·凯梅尼（John Kemeny）和托马斯·克兹（Thomas Kurtz）在 1964 年设计了会话式的程序设计语言 BASIC。

4．大规模集成电路和超大规模集成电路时代（1971 年至今）

1971 年，Intel 公司的特德·霍夫（Ted Hoff）发明了第一代微处理器芯片 Intel 4004。该芯片集成了 2250 个晶体管（之间的距离是 10 nm 以下），主频 108 kHz，字长 4 位，每秒运算 6 万次，标志着大规模集成电路时代的到来。

大规模集成电路和超大规模集成电路使计算机的体积更小、性能更高、成本更低，为计算机的普及和微型化奠定了基础。20 世纪 70 年代末，史蒂夫·乔布斯（Steve Jobs）和史蒂夫·沃兹尼亚克（Stephen Wozniak）创建了苹果计算机公司，成为微机市场的主导力量之一。

1980 年，IBM 公司生产了其个人计算机即 IBM-PC，并与 Microsoft（微软）公司合作研发了微机操作系统 DOS（Disk Operating System）。由于 Microsoft 公司和 Intel 公司是协议的独立方，它们可以自由地向外开放的市场投放自己的产品，因此许多公司购买了这两家公司的产品并生产自己的微机，这就是所谓的"IBM 兼容机"。

Intel 公司不断致力于微处理器芯片的研究工作，1985 年后，相继推出了 Intel 80386、Intel 80486；1993 年后，推出了 Pentium 系列产品（Pentium 处理器在一块小小的集成硅片上集成了 310～910 万个晶体管）；2006 年后，推出了 Intel Core（酷睿）系列微处理器（酷睿系列微处理器是将两个或更多的 CPU 集成在一块芯片上构成的双核或多核处理器）。2022 年，酷睿系列处理器已经发展到了第 13 代，支持 24 核心 32 线程，集成度更高，运算速度更快。

1.1.5　计算机的特点

与传统的计算工具相比，计算机的特点如下。

1．运算速度快

大型机、巨型机从 20 世纪 50 年代的每秒几万次的运算速度发展到 1976 年的每秒 1 亿次运算，20 世纪 90 年代初已达到每秒 1 万亿次运算；2023 年 5 月，世界上运算速度最快的计算机排名中，排名首位的是美国的 Frontier（前沿）超级计算机，每秒能够完成 119.4 亿亿次浮点数运算，我国的"神威·太湖之光"每秒可完成 9.3 亿亿次双精度浮点运算。

2．运算精确度高

计算机采用二进制数进行计算，其计算精度随着设备精度的增加而提高，加上先进的算法，可以达到很高的精度。如圆周率 π 的计算，在计算机出现以前，科学家们通过人工计算，其精度只达到小数点后的几百位。英国有位数学家用了 15 年时间算到了第 707 位，但从第 528 位起就有错误了；当第一台计算机出现后，其精度达到了小数点后的 2000 多位。现在一台普通的计算机几小时就可以算到几十万位。2021 年，瑞士格劳宾登应用科学大学宣称他们用了 108 天，将 π 计算到了小数点后 62.8 万亿位数。

3．存储容量大

计算机不仅能够进行各种计算，还能够通过它的存储器把原始数据、中间结果、计算指令等信息存储起来，以备后用。当前一台普通微机的内存可达到几 GB，能够完成相当复杂的程序和数据的存储与处理。此外，计算机能够将各种数据或程序保存在磁盘、磁带、U 盘或光盘等存储介质上，不仅存储容量大，还可以长期保存。现在，用几张 DVD 光盘就能够保存一个大型图书馆中全部图书的内容。

4．逻辑判断能力强

计算机除了进行一般的数学计算，还能进行逻辑判断，实现推理和证明，并根据判断自动决定以后要执行的命令。计算机的存储功能、运算功能与逻辑判断功能相结合，可模仿人类的某些智能活动，故有人把计算机称为智能机。

5．操作自动化

人们可以事先把需要计算机处理的问题编制成程序，并存放在计算机的存储器中，然后向计算机发出执行命令，计算机就会在程序的控制下自动完成指定的工作，这种工作方式又被称为程序控制。当然，必要时，人们也可以对计算机的工作进行干预，计算机能及时进行响应，实现与人的交互。

此外，计算机具有通用性强的特点，能够广泛地应用于社会生活的各领域，只要将需解决问题的程序设计出来，提交给计算机，它就能够执行该程序，进行求解。

1.1.6　计算机的分类

当前，计算机已经被用到了社会生活的各领域，种类繁多，用途不一，具有诸多不同的分类方法。比如，按用途，计算机可分为通用计算机和专用计算机；按信息处理技术，可分为模拟计算机、数字计算机和数模混合计算机；等等。通常情况下，根据计算机的功能、体积、价格、性能及其采用的技术等综合因素，人们一般将计算机分为以下 6 类。

1．超级计算机（巨型机）

世界上第一台超级计算机 CDC6600 由"超级计算机之父"西蒙·克雷（Seymour Cray）建成于 20 世纪 60 年代，是当时运算速度最快的计算机。当前的超级计算机通常由数万、数百万甚至更多个可以并行工作的处理器构成，我国的"神威·太湖之光"有 4 万多个处理器核心，日本的"富岳"有 760 多万个处理器核心，能够把复杂的工作细分为可以同时处理的工作并分配给不同的处理器，解决普通计算机不能完成的大型复杂课题的计算问题。

超级计算机的主要特点是：体积最大，速度最快，功能最强，价格最贵。超级计算机的运算速度用纳秒和千兆次浮点运算来衡量。1 纳秒是 1 秒的 10 亿分之一，1 千兆次浮点运算是指每秒进行 10 亿次浮点运算，目前的超级计算机可达每秒几十亿亿次浮点运算。

超级计算机多用于国家高科技领域和尖端技术研究，是一个国家科研实力的体现，主要用于包含大量数学运算的科学计算，如核爆炸模拟、国家安全、空间技术、天气预报、地震分析、医疗卫生等领域，对国家安全、经济和社会发展具有举足轻重的意义，是国家科技发展水平和综合国力的重要标志。美国、欧洲和日本的超级计算机水平一直处于世界领先水平。

中国在超级计算机方面的发展很快，已跨入世界先进行列。

2．大型机

第一台大型机是 1951 年问世的 UNIVAC I 。从此,大型机就一直是计算机界的基石,IBM公司一直统领这块阵地，占据着大部分市场。

大型机采用多处理器结构，体积庞大，价格高，速度快，每秒至少可以完成几十至几百万亿次浮点运算，具有高可靠性、高可用性、高服务性和强大的输入、输出处理能力，常作为大型的商业服务器，为大企业、政府、银行的大量数据提供集中存储、处理和管理，也常用于科研机构。

3．小型计算机

1968 年，DEC（数字设备）公司推出了第一台小型计算机 DEC PDP-8。与大型机相比，小型机规模小，结构相对简单，设计周期短，更新快。小型机常作为多用户系统，一般可允许 200 个左右用户同时工作在不同的终端上，每个用户使用键盘、鼠标、显示器等终端设备来输入请求信息，计算机获取各用户请求后进行处理，并把处理结果分别返回给各终端用户。

小型机应用范围广泛，如工业控制、医疗数据采集、中小型企业数据管理等。

4．服务器

20 世纪 80 年代，随着网络和数据库技术的兴起，信息技术由最初的分散式管理向集中式管理发展。因为在网络环境中，如果信息分散在不同的计算机中，难以保证信息的一致性。最初的服务器就是解决这一问题的高性能计算机，它在网络中具有特殊的地位，负责管理网络中的其他计算机，并存放大量的数据。其他计算机可以访问这些数据，也可以将数据存放在服务器中。

随着网络的普及，服务器在性能方面与普通计算机之间的界限越来越模糊，在一些小型网络中，一台普通的微型计算机也可以充当服务器的角色。

5．工作站

工作站是性能和价格介于小型计算机和微机之间的一种计算机，其芯片多采用 RISC（ Reduced Instruction Set Computing，精简指令集计算模式）微处理器，运算速度比微机快。最初的工作站用来满足工程师、建筑师及其他对图形显示要求较高的专业人员的计算需求，具有高性能图像和数据处理能力、强大的网络功能和良好人机交互作用。随着技术和需求的发展，工作站已向多媒体方向发展，可以综合处理文字、数据、音频、图形和图像，常用于需要有良好图形显示性能的商业和办公室自动化等领域。目前生产工作站的主要公司有DEC、HP（惠普）、SUN（美国太阳公司）和 SGI（美国硅图）等。

6．微型计算机

1971 年，Intel 公司在一块小小的硅芯片上集成了中央处理器的功能部件，研制出了微处理器（Micro Processing Unit，MPU）芯片 4004，并用它组装成了第一台微型计算机（micro-computer，简称为"微机"）MCS-4。用微处理器作为中央处理器构造出的计算机就被称为微机，也称为个人计算机（Personal Computer，PC）。

根据机器字长的变化，微机的发展可以分为五代：第一代是字长为 4 位的微机，1971—1973 年；第二代是 8 位微机，1974—1977 年；第三代是 16 位微机，1978—1980 年；第四代是 32 位微机，1981—1992 年；第五代是 64 位微机，1993 年至今。

微机功能简单、体积小、重量轻、价格便宜、操作方便，每秒可以执行几亿次操作，是个人、家庭、一般办公室和小型企业中最常见的计算机，包括台式微机、笔记本电脑、个人数字助理、嵌入式微机等类型。

笔记本电脑小巧轻便，甚至可以放进公文包，可以随身携带，联网、传输数据、编写程序等随时可用。

个人数字助理（Personal Digital Assistant，PDA）是一种手持式计算机，通常不配备键盘，而是采用手写或语音方式输入数据，常用来管理个人信息（如通讯录、计划等）、联网、收发电子邮件和传真。许多 PDA 能与台式计算机相连接，作为信息系统的业务数据采集工具。

当前，更微型化的一个发展趋势是"穿戴式智能设备"。它是应用穿戴式技术对日常穿戴物件进行智能化设计而开发出的可以穿戴的设备的总称，如智能眼镜、智能手表、智能服饰及智能鞋等。

1.1.7 计算机的发展趋势

计算机的发展趋势可以概括为四化：巨型化、微型化、网络化和智能化。

① 巨型化：指处理器速度快、存储容量巨大、每秒可达上万亿次的运算速度、外设完备的计算机系统，主要用于国防、军事、大型商业机构和尖端科技的研究。

② 微型化：随着半导体技术的发展，超大规模集成电路微处理器芯片的连续更新换代，微机操作简单、价格低廉、使用方便，能够普及到千家万户。

③ 网络化：指利用通信技术和计算机技术，把分散在不同地点的计算机相互连接起来，按照网络协议相互通信，以达到所有用户均可以共享软件、硬件和数据资源的目的。当今世界最大的网络就是 Internet（因特网，也称为互联网），它让世界成了"地球村"，不同国家的人们可以通过网络沟通。

④ 智能化：计算机能够模拟人的思维和感官，具有识别声音、图像的能力，以及推理、联想和学习的功能。其中具有代表性的是专家系统和智能机器人。

1.1.8 下一代计算机的发展方向

迄今为止，计算机都是按冯·诺依曼体系结构进行设计的，但这种结构未必是计算机的最后归属。未来的计算机可能将计算机、网络和通信技术三者的功能集成一体，专家们设想它可能按以下方向发展。

1．神经网络计算机

神经网络计算机是一种巨型信息系统，用简单的数据处理单元来模拟人脑的神经元，并以此来模拟人脑的活动，具有智能性，能模拟人的逻辑思维、记忆、推理、设计、分析和决策等智能活动，并且能与人进行自然交流。近年来，日本、美国和西欧等地的国家加大了对人工神经网络研究的力度，并且取得了较大的进展。

2．生物计算机

生物计算机使用生物芯片作为元器件，生物芯片是用由生物工程技术产生的蛋白质分子为主要原材料制造的芯片。生物芯片不仅有巨大的存储能力，还能以波的形式传输信息。数据处理的速度比当今最快的巨型机的速度还要快百万倍以上，而能量的消耗更低。由于蛋白质分子具有自我组合的能力，从而使生物计算机具有自我调节、自我修复和再生的能力，更易于模拟人类大脑的功能。

3．光子计算机

光子计算机是指利用光子代替半导体芯片中的电子进行数据存储、传递和运算的数字计算机。由于光子不带电荷，不受电磁场干扰，速度也比电子快，因此用光通信设备代替电子元器件，用光运算代替电运算而设计的计算机，运算速度比现代计算机要快 1000 倍以上，具有较强的抗干扰能力、超大容量的信息存储能力。

4．量子计算机

量子计算机以处于量子状态的原子制作中央处理器和内存，利用原子的量子特性进行信息处理。由于原子具有在同一时间处于两个不同位置的奇妙特性，即处于量子位的原子既可以代表 0 或 1，也能够代表 0 和 1 之间的中间值，故无论从数据存储还是信息处理的角度，量子计算机都具有比当前的计算机速度快、信息存储量大、安全性高等特点。

此外，未来的计算机可能是高速超导计算机、分子计算机或 DNA 计算机等。

1.2　信息社会和计算思维

纵观人类历史，无论是农业社会还是工业社会，每个时代都具有不同的生产工具和思维方式，著名计算机科学家迪科斯彻（Edsger Dijkstra）也曾说过，"我们所使用的工具影响着我们的思维方式和思维习惯,从而也将深刻地影响我们的思维能力"。如今我们置身信息社会、数字经济时代，计算机是这个时代的主要工具，计算思维无疑是这个时代人人都应当具备的思维方式。

1.2.1 信息社会和数字经济

1．信息技术与信息产业

信息是指与客观事物相联系、反映客观事物的运动状态，通过一定的物质载体（如文字、声音、图像等）来表示，能够被发射、传递和接收的符号或消息。本质上，信息是事物自身显示其存在方式和运动状态的属性，是客观存在的事物现象。人类对世界的认识和改造过程就是获取、加工和传输信息的过程。

信息技术（Information Technology，IT）是用于管理和处理信息所采用的各种技术的总称，主要是应用计算机科学和通信技术来设计、开发、安装和实施的信息系统及应用软件，包括对信息的收集、识别、提取、变换、存储、传输、处理、检索、检测、分析和利用等方面的技术。目前，信息技术与通信技术不可分割，它们融合成了一个新的技术领域，即信息通信技术（Information and Communications Technology，ICT）。

具体而言，信息技术主要包括以下几方面。

① 信息获取技术。信息获取是应用信息的第一个环节，如信息识别、信息提取、信息检测等，信息获取技术包括传感技术以及由传感技术、测量技术与通信技术相结合而产生的遥感技术。

② 信息处理技术，包括对信息的识别、转换、编码、压缩、加密、存储等方面的技术，在对信息进行处理的基础上，还可形成一些新的更深层次的决策信息，即再生信息。信息的处理与再生离不开计算机。

③ 信息传递技术，包括各种通信技术，如光纤通信、卫星通信等，广播技术也属于这个范畴。其主要功能是实现信息在异地间的快速传输，以便为更多的用户所应用。

④ 信息施用技术，包括信息控制技术和信息显示技术等，是通过信息传递和信息反馈来对目标系统进行控制的技术。

⑤ 信息存储技术。以前纸张是主要的信息存储介质，现代信息则主要存储在光盘、磁盘、磁带等介质上，不但存储容量大，而且便于传播、检索、修改。与此相关的技术则构成了信息存储技术。

除了上述技术，信息技术得以迅猛发展离不开所依赖的微电子和光电子技术，也离不开新材料、新能源、新器件的开发和制造工艺的技术革新。

信息产业是指从事信息技术设备制造，信息产品的开发生产和应用，以及对信息进行收集、生产、处理、传递、存储和经营活动的行业。随着信息技术的发展，信息产业对国民经济的影响越来越大，成为支柱产业。

信息产业主要包含4部分：① 信息设备制造业，包括计算机及外部设备、集成电路、通信广播和办公自动化设备等；② 信息传播报道业，包括新闻、广播、出版、印刷、声像、数据库等；③ 信息技术服务业，包括计算机信息处理、信息提供、信息技术的研究开发和软件系统等；④ 信息流通服务业，包括图书馆、情报服务机构、教育、邮政、电信、网络通信等。

2．信息社会

在社会不同阶段，社会的主体劳动者、合作关系和生产工具有所不同，如表1-1所示。

表1-1　人类社会的变迁

	农业社会	工业社会	信息社会
大致时间	19世纪以前	19世纪到20世纪中期	20世纪中期至今
主体劳动者	农民	工厂工人	知识工人
合作关系	人与田	人与机器	人与人
主要工具	手工工具	机器	信息技术

在农业社会，人们以种田为生，绝大多数人都是农民；在工业社会，人与机器建立了合作关系，机器成了大多数工人的生产工具，机械化和自动化简化了许多工作流程，人们在机器的帮助下，大幅提高了生产力。

1957年，美国的白领工人数量首次超过了蓝领工人，他们主要从事信息的创建、传递和应用，被称为知识工人，标志着人类进入了信息社会。信息社会是以信息技术为基础，以信息产业为支柱，以信息价值的生产为中心，以信息产品为标志的社会。

在农业社会和工业社会中，人们从事的是大规模的物质生产，物质和能源是社会发展的主要资源。而在信息社会，信息成为比物质和能源更重要的资源，以开发和利用信息资源为目的的信息经济活动迅速扩大，逐渐取代了工业生产活动，成为国民经济活动的主要内容。信息经济在国民经济中占据主导地位，并构成社会信息化的物质基础。信息技术在生产、科研教育、医疗保健、企业和政府管理以及家庭的广泛应用对经济和社会发展产生了巨大而深刻的影响，从根本上改变了人们的生活方式、行为方式和价值观念。

在信息社会，虽然农业和工业仍然重要，但信息产业上升为国家的支柱产业，发挥主导作用。各种生产设备将被信息技术所改造，成为智能化的设备，农业和工业生产将建立在基于信息技术的智能化设备的基础之上。同样，社会服务会不同程度地建立在智能设备之上，电信、银行、物流、电视、医疗、商业、保险等服务业将更加依赖于信息设备。社会的产业结构、就业结构发生变化，社会的主体劳动者是从事信息工作的知识工人。掌握信息技术，具备利用信息技术获取、应用信息的能力，已成为信息社会对人才素质的最基本需求。

3．数字经济时代

人类社会进入信息社会后，随着技术的不断发展，物联网、云计算、大数据、人工智能等新一代信息技术对经济和社会发展的影响越来越大，数字技术的广泛应用衍生出了数字经济，并引起了社会产业结构的调整和转换，使商业交易方式、政府管理模式、社会管理结构发生了巨大变化。1995年，经济学家唐·泰普斯科特（Don Tapscott）在《数字经济》著作中正式提出了"数字经济"的概念。

在2016年9月举行的二十国集团（G20）杭州峰会上，各国共同签署和发布了《二十国集团数字经济发展与合作倡议》，将数字经济定义为"以使用数字化的知识和信息作为关键生产要素、以现代信息网络作为重要载体、以信息通信技术的有效使用作为效率提升和经济结构优化的重要推动力的一系列经济活动"。

当前,数字经济已经成为一种与工业经济、农业经济并列的经济社会形态,并逐渐在整个经济发展中发挥引领和主导作用。从构成上,数字经济包括数字产业化和产业数字化两部分。数字产业化是数字经济的基础部分,是围绕数据收集、传输、存储、处理、应用等全流程形成的有关硬件、软件、终端、内容和服务的产业,涉及电子信息制造业、软件和信息服务业以及大数据、云计算、人工智能等新一代信息技术产业。产业数字化是数字经济的融合部分,是将新一代信息技术与传统产业渗透融合,促进产出增加和效率提升,催生新产业新业态新模式,如以智能制造、智能网联汽车为代表的制造业融合新业态,以移动支付、电子商务、共享经济、平台经济为代表的服务业融合新业态等。

数字经济通过不断升级的网络基础设施与智能机等信息工具,以及互联网、云计算、区块链和物联网等信息技术,使人们处理大数据的能力不断增强,推动着经济形态由工业经济向知识经济和智慧经济形态转化,降低了社会交易成本,优化了资源配置,提高了产业附加值,推动着社会生产力的快速发展。

我国近年来大力推进 5G 网络、数据中心、工业互联网等新型基础设施建设,实际上就是建设数字经济基础设施。当前,我国通过信息技术构建的智能化综合网络已经遍布社会各领域,数字化的生产工具和消费终端随处可见,人们生活在一个被各种信息终端包围的社会,学习方式、工作方式和娱乐方式都在被数字技术深深影响。

1.2.2　计算思维概述

工具影响思维方式和思维习惯,在数字经济时代,各种信息化的工具、网络环境、数字工作平台、智能机设备……遍布世界各地,深刻影响着人们的生活、工作、学习和娱乐方式。而支撑和推动这一切得以顺利进行和不断发展的核心工具是计算机,理解和用好计算机是当代人适应数字经济时代的基本技能,不识字者是文盲,不能操作以计算机为核心的各种智能机则可能成为数字经济时代的"文盲",在数字经济社会"寸步难行"。培养计算思维,使之成为如同渴了就会想到喝水一样,遇见各种数字环境中的问题自然会用计算思维进行求解的思维方式,是数字经济时代人们必须具备的思维能力。

1 . 计算思维的概念

思维是人类具有的高级认识活动,最初是指人脑借助语言对事物的概括和间接的反应过程。按照信息论的观点,思维是对新输入信息与脑内存储知识经验进行一系列复杂的心智操作过程。通俗地讲,思维涉及所有的认知或智力活动,是指通过其他媒介作用认识客观事物,借助已有的知识和经验,利用已知的条件推测未知的事物,借以探索、发现事物的内部本质联系和规律性,是认识过程的高级阶段。

当今时代,人们认识自然和社会,探索其本质和发展,进行科学研究的基本方法有三种:

理论方法、实验方法和计算方法，与之相应的思维方法则是理论思维、实验思维和计算思维。

理论思维以数学学科为基础，通过推理和演绎的方法，定义研究对象，用公理和定律表达研究对象相关的性质和规律，并证明其正确性。实验思维是指以物理等学科为基础，通过观察事物的特征，用实验的方法再现社会或自然的规律，发现其发展规律。理论方法和实验方法是长久以来人类认识与探索社会和自然的重要方法。

然而，在当今数字经济时代，信息技术高度发展，云计算、物联网、大数据平台和各种智能终端设备借助互联网能够快速产生大规模的数据，一切事物都是可感知、可度量、可计算的，用人工方法难以观察、分析和实验这些数据，传统的理论方法和实验方法面对当前的"大数据"时遇到了困难，必须用计算机才能够计算和分析这样规模巨大的数据，发现其中的规律，这就需要形成计算思维。

2006 年 3 月，美国卡内基梅隆大学（CMU）的周以真教授在 *Communications of the ACM* 杂志上首次提出了"计算思维"并将其定义为：计算思维是运用计算机科学的基础概念进行问题求解、系统设计以及人类行为理解等涵盖计算机科学之广度的一系列思维活动。

另一种与此近似的定义则是：计算思维是一种能够把问题及其解决方案表述为可以有效地进行信息处理的形式之思维过程。

在数字经济时代，计算思维如同"读、写、算"一样重要，是人人必须具备的思维能力。需要注意的是，计算思维是思想，可以与人们的逻辑思维互补和融合，并不是要求人类像机器一样"机械式"地思考问题，而是运用计算机科学中的基本概念、处理问题的技术方法和科学原理去分析问题，其本质是人类求解问题的一种思维方法，是人们分析解决问题的技能，而不是呆板的"机械式"技能。

2. 计算思维的基本方法

周以真教授为了让人们更易于理解，将计算思维进一步概括为以下 7 方面。

① 计算思维是通过约简、嵌入、转化和仿真等方法，把一个看起来困难的问题重新阐释成一个我们知道问题如何解决的方法。

② 计算思维是一种递归思维，是一种并行处理，是一种把代码译成数据又能把数据译成代码的方法，是一种多维分析推广的类型检查方法。

③ 计算思维是一种采用抽象和分解来控制庞杂的任务或进行巨大复杂系统设计的方法，是基于关注分离的方法（SoC 方法）。

④ 计算思维是一种选择合适的方式去陈述一个问题，或对一个问题的相关方面建模，使其易于处理的思维方法。

⑤ 计算思维是按照预防、保护及通过冗余、容错、纠错的方式，并从最坏情况进行系统恢复的一种思维方法。

⑥ 计算思维是利用启发式推理寻求解答，即在不确定情况下的规划、学习和调度的思维方法。

⑦ 计算思维是利用海量数据来加快计算，在时间和空间之间、处理能力和存储容量之间进行折中的思维方法。

这7方面的概括涵盖了计算机科学认识世界与解决问题的各方面，非常全面和准确，并且具有指导性和实施性。国内还有许多关于计算思维的其他观点，在此不再介绍。

3．计算思维的本质及与计算机的关系

计算思维的本质是抽象和自动化。计算学科的抽象远比数理学科的抽象更为丰富和复杂，虽然同样需要在物理世界的限制下工作，但计算思维并不一定会像数理学科的抽象结果表现为完美的数学模型或物理公式，可能表现为队列、对象、信息系统，甚至是二进制信息编码或各种数据结构。

自动化则需要计算机在无人工干预的情况下自动进行计算。具体做法是事先制定一套符号和规则，用它们将抽象出的物理系统进行表示，然后以程序的方式将运算的过程存储在计算机中，最后让计算机按制定的规则自动执行程序。

4．计算思维的框架和求解问题的基本步骤

前面曾经提到，人类的思维是借助已有的知识和经验，利用已知的条件来推测未知的事物的智力活动过程。那么，怎样才能形成计算思维呢？试想数学思维能力的形成过程，首先必须认识各种数字和数学符号，继而进行大量的数学运算和解题练习，掌握数学理论的各种概念、运算规则和不同类型的解题方法，然后能够运用已有的数学知识和经验方法解决其他问题，形成数学思维。计算思维的培养过程也是如此，必须先了解计算机科学领域的常用术语、基本概念、基本原理和技术方法，进行必要的计算机问题求解过程的思维训练，抽象、设计出可让计算机求解问题的方案，编写解题程序，反复验证和评估设计方案的正确性，形成对各类问题计算求解的思维定式，逐步培养形成计算思维。

上面对计算思维形成过程的描述也称为计算思维框架，学者们提出了不同的框架结构和内容，其中认同度和影响较大的是美国麻省理工学院的博南（Karen Brennan）和雷斯尼克（Mitchel Resnick）提出的计算思维三维框架——计算思维概念、计算思维实践和计算思维观念。计算思维概念的内容包括顺序、循环、并行、事件、条件、运算符和数据，计算思维实践包括递归和迭代、测试和调试、再利用和再创作、抽象和模块化四个信息处理能力，计算思维观念通过表达、联系和质疑得以体现。此框架涵盖了计算思维涉及的所有能力，目前被广泛用于指导不同课程的计算思维培养实践。

我国也有众多学者和教育工作者对计算思维进行了深入研究，有学者构造了基于计算概念和计算策略的计算思维二维描述框架，如图1-3所示。"要素"是计算思维需要涉及的计算机科学的基本概念、运行方式和程序方法，通俗易懂地描绘出了计算思维培养需要关注的基本概念、训练内容和解决问题的基本计算策略（实际上是计算机解决不同类型问题的常用编程思想）。

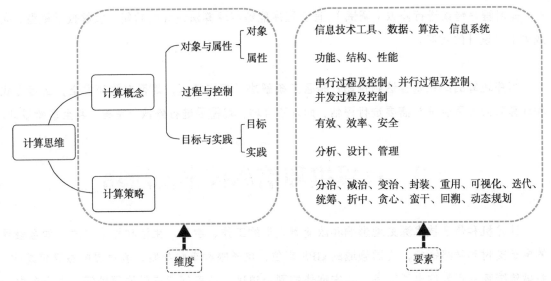

图 1-3　计算思维二维描述框架

在平常解决各类问题的过程中，可以按照图 1-3 指引，通过下列步骤进行计算思维的养成训练。

1）分析和抽象

分析现实问题，对要解决的问题进行界定，哪些功能要计算机解决，哪些功能由人解决，需要输入什么数据，进行什么运算，保存哪些数据，输出什么结果，如此等等。问题界定清楚了，就对问题域中的对象进行抽象，用什么数学模型来描述和解决这个问题？需要构造哪些对象，要建立哪些属性、实现哪些功能？用什么计算策略解决问题，如问题较大时是采用分治法还是贪心法？

概要之，计算思维解决问题的第一步就是定义清楚问题，描述问题域中的各客观事物（对象），找到解决问题的数学模型，确定实现数学模型的程序方法。

2）确定数据结构

计算机系统有一套保存数据并对数据进行运算的技术方法，称为数据结构，包括数组、线性表、树、图等，为了通过程序自动求解第 1 步设计的数学模型，需要确定是用数组、树还是其他结构表达数学模型中的各种数据及其关系，称为数据结构设计。

3）设计算法

确定了求解问题的数据结构后，需要根据问题的规模、类型和运算效率等因素制定计算策略，图 1-3 中的"计算策略"对应的要素实际是计算机解决不同类型问题的技术方法。比如，对于规模较大的问题可以选择分治法，对于运算量较大但对求解结果精度要求不高的问题选用贪心法可以快速求得近似解，对于可用已知项逐步推算出未知项的问题可以选用迭代法或递归法，等等。

4）编程和调试

数据结构和算法设计好后，需要选用某种程序设计语言，编写实现数据结构和算法的程序，并对程序错误进行修改（调试），直至程序能够实现算法设计的功能，求解数学模型，完成第 1 步设计的功能。

5）评估结果

程序运算的结果是否达到预期？是否正确解决了现实问题，是否有效和安全，运行方式和计算时间是否合理？需要进行评估，如果不合理，就需要进行修改、完善，甚至重新设计。

1.3　计算机和信息技术的应用

计算机和信息技术深刻地影响和改变着人们的工作、学习、生活和思维方式，如金融界的电子支付和网络银行，交通领域的 GPS 定位、电子眼和车载导航，教育界的教育信息化，打破传统商业行为的电子商务，公安刑侦的网上追逃，政府部门提供的便民网上办公和电子政务，娱乐界的网络游戏，等等。

事实上，计算机和信息技术已经渗透到了社会、生活的方方面面，各行各业都在应用，要一一介绍非常困难。但对各方面、各领域的应用进行归类概括可以发现，计算机主要应用在以下几方面。

1．科学和工程计算

计算机本是从计算工具发展而来的，科学计算是基础应用。计算机的计算精确度高、速度快，已成为现代科学研究和工程设计中不可缺少的计算工具。

在计算领域，计算机大大提高了计算的效率。例如，40 多年前，人工计算某地 3 小时后的天气变化需要 6 万多人计算（从计算量上分析），现在通过最普通的微机用 10 分钟就可以计算出结果。在科研领域，人们用它进行各种复杂的运算和大批量数据的分析处理，如卫星飞行的路线、天气预报、太空和海洋探索。科学和工程计算的计算机应用产生了计算数学、计算物理、计算天文学、计算生物学等交叉学科。

2．数据处理

数据处理是指对大量的信息进行采集、存储、传输、分析、合并、分类、统计和检索的加工过程。其特点是处理的原始数据量大，计算方法相对简单。

从 20 世纪 60 年代中期开始，计算机在数据处理方面的技术和应用得到了迅猛发展。当前的数据处理技术大量采用了网络传输、云存储、数据库、数据仓库、大数据分析、联机事务处理等技术和方法；数据处理的领域已从办公自动化发展到企业管理、行政管理、生产管理、销售管理、库存管理、物流管理、金融业务管理、信息检索、统计等方向。

现代社会已成为高度信息化的社会，信息资源是经济和社会发展的重要战略资源，信息化是各国经济和科技竞争的制高点，信息化程度是衡量一个国家和地区现代化水平和综合实力的重要标志，而数据处理是信息技术的关键技术。

3．过程控制

过程控制，又称为实时控制，是指用计算机系统及时采集、检测数据，按最佳值立即对被控制的对象进行自动调节或自动控制。例如，在冶炼车间，可以将采集到的炉温、燃料和其他数据传给计算机，由计算机进行计算并控制吹氧或加料等操作，或由计算机控制炼铁或炼钢等过程。在军事上，洲际导弹可在万里之外发射，命中目标的误差在几米以内。现代的宇宙飞船、航天飞机等都是在计算机的控制下完成任务的。

过程控制可以节约原材料，降低能源消耗，保证生产过程稳定，减轻劳动强度，改善工作条件，降低成本，现已被化工、冶金、石油、水利、机械、航天等行业广泛应用。

4．计算机辅助系统

计算机辅助系统主要包括计算机辅助设计、计算机辅助制造、计算机辅助测试、计算机辅助教育等。

1）计算机辅助设计（Computer-Aided Design，CAD）

计算机辅助设计是指用计算机来帮助人们进行工程设计，以提高工作的自动化程度。计算机辅助设计主要利用计算机的快速运算能力，在设计过程中优化产品的设计参数，从而得到多种设计方案；还可以进一步通过工程分析、模拟测试等方法，用计算机仿真来代替制造产品的模型（样品），以降低产品的调试成本，缩短产品的设计、试制周期。

计算机辅助设计广泛用于机械、建筑、服装、航空、化工、汽车、通信工程、集成电路等的设计中。常用的相关软件也很多，如机械行业常用的 Auto CAD、建筑行业常用的 3ds MAX、3ds VIZ 等。

2）计算机辅助制造（Computer-Aided Manufacture，CAM）

计算机辅助制造是指在机械制造业中，利用计算机，通过各种数控机床和设备，自动完成产品的加工、装配、检测和包装等制造过程。计算机辅助制造的精度高，能够保证加工零件的质量，减少废品率，降低成本，缩短生产周期，改善制造人员的工作条件。20 世纪 70 年代的"柔性制造系统"（FMS）将刀具、夹具等资料及控制加工的程序存储在数据库系统中，在加工过程中能够根据加工要求自动更换各种刀具，自动进行车、镗、铣、刨等操作，加工出复杂零部件。20 世纪 80 年代发展起来的计算机集成制造系统（CIMS）是集 CAD、CAM 和事务管理三大功能于一体的自动化生产系统，能够真正实现无人车间和无人工厂。

3）计算机辅助测试（Computer-Aided Testing，CAT）

计算机辅助测试是指用计算机来完成日益复杂的、大规模的、高速度和高精度的测试工作，是随着计算机技术的发展而逐渐兴起的一门新型综合性学科，涉及计算机技术、测试技术、数字信号处理、现代控制理论、软件工程等。

4）计算机辅助教育（Computer-Based Education，CBE）

计算机辅助教育包括计算机管理教学（Computer-Managed Instruction，CMI）和计算机辅助教学（Computer-Aided Instruction，CAI）两部分。

计算机管理教学由教学管理、教学计划编制、课程安排、计算机题库及计算机考评等系统组成。我国于1987年成立了全国计算机辅助教育（CBE）研究会。

计算机辅助教学是指把教学内容、教学方法和学生的学习情况等内容存储在计算机中（实际上就是CAI课件），利用计算机来进行教学，改变了"粉笔加黑板"的传统教学方式。其主要特点是能够进行交互式教学和个别指导，允许学生根据自己的需要，选择不同的教学内容和学习顺序，并通过交互方式进行自主学习，自主测试，自主练习，实现个性化教育。

当前，计算机辅助教学发展迅猛，像在线课堂、网上考试系统、慕课（MOOC）等辅助教学系统已经对传统的课堂教学发起了巨大的冲击，引发了教育界的一场革命。

5．人工智能（Artificial Intelligence，AI）

人工智能是用计算机来模拟人的感应、判断、理解、学习、解决问题等人类的智能活动，是目前计算机应用研究的前沿，涉及机器人、专家系统、模式识别、神经网络、虚拟现实、智能检索和机器自动翻译等方面。

模式识别（Pattern Recognition）是当前人工智能研究和应用较广的方向，主要通过计算机用数学方法来研究模式的自动处理和识别，研究内容包括自然语言的理解与生成、场景分析，以及用计算机来识别文字、图像、音频、视频，包括人的生物特征识别等。

人工智能正在或将以各种方式渗透到人们的社会生活中。美国Google X实验室研发中的全自动驾驶汽车，不需要驾驶者就能启动、行驶和停止，可以自动控制车速、调节汽车内部环境，可以使汽车自我控制并与周围环境进行交互，嵌入汽车内部的微型计算机可以帮助诊断各种问题。2022年8月8日，中国无人驾驶行业商业化发展迎来里程碑事件——百度正式启动全自动无人驾驶出租车（如图1-4所示）的商业化运营，百度可以对外开展全自动无人驾驶出租车（Robotaxi）营运服务活动并收取费用，这是国内首个无人驾驶车辆获得允许可在开放道路开展商业运营的案例。

图1-4　百度无人驾驶出租车

6．多媒体应用

多媒体是多种媒体的结合。一般认为，多媒体是文字、音频、图像和图形、视频等多种媒体的组合。多媒体技术与计算机技术相结合，极大地影响着人们的工作和生活。例如，多媒体出版、多媒体办公、计算机会议系统、多媒体信息咨询系统、交互式电视与视频点播、交互式影院和数字化电影、数字化图书馆、远程学习和远程医疗保健等多媒体应用已为人们带来巨大的帮助。

7．电子商务（Electronic Commerce，EC）

电子商务是指买卖双方通过互联网而不谋面地进行各种商贸活动，实现消费者的网上购物、商户之间的网上交易、在线电子支付等活动。电子商务将传统的商务流程电子化、数字化，以电子流代替实物流，可以大量减少人力、物力，降低成本。同时，电子商务突破了时间和空间的限制，使得交易活动可以在全球范围内的任何时间、任何地点进行，可为企业创造更多的贸易机会，提高效率。此外，顾客可以直接通过商家的网站选购商品，减少了中间环节，使得生产者和消费者的直接交易成为可能，使消费者可以低价购得商品，直接受益。

电子商务因其自身的特点和优势，是当前发展最快的行业之一，主要有以下运作模式。

① B2B（Business to Business），泛指企业对企业的电子商务，即企业与企业之间通过互联网进行产品、服务和信息的交换。例如，阿里巴巴、中国制造网、中国化工网等都是国内 B2B 的典型案例。

② B2C（Business to Customer），是指企业对顾客的电子商务，即企业通过互联网为消费者提供一个新型的购物环境——网上商店，消费者通过互联网进行网上购物、网上支付。京东网、当当网等就是 B2C 网站。

③ C2C（Consumer To Consumer），是顾客对顾客的电子商务，由要销售产品或服务的个人将其产品或服务放在网站上，供其他顾客购买。国内比较典型的 C2C 网站有闲鱼、一拍网、易趣网等。

8．虚拟现实（Virtual Reality，VR）

虚拟现实（又称为"灵境"）是指利用计算机模拟产生一个三维空间的虚拟世界，提供视觉、听觉、触觉等感官的模拟，让用户身临其境，可以没有限制地观察三维空间内的事物。

虚拟现实是一项综合集成技术，包括计算机图形技术、计算机仿真技术、人工智能、传感技术、显示技术、网络并行处理技术等，是一种由计算机技术辅助生成的高技术模拟系统。虚拟现实用计算机生成逼真的三维视觉、听觉、嗅觉等感受，使参与者通过适当装置，自然地对虚拟世界进行体验和交互。用户进行位置移动时，通过即时运算，将精确的三维世界影像传回，以产生临场感。虚拟现实在城市规划、医学、娱乐、艺术、教育、军事、航天、室内设计、房产开发、工业仿真、道路桥梁、地质探测等方面得到了广泛的应用。

习题 1

一、选择题

1. 世界上第一台电子数字计算机 ENIAC 是在美国研制成功的，诞生于＿＿＿＿＿＿。

A. 1943 年　　　　　B. 1946 年　　　　　C. 1949 年　　　　　D. 1950 年

2. 目前制造计算机所使用的电子器件是＿＿＿＿＿＿。

A. 晶体管　　　　　　　　　　　　　　B. 电子管

C. 大规模集成电路　　　　　　　　　　D. 大规模和超大规模集成电路

3. 用来表示计算机辅助教学的英文缩写是＿＿＿＿＿＿。

A. CAD　　　　　　B. CAM　　　　　　C. CAI　　　　　　D. CAT

4. 计算机模拟人脑学习、记忆等是属于＿＿＿＿＿＿方面的应用。

A. 科学计算　　　　B. 数据处理　　　　C. 人工智能　　　　D. 过程控制

5. 世界上首次提出存储程序计算机体系结构的是＿＿＿＿＿＿。

A. 莫奇莱　　　　　B. 艾伦·图灵　　　C. 乔治·布尔　　　D. 冯·诺依曼

6. 世界上第一台电子数字计算机采用的主要逻辑部件是＿＿＿＿＿＿。

A. 电子管　　　　　B. 晶体管　　　　　C. 继电器　　　　　D. 光电管

7. 下列叙述中正确的是＿＿＿＿＿＿。

A. 世界上第一台电子计算机 ENIAC，首次实现了"存储程序"方案

B. 按照计算机的规模，人们把计算机的发展过程分为四个时代

C. 微型计算机最早出现于第三代计算机中

D. 冯·诺依曼提出的计算机体系结构奠定了现代计算机的体系结构基础

8. 计算机最早的应用领域是＿＿＿＿＿＿。

A. 信息处理　　　　B. 科学计算　　　　C. 过程控制　　　　D. 人工智能

9. 三大科学思维是理论思维、实验思维和计算思维，其中计算思维以＿＿＿＿＿＿为基础。

A. 数学　　　　　　B. 物理　　　　　　C. 计算机科学　　　D. 化学和生物

10. 计算思维的本质是抽象和＿＿＿＿＿＿。

A. 自动化　　　　　B. 系统设计　　　　C. 约简　　　　　　D. 递归

11. 下面属于数字产业化的是＿＿＿＿＿＿。

A. 电子商务　　　　B. 共享经济　　　　C. 外卖　　　　　　D. 云计算

12. 下面关于计算思维的说法中，正确的是＿＿＿＿＿＿。

A. 计算思维是计算机出现后才有的　　　　B. 计算思维的本质是计算

C. 计算思维是计算机的思维方式　　　　　D. 计算思维是人类求解问题的一种思维方法

二、填空题

1. 由于发明了分析机（现代电子计算机的前身），著名的英国科学家＿＿＿＿＿＿被称为"计算机之父"。

2. Intel 公司创始人之一＿＿＿＿＿＿提出，"集成电路上能被集成的晶体管数目将会以每 18 个月翻一番的速度稳定增长，并在今后数十年内保持这种势头"，这个预言被称为＿＿＿＿＿＿。

3. 1950 年，＿＿＿＿＿＿提出假想：一个人在不接触对方的情况下，通过一种特殊的方式与

对方进行一系列的问答,如果在相当长时间内,他无法根据这些问题判断对方是人还是机器,就可以认为这台机器具有同人相当的智力,即它是能思维的。这就是著名的_____。

4. 人们将在计算机系统或程序中隐藏的一些未被发现的缺陷或问题统称为_____,这是由"计算机语言之母"_____提出的。

5. 管理和处理信息所采用的各种技术的总称为_____;从事信息技术设备制造,信息产品的开发生产与应用,以及对信息进行收集、生产、处理、传递、存储和经营活动的行业称为_____。

6. 数字经济包括_____和_____两部分,其中_____是数字经济的基础部分,_____是数字经济的融合部分。

三、名词解释

CAD	CAM	CAI	CBE	CAT	人工智能
过程控制	移动支付	信息技术	虚拟现实	计算思维	数字经济

四、思考题

1. 了解在计算机的发展过程中,硬件和软件技术的发展情况。
2. 简述对网络的认识和网络对社会信息化的影响。
3. 微机是什么时候出现的?什么是 IBM 兼容机?
4. 简述各代计算机的软件、硬件特点。
5. 谈谈对多媒体技术的理解。
6. 了解电子商务的应用和电子政务的发展。
7. 了解云计算和物联网对社会的影响。
8. 什么是计算思维?具体包括哪些方法?如何培养计算思维?

第 2 章

计算机数字化基础

COMPUTER

    0 和 1 是计算机运算的基础，"0/1"思维是最基本的计算思维，计算机通过语义符号化，将世间万物都抽象化为由 0 和 1 组合成的二进制编码并进行运算，完成人们需要的计算任务。本章介绍计算机对各类信息的表示方法和数字化处理过程，包括：数制及其数值转换，数字、英文、符号、汉字、图像、音频和视频等信息在计算机中的编码、存储及转换方法。

2.1 "0/1 思维"的硬件基础

    人们最熟悉、使用最多的是十进制数，为什么要用二进制而不是十进制设计计算机呢？主要原因是构造十进制计算机的硬件材料难找，制造和运行成本高。而二进制计算机的硬件材料丰富，构造成本低，运行稳定。最主要的是，二进制便于符号化，计算机可以将数字和非数字的世间万物用"0/1"编码表示，并进行数据表示和运算，完全能够满足人们的各种计算要求。"0/1"是计算机运行的根本，"0/1 思维"是最基本的计算思维，理解 0 和 1 如何转换成电信号，并通过计算机的各种电子元器件实现自动计算的过程，对于计算思维的培养形成有着极大的帮助。

2.1.1 逻辑运算与电路实现

逻辑是指思维的规律和规则。通俗地讲，逻辑是事物由此到彼的客观规律，通常以命题和推理的形式表示。人们把符合事物之间关系（合乎自然规律，类似可由命题1、2推出命题3这样的因果）的思维方式称为逻辑思维。逻辑思维的推理过程又称为逻辑推理，19世纪的一些数学家对此进行了研究。1847年，英国数学家乔治·布尔（George Boole）提出了用符号表达逻辑推理，创立了逻辑代数。由于逻辑代数的符号形式化推理过程与代数演算极其相似，因此也被称为逻辑演算。

例如，某超市为了激励顾客购物，有如下三个命题。

命题1：2022年7月22日在南山超市购物总金额超过200元打8.8折。
命题2：张三2022年7月22日在南山超市共计买了350元的物品。
命题3：南山超市应该给张三打8.8折。

用A=1表示命题1；用B表示顾客购物金额是否大于200，大于200值为1，否则是0；用C表示是否给张三打8.8折，1表示打折，0表示不打折。对于张三购物是否打折的逻辑运算为

$$C = (A = 1) \text{ AND } B$$
$$= 1 \text{ AND } 1$$
$$= 1$$

这个逻辑运算表达了上面的命题和推理过程，运算结果的逻辑值为1，表示命题3是成立的，应该给张三打8.8折。

逻辑运算本质上是一种二进制运算，参加运算的只有1和0两个逻辑值，称为逻辑常量，用于表示"真"与"假"，"是"与"否"，"有"与"无"，这类非此即彼的逻辑值。能够保存逻辑值的变量就称为逻辑变量，对逻辑常量和变量进行的运算就称为逻辑运算，包括与（AND）、或（OR）、非（NOT）、异或（XOR）四种基本运算，由基本运算可以构造出更多的逻辑运算。

1）与运算

与运算类似逻辑运算中的乘法运算，也常用"∧"或"•"表示，运算规则为：

0 AND 0 = 0 0 AND 1 = 0 1 AND 0 = 0 1 AND 1 = 1

2）或运算

或运算类似逻辑运算中的加法运算，也用"∨"或"+"表示，其运算规则为：

0 OR 0 = 0 0 OR 1 = 1 1 OR 0 = 1 1 OR 1 = 1

3）非运算

非运算表示取反，也可用符号"¬"或 $\overline{A}$（A代表逻辑变量）表示，运算规则为：

NOT 1 = 0 NOT 0 = 1

4）异或运算

异或运算也可用⊕表示，运算规则为：两个运算量的值相同时，结果为0；值不同时，结果为1。

0 XOR 0 = 0   0 XOR 1 = 1   1 XOR 0 = 1   1 XOR 1 = 0

鉴于乔治·布尔在逻辑运算中的特殊贡献，很多计算机语言将逻辑运算称为布尔运算，将其运算结果称为布尔值。

逻辑运算可以通过电路连接实现，如用高电平表示 1（通常是+5 V 的电压），用低电平表示 0（通常是 0 V），如图 2-1 所示。

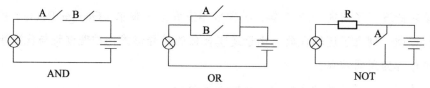

图 2-1   逻辑运算的电路实现

在 AND 电路中，当 A、B 两个开关都合上时，电灯才会被点亮；在 OR 电路中，只要 A、B 中有一个开关合上（或 A、B 都合上），电灯就会被点亮；在 NOT 电路，当开关 A 合上时，灯就会灭。设 1 表示开关合上，0 表示开关打开，灯亮为 1，表示 A、B 逻辑运算结果为真，灯灭为 0，表示 A、B 逻辑运算结果为假。这就用电子线路实现了基本的逻辑运算，即计算机实现各种运算的基本原理。

2.1.2   逻辑运算和门电路

一些电子元器件也具有电子开关的导通与断开特性，可以用来表示 0 和 1，典型的就是二极管和三极管，如图 2-2 所示。

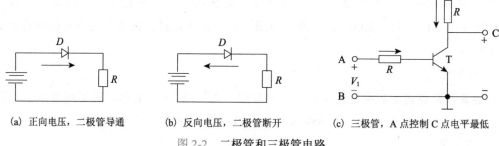

(a) 正向电压，二极管导通　　(b) 反向电压，二极管断开　　(c) 三极管，A 点控制 C 点电平最低

图 2-2   二极管和三极管电路

二极管是一种可以实现 0、1 特性的电子元件，当向二极正向施加+5 V 的高电平时就会导通（产生逻辑值 1），若向二极管反向施加电压，就会阻断电路（相当于产生逻辑值 0）。三极管是在二极管基础上增加了控制极的电子元件，如图 2-2(c) 所示，若在 A 点施加+5 V 的电平，则三极管导通，C 点即低电平（表示逻辑值 0）。若 A 点为低电平（电压为 0），三极管阻断，电路不通，则 C 点的电压近似为 V_{CC}（+5 V），是高电平（产生逻辑值 1）。

用二极管和三极管实现基本逻辑运算的电路被称为逻辑门电路，如图 2-3～图 2-5 所示。其中的虚线边框表示电路封装，虚线边框外的 A、B、C 是露在元件外的引脚，A、B 是输入线，C 是运算结果的输出。

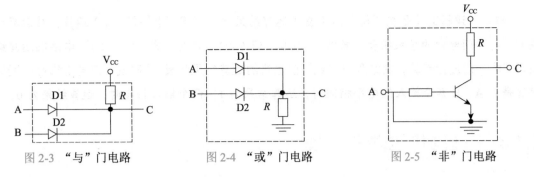

图 2-3 "与"门电路　　　　图 2-4 "或"门电路　　　　图 2-5 "非"门电路

在"与"门电路中，当 A 为低电平（0 V）时，D1 导通，当 B 为低电平时，D2 导通，当 A、B 同为低电平时，D1、D2 都导通，在这三种情况下，C 点为低电平，即 C = 0；但是当 A、B 都输入+5 V 的高电平时，二极管 D1 和 D2 都不通，相当于整个电路不通电，则 C 的电压近似为 V_{cc}（5 V），即 C = 1。综合两种情况可得，C = A AND B，表明此门电路实现了逻辑与运算。

在"或"门电路中，输出点 C 通过电阻 R 与接地信号连接。当+5 V 的高电平加在 A 端时，D1 导通；加在 B 端时，D2 导通；A 和 B 同时为高电平时，D1 和 D2 同时导通。在这三种情况下，电路处于导通状态，相当于从 A 或 B 到 C 没有电阻，因此 C 点的电压与 A 点或 B 点的相同（近似+5 V），即 C = 1；当 A、B 的电平都为 0 V 时，相当于 D1、D2 同时施加了反向电压，处于阻断状态，C 点因为接地而电压为 0 V。总之，C = A OR B，实现了逻辑或运算。

在"非"门电路中，C 点通过电阻与电源（+5 V）相连，在 A 点为低电压 0 V 时，三极管处于阻断状态，整个电路不通电，C 点近似等于 V_{cc} 的电压（+5 V），即 C = 1；当 A 点输入+5 V 的高电平时，三极管导通，C 点电压近似等于接地点的电压，即 C = 0，也就是 C = NOT A，实现了逻辑非运算。

对与、或、非三种逻辑运算进行组合，可以实现功能更强大的逻辑运算门电路，包括"与非"（NAND）、"或非"（NOR）、"异或"（XOR）、"同或"（XNOR）等，它们都是构造计算机和通信设备的常用元器件。为了简化在电路设计过程中对门电路的引用，国家制定了一套门电路的通用符号，如图 2-6 所示。

输入 ＼ 输出		与 (AND) $Y = A \cdot B$	或 (OR) $Y = A + B$	非 (NOT) $Y = \bar{A}$	与非 (NOR) $Y = \overline{A + B}$	或非 (NOR) $Y = \overline{A + B}$	异或 (XOR) $Y = A\bar{B} + \bar{A}B$	同或 (XNOR) $Y = \bar{A}\bar{B} + AB$
A	B							
0	0	0	0	1	1	1	0	1
0	1	0	1	1	1	0	1	0
1	0	0	1	0	1	0	1	0
1	1	1	1	0	0	0	0	1
电路符号	国内	&	≥1	1	&	≥1	=1	=

图 2-6　门电路的通用符号

"与非"逻辑运算是在"与"门（&）运算结果之上再用"非"门（1）运算，其运算结果同"与"门电路的结果相反。同理，"或非"门（≥1）是对"或"门（≥1）电路的运算结果用"非"门进行运算，其结果与"或"门电路的运算结果相反。"同或"门电路执行的逻辑运算是当 A、B 两个输入的电平相同时，运算结果为 1，两个输入相异时，运算结果为 0。

2.1.3　二进制加法器的实现

二进制加法的运算规则如下：

$$0 + 0 = 1 \quad 0 + 1 = 1 \quad 1 + 0 = 1 \quad 1 + 1 = 10$$

可以用门电路实现一位数的二进制加法器，如图 2-7 所示。该加法器由两个异或门（=1）、一个与或非门（&）和一个非门（1）电路构成。黑框之外是加法器的引脚线，A、B 是输入的加数，C_i 是进位线，S 是计算结果，C_{i+1} 是本次运算结果的进位线。

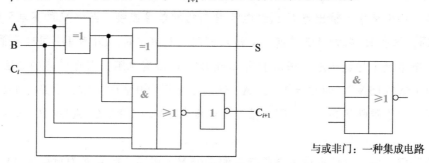

与或非门：一种集成电路

图 2-7　门电路构造出的二进制加法器

现在用此加法器进行运算，0+0 的运算过程为：A、B、C 都输入 0 V 的低电平，即 A = 0，B = 0，$C_i = 0$。A、B 经第一个异或门后，结果为 0；此结果与 C_i 作为第二个异或门的输入，由于两个输入都是 0，因此输出位 S = 0。

进位数的运算过程为：与或非门电路的左侧是两个与门，上面的与门接收 $C_i = 0$ 和 $A \oplus B = 0$ 作为输入，运算结果 0 作为或门的一个输入；下面的与门接收 A、B 输入的低电平（代表 0），运算结果为 0，再输入右侧的或门，运算结果为 0；0 再做非运算后，变成 1；1 再输入最右边的非门电路，最后结果为 $C_{i+1} = 0$。

有进位产生的 1+1 的运算过程为：A、B 输入 +5 V 的高电平，C_i 输入 0 V 的低电平，即 A=1，B=1，C=0。A、B 经过第一次异或运算后，结果为 0，此结果与 $C_i = 0$ 一起作为第二个异或门的输入，运算后得出 S = 0。

进位 C_{i+1} 的计算过程：C_i 和 $A \oplus B$ 的运算结果（两者都是 0）输入与或非门电路上面的与门，运算结果 0 作为或门的一个输入；下面的与门输入为 A、B（都是 1），运算结果为 1；再输入右侧的或门，运算结果为 1；再做非运算后，变成 0，0 作为最右边的非门电路的输入，最后结果为 $C_{i+1} = 1$。

由一位二进制数的加法器可以串接构造出两位二进制的加法器，方法是将低位二进制加法器的进位输入线接地（0 V），再将低加法器的进位输出线作为高位加法器的进位输入，如图 2-8 所示，能够实现 $A_0A_1 + B_0B_1$（如 10+11）这样的运算，结果为 S_0S_1，进位数为 C_1。

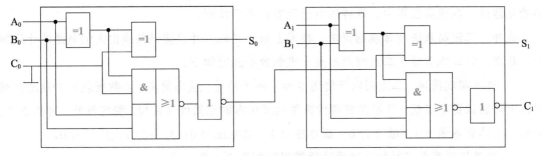

图 2-8　两位二进制数的加法器

将第二个加法器的进位输出线作为第三个加法器的进位输入，就可以构造出三位二进制数的加法器，将第三个加法器的进位输出线与第四个加法器的进位输入线连接，就可以构造出四位二制数的加法器……计算机由此构造出了 32 位或 64 位二制数的加法器，实现了计算机的加法运算。

事实上，二进制的乘法、除法和减法都能够转换为加法运算，实现了加法运算就相当于实现了乘法、除法和减法运算，而加法运算是通过门电路提供的逻辑运算来实现的。由此可知，计算机的所有运算终归是由各种门电路通过逻辑运算来实现的。这就是计算机运算的实现方法。

2.1.4　计算机为什么选择二进制

要实现自动计算，就需要解决数据自动存取，以及表示数据的电信号随着运算规则而自动变化的问题，必须找到实现此目的的电子元器件。

比如，如果用人们熟悉的十进制数构造计算机的加法器，就需要找到具有 10 种变化状态的元器件，每种状态代表 0～9 中的一个数字。在现实世界中，这样的元器件难以寻找，即使能够找到，用它制造加法器的技术成本也会非常高，而且很难保证其状态变化的稳定性。比如，用 0 V 电压表示 0，用+1 V 电压表示 1，用+2 V 电压表示 2……用+9 V 电压表示 9。这种表示至少有两个问题。其一是在运算过程中，电压的细微波动可能导致运算错误，如瞬间电压突然升高 2 V，则可能导致运算元器件状态变化将 1 表示成 3，将 2 表示成 4，如此等等；其二是能耗高，用二进制只需要 0～5 V 的电压，现在至少要用 10 V，要保持状态的稳定而提高表示十进制数字的电压差值，如用 0 V 表示 0，用+5 V 表示 1……则需要用+45 V 表示 9，能耗太大。同理，存储器、数据线、地址线、输入设备、输出设备都需要具有 10 种状态的电子元器件，其制作成本、能耗和难度可想而知了。

但是，用二进制设计计算机就不一样了。二进制加法器可以通过内部的各种门电路改变输入电平的状态来实现逻辑运算，通过逻辑运算自动完成加法运算，从而实现了二进制加法运算的自动化。其他计算机部件如存储器、数据线、输入设备、输出设备也是如此，只要能够存储或传递 0 和 1 就可以了。因此，设计基于二进制的计算机，只需找到具有两种稳定状态的元器件，在现实世界中，这样的电子元器件易于找到。

此外，二进制系统运算规则简单，技术上易于实现，并且能够转换出人们熟悉的十进制数。总之，计算机选择了二进制而不是十进制数的原因如下。

① 技术实现简单。二进制数只使用 0 和 1 两个符号，状态简单，其数据表示和信息传递都比十进制数更易实现，可用具有两种简单物理状态的元器件来实现，稳定性好，可靠性高。例如，晶体管导通为 1，截止为 0；高电压为 1，低电压为 0；灯亮为 1，灯灭为 0。

② 运算规则简单。其加法和乘法运算规则都只有 3 条。

加法：　　　$0+0=0$　　$0+1=1$　　$1+1=10$

乘法：　　　$0\times1=0$　　$1\times0=0$　　$1\times1=1$

这种规则大大简化了实现运算的电子线路，有利于简化计算机内部结构，减少组成部件，提高运算速度。实际上，在计算机中，加、减、乘、除等运算都可以分解为逻辑运算来完成。

③ 二进制数适合逻辑运算且理论基础扎实。逻辑运算只需要两个数字符号表示，正好与逻辑代数中的"真"和"假"相吻合（用 1 表示"真"，用 0 表示"假"），可将逻辑代数和逻辑电路作为计算机"电路设计的数学基础"，易于实现。

④ 用二进制表示数据具有抗干扰能力强、可靠性高等优点。因为每位数据只有高、低两个状态，当受到一定程度的干扰时，仍然能够可靠地分辨出它是高还是低。

2.2　符号化与编码——计算机用"0/1"表达世界

在计算机的世界里，只有类似于二极管、三极管、电子线路、门电路、集成电路等电子元器件，归根到底，可视它们为具有开、关两种状态的电子开关，能够保持高、低两种电平状态，借以表示 0 和 1 两种信息。然而，事实上的计算机确实表达了世间万物，实现了包括十进制数在内的任意进制数据的运算，能够表示中文、英文及世界上的任何一种文字，能够显示图片、播放电影和音乐……它是如何实现的呢？

1. 符号化、计算化和语义化

由 2.1 节可知，只要能够将客观事物表示成 0 和 1，就能够在计算机中存储和传递这些信息，并通过由门电路构造出的加法器对其实施逻辑运算，再由逻辑运算实现算术运算。这一过程可以概括为"万物符号化、符号 0/1 化、0/1 计算化、计算语义化"。

具体过程为：首先，对问题域中的事物进行抽象，用字母、符号、文字把涉及的事物或问题表示出来，即"万物符号化"（计算机并不识别，也就无法运算）；然后，用 0 和 1 的组合对前面用字母、符号和文字表达的事物进行编码，这样就把求解问题中的所有事物转换成了由 0 和 1 组成的编码，即"符号 0/1 化"；接着，用 0 和 1 符号化后的事物就可以由计算机的基本元器件用电平信号表示，并通过逻辑运算实现包括加、减、乘、除在内的各种计算，求解问题，即"0/1 计算化"。计算的结果仍然表现为计算机各组成元器件中的高、低电平（代表 1 和 0），人类无法理解，因此计算机还需要按照制定的规则对其进行语义化，将二进制结果表示为人们理解的形式，如图 2-9 所示。

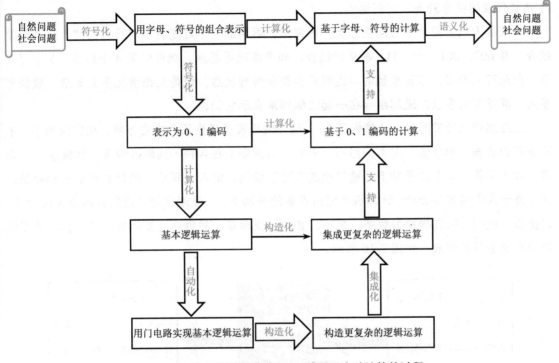

图 2-9　现实问题符号化为 0、1 编码及自动计算的过程

计算机的设计和实现过程中有许多值得学习的优秀计算思维。比如，图 2-9 在展现计算机如何计算现实世界的同时，也体现了分层抽象、组合构造的思维。

将现实对象抽象为计算可识别的过程采用了两个抽象层次。首先，将现实对象抽象为用字母、符号、文字表达的人们理解的对象，如用数学模型表示现实问题；然后，用二进制数将前面的抽象结果进行抽象，用 0、1 编码组合表达现实问题，从而使之可被计算机表示和计算。计算部件的设计过程则采用了组合构造的思想，先设计出具有基本逻辑运算功能的门电路，再由门电路设计具有复杂逻辑运算能力的元器件（如加法器），然后对具有复杂逻辑运算能力的元器件进行集成，如由 1 位数的加法器组合构造出 64 位的加法器。

2．编码——计算机表达与计算世界的基本方法

在图 2-9 中，对于初次用字母、数字和文字符号化后的事物，计算机是怎样再次对它进行"符号 0/1 化"的呢？答案是编码。多个 0 和 1 被组合在一些，不同组合表示不同的对象，每个组合就是一个二进制编码，代表一个客观事物或问题，世间万物和各种问题就是这样被计算机用 0 和 1 表达的。下面举一个例子说明编码的方法。

传说几百年前的某次战役中，侦察兵与指挥长约定在山顶的两棵大树上以灯笼为信号传递敌情。右边树上的灯亮表示敌人从右面的山谷中来，左边树上的灯亮表示敌人从左边的山谷中来，两个灯同时亮，表示敌人从两边山谷包抄过来。用 1 表示灯亮，用 0 表示灯灭，一个灯就可以表示 2 种状态，这就是二进制。两个灯组合在一起可以表示 4 种状态，00 为没有敌人，01 为敌人从右边来了，10 为敌人从左边来了，11 为左右都有敌人来了。00、01、10、11 及其代表的信息就是二进制编码。

如果敌人从前面来了又怎么办呢？很简单，再增加一个灯笼表示前后的敌情，3 个灯笼组合，有 000、001、…、111 等 9 种组合。如果情况更复杂，就可以用 4 个灯笼、5 个灯笼等。由此可以看出，尽管单独的二进制只能表示两种状态，但是无论情况多么复杂、数据有多大，都可以用多位二进制组合在一起的编码来表示它们。

通过编码的计算思维，计算机用 0、1 组合编码表达了世间和宇宙万物。现实生活中，丰富多彩的数据（如数值、文本、图形、声音、动画等）在各种不同输入设备（如键盘、扫描仪、数字摄像机等）的帮助下，被转换成二进制编码，输入计算机后进行各种运算和存储。为了便于人们阅读和分析，计算机在输出设备的帮助下，对处理后的二进制数据语义化处理，根据语义规则，将其转换为数字、文字、音频、视频等，然后通过显示器、打印机、绘图仪等输出设备显示出来，如图 2-10 所示。

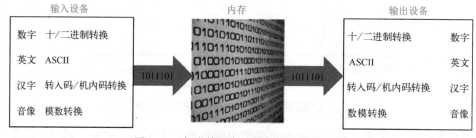

图 2-10　各类数据在计算机中的转换过程

2．计算机存储数据的单位

计算机采用具有两种稳定状态的电子元器件（如二极管、三极管）来存储和运算数据，由于每个电子元器件能够独立表示 1 个电子信号，代表 1 位二进制数，故称为位（bit），它是计算机中最小的计数单位。若干电子元器件组合在一起就能够同时存储多位二进制数，如 8 个二进制位组合在一起就称为 1 字节（Byte）。字节是计算机中存取数据的基本单位。此外，计算机中常用的还有下列存储单位，以方便对数据量的大小进行统计和区分。

KB（千字节）：1 KB = 1024 Byte　　　　MB（兆字节）：1 MB = 1024 KB

GB（吉字节）：1 GB = 1024 MB　　　　TB（太字节）：1 TB = 1024 GB

PB（拍字节）：1 PB = 1024 TB　　　　EB（艾字节）：1 EB = 1024 PB

ZB（泽字节）：1 ZB = 1024 EB　　　　YB（尧字节）：1 YB = 1024 ZB

2.3 计算机和数制

组成计算机的元器件特性只有 0 和 1 两种状态，决定了计算机只能采用二进制数进行计算，人类应用的却是十进制数。因此，必须在两种数制之间进行转换，才能满足人类和计算机两方面的计算要求。

2.3.1 数制系统基础

数制是用一组固定的符号和统一的规则来表示和计算数值的方法。人们最熟悉的是十进制，但也在与其他数制打交道。例如，古代曾有"半斤八两"之说，即 16 两记为 1 斤，这种方式是十六进制；时间计数满 60 分钟后，又从 0 开始计数，是 60 进制；一个星期 7 天，星期日之后又是星期一，是七进制；还有，一年 12 个月，12 月之后又是 1 月，等等。

不同的计数方式形成了不同的数制，也称为进位计数制。计算机采用的是二进制，但为了与人类进行信息交流，通常还会使用十进制、八进制和十六进制。

不同数制系统的计数原理和进位计算规则是相同的，抽象成 R 进制，具有以下特点。

① 基数（计数符号的个数）为 R，表示数字的符号有 0、1、2、3、4、5、…、$R-1$。

② 算术运算的进位规则是"逢 R 进 1"。

③ 按权展开。一般，一个 R 进制数 $s = k_n k_{n-1} \cdots k_1 k_0 . k_{-1} k_{-2} \cdots k_{-m}$ 代表的实际值为

$$s = k_n \times R^n + k_{n-1} \times R^{n-1} + \cdots + k_1 \times R^1 + k_0 \times R^0 + k_{-1} \times R^{-1} + k_{-2} \times R^{-2} + \cdots + k_{-m} R^{-m}$$

这里的 k_n、k_{n-1}、…、k_1、k_0、…、k_{-m} 表示 0、1、2、…、$R-1$ 中的任何一个数字。权也称为位权，是指数字在数据中所占的位置，用 R 的幂次表示。比如，上式中的 $R^n \sim R^{-m}$ 等就是权，它与数字的大小密切相关。

若 R 为 10，就是十进制；其基数为 10，计数的符号为 0、1、2、3、4、5、6、7、8、9；进行算术运算的规则为"逢 10 进 1"，如 8+4 = 12，因为加法结果超过 10，所以向高位进 1。

若 R 为 8，就是八进制；其基数为 8，计数符号为 0、1、2、3、4、5、6、7；运算时"逢 8 进 1"，如 1+7 = 10，2×4 = 10，16-7 = 7。

若 R 为 16，就是十六进制；其基数为 16，计数符号为 0、1、2、3、4、5、6、7、8、9、A、B、C、D、E 和 F，其中 A 表示十进制数中的 10，B 表示 11，C 表示 12，D 表示 13，E 表示 14，F 表示 15。在用十六进制计数时，计满 16 后就向高位进 1，即"逢 16 进 1"。例如，8+9 = 11，13+A = 1D。

任何数制系统中的数据都可以按权展开，展开时，基数的幂次代表权。例如，十进制数 5296.45，八进制数 1704.25，十六进制数 2EC.F，其按权展开式可表示如下：

$$(5296.45)_{10} = 5 \times 10^3 + 2 \times 10^2 + 9 \times 10^1 + 6 \times 10^0 + 4 \times 10^{-1} + 5 \times 10^{-2}$$

$$(1704.25)_8 = 1 \times 8^3 + 7 \times 8^2 + 4 \times 8^0 + 2 \times 8^{-1} + 5 \times 8^{-2}$$

$$(2EC.F)_{16} = 2 \times 16^2 + 14 \times 16^1 + 12 \times 16^0 + 15 \times 16^{-1}$$

在数制的描述中，常用 $(x)_n$ 来表示 n 进制，括号内的 x 是数值本身，括号外的下标表示进制。如 $(5296.45)_{10}$ 是十进制数，$(2EC.F)_{16}$ 是十六进制数。

同一数字在不同的数制中，数值大小相等，但表现形式是不同的，如表 2-1 所示。

表 2-1　常用数制中的数值

十进制数	二进制数	八进制数	十六进制数	十进制数	二进制数	八进制数	十六进制数
0	0	0	0	9	1001	11	9
1	1	1	1	10	1010	12	A
2	10	2	2	11	1011	13	B
3	11	3	3	12	1100	14	C
4	100	4	4	13	1101	15	D
5	101	5	5	14	1110	16	E
6	110	6	6	15	1111	17	F
7	111	7	7	16	10000	20	10
8	1000	10	8			/	

2.3.2　二进制

1．二进制基础

二进制数的基数为 2，用 0、1 两个符号表示所有的数据。同十进制数一样，处于一个二进制数中不同位置的 0 或 1 代表的实际值也是不一样的，要乘上一个以 2 为底数的指数值。

例如，二进制数 110110 所表示的数的大小为

$$(110110)_2 = 1 \times 2^5 + 1 \times 2^4 + 0 \times 2^3 + 1 \times 2^2 + 1 \times 2^1 + 0 \times 2^0 = (54)_{10} \tag{2-1}$$

可见，二进制数 110110 与十进制数 54 的大小相同，只不过表示方法不同而已。

式 (2-1) 也展示了不同进制的数出现在同一表达式中的一种表示方法，$(54)_{10}$ 表示十进制数 54，而 $(110110)_2$ 表示二进制数 110110。

小数的表示和计算方法与此类似。如 101.1011 表示的值可用下式计算：

$$(101.1011)_2 = 1 \times 2^2 + 0 \times 2^1 + 1 \times 2^0 + 1 \times 2^{-1} + 0 \times 2^{-2} + 1 \times 2^{-3} + 1 \times 2^{-4}$$

概括而言，一个二进制数 $s = k_n k_{n-1} \cdots k_1 k_0 . k_{-1} k_{-2} \cdots k_{-m}$ 的按权展开式如下：

$$s = k_n \times 2^n + k_{n-1} \times 2^{n-1} + \cdots + k_1 \times 2^1 + k_0 \times 2^0 + k_{-1} \times 2^{-1} + k_{-2} \times R^{-2} + \cdots + k_{-m} 2^{-m}$$

其中，n 和 m 是自然数，表示位权，而 $k_n \sim k_{-m}$ 代表的是 0 或 1。

同所有数制系统一样，二进制数也有以下特点。

① 基数为 2，用 0、1 两个符号表示所有的二进制数。

② 运算规则：逢 2 进 1。

③ 按权展开。

2．二进制的算术运算

与十进制数一样，二进制数也可以进行加、减、乘、除及乘方等算术运算，进位规则是

"逢 2 进 1"，计算机最常用的是二进制数加法运算。例如：

$$
\begin{array}{r}
1110 \\
\times\ 101 \\
\hline
1110 \\
\end{array}
$$

$$
\begin{array}{r}
1011010111 \\
+\ 111010101 \\
\hline
10010101100
\end{array}
\qquad
\begin{array}{r}
111011 \\
-\ 10101 \\
\hline
100110
\end{array}
\qquad
\begin{array}{r}
0000 \\
+\ 1110 \\
\hline
1000110
\end{array}
$$

3．二进制的逻辑运算

逻辑运算是计算机的基本运算，其他运算最终由逻辑运算完成。2.1 节介绍了 1 位数逻辑运算的实现技术，这里再补充多位数的基本逻辑运算方法，包括与（AND）、或（OR）、非（NOT）。

AND 运算：两个二进制数的对应位进行"与"运算，运算规则为：1 AND 1 = 1，1 AND 0 = 0，0 AND 1 = 0，0 AND 0 = 0。

OR 运算：两个二进制数的对应位进行"或"运算，运算规则为：1 OR 1 = 1，1 OR 0 = 1，0 OR 1 = 1，0 OR 0 = 0。

NOT 运算：对每个二进制位按位取反，即将每个二进制数的 0 变为 1，1 变为 0。

AND、OR 和 NOT 运算的举例如下：

$$
\begin{array}{r}
1011010111 \\
\text{AND}\ 1111010101 \\
\hline
1011010101
\end{array}
\qquad
\begin{array}{r}
1011010111 \\
\text{OR}\ 1111010101 \\
\hline
1111010111
\end{array}
\qquad
\begin{array}{r}
\text{NOT}\ 1111010111 \\
\hline
0000101000
\end{array}
$$

2.3.3 数制之间的转换

任何一种数制都能够对现实生活中的数据进行表示和运算，满足人们的数据处理需求。但是长久以来，人们习惯了用十进制数进行运算，而对其他数制比较陌生。例如，若有用十六进制数 2EC.F 和二进制数 110110 表示的金额，到底有多少钱呢？为了便于应用和理解，需要在不同数制之间进行转换。

1．十进制数转换成 N 进制数

十进制数转换成 N 进制数的规则是：整数部分采用"除 N 取余、辗转相除"方法，即将十进制数除以 N，把除得的商再除以 N，如此反复，直到商为 0 为止；然后将每次相除所得的余数倒序排列，即第一个余数为最低位，最后得到的余数为最高位，得到的就是转换之后的 N 进制数。

小数部分采用所谓的"乘 N 取整法"：将十进制数的小数部分乘以 N，得到一个整数部分和一个小数部分；再用 N 乘以小数部分，又得到一个小数部分和一个整数部分，继续这个过程，直到余下的小数部分为 0 或计算结果满足精度要求为止；最后，将每次得到的整数部分从左到右排列，即可得到对应的 N 进制小数。

除了二进制，计算机中常用八进制和十六进制进行数据转换，因此我们需要了解这几种数制之间的转换方法。

1）十进制数转换为二进制数

转换规则：整数部分除以 2 取余，辗转相除，直到商为 0，倒序排列（余数）；小数部分乘 2 取整，然后把所得的小数部分再次乘以 2，取其乘积的整数部分；如此反复，直到小数部分为 0 或满足精度要求，将每次乘得的整数部分顺序排列。

例如，将十进制数 307.625 转换为二进制数，整数部分的转换如图 2-11 所示，把所得的余数倒序排列为 100110011，它就是十进制数 307 对应的二进制数。小数部分的转换如图 2-12 所示，把转换后的整数部分顺序排列为 101，这就是 0.625 小数部分转换后的二进制数。这样，307.625 对应的二进制数为 100110011.101。

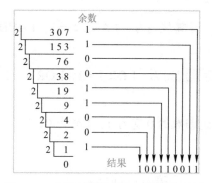

图 2-11　十进制整数转为二进制数示例

	整数部分	位数
0.625×2 = 1.250	1	1
0.250×2 = 0.500	0	2
0.500×2 = 1.00	1	3
0.000	转换结束	

图 2-12　十进制小数转为二进制数示例

再如，十进制整数 157 经转换后的二进制数为 10011101，十进制小数 0.8125 经转换后的二进制小数为 0.1101，读者可自己练习转换。

2）十进制数转换为十六进制数

转换规则为：整数部分除以 16 取余，辗转相除，直到商为 0，倒序排列（余数）；小数部分乘以 16 取整，然后把所得的小数部分再次乘以 16，取其乘积的整数部分；如此反复，直到小数部分为 0 或满足精度要求，将每次乘得的整数部分顺序排列。

例如，将十进制整数 307 转换成十六进制数的过程如图 2-13 所示。

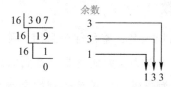

图 2-13　十进制整数转为十六进制数示例

2．N 进制数转换成十进制数

把 N 进制（N 为大于 1 且不等于 10 的自然数）数转换成十进制数非常简单，只需把 N 进制数按权展开，并计算出展开式的结果，它就是该数对应的十进制数。

1）二进制数转换为十进制数

二进制数转换为十进制的方法为：把要转换的二进制数按权展开并求和即可。如把二进制数 11010.101 转换为十进制数：

$$(11010.101)_2 = 1 \times 2^4 + 1 \times 2^3 + 0 \times 2^2 + 1 \times 2^1 + 0 \times 2^0 + 1 \times 2^{-1} + 0 \times 2^{-2} + 1 \times 2^{-3}$$
$$= (16 + 8 + 2 + 0.5 + 0.125)_{10} = (26.625)_{10}$$

2）十六进制数转换为十进制数

十六进制数转换为十进制数的方法为：把要转换的十六进制数按权展开，并求和即可。如把十六进制数 2EC.F 转换为十进制数：

$$(2EC.F)_2 = 2 \times 16^2 + 14 \times 16^1 + 12 \times 16^0 + 15 \times 16^{-1}$$
$$= (512 + 224 + 12 + 0.9375)_{10} = (748.9375)_{10}$$

3．二进制数、八进制数、十六进制数之间的转换

二进制数、八进制数、十六进制数实质上是同类数据，只是表现形式不同而已，它们之间的相互转换十分简单。4 位二进制数即可表示所有组成十六进制数的数字符号（见表 2-1），所以在把二进制数转换为十六进制数时，只需把二进制数的整数部分从低位开始，每 4 位分节，并计算出分节后的数字；对于小数部分，则从高位开始，每 4 位分节，如果最后不足 4 位，则补 0，补足 4 位，然后把相应的节转换成十六进制数。

例如，把二进制数 101001111.101001011 转换为十六进制数：

0001	0100	1111	·	1010	0101	1000
1	4	F	·	A	5	8

即该二进制数对应的十六进制数为 14F.A58。

把十六进制数转换为二进制数时，只需把每个十六进制数字符号转换为对应的 4 位二进制数即可。如把十六进制数 395.D4 转换为二进制数：

3	9	5	·	D	4
0011	1001	0101	·	1101	0100

即十六进制数 395.D4 对应的二进制数为 1110010101.110101。

在二进制与十进制的转换过程中，人们常借助十六进制进行转换，即先把二进制数转换成十六进制数，再将得到的十六进制数转换为十进制数；或者先把十进制数转换为十六进制数，再将十六进制数转换为二进制数，这样既快且不易出错。

为了区分不同数制表示的数，在书写时可用字母 B（Binary number）表示二进制数，用字母 O（Octal number）表示八进制数，用字母 D（Decimal number）表示十进制数，用字母 H（Hexadecimal number）表示十六进制数。例如：

$(111011101)_2 = 11011101B$ $(114325151)_8 = 114325151O$

$(473473281)_{10} = 473473281D$ $(1FEF)_{16} = 1FEFH$

2.4 数值数据的编码

计算机内部采用二进制系统进行数据的存储、传输和运算，通过数制转换，能够接收人们输入的十进制或其他进制数据，也能够把二进制运算结果表示为人们熟悉的十进制或其他

进制数据。那么，计算机究竟是如何存储、传输和运算十进制数据的呢？比如，如何保存32767、-9、0 或 5.2，如何进行十进制的减法运算，一次能够对多大的十进制数进行运算，等等。这里至少涉及三个问题：如何存储正数和负数，如何存储整数和小数，一次能够存取或运算数据的基本单位是多少。

2.4.1　整数编码

1．字长

一次能够存储或运算的数据大小由机器的字长决定。在计算机中，运算部件（称为运算器）事先已经设计好，其中进行二进制数运算所使用的电子元器件的个数是固定的，假设 1 个电子元器件能够对 1 位二进制数进行运算，则运算器中用于运算的电子元件总数就代表了计算机能够同时运算的二进制数的位数，称为字。字中包含的二进制数的位数称为字长。运算器和控制器通常集成在一起，被称为中央处理单元，即 CPU。因此，字长也可以定义为CPU 一次能够处理的二进制数的位数。

字长实际代表了计算机的运算能力，字长越大，表明计算机一次能够运算的二进制数位越多，处理能力越强，机器就越复杂。通常所说的计算机是多少位就是指字长的二进制位数。例如，32 位微机的字长为 32 位，64 位微机的字长为 64 位。字长决定了一次能够存储或运算的数据范围，如 32 位微机能够表示的数据范围（不考虑数据的正负性问题）为

00000000 00000000 00000000 00000000～11111111 11111111 11111111 11111111

即 $0\sim 2^{32}-1$（0～4294967295）。也就是说，在 32 位微机中，用 4 字节来存储一个数值，能够对 0～4294967295 范围内的十进制数进行存储和运算。

2．机器数与真值

数值本身连同一个符号位在一起作为一个数据，就称为机器数。机器数的数值部分称为机器数的真值。例如，+79 和-79 的机器数可分别表示为（设数据长度为 1 字节）如图 2-14所示的数据。

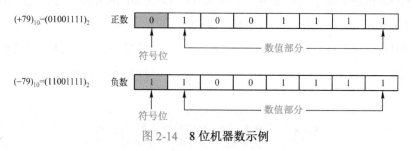

$(+79)_{10}=(01001111)_2$　正数

符号位　　　　　　　　数值部分

$(-79)_{10}=(11001111)_2$　负数

符号位　　　　　　　　数值部分

图 2-14　8 位机器数示例

3．原码

正数的符号位用 0 表示，负数的符号位用 1 表示，这种数据编码就称为原码。图 2-14 所示的机器数实际上就是+79 和-79 的原码。再如，若用 1 字节表示数，则 41 和-41 的原码为

$X=+41$，$[X]_{原}=00101001$　　　　$X=-41$，$[X]_{原}=10101001$

原码表示法较为简单，且数的真值容易计算，但两个符号相反的数要进行相加，实际上需要用减法完成。为了简化计算，计算机往往用反码或补码表示数据，因为这样就能够用加法实现减法运算。

4．反码

正数的反码与原码相同，负数的反码是将机器数的真值部分（除符号之外的其余数据位）按位取反（即 0 变 1，1 变 0）所得到的数据，如图 2-15 所示。在计算反码的数值时一定要小心，当一个有符号数用反码表示时，最高位是符号位，后面的才是数值部分。

+79的反码	0	1	0	0	1	1	1	1
−79的反码	1	0	1	1	0	0	0	0
+0的反码	0	0	0	0	0	0	0	0
−0的反码	1	1	1	1	1	1	1	1

图 2-15　反码示例

5．补码

0 有两个不同的反码，即+0 和-0 的反码不相同。但它们实际上是同一个数，大小相同。这种差异会给数据运算带来许多问题，如 3+0 和 3-0 会得到不同的结果。为此，计算机用补码表示数据，巧妙地解决了这类问题。

正数的补码与原码相同，即最高位用 0 表示符号，其余位是数据的真值部分。负数的补码则是对其反码加 1 计算所得，如图 2-16 所示。

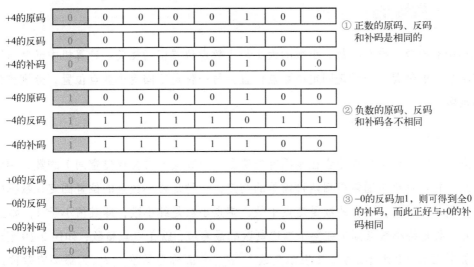

图 2-16　补码示例

-0 的补码导致进位溢出，实际大小可代表 2^N，N 为机器的字长。比如，N 为 16，则-0 的大小为$-2^{16}=-32768$，这就是在各种计算机高级语言中负整数总比正整数多一个的原因。

用补码表示数据，不仅解决了+0 和-0 的不同编码问题，更重要的是，补码能够将减法变成加法，简化了计算机的设计，因为它不需要设计减法的计算机实现。例如，计算 52-11，假设计算机的字长为 1 字节，则 52-11 采用减法和补码加法的运算过程如图 2-17 所示。

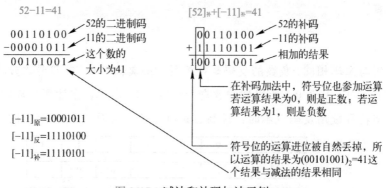

图 2-17　减法和补码加法示例

6．无符号数与有符号数

没有考虑正、负符号的数被称为无符号数。在实际应用中，数总是有正负的，在计算机表示中，通常把数的高位作为符号位，其余位作为数值位，并规定用 0 表示正数，用 1 表示负数，这样的数被称为有符号数。计算机能够表示的数值范围受到字长的限定。

例如，字长为 16 位的计算机能表示的无符号整数范围为 0～65535（0～ $2^{16}-1$），有符号数的范围则是 $-2^{15} \sim 2^{15}-1$，即-32768～32767，因为存在+0 和-0，-0 的补码为-32768，所以负数要多 1 个。

2.4.2　实数编码

现实中有整数，也有小数，小数的大小与小数点位置密切相关。计算机中通常有两种规则确定小数点的位置，一种是固定小数点位置，另一种是不固定小数点位置，分别称为定点数和浮点数。

1．定点数

定点数是指约定小数点隐含在某固定位置上（小数点不占据存储空间）的数，称为定点数表示法。在计算机中通常采用两种简单的约定，一种是将小数点的位置固定在数据的符号位之后、最高位之前，这样的数是定点小数。定点小数是纯小数，即其值小于 1，如图 2-18 所示。另一种是将小数点固定在整个二进制数的最右边，就是定点整数，如图 2-19 所示。其中， d_n 是符号位（0 表示正数，1 表示负数）， $d_{n-1} \sim d_1$ 称为尾数， d_{n-1} 为最高有效位。

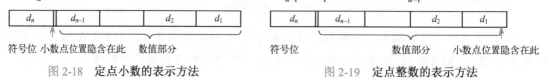

图 2-18　定点小数的表示方法　　　　　　图 2-19　定点整数的表示方法

【例2-1】 若有8位的定点小数01000101，计算其大小；若为定点整数，其值又是多少？

解 当为定点小数时，因为前左边的0是符号位，表示正数，所以

$$(01000101)_2 = 1 \times 2^{-1} + 1 \times 2^{-5} + 1 \times 2^{-7} = (0.5390625)_{10}$$

当此数为定点整数时，其值为

$$(01000101)_2 = 1 \times 2^6 + 1 \times 2^2 + 1 \times 2^0 = (69)_{10}$$

2. 浮点数

人们平常用科学记数法表示的数，其小数点位置并不固定。例如，-1234567可以表示为

$$-1234567 = -1.234567 \times 10^6 = -123.4567 \times 10^4 = -0.1234567 \times 10^7$$

在计算机中，这样的数被称为浮点数，能够表示比定点数更大的数值范围。单从形式上看，任何N进制的浮点数X都可以写成如下形式：

$$X = N^E \times M$$

其中，N代表数制的基数，如十进制为10，二进制为2；E是指数大小，代表位权；M称为数X的尾数。

在计算机的发展过程中，曾经出现过多种浮点数表示方案，给软件移植带来了困难，为了解决这一难题，IEEE（Institute of Electrical and Electronics Engineers，美国电气和电子工程师协会）于1985后提出了IEEE-754标准，并以此作为浮点数表示格式的统一标准，被广泛用于计算机中，各种程序设计语言中的浮点数和双精度数（如C语言中的float和double）都按这种标准存取浮点数。

IEEE-754中浮点数分为单精度和双精度两种，其存储原理相同，但表示范围和精确度不同，单精度浮点数的长度为32位，双精度浮点数的长度为64位，结构如图2-20所示。其中，S是数符，即符点数的正、负号，正数为0，负数为1；E是阶码，即2的幂次；M是尾数，即浮点数的有效数字部分。

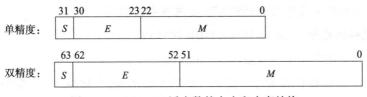

图 2-20 IEEE-754浮点数的大小和内存结构

1）浮点数的规格化处理

为了最大限度地表示数据范围和计算上的方便，IEEE-754对内存中的二进制浮点数进行了格式化处理，包括对E和M两部分的格式化。

E规格化：用移码表示E。为了表示指数的正负，阶码E通常采用移码来表示，移码是将数据的指数e加上一个固定的偏移量后作为该数的阶码（相当于指数集体向正数方向偏移，使最小的指数为0），这样做既可避免出现正负指数，又可保持数据的原有大小顺序，不影响浮点数大小比较的结果。在单精度浮点数中，指数（阶码）位于第23～30位，长度为8。在

存储时，向正数偏移 $2^7 - 1 = 127$，即 $E =$ 指数 + 127。同理，双精度浮点数的指数（阶码）位于第 $52 \sim 62$ 位，长度为 11 位。在存储时，向正数偏移 $2^{10} - 1 = 1023$，即 $E =$ 指数 + 1023。

M 规格化：尾数格式化为 1.XXXX 的形式，即无论浮点数是什么形式，通过阶码的变化将它格式化为 1.XXXX 形式，这个 1 就是尾数的最高位，在单精度中对应的是第 22 位，双精度中对应第 51 位，并且在保存数据时不再存储这个 1（因为确定为 1，不需要保存），以便多存一个二制数。

【例 2-2】 计算单精度浮点数 58.7875 的编码。

解　$(58.7875)_{10} = (111010.1011)_2$

对尾数进行规格化处理：$111010.1011 = 1.110101011 \times 2^5$。小数点前的 1 不保存，将其他二进制位写入内存，不足 23 位的在后补 0，结果如图 2-21 所示。

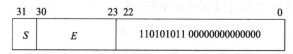

图 2-21　单精度浮点数 58.7875 规格化后的内存尾数编码

对阶码进行规格化处理，计算出移码：$E = (127 + 5)_{10} = (132)_{10} = (10000100)_2$。

写入阶码后的内存数据如图 2-22 所示。因为是正数，数符 S 取 0，所以可知 58.7875 的 4 字节单精度浮点数的二进制编码为

0100	0010	0110	1010	1100	0000	0000	0000
4	2	6	A	C	0	0	0

即 58.7875 在内存中的单精度浮点数编码占连续 4 字节，依次为：42 6A C0 00。

31 30		23 22		0
S	1000　　0100	110101011 00000000000000		

图 2-22　单精度浮点数 58.7875 规格化阶码和尾数后的编码

【例 2-3】 计算单精度浮点数 -5878.75 在内存中的编码。

解　尾数规格化处理：$-5878.75 = -1.110101011 \times 2^5$。

移码：$E = (127 + 5)_{10} = (132)_{10} = (10000100)_2$

由于是负数，因此数符 S 为 1。因此，除了 S 位不同，-5878.75 与 5878.75 的单精度内存编码相同，结果如下

1100	0010	0110	1010	1100	0000	0000	0000
C	2	6	A	C	0	0	0

那么，组合成字节的编码为：C2 6A C0 00。

【例 2-4】 计算单精度浮点数 0.75 的编码。

解　尾数规格化处理：$0.75 = 1.10 \times 2^{-1}$。

移码：$E = (127 + (-1))_{10} = (126)_{10} = (1111110)_2$

数符为 0。按照图 2-20 的结构写出数符、阶码和尾数（共 23 位，不足的在后面补 0），结果如下：

0011	1111	0100	0000	1100	0000	0000	0000
3	F	4	0	C	0	0	0

组合成 4 字节的编码为：3F 40 C0 00。

【例 2-5】 计算单精度浮点数-0.75 在内存中的编码。

解 由例 2-4 的计算过程可知，只需要将 0.75 编码的最高位设置为 1（负数的数符为 1）：

1011	1111	0100	0000	1100	0000	0000	0000
B	F	4	0	C	0	0	0

则-0.75 的浮点数编码为：BF 40 C0 00。

2.5 文字的数字化处理

文字是指各种类型的符号，包括数字、数学符号、外文字符或中文字符等。字符在计算机中是按照事先约定的编码形式存放的。例如，可用 0110001 代表十进制数中的 1，用 1000001 代表大写英文字母 A，用 0100101 代表"%"等。

2.5.1 西文字符的编码

1．标准 ASCII

不同国家、不同公司生产的计算机可能采用不同的编码表示数字和符号，要想在不同类型的计算机之间传输文档和数据，就要求这些计算机用相同的编码表示和处理数据，否则无法进行数据交换。例如，A 类计算机用 10001 表示字母 X，B 类计算机却用 10001 表示字母 Y，它们就无法进行通信。因为，当把用 A 类计算机编写的文档复制到 B 类计算机中时，原文中所有的 X 都变成了 Y。

目前，计算机中广泛使用的编码是 ASCII（American Standard Code for Information Interchange，美国信息交换标准码），被 ISO（国际标准化组织）采纳为国际通用的信息交换标准代码。我国 1998 年颁布的国家标准《GB/T 1988—1980 信息技术 信息交换用七位编码字符集》也是根据 ASCII 制定的，两者之间只在极个别的地方存在差别。

标准 ASCII 采用 7 位二进制编码表示各种常用符号，即每个字符由 7 位二进制码表示，共 $2^7=128$ 种不同编码，可表示 128 个符号。ASCII 的值可用 7 位二进制代码或 2 位十六进制代码表示，其排列次序为 $d_7d_6d_5d_4d_3d_2d_1$。但是，由于计算机存取数据的基本单位是字节，因此一个字符在计算机内实际是用 1 字节即 8 位二进制数表示的，其最高位 d_8 为 0。

在计算机通信中，最高位通常作为奇偶校验位。以偶校验为例，就是字符的 ASCII 值将 d_8 设置为 0 或 1，使每个字符编码中 1 的个数保持偶数个。例如，字符 A 的 7 位 ASCII 值是 1000001，则将 d_8 置为 0，使得 8 位 ASCII 值为 01000001，共 2 个 1，为偶数个；而字符"*"的 ASCII 值为 0101010，将 d_8 置为 1，则其 8 位 ASCII 值变为 10101010，共 4 个 1，为偶数个。在采用偶校验的编码系统中，如果发现某符号的 ASCII 值中 1 的个数不是偶数个，就说明其编码有错，可能是某位 0 变成了 1，也有可能是某位 1 变成了 0。奇校验同偶校验原理一样，只不过编码中 1 的个数是奇数而已。在计算机中，常用奇偶校验来判定信号在传输过程中是否发生了错误。表 2-2 是标准 ASCII 字符集。

表 2-2　标准 ASCII 字符集

$d_4d_3d_2d_1$	$d_7d_6d_5$							
	000	001	010	011	100	101	110	111
0 0 0 0	NUL (0)	DLE (16)	空格(32)	0 (48)	@ (64)	P (80)	` (96)	p (112)
0 0 0 1	SOL (1)	DC1 (17)	! (33)	1 (49)	A (65)	Q (81)	a (97)	q (113)
0 0 1 0	STX (2)	DC2 (18)	" (34)	2 (50)	B (66)	R (82)	b (98)	r (114)
0 0 1 1	ETX (3)	DC3 (19)	# (34)	3 (51)	C (67)	S (83)	c (99)	s (115)
0 1 0 0	EOT (4)	DC4 (20)	$ (36)	4 (52)	D (68)	T (84)	d (100)	t (116)
0 1 0 1	ENQ (5)	NAK (21)	% (37)	5 (53)	E (69)	U (85)	e (101)	u (117)
0 1 1 0	ACK (6)	SYN (22)	& (38)	6 (54)	F (70)	V (86)	f (102)	v (118)
0 1 1 1	BEL (7)	ETB (23)	' (39)	7 (55)	G (71)	W (87)	g (103)	w (119)
1 0 0 0	BS (8)	CAN(24)	((40)	8 (56)	H (72)	X (88)	h (104)	x (120)
1 0 0 1	HT (9)	EM (25)	) (41)	9 (57)	I (73)	Y (89)	i (105)	y (121)
1 0 1 0	LF (10)	SUB (26)	* (42)	: (58)	J (74)	Z (90)	j (106)	z (122)
1 0 1 1	VT (11)	ESC (27)	+ (43)	; (59)	K (75)	(91)	k (107)	{ (123)
1 1 0 0	FF (12)	FS (28)	, (44)	< (60)	L (76)	\ (92)	l (108)	| (124)
1 1 0 1	CR (13)	GS (29)	- (45)	= (61)	M (77)	] (93)	m (109)	} (125)
1 1 1 0	SO (14)	RS (30)	. (46)	> (62)	N (78)	↑ (94)	n (110)	_ (126)
1 1 1 1	SI (15)	US (31)	/ (47)	? (63)	O (79)	- (95)	o (111)	DEL(127)

　　说明：由表 2-2 可知，26 个大写字母 A~Z 的编码是用 01000001~01011010（十进制数 65~90）这 26 个连续代码来表示的，而数字 0~9 是用 00110000~00111001（十进制数 48~57）这 10 个连续代码来表示的。

　　在表 2-2 中，ASCII 值为 0~31 和 127（NUL~US 和 DEL）的这 33 个符号是不可显示的字符，一般用作数据通信传输控制符号、打印或显示的格式控制符号、对外部设备的操作控制符号或信息分隔符号等，其余 95 个是可以显示和打印的符号。

　　用键盘输入字符时，键盘中的编码电路会将按键转换成对应的二进制 ASCII 值，并送入内存的特定区域。在输出字符时，计算机将字符的 ASCII 值转换成对应的字符，然后输出到显示器或打印机。

　　2．扩展 ASCII

　　由 7 位二进制编码构成的标准 ASCII 字符集只有 128 个字符，不能满足信息处理的需要，因此进行了扩充，采用 8 位二进制数据表示一个字符，编码范围为 00000000~11111111，共可表示 256 个字符和图形符号，称为扩展 ASCII 字符集。这种编码是在标准 ASCII 的 128 个符号的基础上，将它的最高位设置为 1 进行编码的，其前 128 个符号的编码与标准 ASCII 基本字符集相同。

3．Unicode 编码

Unicode 编码是继 ASCII 后由 ISO 在 20 世纪 90 年代初期制定的各国文字、符号的统一性编码，采用 16 位编码体系，可容纳 65536 个字符编码，几乎能够表达世界上所有书面语言中的不同符号。

Unicode 编码主要用来解决多语言的计算问题，如不同国家的字符标准，允许交换、处理、显示多语言文本以及公用的专业符号和数学符号，适用于当前所有已知的编码，覆盖了美国、欧洲、中东、非洲、印度、亚洲和太平洋地区的语言以及各类专业符号。随着因特网的迅速发展，不同国家的人们进行数据交换的需求越来越大，Unicode 编码因而成了当今最为重要的通用字符编码标准。

4．字模编码

前面的各类编码是计算机内部存储、查找各字符的代码，但与字符如何在显示器上显示是有区别的。例如，字符 A 的显示可以用若干竖线、若干横线将计算机显示屏幕划分成若干小网格，如 1024×768，即用 1024 条间距相同的竖线、768 条间距相同的横线分割显示器，这样屏幕就被分成了 786432 个小网格。字符 A 在屏幕上的显示就会落在一片连续的网格区域中，假设它在连续的 8 行、8 列（共 64 个小网格）的区域中显示，用 1 表示有笔画经过的网格，0 表示无笔画经过的网格，总共用 64 位二进制编码就可以保存字符 A 在屏幕上的显示信息。用 1 字节表示屏幕上 A 在一行中的二进制码，则用 8 字节（A 共占屏幕 8 行 8 列的小网格，已是很小的点了）就能够表示 A 在屏幕上的显示数据，被称为字符 A 的点阵信息，或者 A 的字模。

当然，实际的字符显示时，可能将同样大小的区域划分成更小的网格，如 16×16（共 256 个点），需要 32 字节的点阵编码，其效果肯定比前者精美。所有字符的点阵信息集中而成的编码库被称为点阵字库，它被事先设计出来并保存在计算机的存储器中。

字符在计算机中的输入、输出过程是：按下键盘上的某字符时，键盘会将按键操作转换成该字符的 ASCII 值，然后根据该值从点阵字库中找到该字符的点阵编码，并根据它控制屏幕上显示该字符的区域中点的状态，显示出字符。

2.5.2　中文字符的编码

中文即汉字，具有字形优美、生动、形象的特点，是中文信息处理的主要符号。但汉字太多，有 6 万多个，而且字形复杂，给计算机处理带来了较大困难。

从 20 世纪 60 年代起，我国就开始了对汉字信息处理技术的探索和研究，20 世纪 70 年代曾对各类汉字的使用频率进行过统计，发现有 3755 个汉字是最常使用的，覆盖率高达 99.9%，一般人都知道这些汉字的读音，所以把它们按拼音进行排序，称为一级汉字；还有 3008 个汉字的使用也较多，二者合起来就覆盖了汉字应用范围的 99.99%，基本上能满足各种场合的应用，所以把这 3008 个汉字称为二级汉字，并按偏旁部首进行排序。1980 年，我国公布的国标汉字 GB2312—1980 收集的就是这 6763 个常用汉字，再加上 682 个图形及标点符号，共 7445 个中文符号编码。GB2312—1980 是计算机中汉字信息的主要来源，也是制定其他汉字信息编码集的基础。

汉字信息的处理过程要比英文字符复杂得多，涉及汉字输入、加工、处理和汉字输出等方面。汉字加工包括汉字的识别、编辑、检索、变换、与西文字符混合编排等方面，汉字输出则包括汉字的显示和打印等问题。汉字的输入、处理、输出都离不开汉字在计算机中的表示，即汉字的编码问题，这些编码涉及输入码、机内码和交换码等。

1．汉字输入码

在用计算机键盘输入汉字时，往往需要击打多个字母或数字的组合键才能输入一个汉字。人们把输入汉字时在键盘上所敲击的键的组合称为汉字输入码，或汉字的外部码，简称外码。

目前有许多汉字输入法，每种汉字输入法都有不同的输入码，归结为以下 4 类。

① 数字编码，也称为顺序码或流水码，用一个数字串代码（一般用 4 位数字表示一个汉字的编码）来代表一个汉字，如区位码、电报码等。数字编码的优点是无重码，容易转换为汉字的机内码（汉字在计算机内部的编码）。其缺点是每个汉字的输入码都由多位数字组成，很难记忆，输入困难，所以除了专业应用（如发电报），很难推广使用。

② 字音编码。根据汉字的读音确定汉字的输入码。由于汉语的同音字很多，因此字音编码的输入重码率较高，输入时一般要对同音字进行选择，且对不知道读音的字无法输入，优点是简单易学。常见的字音编码有全拼、微软拼音、搜狗输入法等。拼音输入法简单易学，使用的人较多，但很难实现盲打（输入重码多）。

③ 字形编码。根据汉字的字形信息进行编码。汉字都是由一笔一画组成的，把汉字的笔画、组成部件用字母或数字进行编码，按汉字的书写顺序依次输入笔画或偏旁部首的键盘编码，就能输入对应的汉字。常用的字形码输入法有五笔字型码、表形码、大众码等。

④ 音形编码。把汉字的读音和字形相结合进行编码，音形码吸收了字音和字形编码的优点，使编码规则化、简单化，重码少，如智能 ABC、五十字元码、全息码和自然码等。

具体采用哪种输入法取决于个人的爱好。本书不做专门介绍，但在输入汉字时一定会涉及标点符号的输入。在不同的中文输入法中，标点符号的键盘位置大致一样，如表 2-3 所示。

表 2-3　标点符号与键盘按键的对应

键位	中文标点	英文标点	键位	中文标点	英文标点
.	。（句号）	.	)	）（右括号）	)
,	，（逗号）	,	<	〈、《（单、双书名号）	<
;	；（分号）	;	>	〉、》	>
:	：（冒号）	:	^	……（省略号）	^
?	？（问号）	?	－	——（破折号）	－
!	！（叹号）	!	\	、（顿号）	\

键位	中文标点	英文标点	键位	中文标点	英文标点
"	""（引号）	"	@	·（间隔号）	@
'	''（单引号）	&	—	—（连接号）	&
(	（（左括号）	(	$	￥（人民币符号）	$

对于表 2-3 中的键，在键盘处于中文输入状态时，输入的符号就是中文符号；在键盘处于英文输入状态时，输入的是英文字符。

注意：输入汉字时，有些输入法要求键盘处于小写状态（如五笔字型输入法）。如果键盘处于大写状态，即使是在中文输入状态下，也不能输入汉字（这时输入的是大写英文字母）。

2．汉字交换码

汉字采用两个连续的字节进行编码。为了与西文字符的编码相区别，把两字节的最高位都置为 1，余下的 14 位二进制数能表示的汉字数为 128×128 = 16384，这么多的汉字足够日常使用了。

用于计算机处理的汉字系统有很多，这就导致了同一汉字在不同的系统或计算机内部采用的编码不一致。当不同的汉字系统要交换信息时，由于汉字的编码不同，就不能直接进行数据交换，这就导致了汉字交换码的产生。

汉字交换码是不同汉字系统共同遵守的一种公用汉字编码，用于不同汉字信息处理系统之间或通信系统之间的汉字信息交换。

1）国标码

《GB2312—1980　信息交换用汉字编码字符集——基本集》（国标码）是我国于 1981 年制定的，共收集了汉字和图形符号 7445 个，其中汉字 6763 个，各种图形符号共 682 个，是我国目前汉字交换码的基础。国标码采用 2 字节（2 个 7 位二进制数，第 1、2 字节的最高位 d_8 都设置为 0）对汉字进行编码，如表 2-4 所示。此表可容纳 94×94 = 8836 个编码。由于两字节的最高位 d_8 都是 0，因此表中并未画出。查表可知，"啊"的国标码为 3021H，"饱"的国标码为 3125H。

表 2-4　国标码

第 1 字节								第 2 字节								对应汉字
d_7	d_6	d_5	d_4	d_3	d_2	d_1	十六进制	d_7	d_6	d_5	d_4	d_3	d_2	d_1	十六进制	
0	1	1	0	0	0	0	30	0	1	0	0	0	0	1	21	啊
0	1	1	0	0	0	0	30	0	1	0	0	0	1	0	22	阿
0	1	1	0	0	0	0	30	0	1	0	0	0	1	1	23	埃
0	1	1	0	0	0	1	31	0	1	0	0	0	1	0	22	雹
0	1	1	0	0	0	1	31	0	1	0	0	0	1	1	23	保
0	1	1	0	0	0	1	31	0	1	0	0	1	0	0	24	堡
0	1	1	0	0	0	1	31	0	1	0	0	1	0	1	25	饱

近年来，计算机应用的群体和范畴越来越大，GB2312—1980 中收录的文字已经不能满足需要，特别是对我国少数民族方面的编码不全，对国外（如日、韩等国）文字编码有所欠缺，因此进行了两次大的修订，形成了 GB13000 和 GB18030 两个标准。

GB13000 制定于 1993 年，采用了全新的多文种编码体系，收录了中、日、韩文字 20902个，是我国计算机系统必须遵循的基础性标准之一。GB18030 则有两个版本，分别是 2000年制定的 GB18030—2000 和 2005 年制定的 GB18030—2005。GB18030—2005 称为《信息技术中文编码字符集》，采用 4 字节编码方式，共收录 70244 个汉字，是包含了多种我国少数民族文字（如藏文、蒙古文、傣文、彝文、朝鲜文、维吾尔文等）的超大型中文编码字符集。

无论 GB13000 还是 GB18030，都是在 GB2312—1980 基础上进行扩展的，保持了对它的兼容性。在多字节的编码方案中，其第 1、2 字节的编码方案与 GB2312—1980 相同。因此，下面基于 GB2312—1980 对区位码和机内码进行讨论，分析汉字信息在计算机中的处理过程。

2）区位码

区位码是在国标码的基础上改造而成的。在国标码中，全部汉字排列在 94×94 的矩阵中，每行称为区，每列称为位，这个表中的每个汉字就由它在该表中的行号和列号唯一确定了一个编码。把国标码高、低两字节的 d_6 位设置为 0，就得到区位码。

汉字基本集由两部分组成，其中汉字共 6763 个，按其使用频率的大小分为两级。一级汉字 3755 个，16～55 区，按汉语拼音排序；二级汉字 3008 个，56～87 区，按偏旁部首排序；汉语拼音符号 26 个；汉语注音符号 37 个；数字 22 个，即 0～9 和 Ⅰ～Ⅻ；序号 60 个，即①～⑩、（1）～（20）、1.～20.等。

同时，汉字基本集还包含：一般符号 202 个，包括标点符号、运算符号和制表符号；英文大小写字母，共 52 个；希腊大小写字母，共 48 个；日文假名，169 个，其中平假名 83 个、片假名 86 个；俄文大小写字母，共 66 个。

国标码和区位码的关系为：国标码 = 区位码+2020H。注：区位码转换为十六进制数时，区号和位号是分别转换的。

3）机内码

机内码又称为内码，是设备和汉字信息处理系统内部存储、处理、传输汉字时使用的编码。在西文系统中没有交换码和内码之分，各公司均以字符的 ASCII 编码为内码来设计计算机系统。ASCII 采用 1 字节表示字符，最高位为 0，而汉字采用 2 字节表示信息，为了能够区分汉字字符和英文字符的机内码，就把汉字机内码中两字节的最高位均设置为 1。即在GB2312—1980 规定的汉字国标码中，将每个汉字的两字节的最高位都设置为 1。因此，汉字的区位码、国标码、机内码三者之间存在如下转换关系：

国标码 = 区位码+2020H（把区位码的区号和位号分别加上十进制数 32）

机内码 = 国标码+8080H（把国标码的高位字节和低位字节分别加上十进制数 128）

机内码 = 区位码+A0A0H（把区位码的区号与位号分别加上十进制数 160）

3．汉字字形码

汉字字形码，又称为汉字字模，用于在显示屏幕或打印机中显示汉字。当前采用的字形码主要有矢量字形和点阵字形两种。

矢量字形用数学方法描绘字体，根据各字符（如汉字、英文字符等）的字形特点，从字形上分割出若干关键点，相邻关键点之间用一条光滑曲线连接起来，就构成了相应的字符，光滑曲线是用数学函数根据关键点绘制的。矢量字体的优点是字体可以无级缩放而不会产生变形。目前，主流的矢量字体格式有 3 种：Type1、TrueType 和 OpenType。其中，TrueType 是美国的苹果公司和微软公司联合研制的，Windows 系统采用 TrueType 字体。

点阵字形则用微小的点来构造字符，英文字符由 8×8=64 个小点就可以显示（横向和纵向都有 8 个小点）。汉字是方块字，字形复杂，有的字由一笔组成，有的字由几十笔组成，一般用 16×16 共 256 个小点来显示和打印汉字。把这些构成汉字的小点用二进制数据进行编码，就是汉字字形码。例如，16×16 点阵的汉字就是把屏幕上显示一个汉字的区域横向和纵向都分为 16 格，共 256 个小方块。笔画经过的点为黑色，笔画未经过的点为白色，这样就形成了显示屏上的白底黑字。

"次"字的 16×16 点阵（已经把笔画经过的小点编码设置为"1"，笔画没经过的小点编码设置为"0"）容易用二进制数来表示点阵，如果用二进制数 1 表示黑点，用 0 表示白点，那么一个 16×16 点阵的汉字可以用 256 位二进制数表示（如图 2-23 所示），存储时占用 32 字节（因为每个字节为 8 位）。图 2-23 中"次"的 16×16 点阵的数字化信息可以用一串十六进制数来表示：00 80 00 80 20 80 10 80 11 FE 05 02 09 44 08 48 10 40 10 40 60 A0 20 A0 21 10 22 08 04 04 18 03，即"次"的字形码。

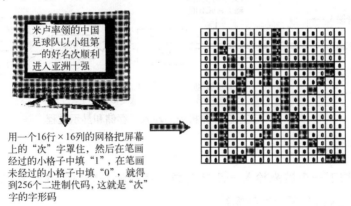

用一个16行×16列的网格把屏幕上的"次"字罩住，然后在笔画经过的小格子中填"1"，在笔画未经过的小格子中填"0"，就得到256个二进制代码，这就是"次"字的字形码

图 2-23　点阵字形

4．汉字库

在一个汉字信息处理系统中，所有字形码的集合就是该系统的汉字库。由描述全体汉字的矢量信息构成的字库称为矢量字库，由描述汉字的点阵信息构成的字库称为点阵字库。汉字系统一般收集了国标码中的 6763 个汉字，加上 682 个标点符号和图形符号，共有 7445 个汉字字形码。

常用的点阵字库主要有 16×16、24×24、32×32 等点阵字库。显然，点越多，显示的字符的笔画就越平滑，但编码就越复杂，占据的内存空间就越多。

在计算机中，所有汉字的字形码被存放在一系列连续的存储器中，每个汉字的字形码要占若干字节（如 16×16 点阵的汉字，每个汉字占 32 字节），每个字形码所占第一存储单元的地址称为该汉字字形码的地址码，简称汉字的地址码。

字库与汉字的字体、点阵大小有关系，不同的字体、不同大小的点阵有不同的字库，如宋体字库、仿宋体字库、楷体字库、黑体字库、行书字库等。不同点阵的同种字体也有不同的字库。例如，宋体字有 16 点阵（16×16）宋体字、24 点阵的宋体字、32 点阵的宋体字和 48 点阵的宋体字等。不同点阵的字库所占存储空间是不同的，如 16×16 点阵的字库中每个汉字占 32 字节，则整个字库占用 7445×32 bits = 238240 Byte，约 240 KB。

字库分为软字库和硬字库：存放在磁盘上的字库称为软字库，以文件的形式存储在磁盘上；存放在 ROM 中的字库（如汉卡、打印机的自带字库等）则称为硬字库。

2.5.3 字符的编码处理过程

前面介绍了字符的各类编码：ASCII、汉字输入码、交换码、字形码等，它们各有什么用途？人们输入一篇文章，保存和显示的是哪些编码内容呢？

其实，在计算机中，无论采用什么输入法，其对应的输入码都将被转换成机内码进行存储、传输和处理，通过字形码进行显示或打印，如图 2-24 所示。

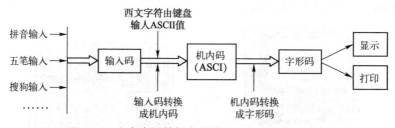

图 2-24　文字在计算机中的输入、存储和显示过程

1．西文字符的编码转换过程

当在键盘上按下一个键来输入一个字符或汉字的输入码时，在计算机中会发生什么事情？它如何识别输入的是哪个字符呢？

例如，在键盘上按下 B 键后，在显示器上就会出现"B"。这个"B"是直接送到显示器上的吗？不是！计算机对"B"的输入、显示过程如图 2-25 所示（虚线表示在 CPU 控制下进行）。

① 当 B 键被按下时，"B"的键盘编码（键盘扫描码）被送入键盘扫描码转换程序。

② 键盘扫描码转换程序被执行（图中虚线表示 CPU 控制执行），它把"B"的键盘扫描码转换成"B"的 ASCII 值 01000010（66）并送入内存（被存放在显示缓冲区）。

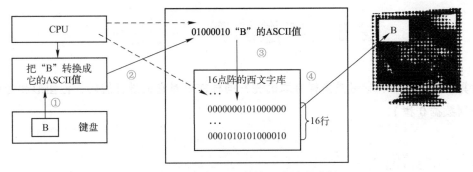

图 2-25　字符"B"的输入和显示过程

③ CPU 利用 01000010（"B"的 ASCII 值）在 16×16 点阵的字库中找到"B"的字形码（16 行、16 列的二进制码）首地址。

④ 从首地址开始把连续的 256 位二进制数送到显示器上，显示器把 0 表示成黑色，把 1 表示成白色，这样就得到黑底白字的"B"。

2．汉字的编码转换过程

汉字的显示过程与此相似，在这个处理过程中会用到汉字的各种编码。图 2-26 显示的是"人民"两字的处理过程，假设"人"为 16 点阵的宋体，"民"是 16 点阵的隶书。

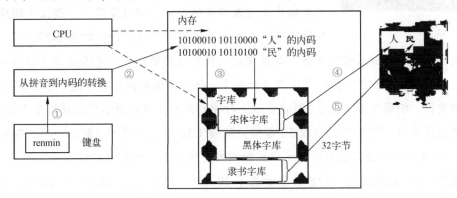

图 2-26　汉字的输入和显示过程示例

① 键盘把用户输入的拼音输入码"renmin"送入输入法处理程序。

② 输入法程序把"renmin"转换成"人民"的机内码，并存储在内存中。

③ 计算出"人"的点阵字形码在字库中的地址（字库中的起始位置）。汉字各种不同的字体，如宋体、楷体、行书、黑体等，每种字体都有相应的字库，它们都是独立保存的。因为"人"被设置为 16 点阵宋体，所以计算机根据"人"的机内码在 16 点阵的宋体字库中找到其字形码的首地址。

④ 从"人"的字形码首地址开始，把连续的 256 位（32 字节）的二进制信息送到显示器，显示器把 0 表示为黑色，把 1 显示成白色，这样显示器上就出现了白底黑字的"人"。

"人"显示后，再显示"民"，由于"民"被设置为 16 点阵的隶书，因此计算机将利用"民"的机内码在 16 点阵的隶书字库中去找其字形码。后续过程类似。

2.6 声像的数字化处理

计算机对于图形和音频是怎样存取的呢？同样需要对它们进行编码，把图形和音频转换成二进制数据 0 和 1。

2.6.1 音频转换

计算机对音频的数字化处理有对声波进行采样编码和数字音乐合成两种技术。

1 . 声波编码

各种声音都是机械振动或气流振动引起周围传播媒体（气体、液体、固体等）发生波动

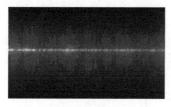

图 2-27 声波

的现象，引发振动的发声体称为声源体。当声源体发生振动时，引起邻近空气（或其他媒介）振动，从而使这部分空气（媒介）的密度变密，当声源体反向振动时，这部分空气就会变得稀疏。这样，随着声源体不断发生强弱不同的振动，从而引起周围空气连续产生或疏或密的振荡，可以使用一种模拟（即连续变化的物理信号）波形来表示它，即声波，如图 2-27 所示。

要在计算机中存储或播放声音，必须先把它转换成数字信号，把模拟信号转换为数字信号的方法是采样。声波的采样就是在声音波形上，每隔相同时间取一个波形值。图 2-28 显示了声波的采样、编码过程。图 2-28（a）表示 1 秒钟的声形，可以看出它是连续变化的模拟量。现在对其进行采样，把 1 秒钟分成 30 等份，每隔 1/30 秒从该波形中取出一点，这样就得到 30 个点，如果采用 8 位二进制数表示声波振幅的变化范围，把最低的波谷设置为 0，最高的波峰设置为 255，这样就把这段波形表示成了 30 个 0～255 之间的数字，如图 2-28（b）所示，把其中的每个数字表示成相应的二进制数，如图 2-28（c）所示。

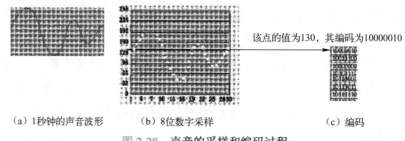

该点的值为130，其编码为10000010

（a）1秒钟的声音波形 （b）8位数字采样 （c）编码

图 2-28 声音的采样和编码过程

显然，采样的间隔时间越短，从声波中取出的数据就越多，声音就越真实。人们把每秒钟采样的次数称为采样频率。通俗地讲，采样频率就是每秒钟从声波中取出的数据个数。要保持声音的真实，采样频率至少不低于 11 kHz，即每秒钟从声波中取出约 11000 个波形数据。要达到立体声效果，采样频率不能低于 44.1 kHz。但采样频率越高，对应的数字信息就越多，

保存这些信息的存储空间就会越多。

最低的波谷和最高的波峰之间分的等分越多，就需要用越多的数字表示声音的高低（振幅）。显然，分得越"细"，声音就越真实。在声卡中，采样编码后的二进制数字的个数称为声卡的位。如图 2-28(c)所示，用 8 位二进制数表示声音编码，这样的声卡称为 8 位声卡。由此可知，16 位声卡比 8 位声卡音响效果更好，主流声卡都是 64 位。

把对声波采样后形成的数字信号存放在一个计算机文件中，这个文件就是波形文件。波形文件就是把对声波采样的结果以数字形式记录、存储的文件，任何音频都可用波形文件进行存储。

波形文件的扩展名有 .wav、.mod 和 .voc 等。如 Windows 系统提供的"录音机"可以录制和播放这些文件。

2．数字音乐合成

MIDI（Musical Instrument Digital Interface，乐器数字接口）是数字音乐及电子合成乐器的国际标准，定义了计算机音乐程序、数字合成器及其他电子设备交换音乐信号的方式，规定了不同厂家的电子乐器与计算机连接的电缆、硬件及设备间数据传输的协议，可以使不同厂家生产的电子音乐合成器互相发送和接收音乐数据，并且满足音乐创作和长时间地播放音乐的需要，可以模拟多种乐器的声音。MIDI 并不对声波进行采样和编码存储，而是将数字式电子乐器的弹奏过程以命令符号的形式记录下来，当需要再次播放这首乐曲时，根据记录乐谱指令，通过音乐合成器重新产生声波并通过扬声器播放出来。图 2-29 显示了 MIDI 音乐的合成过程。

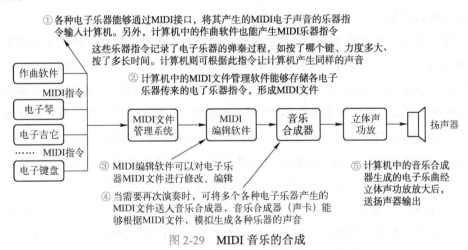

图 2-29 MIDI 音乐的合成

MIDI 相当于一个音乐符号系统，允许计算机与音乐合成器进行通信，计算机把音乐编码成音乐序列命令，并以 .mid、.cmf、.rol 文件形式进行存储。MIDI 文件比波形文件要小得多，更节省存储空间。

2.6.2　图像的数字化处理

图像信息在计算机中是怎样保存的呢？主要有两种编码方法：位图和矢量图。

1．位图

位图是一个位数组，用一位或多位二进制来表示像素点。通俗地讲，位图是计算机用像素在屏幕上的位置来存储图像，最简单的位图当然是黑白图像。例如，屏幕上有一个图像，把一个网格罩在该图像上，网格就会把该图像分成许多小格子（每个格子就是一个像素点）。这样，图像所在的小格中就有一个像素，图像不在的小格中就没有像素。在黑白图像中，有像素的点应为黑色，无像素的点为白色，这样在计算机中表示该图时，黑色的像素用 0 表示，白色的小格用 1 表示，整个图像就被编码成了 0、1 代码。

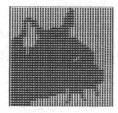

图 2-30　位图

图 2-30 左图为在屏幕上显示的一只美洲豹，用一个由许多小格子组成的网格放在它的头部，则有的小格子中有头像，有的小格子中无头像，有头像的格子用 0 表示，无头像的格子用 1 表示，如图 2-30 右图所示。这样，头像就被编成了 0、1 组成的代码，这个由多位组成的 0、1 编码矩阵就可以被存储在计算机的存储器中，就是一幅位图。这些小格子中的 0、1 信息，不仅表示了图像信息，还表示了这些像素在屏幕上的位置。当要再次显示这个图像时，计算机就会从存储器中把这些 0、1 信息读出来，送到显示器的相应位置（如同存储时的位置一样）。出现 0 的地方表示成黑色，出现 1 的地方表示为白色，就得到相应的黑白图像。

由此可以看出，位图其实是按图像在屏幕上的位置，根据图像是否经过这些位置而把图像信息编成相应的 0、1 编码，其数量取决于显示器的分辨率。例如，在 640×480 分辨率下（屏幕被划分成 640 列、480 行），屏幕可以显示 307200（640×480 = 307200）个像素。也就是说，在这种屏幕上一幅黑色图像由 307200 个点组成，每个点要用一位二进制的 0 或 1 来表示，则在 640×480 分辨率下的一幅黑白位图要占用 307200÷8 = 38400 字节。

事实上，单色图很少使用，而灰度图像用得较多。所谓灰度图像，即不是单纯用黑色和白色来表示图像，而是把黑色（或白色）按其浓度的不同分为不同级别，如"黑色""漆黑""淡黑"……通常，计算机用 256 级灰度来显示图像，这样在图 2-30 所示的小格子中，0 和 1 仅表示该格子中是否有图像经过，而不能表示它到底是"黑色""漆黑"还是"淡黑"……它到底是 256 级灰度中哪种程度的"黑"色呢？显然，它可能是这 256 种灰度中的任何一种，有 256 种可能。因此，小格子中的每个点，除了用 0 或 1 表示是否有图像外，还必须用 8 位二进制编码（8 位二进制数可表示 256 种编码）表示该点的灰度。由此可知，在 640×480 分辨率下，一幅 256 级灰度的单色位图的编码为 640×480×8 bits，即 307200 字节。

彩色图像的编码方式与此相似，如 16 色的彩色图像，要表示 16 种色彩，需要用 4 位来编码：0000、0001、0010、…、1111，每个编码代表一种色彩。屏幕上每个像素的色彩都有16 种可能，所以每个像素都需要 4 位来表示编码，这样在 640×480 分辨率下的一幅 16 色图像的编码为：640×480×4 = 1228800 bits，即 153600 字节。在同种分辨率下的 256 色位图需要307200 字节，16 位（2^{16}）、24 位（称为真彩色，共 2^{24} 种色彩）位图需要的存储空间就可想而知了。

位图是计算机中常用的图像，生活中的图像也常以位图的形式存放在计算机中，如用扫描仪把个人的照片扫入计算机，这种图像的格式就是位图。位图文件的扩展名通常是 .bmp。许多图形软件可以用来创建、修改或编辑位图，如 Windows 系统提供的 Paint、PaintBrush、Photoshop 等。

除了位图，还有其他类型的图形文件，如 TIF、JPG、GIF、PCX 等。

2．矢量图

位图存放的是图像的像素和颜色编码，这要占用很大的存储空间。矢量图形是由一系列的可重构的图形指令构成的，在创建矢量图形时可以用不同的颜色来画线和图形，然后计算机将这一系列线条和图形转换为能重构图形的指令。计算机只存放这些指令，并不存放画好的图形，当要重新显示这些图形时，计算机就执行这些存放的指令，把图形重新画出来，矢量图形比位图占用较少的存储空间。扩展名为 .wmf、.dxf、.mgx、.cgm 等的文件都是矢量图形，只不过绘制图形的软件不同。微机中常用的矢量图形软件有 Designer 和 CorelDRAW。

2.6.3　视频的数字化处理

视频实际上由一系列的静态图像按照指定的次序排列组成，每幅图像称为一帧。利用人眼视觉暂留的原理，依次快速显示在屏幕上，就会产生动画效果。当播放速度大于 12 帧/秒时，就会产生连续的视频效果，再配上同步的音频，就产生了视频影像，电影播放的帧率大约是 24 帧/秒。

视频大致有两种类型：模拟视频和数字视频。早期电视、录像等视频信号的记录、存储和传递都采用模拟信号，当前的数字摄像机录制的都是数字视频。

模拟视频有 NTSC 和 PAL 两种制式，NTSC 的规格为 30 帧/秒、525 行/帧，PAL 的规格为 25 帧/秒、625 行/帧。我国采用 PAL 制式。

同声波一样，模拟视频信号需要变为数字的 0 或 1。这个转变过程就是视频捕捉（或采集）过程。其方法与声波的采样过程相似，在一定的时间内，以同样的速度对每帧视频进行采样、量化和编码，实现从模拟信号到数字信号的转换。

视频信息数字化后，信息量非常大，通常需要经过压缩处理，否则会占用太多的存储空间。例如，存储 1 秒（播放 30 帧图像）分辨率为 640×480 的 256 色（用 8 位二进制编码）的视频，需要的存储空间大小为：640×480×8×30/8 = 9216000 Byte ≈ 9 MB。可以计算，保存

2 小时的电影需要 66 355 200 000 字节，即约 66.3 GB。但经过压缩后，就会减少大量的存储空间。

如果要在电视机上观看数字视频，就需要一个从数字到模拟的转换器，将二进制信息解码成模拟信号，才能进行播放。

习 题 2

一、选择题

1. 以下叙述中正确的是_____。

A. 十进制数可用 10 个数码，分别是 1~10

B. 一般在数字后加一大写字母 B 表示十进制数

C. 二进制数只有两个数码：1 和 2

D. 数据在计算机内部都是用二进制编码表示的

2. 用 1 字节表示无符号整数，能够表示的最大整数是_____。

A. 128   B. 256   C. 255   D. 32768

3. 英文字母 A 的十进制 ASCII 值为 65，则英文字母 Q 的十六进制 ASCII 值为_____。

A. 51   B. 81   C. 73   D. 94

4. 计算机中的各种算术运算都可以通过_____运算实现。

A. 加法   B. 减法   C. 除法   D. 乘方

5. $3 \oplus 5$ 的结果是_____。

A. 8   B. 6   C. 4   D. 1

6. A、B 是"与"门电路中两个电子二极管的输入，当_____时才会输出 1。

A. A=+5V, B=0V   B. A=0V, B=+5V

C. A=B=0V   D. A=B=+5V

7. 计算机中存取数据的基本单位是_____。

A. bit   B. Byte   C. Word   D. Double Word

8. 微型计算机中使用最普遍的字符编码是_____。

A. EBCDIC   B. 国标码   C. BCD 码   D. ASCII

9. 在计算机中采用二进制，是因为_____。

A. 可降低硬件成本   B. 两个状态的系统具有稳定性

C. 二进制的运算法则简单   D. 上述三个原因

10. 已知 011 是定点小数，则其大小是_____。

A. 0.5   B. −0.5   C. 0.75   D. −0.75

11. 已知 0101 是定点整数，则其大小是_____。

A. −5   B. 5   C. 0.625   D. −0.625

12. IEEE754 标准浮点数在内存中的编码包括数符、阶码和_____。

A. 数码   B. 指数   C. 尾数   D. 小数

13. 存储一个 32×32 点阵汉字字型信息的字节数是_____。

A. 64   B. 128   C. 256   D. 512

14. 计算机存储器中，1 字节由_____个二进制位组成。

A. 4   B. 8   C. 16   D. 32

15. KB（千字节）是度量存储器容量大小的常用单位之一，1 KB 等于_____。

A. 1000 字节   B. 1024 字节

C. 1000 个二进位   D. 1024 个字

16. 已知"装"字的拼音输入码是 zhuang，而"大"字的拼音输入码是 da，则存储它们内码分别需要的字节数是_____。

A. 6，2   B. 3，1   C. 2，2   D. 3，2

17. 下面一组数中，最小的数是_____。

A. $(11011001)_2$ B. $(11111111)_2$ C. $(76)_{10}$ D. $(46)_{16}$

18. 以下十六进制数的运算中，_____是正确的。

A. 1+9=A   B. 1+9=B   C. 1+9=C   D. 1+9=10

19. 五笔字形码输入法属于_____。

A. 音码输入法   B. 形码输入法   C. 音形结合的输入法   D. 联想输入法

20. 计算机对汉字进行处理和存储时使用汉字的_____。

A. 字形码   B. 机内码   C. 输入码   D. 国标码

二、填空题

1. 在国标 GB2312—1980 字符集中，一级汉字大约有_____个，二级汉字有_____个；当采用 16×16 点阵的字形码时，每个汉字占用_____字节，整个汉字库占用_____字节，一个汉字的内部码占用_____字节，扩展 ASCII 占用_____字节。

2. 国标 GB2312—1980 字符集共收录汉字_____个，各类符号_____个，数字、序号共_____个，整个字符集中所有的符号共_____个。其中，汉字分为两级，一级汉字按_____排序，二级汉字按_____排序。

3. 如果将汉字按 16×24 点阵的字形码在屏幕上显示，一屏 24 行，每行 80 个汉字，为了保存一屏的汉字，需要用_____KB 的存储容量。

4. 1.44 MB 的磁盘文件可以保存_____个汉字信息。

5. 若字母 b 的 ASCII 值为 98，则字母 B 的 ASCII 值为_____。

6. 一幅分辨率为 800×600（DPI）的位图，若为黑白图形，则需要_____字节的内存；若为 256 级的灰度图形，则需要_____字节的内存；若为真彩色图形，则需要_____字节的内存。

三、数据转换

1. 把以下十进制数分别转换为相应的二进制数、十六进制数。

     1024   343   385.1875   0.75   258   255

2. 把以下二进制数分别转换为相应的十进制数、十六进制数。

101011   100101.1   1011.1011   1100101011   10011000000   11111.11

3. 把以下十六进制数分别转换为十进制数和二进制数。

$$AB \quad A02 \quad 256 \quad FF$$

4. 计算下面的表达式，并把结果表示为十进制数。

$$10110110+100111 \qquad 1101101+1001101$$

5. 假设占用存储空间为 1 字节，计算+53、−53 的原码、反码及补码。

6. 将内存中的定点纯小数 01011 转换为十进制数，若其为定点整数，其对应的十进制数又是多少？

7. 计算单精度浮点数 0.125 和−0.125 的 IEEE-754 内存编码。

8. 据例 2-3 和例 2-3 的结果，计算双精度浮点数 58.7875 和−58.7875 在内存中的编码。

四、问答题

1. 简述计算机求解问题的过程。

2. 计算机硬件是如何表示 0 和 1 的，什么是"0/1 计算化"？

3. 什么是 ASCII、汉字的机内码？它们有什么区别？什么是汉字字形码？举例说明国标码、区位码和汉字机内码的关系。

4. 什么是 Unicode 编码？这种编码有什么优点？

5. 简述中文字符在计算机中的处理过程。

第 3 章

计算机硬件基础

COMPUTER

本章介绍计算机的硬件构成，包括运算器、控制器、存储器、输入设备和输出设备五大部件的功能、主要的技术指标及工作原理。

3.1　计算机系统概述

计算机系统由硬件系统和软件系统两部分组成。硬件是有形的物理设备，可以是电子的、电磁的、机电的、光学的元器件或装置，或者是由它们组成的计算机部件。常见的计算机的机箱、键盘、鼠标、显示器等都是计算机的硬件设备。软件是指在计算机硬件上运行的各类程序和文档的总称，用于扩展计算机的功能。一个完整计算机系统的组成如图 3-1 所示。

计算机硬件与软件关系密切，相辅相成。没有硬件，软件无法运行，毫无用处。只有硬件而没有软件的计算机称为"裸机"。裸机只有极其有限的功能，甚至连最起码的启动也不能完成，更别说进行数据处理工作了。

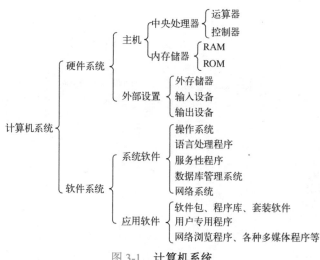

图 3-1　计算机系统

3.2　计算机硬件系统的组成结构

　　人们最常见的计算机是微型计算机，包括台式微机和笔记本电脑。台式微机最直观的组成部件是显示器、键盘、鼠标和机箱，其他部件和秘密则被封闭在机箱中。打开机箱，就会看到计算机错落无序的"内脏"，包括许多电线和印制电路板，如图 3-2 所示，核心是主板。主板是一块分层的电路板，每层中都布满了各类电子线路，并在这些线路上预留了许多接口，各式各样的计算机设备可以同接口相连接，形成一个有机的整体。

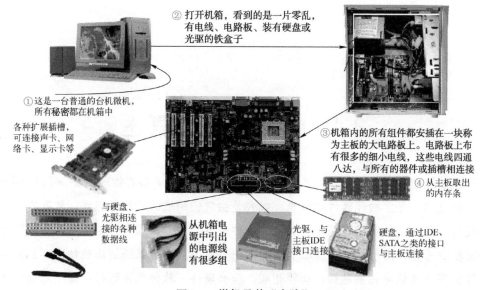

图 3-2　微机及其"内脏"

　　尽管计算机在外形、规模大小、运算速度、性能和应用领域等方面存在很大的差异，但从体系结构上，它们都属于冯·诺依曼结构。该结构的主要特点如下：

① 硬件系统由运算器、控制器、存储器、输入设备和输出设备五大部分组成。

② 数据和程序以二进制形式存放在存储器中。

③ 控制器根据存储器中的指令进行工作，自动执行指令。控制器具有判断能力，能根据计算结果选择不同的操作流程。

在冯·诺依曼体系结构中，计算机各组成部件通过总线相互连接成一个有机的整体，如图 3-3 所示。

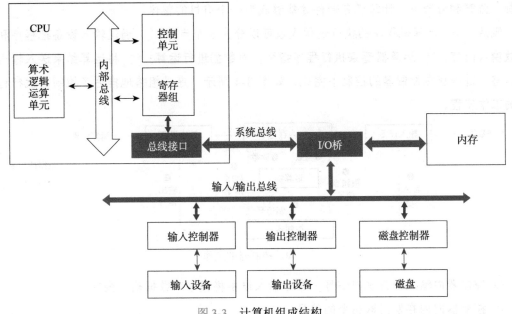

图 3-3　计算机组成结构

总线是数据和指令的传输通道，本质上是一组导线，是计算机各组成部件之间传递信息的"公路"。根据在计算机中所处的位置，总线可以分为 CPU 内部总线、系统总线和输入/输出总线；根据传输信号的类型，则可以分为数据总线、地址总线、控制总线。

3.3　运算器、控制器和中央处理器

运算器和控制器是计算机的核心部件，对计算机的整体性能有着决定性的影响。

3.3.1　运算器和控制器

运算器（Arithmetic and Logical Unit，ALU）是进行算术运算和逻辑运算的部件，通常由累加器、通用寄存器、算术逻辑运算单元及运算状态寄存器等组成，其核心是算术逻辑运算单元，所以运算器也被称为算术逻辑部件。运算器能够实现的操作包括算术运算、逻辑运算以及移位、比较和传输等运算。算术运算即数学运算，如加、减、乘、除等运算；逻辑运算是指与、或、非、异或等运算；比较运算是对数据的大小判断，如判断两数的大小或相等与否。运算器在控制器的控制下，对取自内存的数据进行算术运算或逻辑运算，再将运算的结果送入内存。

控制器（Control Unit，CU）是指挥计算机每个组成部分协调工作的部件，主要由程序计数器、指令寄存器、指令译码器、时序电路和控制电路等构成。其功能是控制计算机各部件的工作，并对输入设备和输出设备的运行进行监控，使计算机自动地执行程序。在控制器的控制、监管和协调下，计算机各部件才能够成为一个有机的整体。

概括而言，计算机程序的执行过程大致可以分为 3 个步骤：① 通过输入设备把程序和原始数输入内存；② 运算器逐条执行程序指令，对数据进行运算；③ 将运算结果送入输出设备。整个过程都在控制器的控制下完成，如图 3-4 所示，序号粗略地描述了控制器执行程序时的工作流程。

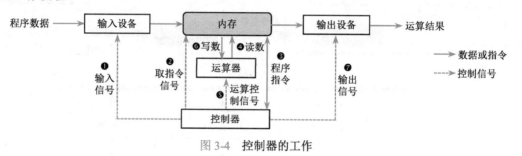

图 3-4　控制器的工作

❶ 控制器向输入设备发出信号，命令输入设备将程序和数据输入内存。

❷ 控制器向内存发出取指令的信号。

❸ 内存中的程序指令被送到控制器。

❹ 控制器对指令进行译码，产生运算控制信号，并发出读数据命令，将指定内存单元中的数据读到运算器。

❺ 控制器向运算器发出运算控制信号，这个信号是根据程序指令译码得来的，可以控制运算器中各门电路的输入电压，完成数据运算。

❻ 控制器向运算器发出写数据信号，将运算结果写入内存。

❼ 控制器向存储器发出输出信号，将内存中的运算结果送入输出设备。

需要注意的是，上面的流程只是宏观上的近似描述，目的是说明控制器的重要性，并帮助读者建立起计算机程序执行过程的整体观，而实际的程序运行是以指令为单位的，每条指令的执行都可能涉及其中的多个步骤。

3.3.2　中央处理器

1 . 中央处理器的构成和功能

1971 年，Intel 公司将运算器和控制器集成在了一块芯片上，称为微处理器，即中央处理器，又称为中央处理单元（Central Processing Unit，CPU）。CPU 是当代计算机系统必不可少的核心部件，其中有解释和执行指令的电路，以及执行指令所必须具备的算术运算和逻辑运算的控制电路。CPU 是计算机的运算中心和控制中心，其功能是逐条执行存储器中的机器指令，实现算术运算和逻辑运算，并控制其他部件的工作。

2．指令和程序

指令是指计算机完成特定操作的命令，它是 CPU 执行的最小单位，其一般格式为

操作码	操作数

操作码也称为指令码，用来表示指令要执行的操作，如加、减、乘、除、数据传送、移位等操作。操作数用来指定参加运算的数据，或数据所在的内存单元地址，通常也称为地址码。在计算机中，操作码和操作数对应的整条指令都以二进制编码的形式存放在存储器中。

每款 CPU 的指令由该类型 CPU 的指令集体系结构（Instruction Set Architecture，ISA）规定。可以这样理解，同款 CPU 具有相同的硬件结构，即具有相同的运算器和控制器，组成它们的电子元器件（如各种逻辑门电路）相同。当向这些电子元器件施加相同的电信号组合时就会完成相同的逻辑运算，如某 CPU 的运算器有 8 条输入线，当依次向每条输入线施加高低不同的电压时，就可以实现不同的运算：

11010100	加法
11010101	减法
11010111	读数
00000000	停机

其中的 1 代表输入高电平，0 代表输入低电平，当输入其他电平组合信号时，就能够实现另外的算术或逻辑运算。这些能够控制 CPU 中各种组成元器件工作的 0、1 编码就是指令码，指令码与它要操作的数据或数据的内存地址结合在一起被称为指令。CPU 中全部指令的集合称为它的指令系统。显然，不同类型 CPU 的硬件结构一定不同，其指令系统也就不同。

人们指派给计算机的任务不能单靠一两条指令来实现，而是需要许多指令的有序组合来共同完成。为解决某问题而编写在一起的指令序列以及与之相关的数据被称为程序。直接用机器指令编写的程序称为机器语言程序。

【例 3-1】 用上述指令设计程序计算 3+9-5。

解 设计程序时，所有的数据都被转换为二进制数并存入内存，假设 3、9、5 被分别存入 11100000、11100001、11100010 对应的内存单元，程序如下。

11010111 11100000	读 11100000 内存中的数据到寄存器 A 中
11010100 11100001	将 11100001 内存单元中的数据与寄存器 A 中的数据相加
11010101 11100010	将 11100010 内存单元中的数据与寄存器 A 中的数据相减
00000000	停机
00000000 00000011	11100000 内存单元的数据：3
00000000 00001001	11100001 内存单元的数据：9
00000000 00000101	11100001 内存单元的数据：5

3. 指令执行的过程

程序的本质就是用指令系统中的指令将人们需要计算机完成的操作依次写出来，然后让计算机自动执行这些指令序列。那么，程序在计算机中的总体结构如何？一条指令的执行要经过哪些步骤呢？图 3-5 右边所示内存区域中的代码就是程序在计算机中的总体形式，图中的序号则是一条指令的执行次序。

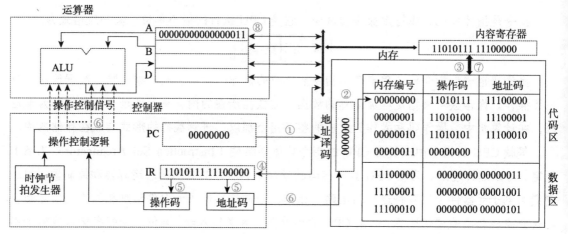

图 3-5　指令执行过程

要理解计算机程序，首先需要建立程序运行的整体观：程序在运行前要先被载入内存，在载入过程中，程序指令和数据被分别保存在不同的内存区域中。程序被载入内存后，第一条指令的地址会被加载到控制器内的 PC（Program Counter，程序计数器）中。然后从 PC 指示的地址读取指令并执行。PC 中的指令地址被读取后，会自动对地址加 1，计算出下一条要执行的指令地址。当前指令执行后，系统会再次读取 PC 中的指令执行，直到最后一条指令结束。

粗略地讲，一条指令的执行需要经过取指令、分析指令和执行指令三个阶段，称为指令周期。现在来看图 3-5 中第一条指令的执行过程。

① 程序被载入内存后，第 1 条指令的内存起始地址 00000000 被读入 PC，控制器发出控制信号，将 PC 中的地址送到地址译码器。

② 地址译码器对从 PC 送来的地址进行译码，选中要读取的内存单元 00000000。

③ 将 000000 内存单元中的指令"11010111　11100000"读入内容寄存器。

④ 内容寄存器中的指令"11010111　11100000"被送入指令寄存器（Instruction Register，IR）。IR 用于保存当前正在被执行的指令。

⑤ 控制器对 IR 中的指令进行译码，分离出操作码"11010111"和地址码"11100000"。

⑥ 操作码"11010111"被送到操作控制逻辑，产生读数据的操作控制信号送到运算器；地址码"11100000"则被送到地址译码器，选中 11100000 内存单元；PC 自动加 1，成为 00000001，指向下一条执行指令的内存地址。

⑦ 存储单元 11100000 中的数据 00000000 00000011 被送入内容寄存器。

⑧ 内容寄存器中的 00000000 00000011 被读取到运算器的 A 寄存器中。

上述操作步骤是在控制器的时钟节拍发生器产生的时序信号控制下进行的。当第 1 条指令执行完成后，再次执行 PC 指定地址中的指令（已经自动指向了第 2 条指令），如此重复，直至程序结束。

4．CPU 的主要性能指标

1）主频

控制器内部的时序部件（也称时钟节拍发生器）不断地发出电脉冲，产生系统所需的基准时钟信号，用于控制所有计算机部件的协调工作。每秒钟产生的时钟脉冲个数被称为时钟频率，单位是赫兹（Hz，取名于德国物理学家 Hertz，他证实了电磁波的存在）。赫兹是一种频数计量单位，即每秒钟的周期性振动次数。CPU 内部的时钟频率称为主频，对计算机指令的执行速度有着非常重大的影响，因为计算机指令的执行步骤是由时钟脉冲来控制的。

想象一下龙舟竞赛。船上有一个鼓手，他每击一下鼓，船上所有的人就划一下桨。鼓手敲得越快，划船手就划得越快，船就行进得越快。这里，击鼓的频率相当于 CPU 的系统时钟，计算机所有的读取、写入和运算指令的执行都由时钟脉冲控制，一个时钟脉冲相当于击一下鼓。假设存储一个数需要 3 个时钟脉冲，第 1 个脉冲来时，CPU 将接收数据的存储器地址送到地址总线上，选中保存数据的存储单元；第 2 个脉冲来时，CPU 将数据送到数据总线上；第 3 个脉冲来时，数据总线上的数据被写入选择的存储单元。显然，时钟脉冲越快，这 3 个脉冲所占用的时间就越短。

在同等情况下，时钟频率越高，就意味着越快的处理速度。当然，时钟频率只是计算机性能的一个重要因素，不能完全决定计算机系统的性能，只有综合三大总线的数据传输率、存储器的存取速度以及其他硬件设备的性能指标，才能全面确定计算机的整体性能。

最初的 IBM-PC 的时钟频率是 4.77 MHz（1 MHz 表示每秒钟 100 万次），当前 Intel 公司的酷睿系列处理器主频已经超过了 5 GHz。

2）指令周期

指令周期是指 CPU 执行一条指令所用的时间，一个完整的指令周期包括取指令、分析指令、执行指令三个步骤。

3）字长

字长是 CPU 一次能够处理的二进制数据的位数。字长决定了 CPU 内的寄存器和总线的数据宽度，字长较长的计算机在一个指令周期比字长短的计算机能够处理更多的数据，单位时间内处理的数据越多，处理器的性能就越高。现在的微机多为 64 位的，即字长是 64 位。

4）CPU 缓存

CPU 的运算速度是内存速度的成百上千倍，所以在程序执行过程中，CPU 经常要停下来等待内存数据的读取。为了提高计算机的整体性能，CPU 芯片生产商在 CPU 内部增加了一种存储容量较小的快速存储器，以缓解内存与 CPU 之间的速度差异，提高 CPU 的性能，这种存储器就是缓存（Cache）。

5. 指令的兼容性和精简问题

随着 CPU 的不断更新发展，功能越来越强，指令的种类也越来越多，由此引发了下面两个突出的问题。

1）指令的兼容性问题

每种类型的 CPU 都有一套指令系统，不同类型 CPU 提供的机器语言并不相同，因此用某类计算机的机器语言编制出来的程序很难直接在其他类型的计算机上有效地运行，这个问题称为指令不兼容。CPU 制造商通常采用"向下兼容"（具有向下兼容功能的芯片能够运行早期芯片上的程序）方式来开发新型的 CPU。

例如，Intel 公司采用"向下兼容"的方法来逐步提高 CPU 的功能与性能，使新型的 CPU 保持了上一代 CPU 的指令系统，从而能够继续运行上一代计算机的程序。酷睿芯片系列计算机可以运行早期 586、486、386、286 计算机上的程序，这就是"向下兼容"。

2）指令的精简问题

随着计算机硬件的不断发展，新发明的硬件需要用新指令来实现其功能。例如，随着多媒体技术的发展，导致了在奔腾系列芯片中增加一些处理多媒体的新指令。在增加新指令的同时还需要保留原有指令，以实现向下兼容，这就导致了新型计算机的机器指令越来越多。人们把采用这种指令系统的计算机称为复杂指令系统计算机，即 CISC（Complex Instruction Set Computer，复杂指令集计算机）。Intel 公司的 CPU 设计多采用这种方式。

然而，计算机科学家在统计计算机性能和效率时发现：各类计算机程序在一般情况下只用到了相对较少的一些指令，即使用频率较高的指令相对较少。RISC（Reduced Instruction Set Computer，精简指令系统计算机）就是基于这一理念产生的，主张采用使用最频繁、执行最快的那些常见指令构成 CPU 的指令系统，使 CPU 能有更高效的指令执行流程。采用 RISC 结构的计算机具有十分简单的指令系统，指令长度固定，指令格式与种类相对较少，寻址方式（在内存中寻找数据的方法）也相对简单，并在 CPU 中增设了许多通用寄存器（寄存器是 CPU 内部的一种特殊存储器，存取速度较快），每条指令的执行速度相当快。

近年来，RISC 取得了很大进展，获得了很高的性价比。目前的 SUN-SPARC、HP-PA、MIPS、Power PC 等计算机采用的都是 RISC 指令系统。

6. 微处理器芯片

微机的 CPU 按引脚结构的不同分为 SOCKET 结构和 SLOT 结构两种，如图 3-6 所示。

CPU 的生产商主要是 Intel 和 DEC 等公司。Intel 公司是全球最大的 CPU 生产厂家，Intel 芯片的发展变化基本上代表了整个 CPU 行业的发展过程，大多数 IBM 计算机及 IBM 兼容机都采用 Intel 芯片，现在微机中使用最为广泛的酷睿系列 CPU 就是其产品。

AMD公司的CPU芯片SOCKET结构   Intel公司的芯片SOCKET结构  Intel公司的芯片SLOT-T结构

图 3-6　CPU

3.4　存储器

3.4.1　存储器的基本概念

存储器是计算机存放程序和数据的物理设备，是计算机的信息存储和信息交流的中心。计算机之所以具有强大的"记忆"能力，能够把大量的计算机程序和数据存储起来，以供其他程序或命令使用，就是因为它有存储器的缘故。存储器有以下几个要素。

① 存储容量。存储器能够容纳二进制信息量的总和称为存储容量，是衡量计算机整体性能的一个重要指标，其大小对计算机执行程序的速度快慢有较大的影响。存储容量越大，存储信息就越多。

② 存取周期。从存储器中读出或写入数据所需的时间被称为存取周期。存取周期越短，CPU 从存储器中读出或写入数据的速度就越快，从而计算机的整体性能就越高。把存储单元内的信息读出并送入 CPU 的时间被称为读出周期，把 CPU 中的信息存入存储单元所需的时间被称为写入周期，两次独立存取操作之间所需的时间即存取周期。

③ 存储地址。存储器由许多存储器单元构成，存储单元是计算机从存储器中存取数据的基本单位，即每次最少存取一个存储单元中的数据。为了区分不同的存储单元，就给每个存储单元设置唯一的编号（类似小区大楼中的房间编号），这个编号就是存储单元的地址，简称存储地址。

3.4.2　存储器的类型

存储器分为内存储器（简称内存）和外存储器（简称外存）两种。内存通过总线直接与 CPU 连接，是计算机的工作存储器，用于存放当前正在运行的程序和数据。外存则通过内存与 CPU 间接相连，能够长期保存计算机程序和数据。

内存的存取速度较快，但存储容量有限。内存中的数据是易失性的，只有在计算机通电的时候，内存中的数据才存在，一旦内存掉电，内存中的信息就会全部丢失。

外存则是指磁盘、光盘、U 盘和移动硬盘等能够保存计算机程序和数据的存储器。相比内存而言，外存的存储容量大，存放着计算机系统中几乎所有的信息，并且其中的信息可永久性保存，即使掉电，信息也不会丢失。

除了内存和外存，现在的计算机还常用到寄存器和高速缓冲存储器。

3.4.3　存储器的分级存储体系

在设计存储器时需要兼顾存储容量、存取速度和成本代价，但三者不可兼得。为了以最低的代价获取更大的容量和更快的访问速度，计算机采用了分级存储体系结构。

首先，在 CPU 内部采用少量速度极快的内部存储器，这些存储器直接与运算器相连，通常被称为寄存器。早期计算机的存储器除了 CPU 中的寄存器，就是内存了。

由于内存的存取速度比 CPU 的运算速度慢一个数量级以上，因此在执行程序时，CPU 经常要停下来等待内存传输数据，然后才能继续执行程序。为了提高计算机的整体性能，人们在 CPU 与内存之间增加了高速缓冲存储器（Cache），其容量比寄存器大但比内存小，速度比寄存器慢但比内存快。

从逻辑位置上，高速缓冲存储器位于 CPU 与内存之间，也可集成到 CPU 内部。随着技术的发展，当前的 CPU 已经在内部集成了多级高速缓冲存储器。

上述三种存储器都只能暂时存放程序和数据，其中的数据会因掉电（如停机）而丢失。为了能够把经过计算机加工处理后的数据永久地保存起来，以便以后再用，计算机增设了外部存储器，简称外存。外存的存储容量大，访问速度慢，但价格低，并且可以永久性保存数据。这样就形成了计算机的分级存储体系，如图 3-7 所示。沿着箭头方向，存储器的成本逐级降低，存取速度逐级减慢，存储容量逐级增大。

图 3-7　计算机的分级存储体系

3.4.4　内存

内存由许多存储单元构成（每个单元具有相同的二进制位长度），每个存储单元用存储地址来标识和区别。计算机则按存储单元的地址来访问内存数据，根据指定的地址，把信息存入相应的存储单元或者从指定的存储单元读取数据。

早期计算机的内存主要由磁性材料构成，当前则多采用半导体材料。半导体材料比磁性材料集成度更高，体积更小，存取速度更快。

内存的存取速度非常重要，因为 CPU 执行的指令和数据都来自内存，内存存取数据的速度越快，CPU 读取内存指令和数据就越快，计算机执行程序的速度也越快。一般内存（RAM）的存取速度以纳秒（ns，1 秒 = 1000000000 纳秒）计算。微机内存的存取速度也非常快，常常小于 5 ns。内存的存取速度可以在内存的芯片上看出来。例如，某芯片上标明 XXX-2，表明它的存取速度是 2 ns。

内存主要分为两类:随机访问存储器(Random Access Memory, RAM)和只读存储器(Read Only Memory, ROM)。

1．RAM

RAM 读写方便，使用灵活，但不能长期保存信息，一旦掉电，所存信息会丢失，有如下特点。

① 可以随时读出其中的内容，也可以随时写入新的内容。读出时并不损坏其中存储的内容，只有写入时才会修改、覆盖原来存入的内容。

② 随机存取，可以根据需要随时存取任何存储单元中的数据，即存取任一单元所需的时间相同，不必顺序访问存储单元。

③ 断电后，RAM 中的内容就立即消失，称为易失性。

从组成材料上，RAM 可以分为动态随机访问存储器（Dynamic RAM, DRAM）和静态随机访问存储器（Static RAM, SRAM）两大类。

DRAM 主要用电容器作为存储元件，比 SRAM 集成度高、功耗小、价格低，常用于组成大容量的存储系统。DRAM 即使不掉电也会因电容放电而丢失信息，必须定时刷新存储单元（定时给存储单元充电以保持存储内容的正确性），如每隔 2ms 刷新一次，所以称为动态存储器。DRAM 普遍用于现在的微机系统。

SRAM 用触发器（一种半导体集成电路）作为存储元件，只要有电源正常供电，触发器就能稳定地存储数据，因此被称为静态存储器。SRAM 状态稳定、接口简单，但集成度低、功耗大、存取速度快、造价高，常用于高速缓存器和小容量内存的设计。

从功能上，RAM 主要有以下 3 方面的作用。

① 存放当前正在执行的程序和数据。

② 作为 I/O（Input/Output，输入/输出）数据缓冲存储器。所谓缓冲存储器，实际上是内存中的一块特定区域，一般用于数据暂存或不同读写速度的匹配。例如，CPU 运算速度快，外部设备（如键盘）输入（输出）速度慢，所以在 CPU 与外设之间设置一小块存储器区域，让外设将数据送入该存储器区域，CPU 再从该存储器区域中读取数据，这样就不用长时间地等待慢速设备输入（输出）数据了。计算机中有许多缓冲存储器，用于匹配慢速外设与 CPU 之间的速度差异，如显示缓冲存储器、打印缓冲存储器、键盘输入缓冲存储器等。

③ 作为中断服务程序和子程序中保护 CPU 现场信息的堆栈。

2．ROM

ROM 的特点是只能读出原有的内容，而不能由用户再次写入新内容。ROM 中的内容一般由制造商写入，即使内存掉电，内容也不会丢失。ROM 主要用于存放各种系统软件（如 BIOS、监控程序等）。一种非常重要的 ROM 是 BIOS（Basic Input Output System，基本输入/输出系统）。BIOS 是一个小型指令集合，包含计算机启动所需的引导程序，能够激活磁盘上的操作系统。

根据 ROM 的特性，ROM 又可分为如下几种。

① 掩膜 ROM，平常所说的 ROM 就是这种，其内容一次写入后就不能修改了，可靠性高。掩膜 ROM 一般由专门的生产商制造，存储器中的内容也是生产商写入的。

② PROM（Programmable Read Only Memory，可编程只读存储器）的性能与 ROM 一样，内容一经写入就不会丢失，也不会被替换。PROM 主要针对用户的特殊需要，用户可以购买空白 PROM 存储芯片，在其中写入自己编写的程序和数据，如电视机遥控器中的程序。

③ EPROM（Erasable Programmable Read Only Memory）是可擦除可编程只读存储器。这种类型的存储器可由用户自己加电编写程序，存储的内容可以通过紫外光照射来擦除。这就使得它的内容可以反复更改，而运行时又是非易失性的，这种灵活性使 EPROM 更受用户欢迎。但是，普通微机并不能重写 EPROM，当要擦除其内容时，需要特制的 EPROM 写入，把芯片的透明部分在紫外灯下照射约 30 分钟才行，极不方便，限制了用户对 EPROM 的使用，导致了 E^2PROM 的出现。

④ E^2PROM（Electrically Erasable Programmable Read Only Memory，电擦除可编程只读存储器）的功能与 EPROM 相同，但在擦除与编程方面更方便。其内容可由用户写入，而且可以字节为单位进行改写，改写时可以在应用系统中在线进行，普通用户使用一般微机就能对它重写。因此，E^2PROM 更受用户欢迎，已经取代了 EPROM。

3.4.5　寄存器和高速缓冲存储器

寄存器由电子线路组成，制作工艺与 CPU 相同，速度上与 CPU 差不多。寄存器主要被集成在 CPU 内部，如地址寄存器、数据寄存器、程序计数器等，用来存放即刻执行的指令和使用的数据。由于它的成本较高，因此数量较少。

高速缓冲存储器即缓存（Cache），是 CPU 与内存之间的一种特殊存储器，一般采用高速的静态半导体随机存储芯片（SRAM），存取速度比内存要快一个数量级，与 CPU 的处理速度相当。

Cache 主要用于匹配 CPU 与内存之间的速度差异，与 CPU 和内存之间的关系如图 3-8 所示。Cache 与 CPU 之间采用高速的局部总线相连，而内存与 CPU 和 Cache 之间采用存储总线相连，这样 CPU 从 Cache 读取数据就比从内存读取数据的速度要快 10 倍以上。

在执行程序时，Cache 中通常保存一份内存中部分内容的副本（拷贝），该副本是最近曾被 CPU 使用过的数据和程序代码。每当 CPU 访问存储器时，首先检查需要的命令或数据是否在 Cache 中，若在（称为命中），则 CPU 就用极快的速度对它进行读/写；若不在（称为未命中），则 CPU 就从内存中访问数据，并把与本次访问相邻近的存储区中的内容复制到 Cache 中（一次复制了一大段即将被执行的程序代码到 Cache 中，这是 Cache 能提高整体效率的主要原因）。

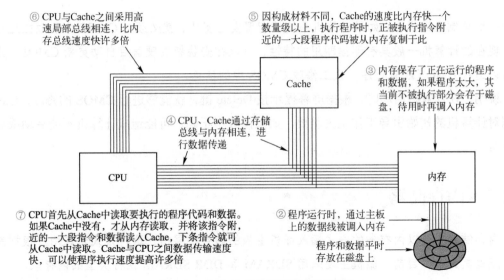

⑥ CPU与Cache之间采用高速局部总线相连，比内存总线速度快许多倍

⑤ 因构成材料不同，Cache的速度比内存快一个数量级以上，执行程序时，正被执行指令附近的一大段程序代码被从内存复制到此

③ 内存保存了正在运行的程序和数据，如果程序太大，其当前不被执行部分会存于磁盘，待用时再调入内存

Cache

④ CPU、Cache通过存储总线与内存相连，进行数据传递

CPU

内存

⑦ CPU首先从Cache中读取要执行的程序代码和数据。如果Cache中没有，才从内存读取，并将该指令附近的一大段指令和数据读入Cache，下条指令就可从Cache中读取。Cache与CPU之间数据传输速度快，可以使程序执行速度提高许多倍

② 程序运行时，通过主板上的数据线被调入内存

程序和数据平时存放在磁盘上

图 3-8　Cache 如何提高数据存取速度

Cache 未命中时，程序的执行速度比不使用 Cache 时的速度还要慢。因为在这种情况下，要插入更多的等待时间，以便 CPU 从内存中访问数据，在访问的同时要把相关数据复制到 Cache 中，与正常的内存操作相比，复制相关数据到 Cache 是多出的操作。但复制后，CPU 在一段时间内都可以从 Cache 中取指令和数据。一般，CPU 对 Cache 的访问命中率可在 90% 以上。

80486 以上的微机，为了提高工作效率，在 CPU 内部集成了 SRAM 作为 Cache，由于这些 Cache 装在 CPU 中，因此被称为芯片 Cache。这样，微机就有了二级存储器，人们将 CPU 内部的 Cache 称为一级 Cache，即 L1 Cache，将 CPU 与存储器之间的 Cache 称为 L2 Cache。随着技术的发展，当前的一些 CPU 内部已经集成了三级高速缓存，如 Intel 公司的酷睿 i9 具有 L1、L2、L3 三级 Cache。

3.4.6　CMOS 存储器

计算机加电启动时，要访问磁盘上的数据并从磁盘上加载操作系统，为此计算机必须知道磁盘的相关数据，如磁道数、扇区数、扇区大小等，否则不能访问磁盘上的文件。如果把磁盘的信息保存在 ROM 中，磁盘就不能升级，一旦更换磁盘，计算机就不能找到新磁盘的相关信息，因为 ROM 中保存的仍然是原来的磁盘信息，此信息与新换磁盘的信息不相符合。

因此，必须用一种灵活的方式来保存计算机中的引导数据（如硬盘的柱面数和扇区数等），能够保存的时间比 RAM 长，即使计算机掉电后信息也不会丢失，又可以更改。CMOS （Com-plementary Metal Oxide Semiconductor，互补金属氧化物半导体）存储器就具有这种特点，耗电极低，只需要极少的电能就可以保持其中的数据，可以用电池供电，即使在计算机关机后，数据也不会丢失。

CMOS 是计算机内的一种重要存储器，保存着系统配置的重要数据，计算机掉电后由机

内的一块特制电池供电。如果计算机系统的配置发生变化，就必须对 CMOS 中的数据进行更新。现在的计算机一般具有即插即用的特性，可以在安装新的硬盘后自动更新 CMOS，当然也可以运行 CMOS 配置程序，人工修改 CMOS 中的信息。

说明：在计算机启动时，根据屏幕提示按 Delete 键，就能够进行 CMOS 的修改。CMOS 数据对计算机的初始引导工作至关重要，如果修改不正确，可能造成计算机不能启动或启动不正常。

3.4.7　内存储器

内存储器主要以内存条的方式插入微机主板的内存扩展槽，这种方式允许用户根据需要自行配置其大小。目前，微机主要采用 SDRAM 和 DDR SDRAM 两种类型的内存条。

SDRAM（Synchronous Dynamic RAM）内存条：速度都在 10 ns 以下，理论上可以与 CPU 频率同步，二者可以使用同一时钟周期，因此能够提高 CPU 从内存读取数据的速度和效率。除了作为内存，SDRAM 还可以作为显示内存使用，能够极大地提高显示质量。

DDR（Double Data Rate）SDRAM：即双通道同步动态随机存取内存条，是具有双倍数据传输速率的 SDRAM。当前微机中的内存条主要有 DDR2 和 DDR3、DDR4、DDR5，其容量为 1 GB 到 8 GB 甚至更高。DDR2 的数据传输速率是 DDR 的 2 倍，DDR3 是 DDR 的 3 倍，以此类推。DDR 系列是当前主流的微机内存条，速度很快。

内存条的印制电路板主要有 SIMM 和 DIMM 两种设计模式。

SIMM（Single In-Line Memory Module）是指 30 线或 72 线的单列直插式的内存条，即内存芯片成单列组合在印制电路板上。所谓多少线，是指内存条与主板插接时的引脚数，主板上插内存的插槽有多少引脚，就决定了只能插多少线的内存条。

DIMM（Dual In-Line Memory Module）是指双列直插式 168 线、184 线、200 线、240 线等内存条，即内存芯片安装在印制电路板卡的两面进行双列组合。与 SIMM 相比，DIMM 的特点是在内存条长度增加不多的情况下使总线数增加了，提高了内存的寻址能力。

DIMM 内存条可以单条使用，也可以多条混合使用，而 SIMM 内存条必须成对使用。

在微机主板上为内存条留有接口，一般有 2～4 个接口，可以添加 2～4 块内存条，当前主要采用 DIMM 内存条。图 3-9 是 240 线的 DDR3 内存条及对应的主板内存插槽示意。

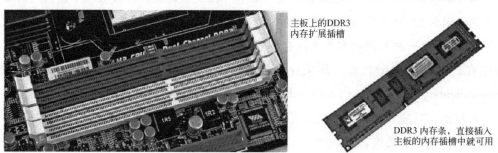

图 3-9　主板内存插槽和 240 线的 DDR3 内存条

存取速度是衡量内存优劣的主要指标之一，一般为 ns 级。当前 DDR3 内存条的速度多在几纳秒之内，有的就是 1 ns。

3.4.8 外存储器

外存储器主要采用磁性材料和光存储器，不但存储容量大，而且可以永久性地保存信息，即使计算机停电了，其中的内容也不会失去。

1 . 磁盘存储器概述

磁化磁性材料用于数据存储。将磁性材料（磁粉颗粒）涂抹在塑料或金属圆盘上就形成了磁盘存储器（简称磁盘）。涂有磁粉颗粒的聚酯盘就是软盘，涂有磁粉颗粒的金属盘就是硬盘。磁盘上的磁粉颗粒能够保存它们的磁化方向，由此可以永久性地保存数据。图 3-10 显示了在磁盘上存储数据的过程。

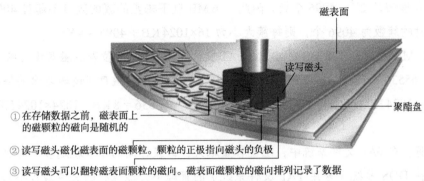

① 在存储数据之前，磁表面上的磁颗粒的磁向是随机的

② 读写磁头磁化磁表面的磁颗粒。颗粒的正极指向磁头的负极

③ 读写磁头可以翻转磁表面颗粒的磁向。磁表面磁颗粒的磁向排列记录了数据

图 3-10 在磁盘上存储数据的过程

1）磁盘的格式化

新磁盘在使用前必须进行格式化，如图 3-11 所示，格式化工作由操作系统提供的命令来完成（如 format）。在格式化的过程中，磁盘的读写磁头在磁表面设置磁模式，将磁盘表面划分成许多同心圆，每个同心圆又称为磁道，第 0 面的最外层磁道编号为 0 面 0 道，另一面的最外层磁道编号为 1 面 0 道，磁道编号沿着磁盘边缘向中心的方向增长。每个磁道又被等分

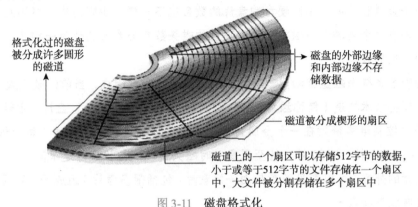

格式化过的磁盘被分成许多圆形的磁道

磁盘的外部边缘和内部边缘不存储数据

磁道被分成楔形的扇区

磁道上的一个扇区可以存储512字节的数据，小于或等于512字节的文件存储在一个扇区中，大文件被分割存储在多个扇区中

图 3-11 磁盘格式化

成许多扇形区域，称为扇区，每个扇区的容量是 512 字节，数据就被存放在扇区中。扇区的开始位置包含了扇区的唯一地址标识 ID，扇区之间有空隙，便于系统进行识别。

2）磁盘簇

若依次在每个扇区存储数据，则效率太低。在实际应用中，操作系统将磁盘上一个或若干扇区组织成一个"簇"（Cluster）。一个簇由一个或多个扇区组成，每个簇所占的扇区数由操作系统和磁盘的类型决定，通常是 2、4、6、8、16 或更多。簇是操作系统进行数据读写操作的最小逻辑单位，即数据在磁盘上是以簇（不是以扇区）为单位存放的。从节约磁盘空间的角度，簇愈小愈好，但是一个簇的容量太小，文件存取的效率又很低。

一个文件可以占用一个或多个簇，但至少占用一个簇。例如，假设 1 个簇由 2 个扇区组成，若有一个长度为 100 字节的文件要存放在该磁盘上，则该文件将占用 1024 字节的存储单元，而不是 100 字节。

FAT 文件系统（DOS 和 Windows 系统都支持的一种磁盘文件系统）用 12 位表示磁盘簇的编号，12 位能表示 $2^{12} = 4096$ 个簇。因此，16 MB 以下磁盘的簇的数目不超过 4096 个。如 16 MB 的硬盘的簇数为 4096 个，则每簇大小为 16×1024 KB ÷ 4096 = 4 KB。

对于 128 MB 及大于 128 MB 的磁盘，FAT 文件系统使用 16 位表示磁盘簇的编号，16 位能表示 $2^{16} = 65536$ 个簇，这样 256 MB、512 MB、1024 MB 的磁盘或逻辑磁盘的每簇的大小分别为：256×1024 KB ÷ 65536 = 4 KB，512×1024 KB ÷ 65536 = 8 KB，1024×1024 KB ÷ 65536 = 16 KB。

由此可见，在 FAT 文件系统中，磁盘容量越大，每簇存储的字节就越多。而且，无论多大的磁盘，在 DOS 系统（采用 FAT 文件系统）的管理下，能保存的文件最多不超过 65536 个。因为最多只有 65536 个簇，而一个文件至少占用一个簇。

2. 硬盘存储器

硬盘存储器，简称硬盘，是把磁性材料涂在铝合金圆盘上，数据就记录在表面的磁介质中，可存储的信息量取决于磁盘表面磁微粒的密度。硬盘是微机不可缺少的外存储器。

硬盘由一组盘片组成。这些盘片重叠在一起，形成一个圆柱体，然后同硬盘驱动器一起被密封在一个金属腔体内。不同硬盘的盘片的数目也不一样，少则两片，多则几十片。每个盘片的每面都有一个电磁读写磁头，所以硬盘的磁头数目与盘面的数目一样多，每个磁头负责一个盘面数据的读写。

完整的硬盘系统由磁盘驱动器、磁盘控制适配卡和磁盘组成，当前的硬盘大多采用 IBM 公司的温彻斯特技术构造（简称温盘）。温彻斯特技术把硬盘的磁头、盘片、主轴电机、寻道电机及相关的控制电路密封在一个金属盒内，这样保证硬盘在高速转动（每分钟可达 3600 转、4500 转、6300 转、7200 转，甚至更高）时磁头精确定位，读写速率高。

打开硬盘的外壳，可以看见硬盘是由一组盘片（包括很多盘片）组成的，如图 3-12 所示。

硬盘具有以下特点：

① 把磁盘机整体（磁头、盘片和运动机构）组装在一个密封容器内，从而使硬盘的主要污染——空气尘埃大大减少，还能对盘腔内部的温度和湿度进行调节。

图 3-12　硬盘结构

② 把磁头与磁盘精密地组装在一起，根据磁头悬浮原理，精心设计磁头组件和空气轴承，尽量减小磁头与盘面的距离。根据空气浮力原理，磁盘高速旋转时会产生空气浮力（就像飞机的螺旋桨），依靠此浮力托起磁头，使磁头呈飞行状态，不与盘面接触，磁头与盘面的距离为 $0.2\,\mu m$（微米，$1\,\mu m = 10^{-6}\,m$），加快读取速度，而且磁头和盘的损伤都很小。

盘片（如图 3-13 所示）上有一个不存放任何数据的区域，称为"着陆区"，磁头采取在盘片的着陆区接触式启停方式，在不工作时停靠在此，与磁盘是接触的，但在工作时离开盘片，呈现飞行状态。由于着陆区不存放任何数据，因此不存在磁头损伤磁盘数据的问题。

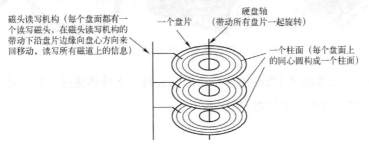

图 3-13　硬盘盘片构成示意

从物理结构的角度，硬盘的盘体可以分为磁面、磁道、柱面和扇区。

1）磁面

硬盘的盘体由多个盘片重叠在一起组成。磁面是指一个盘片的两个面，其编号方式为：第一个盘片的第一个面为 0，第二个面为 1；第二个盘片的第一个面为 2，第二个面为 3；其余以此类推。在硬盘中，一个磁面对应一个读写磁头，所以在对硬盘进行读写操作时，不再称为磁面 0、磁面 1、磁面 2……而是称为磁头 0、磁头 1、磁头 2……

2）柱面

每个盘片的每个面都被划分成许多同心圆，称为磁道。整个盘体中所有磁面上半径相同的同心磁道就为一个柱面。一个硬盘有多少个同心圆，就有多少个柱面。

3）容量

硬盘由多个盘片组成，每个盘面都有一个磁头进行磁盘数据的读写。每个盘面又被分为多个扇区，每个扇区可存储 512 字节。硬盘容量与柱面、盘面和扇区的关系可用容量公式来表示，计算出来的容量单位是字节，即容量 = 柱面数×盘面数×扇区数×512 B。

例如，某硬盘有 1024 个柱面，每磁道有 63 个扇区，每个扇区记录 512 字节信息，硬盘共 64 个磁头，那么该硬盘的存储容量为 $1024 \times 63 \times 512\,B \times 64 = 3.016\,GB$（$1G = 2^{30}$）。

硬盘技术发展很快，其容量从早期的几 MB 到现在的几 TB。1956 年，IBM 公司制造的世界上第一台磁盘存储系统只有 5 MB，现在普通的微机硬盘已达几百 GB 甚至 TB 的容量。

3．移动硬盘和U盘

移动硬盘是在硬盘技术基础上发展而来的，可以通过 USB 数据线直接与计算机连接使用，具有体积小、数据传输速度快、存储容量大（几百 GB 到几 TB）、便于携带等特点。

U 盘全称为"USB 闪存盘"，又称为优盘，是一个 USB 接口的不需物理驱动器的微型高容量移动存储产品。U 盘只有大拇指般大小，重量为 15 g 左右，适合随身携带。U 盘价格便宜，性能可靠，存储容量大（GB 级别），是当前最常用的计算机数据传输和存储设备。图 3-14 是移动硬盘、U 盘和 USB 连接线。

移动硬盘   U盘   USB连接线

图 3-14 移动硬盘、U 盘和 USB 数据线

移动硬盘和 U 盘都通过 USB 接口与计算机连接，支持热拔插，即插即用，存取数据方便，是数据传输和数据备份的理想存储介质。

4．光盘存储器

光盘是在一张塑料盘片上，涂上一层铝制反射层，再加上一层保护膜的光学存储器，是当前人们存储和传递数据的主要工具。光盘的存储容量很大，一张 CD-ROM 光盘的容量可达 650 MB 甚至更高；一张 DVD 光盘的容量是 4.7 GB，有的可达 17 GB 甚至几百 GB。

1）光盘的工作原理

在光存储设备中，使用激光在存储介质的表面上烧蚀出微小的凹坑，并用这些平凹表示数据。实际上，数据都是存放在表面的凹坑槽序列中，如图 3-15 所示。

透过显微镜可以看到光盘表面上的凹坑，每个小凹坑的直径大约是1微米

图 3-15 光存储介质表面上的凹坑

CD-ROM 一般采用丙烯树脂作为基片，在上面喷射碲合金薄膜或者涂抹其他介质。记录信息时，使用较强的激光光源，把它聚集成小于 1 μm 的光点照射到介质表面上，并用输入数据来调节光点的强弱。这样的激光束会使介质表面的微小区域温度升高，从而使微小凹坑变形，这就改变了表面的光反射性质，于是激光就把信息以平凹形式记录下来，这就是原片光盘。原片光盘可以用于大量制作商品光盘，人们使用的都是复制光盘。

读出信息时，把光盘插入光盘驱动器（简称光驱），驱动器有功率较小的激光光源，其激光强度小于烧蚀光盘（刻录）的激光，不会烧坏盘面。由于光盘表面有平有凹，反射光强弱的变化经过解调后可读出数据，通过计算机显示器即可在屏幕上显示信息。图 3-16 表示了光盘数据的读取过程。

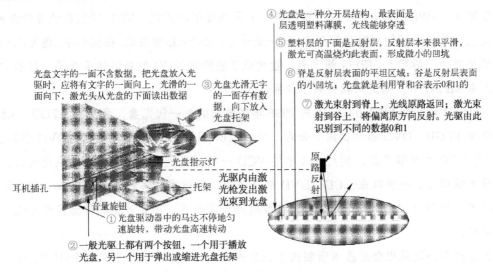

④ 光盘是一种分开层结构，最表面是一层透明塑料薄膜，光线能够穿透

⑤ 塑料层的下面是反射层，反射层本来很平滑，激光可高温烧灼此表面，形成微小的凹坑

⑥ 脊是反射层表面的平坦区域；谷是反射层表面的小凹坑；光盘就是利用脊和谷表示0和1的

⑦ 激光束射到脊上，光线原路返回；激光束射到谷上，将偏离原方向反射。光驱由此识别到不同的数据0和1

光盘文字的一面不含数据。把光盘放入光驱时，应将有文字的一面向上，光滑的一面向下，激光头从光盘的下面读出数据

③ 光盘光滑无字的一面存有数据，向下放入光盘托架

光盘指示灯

耳机插孔

托架

音量旋钮

光驱内由激光枪发出激光束到光盘

① 光盘驱动器中的马达不停地匀速旋转，带动光盘高速转动

② 一般光驱上都有两个按钮，一个用于播放光盘，另一个用于弹出或缩进光盘托架

原路反射

图 3-16　光盘数据的读取过程

光盘不但容量大，而且经久耐用，CD-ROM 的寿命一般在 500 年以上，可以经受温度、指印、灰尘或磁场的影响。如果不小心洒了一些茶水在一张光盘上，将它洗干净就可以了，数据不会损坏。因此，它非常适合存储百科全书、技术手册、图书目录、文献资料等信息量较大的数据。

2）光驱的数据传输速率

数据传输速率是指每秒钟从 CD-ROM 向主机传输的数据量（bit/s，简写为 b/s 或 bps），最早的 CD-ROM 驱动器的数据传输速率为 150 kbps，把具有这种速率的 CD-ROM 驱动器称为单速驱动器，记为"1X"；数据传输速率为 300 kbps 的 CD-ROM 驱动器称为倍速光驱，记为"2X"；以此类推。当前微机中的光驱多在 50X 以上。

3）常见的光盘类型

根据光盘使用的材料及存放信息的格式，光盘可以分为以下几种。

① 只读型光盘 CD-ROM（Compact Disk Read Only Memory），特点是只能写一次，即在制造时由厂家把信息写入，写好后的信息将永久保存在光盘里，通过光盘驱动器就能读出光盘上的信息。

② 一次性写入光盘 WORM（Write Once Read Many disk，简称 WO），原则上属于读写型光盘，可以由用户写入数据，写入后可以直接读出。但是它只能写入一次，写入后就不能擦除或修改了，因此称它为一次性写入、多次读出。

③ 刻录光盘 CD-RW，实际上是一种光盘刻录机，既可以作为刻录机使用，也可以当光

驱使用，而且可以对可擦写的 CD-RW 光盘进行反复操作，并具有 WO 的优点。CD-RW 盘片如同硬盘片一样，可以随时删除和写入数据。

④ VCD 即 Video-CD，是采用图形数据压缩技术，使一张 5 英寸的 CD 盘能保存长度为 74 分钟且具有较高画质的立体动态图像的视频信息。VCD 图像及伴音的数据信号压缩采用 MPEG 算法，MPEG 算法的实时压缩和解压主要通过硬件实现。VCD 播放系统可分为两类：一类是在计算机中增加MPEG解压卡，另一类是专门的VCD播放机。在微机中，通过CD-ROM 驱动器及声卡，再配上 MPEG 解压卡，就构成了能播放 VCD 的多媒体系统了。目前的微机一般没有 MPEG 卡，而是用软件解压来播放 VCD。

⑤ DVD（Digital Video Disc）是 1996 年底推出的新一代光盘，容量有 4.7 GB、8.5 GB、9.5 GB 至 17 GB。DVD 驱动器向下兼容，可以读取 CD、CD-ROM、VCD、DVD 中的数据。DVD 是 VCD 的后继产品，其尺寸大小与 VCD 一样，只是它采用了较短的激光波长，使存储容量大幅增加。一直以来，CD、DVD 都是使用红光技术，其波长为 650 nm，现在已出现蓝光技术，使用波长为 405 nm 的蓝光存取数据光盘数据，单面光盘的存储容量可达 50 GB 或者更高。

当前已有公司采用全息技术研制出了全息光盘，一张光盘的容量可达 500 GB。全息技术利用完整的光盘而非仅仅表面存储数据，同样大小的盘片，全息光盘的最高容量可达蓝光或 DVD 光盘的 20～50 倍。

3.5　输入设备

输入设备用来把人们能够识别的信息，如声音、文字、图形、图像甚至一些控制信号，转换为计算机能识别的二进制形式，保存到计算机的存储器中。目前，人们常用的输入设备有键盘、鼠标、扫描仪、光标、游戏杆、数码相机、麦克风等，如图 3-17 所示。

光笔　　DV摄像机　　数码相机　　　鼠标　　　游戏杆　　录音笔　条码阅读器　麦克风　RFID标签及读写器

图 3-17　常用的输入设备

1. 键盘

键盘是最主要的计算机输入设备。每当按下一个键，键盘内的信号转换电路（通常采用一个以单片微处理器为核心的电路）把该键的字符转换成相应的 ASCII 值，再通过键盘连接线路传送到主机进行处理。

为了保证主机正确地接收各种击键速度的输入，在内存设计了一块专门用于保存键盘输入符号的存储区域，称为键盘缓冲区。用户从键盘输入的字符首先被保存在键盘缓冲区中，

CPU再从缓冲区中读取用户输入的字符。键盘缓冲区有一定的大小，若为128字节，则当用户从键盘输入了128个字符时，如果CPU还未处理该缓冲区中的字符，微机的扬声器就会发出"嘟嘟嘟"声，表示键盘缓冲区已满。

2．指点输入设备

指点输入设备用来控制屏幕指示器的光标，可以通过它选择显示屏幕上的选项，以此让计算机执行指定的功能。指点输入设备包括鼠标、输入笔、触摸屏等。

1）鼠标及其变形——轨迹球、触控板、指点杆

轨迹球、笔记本电脑中的触控板和指点杆如图3-18所示。

轨迹球   触控板   指点杆

 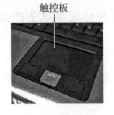 

图3-18 指点输入设备

鼠标是一种移动方便、定位准确的指点输入设备，它有左、右两个按键，两个按键之间有一个滚轮（以前的老式鼠标通常只有左右两个按键）。左右按键常用于实现选择确认或取消操作，中间的滚轮常用于上下滚动屏幕上的文本或图片。

根据连接方式，鼠标可分为有线鼠标和无线鼠标两种。当前的有线鼠标主要采用USB接口与计算机相连接，无线鼠标主要通过蓝牙技术与计算机连接（早期的无线鼠标则采用红外线技术）。蓝牙技术是一种短距离、低成本的无线连接技术，能够实现语音和数据的无线传输，蓝牙收发器的有效通信范围为10m。

轨迹球是鼠标的一种变形，与机械式鼠标结构基本相同，表面也有左右两个鼠标按钮和滚轮（有的没有），工作原理与机械鼠标相同。但轨迹球的滚球在上面（机械鼠标的滚球在下面），用手直接拨动滚球就可以移动屏幕上的鼠标指针。轨迹的优点是工作时可在桌面固定不动，不用鼠标那样到处移动，节省了空间，多用于笔记本电脑。

触控板是一种对压力很敏感的小而平的面板，用于实现鼠标的功能，主要用于笔记本电脑、PDA及一些体积较小的便携式影音设备。手指在触控板上移动就可以控制屏幕上鼠标指针的移动，在触控板上敲击一次手指就能够实现鼠标单击的操作，连续敲击两下手指可实现鼠标双击的操作。此外，笔记本电脑触控板的两个按钮可分别实现鼠标左右控钮的功能。

2）输入笔

笔是人们最常用的书写工具，方便易用。随着计算机和便携式信息工具（如PDA、宽屏手机等）的普及，人们为计算机设计出了输入笔，如光笔、手写笔、电子笔等。

电子笔是另一种笔式输入工具，在笔的前端装有针孔视频照相机，当它划过一页可以通过模糊点产生图案的特殊纸时，就能够记录下手写的文字和图形。电子笔可以保存几十页的

手写页，通过 USB 接口，可将其中的手写内容输入计算机。

3）触摸屏

触摸屏由触摸检测部件和触摸屏控制器两部分组成。检测部件安装在显示器的前面，能够检测到用户手指触摸的位置，并将此信息送到触摸屏控制器。触摸屏控制器将触摸检测部件传来的触摸屏幕位置信号转换成触点坐标，再传给计算机。根据触点坐标，计算机可以确定与之对应的显示器位置上的内容，并以此确定用户的触摸意图，执行相应的程序功能。

触摸屏的应用范围越来越广泛，许多地方都可以看到它的应用。例如，银行大厅中的触摸屏为用户介绍银行的各种业务和服务，机场大厅中的触摸屏为用户提供航班信息和登机牌及行李托运的办理流程，银行 ATM 机的触摸屏为用户提供存款、取款和转账业务。此外，在移动电话、PDA、数码相机和商场 POS 终端等电子产品中随处可见触摸屏的应用情况。

3．扫描输入设备

常见的扫描输入设备有扫描仪、扫描笔、条形码阅读器、传真机等，如图 3-19 所示。

图 3-19　扫描输入设备

扫描仪是一种常见的输入设备，运用光学扫描原理（类似于复印机的工作方式）从纸张类的介质上"读出"图像（可以是照片、文字、图画、照相底片、标牌面板、印制板样品或图形等），然后把此图像送入计算机并存放到硬盘中，进行分析、加工和处理，并允许用户查看、编辑和转发这些从扫描仪读入的图像信息。最常见的扫描仪是平台式扫描仪，随着技术和应用需求的发展，近年出现了各种便携式扫描仪，有的形如商场的条码阅读器，有的像手表可戴在手腕上，更轻便的就是扫描笔。

条形码阅读器是一种能够识别条形码的扫描仪器，在大百货超市、图书馆、书店等场景中应用广泛，非常便捷。条形码是将宽度不等的多个黑条和空白，按照一定的编码规则排列在一起的一组平行线图案，常被用来标识物品的产地、生产商、生产日期、图书类别等信息。条形码阅读器根据光的反射原理来识别条形码中的信息，白色物体能反射各种波长的可见光，黑色物体则吸收各种波长的可见光。因此当条形码阅读器光源发出的光在条形码上反射后，反射光照射到条形码阅读器内部的光电转换器，光电转换器根据强弱不同的反射光信号，转换成相应的电信号，通过对电信号的译码就可识别出条形码中的信息。

4．视频类、音频类输入设备

近年来，视频类和音频类输入设备已经深入人们的日常生活，人们通过它们将生活趣事和值得记忆的事情录制到计算机中，或制作成 VCD 或 DVD；还可以通过视频类和音频类设备与远方朋友实时交流。

网络摄像头是一种结合传统摄像机与网络技术而产生的新一代摄像机，除了摄像功能，还有数字化压缩控制器和基于 Web 的操作系统，可以对拍摄的视频数据进行压缩加密，然后通过网络送至远端用户。远端用户通过网络浏览器（如 Edge 浏览器）访问网络摄像机的 IP 地址，就能够对网络摄像机进行访问，实时监控目标现场的情况，并可对图像资料实时编辑和存储。

数码摄像机也称为 DV（Digital Video，数字视频）。DV 本身是由索尼、松下和东芝等多家家电企业联合制定的一种数码视频格式。但当前在绝大多数场合提到的 DV 指的是数码摄像机。数码摄像机可以制作视频录像并将其输入计算机，在计算机中进行加工处理，如为视频制作字幕、添加片头片尾信息、添加背景音乐或修改图像等。

音频类输入设备用来将人们的声音转换成数字形式保存在计算机中，并可以再次以声音形式播放出来。声卡是一种具有输入和输出两种功能的音频设备，可以在音响系统的配合下播放计算机中的声音文件，也可以在麦克风的辅助下将声音转换成数字信息保存在计算机中，并通过计算机进行编辑加工。

语音识别技术就是让计算机通过对语音的识别和理解，把语音信号转变为相应的文本或命令的输入技术。语音识别技术把人们从烦琐的文字输入工作中解放出来，把要输入的内容向计算机讲一遍，计算机就能够将"听"到的内容记录下来，并转换成文本保存起来。

5．传感器输入设备

传感器是一种物理器件，可以作为计算机的输入设备，用于从环境中直接获取数据。传感器能够探测速度、重量、压力、温度、湿度、烟雾、气流、风、光、电、图像等方面的变化数据，并将探测结果存入计算机。

RFID（Radio Frequency IDentification）即射频识别，是条形码阅读器的无线版本。RFID 是一种非接触式的自动识别技术，通过射频信号自动识别目标对象并获取相关数据，识别工作无须人工干预，可工作于各种恶劣环境。RFID 包括 RFID 标签（射频卡，俗称电子标签）、天线和读写器三部分（有的将天线集成在读写器中）。图 3-20 是 RFID 自动控制系统示意，其工作流程是：读写器通过发射天线发送一定频率的射频信号，当 RFID 标签随其物品进入发射天线工作区域时，就会产生感应电流，因此获得能量而被激活。RFID 标签被激活后，会自动将其保存的电子数据通过标签内置的发送天线发送出去，系统接收天线收到从 RFID 标签发送来的信息，经天线调节器传送到读写器，读写器对接收的信息进行处理后送到计算机。

RFID 采用的是无线通信技术，数据交换不需要连接线缆和实物接触，便于识别移动物品，应用非常广泛。例如，汽车通过收费路口时，不用停车就可以通过车中的 RFID 标签实现自动缴费；在快递或运送的货物上采用 RFID 标签，可以随时获取物品在路途中的位置信息；在宠物体内植入 RFID 标签，在它们与主人失散时，可快速获知它们的位置。物联网也需要通过 RFID 技术来实现。

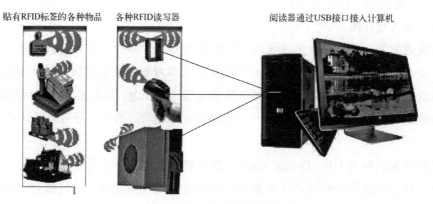

贴有RFID标签的各种物品　各种RFID读写器　　　　　阅读器通过USB接口接入计算机

图 3-20　RFID 自动识别系统示意

前面仅对计算机中的常用输入设备进行了简要介绍，为了满足不同的数据输入需要，计算机的输入设备还在不断发展变化中，今后会有更多种类的输入设备被研制出来。

3.6　输出设备

输出设备是指把计算机处理后的信息以人们能够识别的形式（如声音、图形、图像、文字等）表示出来的设备。最常见的输出设备有显示器、打印机、绘图仪等。

3.6.1　显示系统

显示系统是人机交互的一个重要输出设备，其性能的优劣直接影响到工作效率和工作质量。显示系统包括图形显示适配卡（显卡）和显示器两大部分，只有将两者有机地结合起来，才能获得良好的效果。

1. 显卡

显卡是插在主板总线接口的一块电路板，用于连接计算机的主机和显示器。显卡一般包括显示器接口、显示控制芯片、显示字库、显存等，作用是将要显示的字符、图形和图像以数字形式存放在显存（显卡内部的存储器）中，并将其转换成模拟信号，送往显示器，向显示器提供行扫描信号，控制信息在显示器上的正确显示。

衡量显卡性能的重要指标有显卡工作频率、总线宽度（一次可同时处理的二进制位数）、数据传输速度、显存容量等。显存容量是指显卡中的存储器大小。显存越大，可以存储的图像数据越多，能够支持的显示分辨率与颜色数越高，显示的效果就越好。如果想得到理想的显示效果，不仅需要一个好的显示器，还需要一个好的显卡。显示器的显示分辨率和显示色彩是否能够充分显现出来，与所用显卡的显存有很大关系。显示一屏图像需要的显存大小为显示分辨率×表示色彩的字节数。

例如，显示器的分辨率为 1024×768，若显示 256 种颜色，则显示一屏幕图像至少需要的显存容量是 1024×768×1 Byte=768 KB。其解释为：表示 256 种颜色需要 8 位二进制编码，因为 $256=2^8$，8 位二进制编码正好 1 字节，这就是乘式中 1 的来源。若要屏幕上的每个点都能取 256 种颜色之一，则每个点都需要用 1 字节的显存来保存它的颜色编码，总共需要显示的点数为 1024×768（分辨率就是显示屏幕上可显示的点的个数），这就是 1024×768×1 的由来。

由此可以推算，只有 512 KB 显存的显示卡，在 800×600 分辨率下只能显示 256 种颜色，在 1024×768 分辨率下只能显示 16 种颜色。表 3-1 列出了在一些显示分辨率下显示一屏幕图像与所需显存容量的对应关系。当前的显卡容量从几十 MB、几百 MB、几 GB 甚至几十 GB 都有。

表 3-1 显卡色彩与显存的关系

分辨率	需要视频存储容量			
	16 色	256 色	65536 色	16777216 色
640×480	150 KB	300 KB	600 KB	900 KB
800×600	234 KB	469 KB	938 KB	1.4 MB
1024×768	384 KB	768 KB	1.5 MB	3.3 MB

在显卡发展过程中，先后曾经出现过 ISA、PCI、AGP、PCI Express（PCI-E）等类型的显卡，实际上是显卡采用的几种总线标准。当前微机主要采用 PCI-E 显卡，如图 3-21 所示。

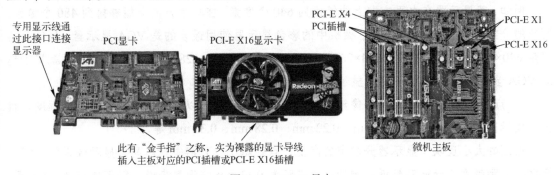

图 3-21 PCI-E 显卡

2．显示器

显示器是计算机最重要、最常用的输出设备，是计算机传送信息给人们的窗口，能将计算机内的数据转换为各种直观的图形、图像和字符显示给人们观看。显示器大小指的是其对角线的直线距离，如 17 英寸、21 英寸等。

显示器主要有阴极射线管（Cathode Ray Tube，CRT）显示器和液晶显示器（Liquid Crystal Display，LCD）两种。由于液晶显示器具有功耗小、辐射小、轻薄、搬运方便、占用空间少、完全平面、无闪烁等优点，其应用越来越广泛，已逐渐取代 CRT 显示器。

液晶是一种介于固体和液体之间的、具有规则性分子排列的有机化合物，呈细棒形，在电流作用下，液晶分子会做规则旋转的排列。液晶显示器正是根据液晶的这一特性制作的，其基本原理如图 3-22 所示。

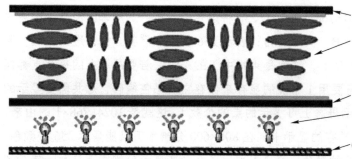

⑤ 显示器的玻璃基板

④ 在两层玻璃基板间布满液晶晶体，通电后液晶会发生90°的扭转，这样控制光线是否穿透液晶至显示器的表面。由透过液晶的光点可以构造屏幕上的文字或图像

③ LED显示器的玻璃基板

② 背光板由荧光物质组成，可发射光线提供均匀的背景光源

① 液晶显示器的背面有一块背光板和反光膜

图 3-22　液晶显示器的基本原理

双层玻璃基板之间布满液晶，在不通电时，液晶由于本身扭曲的原因，从显示器底板传来的光线经过液晶的偏转而不能到达显示屏幕的表面，液晶在通电后发生扭转，从而让光线透过液晶到达显示屏幕表面，这样就可以通过透过液晶的光点构成图像。当然，也可以让光线在液晶不通电时透过，在液晶通电时被遮挡，同样可以实现图像在屏幕上的显示。

衡量显示器的主要性能指标如下。

① 像素（Pixel）：显示屏幕上生成图像的最小单位，一个可以独立发光显示的光点就是一个像素。

② 分辨率（Resolution）。显示器上的字符和图形是由一个个像素组成的，像素光点的大小直接影响显示效果。整个显示器的显示屏幕能够显示的像素个数称为该显示器的分辨率。

例如，某显示器在水平方向上能够排列 640 个像素，在垂直方向上能够排列 480 个像素，则它的分辨率为 640×480。早期，微机中的彩色显示器使用最多的是 VGA 显示器，最低分辨率是 640×480，现在一般是 1024×768、1280×1024 或 1600×1280。超过 640×480 的就属于超级 VGA 显示器，也称为 SVGA 显示器。

③ 点距（Dot Pitch）：两个像素中心点之间的距离，可以用来衡量图像的清晰程度。目前，显示器的常用点距有 0.21 mm、0.22 mm、0.28 mm、0.31 mm 等。

点距的大小反映了显示器分辨率的高低，点距越小，分辨率就越高，显示效果就越好；反之，点距越大，分辨率越低。例如，对点距为 0.31 mm 的像素来说，每英寸有 80 个像素，12 英寸显示器的分辨率是 640×480，14 英寸显示器的分辨率为 800×600，16 英寸显示器的分辨率为 1024×768。

显示器的分辨率可以用软件或硬件的方法在一定范围内进行设置。在最高分辨率下，一个发光点对应一个像素，若设置低于其最高分辨率，则一个像素可以覆盖多个发光点。

④ 扫描方式，分为逐行扫描和隔行扫描两种。逐行扫描的显示器显示的内容稳定性好，清晰度较高，效果比较好。特别是对一些有图形要求或用来进行 CAD 辅助设计的用户，一般应选择逐行扫描的显示器。

一般，1024×768 逐行扫描的显示器应当配置 0.28 mm 或更小点距的显像管，若配置为 0.39 mm 的显像管，则失去了逐行扫描的功能，因为点距太大，逐行扫描和隔行扫描几乎是没有什么区别的。而 1024×768 隔行扫描的显示器既有配置 0.28 mm 的也有配置 0.39 mm 的，同一种机型可以选配这两种点距的显示器。

⑤ 颜色数，指每个像素点最多可以用多少种颜色来表示。例如，每个像素点只能用两种颜色（黑色和白色）表示的显示器就称为单色显示器，可以用多种颜色描述的显示器就是彩色显示器。

最早的彩色显示器只能用 16 种颜色来表示一个像素，后来发展到一个像素可以用 256 种颜色来描述，再发展到可用 16777216（2^{24}）种颜色来描述一个像素。用这么多种颜色来描述一个像素点，就被称为 16M 色，或"真彩色"。真彩色基本表达了自然界中通过人眼能够分辨出的所有颜色。

3 . 其他输出设备

数字投影仪具有信息放大作用，通过数据电缆与计算机的显示输出接口连接，能够把在计算机显示屏幕上的信息同时投影到大屏幕上。近年来，在学校的多媒体教室和实验室、商务会议室、公共场所（如汽车站、火车站、飞机场、行政办公大厅）等地方都经常用数字投影仪将计算机中的信息输出投影到大屏幕上，以便让更多的人能够看清楚。

绘图仪是一种图形绘制设备，在绘图软件的配合下，可将计算机制作的图形绘制打印出来，常用来绘制各种直方图、统计图、地表测量图、建筑设计图、电路布线图和各种机械图等。当前的绘图仪基本上都带有微处理器，具有智能化的功能，可以使用绘图命令，具有直线和字符运算处理以及自检测等功能。

3.6.2 打印机

打印机能够将计算机中的文档资料打印出来，以方便查阅，或作为资料和档案保存。

1 . 常见的打印机类型

图 3-23 是几种常见的打印机：喷墨打印机、激光打印机和 3D 打印机。

喷墨打印机　　　　　激光打印机　　　3D打印机

图 3-23　常见的几种打印机

喷墨打印机的打印头是一个微小喷嘴，由此喷出墨水，形成字符或图像。精度高，噪音低，价格低廉；缺点是打印速度慢，墨水消耗较大。

激光打印机具有高精度、高速度、低噪音、处理功能强大等特点，随着价格的大幅下降，已经普及成为办公室自动化设备的主要产品。

3D 打印机与普通打印机工作原理基本相同，只是打印材料有些不同，普通打印机的打印材料是墨水和纸张，而 3D 打印机内装有金属、陶瓷、塑料、砂等不同的"打印材料"，是实实在在的原材料,打印机与计算机连接后,可以把"打印材料"一层层叠加起来,最终把计算机上的蓝图变成实物。通俗地说,3D打印机是可以"打印"出真实的三维物体的一种设备,如机器人、玩具车、各种模型等。

2．打印机的主要技术指标

① 分辨率:指打印机每英寸打印的点数,用 dpi 表示。喷墨打印机一般可达 300~360 dpi。激光打印机的分辨率为 300~800 dpi,最高可达 1200 dpi,这种分辨率已达到了中档以上照相机的水平,打印效果非常好。

② 打印速度:一般用 cps(characters per second,每秒打印的字符数)表示。打印速度在不同的字体和语种下差别较大,喷墨打印机打印西文时达 248 cps,打印中文时达 165 cps。激光打印机是页式打印机,打印速度用每分钟打印页数表示,目前较快的激光打印机每分钟可打印几十页中文。

③ 噪音:用分贝(dB)表示,激光打印机的打印噪音在 47 dB 以下,喷墨打印机的打印噪音在 41 dB 以下。

④ 节能功能。节能是绿色微机的主要指标,一般的激光打印机工作时需要 800 W 左右的功率,等待时需要 100 W 左右的平均功率;喷墨打印机工作时为 55~100 W,静态时为 30 W 左右。

⑤ 点阵数。点阵数和分辨率都是影响打印质量的重要因素,但无论是增加点阵、提高分辨率,还是减少噪音,都是以牺牲打印速度为前提的。过高的点阵意味着更高的投入。

3.6.3　具有输入、输出两种功能的计算机外设

有些计算机外设既有输入功能又有输出功能,如光盘、硬盘、软盘等,当主机的数据来源于光盘(硬盘)时,这些设备便是输入设备,当计算机把处理的结果数据存储到光盘(硬盘)时,这些设备便是输出设备。这里仅对声卡进行简要介绍。

声卡也称为声频卡,是一块插在主板总线扩展槽中的专用电路板,能够对语音的模拟信号进行数字化,即进行数据采集、转换、压缩、存储、解压、缩放等快速处理,并提供各种音乐设备(录放机、CD、合成器等)的数字接口(Music Instruments Digital Interface,MIDI)和集成能力。声卡是多媒体计算机最基本的硬件,图 3-24 是常见的 PCI 总线声卡。

图 3-24　PCI 总线声卡

声卡主要有以下功能。

① 模拟音频处理。声卡可以在音频处理软件的控制下采样模拟音频信号,经过数字化,成为声音文件,并且可以回放这些文件,也可以对它们进行编辑等操作。模拟音频数字化后的文件占据的磁盘空间很大,1分钟的立体声占用的磁盘空间为 10 MB 左右,所以声卡在记录和回放数字化音频时要进行压缩和解压,以节省磁盘空间。

② 语音合成。声卡采用语音合成技术，可以合成语音或音乐，有了声卡，计算机就能朗诵文本或演奏出高保真的合成音乐。

③ 混音和音效处理。声卡上都设置有混音器，可以将来自音乐合成器、模拟音频输出和 CD-ROM 驱动器的 CD 模拟音频，以不同音量混合在一起，送到声卡输出端口进行输出。通过计算机唱卡拉 OK 就是利用声卡的混音器。

计算机的输入、输出设备还有很多，不再一一列举。

3.7　总线与接口

计算机的 CPU、内存、显示器、键盘、光驱等组成部件都是独立存在的物理器件，好比是一座座相隔遥远的"城市"。要在这些计算机组成部件之间传递数据也必须有道路。CPU 就依靠这些道路与内存、显示器、键盘或光驱进行数据的高速传递。这些道路就是计算机的总线。总线是把计算机各组成部件连接起来的一组电子线路，线路上设计了接口，计算机各组成部件与接口连接后，就连成了一个有机的整体，如图 3-25 所示。

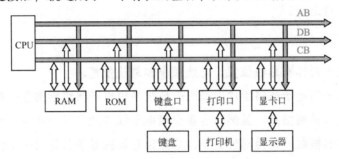

图 3-25　外设通过接口与总线相连

3.7.1　总线的类型和指标

根据传输的信号类型，总线可以分为地址总线、控制总线、数据总线（三总线）；根据传递数据的方式不同，可以分为串行总线和并行总线。

1．三总线

DB（Data Bus）即数据总线，用于在 CPU 与内存及输入、输出设备之间传输数据。

AB（Address Bus）即地址总线，用来传输存储单元或输入、输出接口的地址信息。

CB（Control Bus）即控制总线，用来传输控制器的各种控制信号。

DB 和 CB 是双向的，AB 则是单向的，只能由 CPU 传向存储器或输入、输出接口。

2．并行总线和串行总线

一次能同时传输多位二进制数据的总线称为并行总线，一次只能传输一位二进制数据的总线称为串行总线。并行总线的数据传输速率比串行总线的传输速率高。图3-26说明了在串行总线和并行总线上传输数据的区别，假设把10101011从A地送到B地，在并行总线上一次就可送到，而在串行总线上是一位一位地传输，如果传输速度一样，显然并行总线更快。

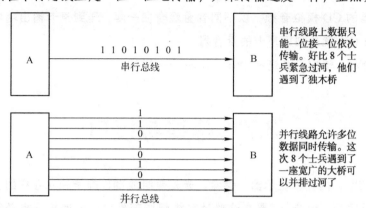

图 3-26　串行通信与并行通信示意

在计算机中，键盘、鼠标及 Modem 采用的是串行总线。尽管从键盘或鼠标线的连接头可以看到多个线接头，但其中只有一根导线用于传输数据，其余用于传输控制信号。显示器、打印机则常采用并行总线。

3．总线的主要指标

总线的主要技术指标有总线位宽、总线频率和总线带宽。

总线实际上由一组电子线路组成，相当于把很多根电子线路捆绑在一起，其中每根电子线路可以传输 1 位二进制信息。显然，有多少根电子线路就可以一次性传输多少位二进制数据，这组电子线路的根数就称为总线位宽。总线位宽与机器字长是同一个概念，人们常说的 32 位或 64 位计算机其实就是数据总线的位宽。总线位宽越大，CPU 一次能够处理的二进制数的位数就越多，速度就越快。

总线频率是指总线的工作时钟频率，可以理解为每秒钟传输数据的次数。总线带宽是指总线上每秒钟传输的数据总量。总线带宽与总线频率、总线位宽密切相关，存在如下关系：

$$总线带宽 = 总线频率 \times 总线位宽/8$$

例如，总线频率为 200 MHz，总线位宽为 64 位的总线带宽是

$$200\,MHz \times 64\,bits = 12800\,Mbps = 1600\,MBps（1\,Byte = 8\,bits）$$

3.7.2　接口

1．接口形成的原因

为什么计算机各组成部件要通过接口，而不是直接与总线连接呢？因为计算机外部设备种类繁多，速度不一，信号类型和信号电平种类多，信息结构复杂。例如，同一台微机可能

连接如下外设：打印机、显示器、键盘、绘图仪、软盘驱动器、扫描仪、光盘驱动器、Modem 和音响等。这些设备有的速度快，有的速度慢；有的是并行工作，有的是串行工作；有的需要模拟信号，有的需要数字信号；有的需要较高的工作电压，有的需要较低的工作电压。如果直接把这些外部设备与主机相连肯定是不行的，因为它们在数据传输速率、数据传输方式、信号的表示方式、工作的电平高低等方面都存在差异，不能相互通信。

接口也称为适配器，是介于主机与外部设备之间的一种缓冲电路，是微机与外部设备联系的纽带和桥梁，CPU 通过接口与外部设备相连接。对于主机，接口提供了外部设备的工作状态和数据暂存；对于外部设备，接口记忆了主机传输给外部设备的命令或数据，从而在某些时间代替了主机指挥外部设备的工作，使得外部设备的工作受主机控制，但在时间上又可与主机并行工作。

2．接口的功能

所有的外部设备都是通过接口与主机相连接的。一般说来，接口的主要功能如下：

① 进行信号格式变换。例如，进行串行与并行数据格式之间的变换。

② 数据缓冲。接口对数据传输提供数据缓冲，为协调处理器与外部设备在速率上的差异提供支持。

③ 电气特性的匹配。完成主机与外部设备在电气特性上的适配，如电压高低的转换。

3．串行接口和并行接口

串行通信方式同时只能传输 1 位二进制数据，但计算内部传输数据的最小单位是字节，串接接口的功能就是在位和字节之间进行转换，把 1 字节的各位每次 1 位地送到单根信号线上进行传输，当收齐 1 字节的 8 位后，再把它们组合成一个完整的字节。

串行接口在微机中的实现方式非常简单，一条线路用于发送数据，另一条线路用于接收数据，还有几条线路用于传递控制信号，控制这两条数据线路的传输方式。虽然串行线路的通信速率比较慢，但非常适合许多微机外设，如键盘、Modem 等。

并行接口有多条传输数据的通信线路。例如，8 位并行通信一次可以同时传输 8 位二进制数据，16 位并行通信一次可以传输 16 位二进制数据，即一次可传递 2 个字符。显然，并行通信的传输速度比串行通信的速度快。

4．USB 接口

USB（Universal Serial Bus，通用串行总线）是由 Intel、IBM、Microsoft 等 7 家公司共同研发的一种新型输入/输出接口总线标准，用于克服传统总线的不足。它的作用是将不一致的外设接口统一成一个标准的 4 针插头接口，具有以下特点。

① 连接简单，支持热插拔技术。在不关闭计算机电源的情况下，可以直接插入 USB 设备，真正实现"即插即用"（Plug and Play，PnP）功能。

② 具有更高的数据传输率。支持 1.5 Mbps 低速传输和 12 Mbps 全速传输两种方式，远

远超过现有标准的串行接口和并行接口的传输速率。

③ 为 USB 设备提供电源，USB 接口可为 USB 设备提供 5 V 电源。USB 接口为 4 针接口，其中 2 根为电源线，另外 2 根为信号线。

④ 同时支持多种设备的连接。采用菊花链形式扩展端口，最多可在一台计算机上连接 127 种设备。

⑤ USB 接口还支持多数据流，支持多个设备并行操作，支持自动处理错误并进行恢复，是目前最受欢迎的总线接口标准。

3.8　微机总线和主板

3.8.1　微机总线的发展

早期的 IBM-PC/XT 及其兼容机采用工业标准结构（Industry Standard Architecture，ISA）总线，数据宽度是 16 位，最高数据传输率为 8 Mbps，适合低速的外设接口卡插入。微机主板上较长的黑色扩展槽就是 ISA 总线，经常用于连接声卡、解压卡、网卡、游戏卡、内置 Modem 等。但对于视频、网络和硬盘控制器而言，ISA 总线远远不能满足数据传输的需要。

386 微机出现后，又出现了两种 32 位的总线及相应的扩展槽，即扩展工业标准结构（Extended ISA，EISA）和微通道结构（Micro Channel Architecture，MCA）。EISA 仍然可以兼容 8 位或 16 位的 ISA 扩展卡，MCA 则不具有这种兼容性，只能处理 32 位的数据传输。

1982 年，一种新型的 CPU 芯片出现了，能够以 33 MHz 以上的速率发送数据，而当时的 EISA 和 MCA 总线只能以 8.22 MHz 和 10 MHz 的速率传输数据。为了跟上处理器的速度，导致了局部总线的诞生。"局部"是指处理器使用的总线线路，也就是说，将 CPU 内部的线路延伸到 CPU 外部，并且在延伸出来的线路上留下一些总线插槽，允许一些高速的外设适配器（如显卡等）插入这些总线插槽，与 CPU 进行直接、高速的数据传输。

局部总线出现后，大约在 1991 年，Intel 公司与其他公司联合开发了 PCI（Peripheral Component Interconnect，外围组件互接）接口的局部总线。PCI 总线标准具有并行处理能力，I/O 过程不依赖于 CPU，支持自动配置，即具有"即插即用"功能。PCI 总线的数据宽度有 32 位和 64 位两种，总线频率有 33 MHz 和 66 MHz 两种。由此可推算出其最低数据传输速度为 132 Mbps，最高可达 528 MBps（66×64/8），能满足早期的多媒体要求。

随着多媒体应用的不断推广，需要传输巨大的视频和音频数据，这就需要更高的数据传输速率。1996 年，Intel 公司对 PCI 总线进行了改进，开发了 AGP（Accelerated Graphics Port，加速图形接口）总线接口，其总线宽度为 32 位，总线频率 66 MHz 和 133 MHz 两种，最快速度可达 3.1 GBps。

随着 CPU 处理速度的不断增长，以及 3D 性能要求的不断提高，AGP 已不能满足视频处理带宽的需求。Intel 公司在 2001 年提出了 PCI-E 总线标准，具有更快的数据传输速率，能够满足各种数据传输速率的需求。PCI-E 发展至今，形成了 PCI-E 1.0、2.0 和 3.0 三个版本的规范，每个规范对单个数据传输通道规定的速率不同。

PCI-E 1.0 规定一个通道的单向传输速率为 250 MBps，PCI-E 2.0 规定一个通道的单向传输速率为 500 MBps，PCI-E 3.0 规定一个通道的单向传输速率为 1 GBps。每个规范都支持 1、2、4、8、16 共 5 个数据传输通道，即 PCI-E 1X、PCI-E 2X、PCI-E 4X、PCI-E 8X 和 PCI-E 16X，每个通道都可以双向传输数据。这样可以计算出 PCI-E 1.0 中 PCI-E 1X 的数据传输速率是 250 MBps×1（1 个通道）×2（双向）=500 MBps，PCI-E 16X 的传输速率为 250 MBps×16×2=8 GBps。

PCI-E 是当前微机最基本的总线标准，几乎每台微机都配置了若干 PCI-E 扩展槽，可以在其中插入各种具有 PCI-E 接口的电路板（如网卡、显卡等），再通过这些电路板上的接口连接各种外部设备（如显示器，路由器等），就可以构成整个微机系统。

3.8.2　微机主板

微机主板是一块分层（一般为 4 层或 6 层）的印刷电路板，主板表面包括若干总线扩展插槽、芯片组、各种接口、电阻和电容等电子元器件。主板内部各层电路板上布满了各种电子线路，它们将主板及其上的插槽和接口连接成一个整体，使之能够传输各种数据和计算机指令，协调统一地工作。

当前的微机主板通常都配置有内存插槽、PCI-E 插槽若干，有的主板上还有 AGP（用于连接显示器）插槽，以及 SATA 接口（连接硬盘等）、USB 接口、串口、并口等不同类型的接口若干个，插槽和接口的数目因主板而异。主板上的芯片主要包括 CPU、BIOS（基本输入/输出系统）、北桥芯片和南桥芯片（二者合称芯片组），如图 3-27 所示。

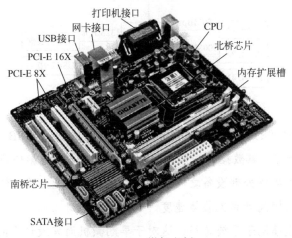

图 3-27　微机主板

BIOS 芯片中保存着同主板搭配的基本输入/输出系统程序，能够让主板识别各种硬件，并可以设置引导系统的设备，调整 CPU 外频等。

离 CPU 最近、上面有散热片的芯片就是北桥芯片，主要负责处理 CPU、内存、显卡三者间的数据传输，并提供对 CPU 的类型、主频、系统前端总线频率、内存类型和容量等方面的控制和支持，数据处理量极大，与 CPU 之间的通信频繁，缩短它与 CPU 之间的距离可以减少数据传输距离，提高性能。北桥芯片在主板芯片组中起主导作用，也称为主桥。

南桥芯片简称 IO 控制中心（Input-output Controller Hub，ICH），离 CPU 较远，通过总线与北桥芯片相连，负责中慢速通道的控制，主要是 IO 通道的控制，包括硬盘等存储设备和 PCI-E 总线之间的数据流通。主板上的各种接口（如串口、USB）、PCI 或 PCI-E 总线（接电视卡、声卡等）、IDE 或 SATA（接硬盘、光驱）、其他芯片（如集成声卡、集成 RAID 卡、集成网卡等）都由南桥芯片控制。

南桥、北桥芯片合称芯片组，芯片组在很大程度上决定了主板的功能和性能。当前某些高端主板将南桥、北桥芯片封装到一起，只有一个芯片，这样能够提高芯片组的功能。

微机主板上布满了各种扩展插槽和各种接口，可以将各种电路板和外围设备连接，组装成一台可以实际运行的计算机。每个扩展插槽或接口都通过相应的总线连接到南桥芯片或北桥芯片，进而实现与内存和 CPU 之间的数据交换。

主板上的总线类型很多，如图 3-28 所示。一些低速总线，如 PCI 总线、PCI-E 1X、USB、LAN、SATA、RS232 等，用于将各种外部设备（如键盘、鼠标、网络、音响、视频及打印机等）接到南桥芯片，再由南桥芯片连接到北桥芯片，由北桥芯片将信息送到 CPU 和内存中进行加工处理。北桥芯片通过高速总线如 PCI-E 16X、AGP 等与 CPU 和内存通信。

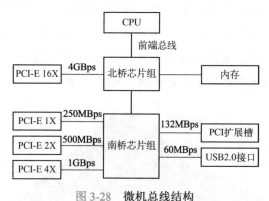

图 3-28　微机总线结构

CPU 与北桥芯片之间的总线称为前端总线（Front Side Bus，FSB）。前端总线是 CPU 与外界交换数据的主要通道，其数据传输能力对计算机的整体性能影响极大，因为 CPU 只有通过它才能实现与内存和各种外部设备之间的数据交换。运算能力再快的 CPU，如果没有足够快的前端总线，就无法提高计算机整体速度。

不少人将前端总线等同于系统总线，这对于早期微机而言没什么问题，但对于现在的微机来说就不太对了。要说清楚这个问题，就需要对计算机的时钟频率有所了解。计算机中有一个晶体振荡器不断产生电脉冲，每秒钟产生的脉冲个数就是时钟频率。计算机主板的所有部件都以这个时钟频率为基准进行同步工作，因此也被称为基准时钟频率。对于CPU而言，基准时钟频率称为外频，CPU内部的时钟频率称为主频。

总线的数据传输速度和CPU的运算速度都与时钟频率密切相关，其计算关系如下：

$$总线传输数据的速度 = 时钟频率×总线位宽/8（8\,bits = 1\,Byte）$$

其单位为 MBps。早期微机的系统总线（主板上提供各种扩展插槽的总线）就是按这种速率传输数据的，当时CPU的主频与外频也是一致的。

后来CPU采用了超频技术。超频即按外频（即系统基准时钟频率）的倍数提高CPU的主频，这个提高的倍数称为倍频。CPU的主频、外频和倍频的关系为"主频=外频×倍频"。由于CPU速度的极大提高，总线传输数据速率已跟不上CPU的处理能力，因此采用了一种称为QDR（Quad Date Rate）的技术，提高前端总线的频率，使前端总线的频率是外频的2倍或4倍，甚至更高。前端总线频率越大，代表着CPU与北桥芯片之间的数据传输能力越大，更能充分发挥出CPU的功能。

习 题 3

一、选择题

1. 指令译码是通过（　　）实现的。

A. 运算器　　　　　　B. 输入设备　　　　　　C. 存储器　　　　　　D. 控制器

2. 存储在ROM中的数据，当计算机断电后（　　）。

A. 部分丢失　　　　　B. 不会丢失　　　　　　C. 可能丢失　　　　　D. 完全丢失

3. 下列有关总线的描述中不正确的是（　　）。

A. 总线分为内部总线和外部总线　　　　　B. 内部总线也称为片总线

C. 总线的英文表示就是Bus　　　　　　　D. 总线体现在硬件上就是计算机主板

4. 具有多媒体功能的微型计算机系统中，常用的CD-ROM是（　　）。

A. 只读型大容量软盘　　　　　　　　　　B. 只读型光盘

C. 只读型硬盘　　　　　　　　　　　　　D. 半导体只读存储器

5. 目前，打印质量最好的打印机是（　　）。

A. 针式打印机　　　　　　　　　　　　　B. 点阵打印机

C. 喷墨打印机　　　　　　　　　　　　　D. 激光打印机

6. 字长是CPU的主要性能指标之一，它表示（　　）。

A. CPU一次能处理二进制数据的位数　　　B. 最长的十进制整数的位数

C. 最大的有效数字位数　　　　　　　　　D. 计算结果的有效数字长度

7. 下面关于U盘的描述中，错误的是（　　）。

A. U盘有基本型、增强型和加密型三种　　　B. U盘的特点是重量轻、体积小

C. U 盘多固定在机箱内, 不便携带　　　　D. 断电后, U 盘还能保持存储的数据不丢失

8. 影响一台计算机性能的关键部件是 (　　)。

A. CD-ROM　　　　B. 硬盘　　　　C. CPU　　　　D. 显示器

9. 下列叙述中错误的是 (　　)。

A. 硬盘在主机箱内, 它是主机的组成部分

B. 硬盘是外部存储器之一

C. 硬盘的技术指标之一是每分钟的转速 rpm

D. 硬盘与 CPU 之间不能直接交换数据

10. 关于计算机总线的说法中不正确的是 (　　)。

A. 计算机的五大部件通过总线连接形成一个整体

B. 总线是计算机各部件之间进行信息传递的一组公共通道

C. 根据总线中传送的信息不同, 分为地址总线、数据总线、控制总线

D. 数据总线是单向的, 地址总线是双向的

11. 用 bps 来衡量计算机的性能, 它指的是计算机的 (　　)。

A. 传输速率　　　　B. 存储容量　　　　C. 字长　　　　D. 运算速度

12. 计算机的基本组成部件是 (　　)。

A. 主机、输入/输出设备、存储器　　　　B. 运算器、控制器、存储器、输入和输出设备

C. 主机、输入/输出设备、显示器　　　　D. 键盘、显示器、机箱、电源、CPU

13. 在微机中, 人们常说的 PCI 是一种 (　　)。

A. 产品型号　　　　B. 局部总线标准　　　　C. 微机系统名称　　　　D. 微处理器型号

14. 微机突然断电时, (　　) 中的信息会全部丢失, 恢复供电后也无法恢复这些信息。

A. U 盘　　　　B. RAM　　　　C. 硬盘　　　　D. ROM

15. 下列叙述中正确的是 (　　)。

A. CPU 能直接读取硬盘上的数据　　　　B. CPU 能直接与内存储器交换数据

C. CPU 由存储器、运算器和控制器组成　　　　D. CPU 主要用来存储程序和数据

16. 计算机最主要的工作特点是 (　　)。

A. 存储程序与自动控制　　　　B. 高速度与高精度

C. 可靠性与可用性　　　　D. 有记忆能力

17. 下列术语中, 属于显示器性能指标的是 (　　)。

A. 速度　　　　B. 可靠性　　　　C. 分辨率　　　　D. 精度

18. 一条计算机指令中规定其执行功能的部分称为 (　　)。

A. 源地址码　　　　B. 操作码　　　　C. 目标地址码　　　　D. 数据码

19. 控制器的功能是 (　　)。

A. 指挥、协调计算机各部件工作　　　　B. 进行算术运算和逻辑运算

C. 存储数据和程序　　　　　　　　　D. 控制数据的输入和输出

20. 在微机系统中，麦克风属于（　　　）。

A. 输入设备　　　　B. 输出设备　　　　C. 放大设备　　　　D. 播放设备

21. 在微机主板上有许多芯片和插槽，决定主板性能的是（　　　）。

A. 南桥芯片　　　　B. 北桥芯片　　　　C. BIOS 芯片　　　　D. CMOS 芯片

二、计算题

1. 某硬盘有 2048 个柱面，每磁道有 63 个扇区，硬盘驱动器有 256 个磁头，试计算该硬盘的存储容量（提示：每个扇区可存储 512 字节）。

2. 某 64 位微机的外频是 133 MHz，CPU 的倍频是 23，前端总线频率是外频的 4 位，试计算 CPU 的主频，前端总线频率和前端总线的数据传输速率。

3. 某显示器分辨率为 1920×1280，计算保存一幅全屏幕真彩色位图需要的存储空间。

三、问答题

1. 什么是程序？简述一条计算机指令的执行步骤。

2. CPU 是什么？它包括哪些硬件？CPU 的主要功能是什么？

3. 什么是多级存储结构？为什么要采用这种存储结构？

4. 什么是 Cache？它是怎样提高计算机的性能的（或它的工作原理是什么）？

5. 内存与外存有何区别？什么是 ROM，有何用处，包括哪几种类型？什么是 RAM，有何作用？RAM 与 ROM 有什么区别？

6. CMOS、BIOS 各有什么作用？

7. 什么是总线？计算机的总线有哪几种？各有何功能？串行总线与并行总线有什么区别？在微机总线中，哪些是串行总线？哪些属于并行总线？

8. 接口有什么用途？硬盘有哪几种接口？目前微机中硬盘常用的接口是什么？

9. 什么是显示分辨率？什么是显示器的点距？什么是真彩色？

10. 衡量微处理器的主要指标有哪些？微机常用的微处理器芯片有哪几种？

四、实践题

调查一台微机，首先看它是哪年生产的，然后说明硬件配置情况。

① CPU 的类型、主频、字长。

② 主板是哪个生产商提供的？它提供了几个扩展槽？各是什么总线类型？

③ 内存容量的大小、显示卡的类型、显示容量、显卡的总线接口类型。

④ 光驱是哪个厂商提供的？速度是多少？

⑤ 显示器的分辨率、显示刷新频率是多少？

⑥ 硬盘的容量多大，采用何种接口方式，每秒钟多少转？

⑦ 鼠标和键盘采用的什么接口类型？

⑧ 机箱背后提供了几个并行通信接口、几个串行通信接口？

第4章

计算机软件基础

COMPUTER

　　硬件和软件结合在一起的计算机系统才能够正常运行，必须以系统的观点看待两者的关系，离开了软件，硬件无从用起，离开了硬件，软件无法运行。本章介绍计算机软件的发展历程、开发方法、主要类型和功能，常见的操作系统、应用软件、多媒体技术等软件基础知识，以及程序语言学习的全局思维和 Python 编程基础。

4.1　软件概述和发展历程

4.1.1　软件概述

　　软件是指在计算机硬件设备上运行的程序和数据（包括文档资料），主要用来扩展计算机系统的功能，提高它的使用效率，通常承担着为计算机运行服务提供全部技术支持的任务。Windows 操作系统、金山 WPS、QQ、微信、淘宝 App 等都是常见的软件。

　　软件由程序和数据组成，程序是指示计算机如何解决问题或完成任务的一组指令的有序集合。数据则是人们能够识别的图、文、声像、数字、符号等信息，经过数字化处理后存储在计算机中的符号编码。例如，公安局户籍管理信息系统中的人名、性别、籍贯、学历、出生年月、身份证号码、照片等构成了该系统所需的数据。

软件与硬件具有相互依存和逻辑等价的关系。硬件是软件运行的基础，提供的机器指令和运算控制能力是实现软件的基础，任何软件都是利用硬件提供的指令系统实现的。所谓逻辑等价，是指某些软件的功能可以通过硬件实现，一些硬件的功能也可以通过软件实现。

只有硬件而没有任何软件的计算机称为"裸机"，功能简单，甚至不能启动运行。软件是硬件功能的扩充，正是因为有了各种软件的支撑，计算机才能够进行各种信息处理，完成各种任务。软件具有以下主要功能：

① 管理计算机系统，协调计算机各组成部件之间的合作关系，提高系统资源的利用率。

② 在硬件提供的设施和体系结构的基础上，扩展计算机的功能，提高计算机实现和完成各类应用任务的能力。

③ 面向用户服务，向用户提供尽可能方便、合适的计算机操作界面和工作环境，为用户运行各类作业和完成各种任务提供相应的功能支持。

④ 为软件开发人员提供开发工具和开发环境，提供维护、诊断、调试计算机软件的工具。

每类软件都具有上述某种或多种功能。例如，Windows 主要对微机的软件和硬件资源进行管理与协调，帮助用户管理磁盘上的目录和文件，向用户提供执行命令和程序的手段。

软件在用户和计算机之间架起了联系的桥梁，用户只有通过软件才能使用计算机，如图4-1 所示。

图 4-1　计算机硬件、软件和用户的关系

4.1.2　软件发展历程

1. 自由软件的产生

计算机的早期是大型机的时代，由于硬件造价很高，在出售计算机时，通常只收取硬件的费用，软件则作为附赠品。早期的 UNIX 系统就是其中的典范，整个 20 世纪 70 年代都在免费传播，是大学和研究机构中流行的操作系统软件。当然，UNIX 最终还是走上了商业化

的道路。

到了 20 世纪 80 年代，随着微机的发展与应用推广，许多爱好者编写程序并自由地交换程序代码，成立民间团体，创办自费刊物，互相交流，传授技术心得，开办研讨会，形成了软件免费发布的体系。这是最初的自由软件，也是软件最初的开发模式，在较大程度上促进了软件的发展。

自由软件并不意味着完全免费。自由软件基金会的创始人理查德·斯托曼于 1983 年发表了一篇关于自由软件的文章，对自由软件做出了明确的说明，大致含义如下。

"自由"是指用户运行、复制、研究、改进软件的自由，更准确地是指三个层次的自由：① 研究程序运行机制，并根据自己的需要修改它的自由；② 重新分发复制，以使其他人能够共享软件的自由；③ 改进程序，为使他人受益而散发它的自由。

更明确地讲，自由软件包含以下含义：程序设计者应当公开程序的源代码，对自己制作的软件可以选择免费（免费软件）或收费（共享软件）的方式提供给用户，并且允许用户根据自身的需要，添加、修改、删除或编译程序的源代码；用户也应当将添加、修改、删除或编译后的程序源代码公开，并且不得将添加、修改、删除或编译后的程序和源代码以任何形式用于牟利行为（除非经过原作者同意），以保证程序原创者的权利。

2．商业软件的发展

随着技术发展，计算机的硬件成本不断降低，软件则显示出越来越大的价值，计算机公司开始把硬件和软件分开计价。20 世纪 60 年代中后期，一些程序员开始将设计的同一个程序出售给多家公司，并以此为谋生手段，一个新的行业——软件业便应运而生。

1）电子表格对软件产业的影响

1977 年，哈佛大学的丹·布里克林（D. Bricklin）在学校的 DEC 计算机上编写了能计算账目和统计表格的程序，后与麻省理工学院的鲍伯·弗兰克斯顿（B. Frankston）合作，在苹果 II 型计算机上用汇编语言改写了此软件，这就是世界上第一个电子表格软件 VisiCalc，即"可视计算"。

1979 年后期，VisiCalc 被正式推向商业市场。由于 VisiCalc 最初开发于苹果 II 型计算机，苹果公司接受了这个软件，赢得了广大商业用户的喜爱，不到一年时间就成为个人计算机历史上第一款最畅销的应用软件。VisiCalc 也促进了苹果 II 型计算机的销售，1980 年就有 25000 台苹果机被主要用来运行这款电子表格软件，占到苹果公司总销量的 20%以上。

VisiCalc 极大地激励了软件开发者，引发了真正的个人计算机革命，改变了个人计算机产业的发展方向，为微机的普及发展起到了巨大的推动作用，也标志着软件产业的开端。

1982 年，Lotus（莲花）软件公司推出了名为 Lotus1-2-3（1 是电子表格，2 是数据库，3 是商业绘图）的套装软件，集三大功能于一体，开创了套装软件的先河。

2）微软公司的操作系统和办公软件

20 世纪 70 年代，大型机的主导操作系统是免费的 UNIX 系统，微机操作系统则是 CP/M。微软公司在 1981 年推出了 MS-DOS 1.0，运行于 IBM 公司的个人计算机上（IBM-PC），经过不断修改和完善，于 1987 年推出了 MS-DOS 3.3 版，在微机操作系统的市场中占据了统治地位。MS-DOS 的最后一个版本是 6.22 版，然后就与 Windows 相结合了。

1985 年，微软公司推出了 Windows 的第一个版本 1.0。Windows 的用户界面是图形化的，最基本的概念就是窗口，用户可以用鼠标对窗口进行操作，简化了程序执行和数据输入的方式。此后，微软公司不断完善 Windows 的功能，以全新的面貌和强大的功能，成为当前微机操作系统的标准。

在办公软件方面，微软公司也是电子表格软件最早的开发者之一。早在 1982 年，微软就推出了一个名为 Multiplan 的电子表格软件，即 Excel 的前身，该软件创造性地提出了"菜单"技术。此后，经过不断的扩展和完善，Microsoft Office 成为最成功的办公集成软件，集成了文字处理（Word）、电子表格（Excel）、数据库管理（Access）、演示文稿（PowerPoint）及图形图像处理等功能。

3．开源软件的发展

开源软件（Open-source）产生于 20 世纪 90 年代，指源代码可以被公众使用的软件，并且它的使用、修改和分发也不受许可证的限制。开源软件通常是有版权（Copyright）的，它的许可证主要用来保护源码的开放状态，保护原著者的著作权，或者控制软件的开发等。

开源软件是一种开放式的软件模式，能够让更多的组织和个人参与源码的研发、软件的设计和审查，更容易发现软件的错误，提高源码的质量。允许用户下载和使用源码，避免了重复开发，提高了软件的共享性，给予了用户更大的自由，让他们能够按照自己的业务需求修改源码，定制出符合自身需求的软件。软件企业可以减少开发队伍，降低软件成本。

当前，开源软件得到了世界范围内许多大公司的支持，一些国家的政府机构也积极支持开源软件的使用，很多软件开发商也加入开源软件的行列，源码开发者遍布全世界，他们通过网络互通信息，共同完成软件的开发和改进。目前，已有几百种成熟的开源软件被广泛使用，其中最著名的有 Linux、BSD UNIX、Perl 语言及 X Window 系统等。

4.2　系统软件和应用软件

计算机软件分为系统软件和应用软件两种。

4.2.1　系统软件

系统软件是为整个计算机系统配置的、不依赖于特定应用领域的通用软件，用来管理计算机的硬件系统和软件资源。只有在系统软件的管理下，计算机各硬件部分才能够协调一致地工作。系统软件也为应用软件提供了运行环境，离开了系统软件，应用软件就难以正常运行。操作系统、数据库管理系统、程序设计语言、网络操作系统和一些实用程序都属于系统软件。

1. 操作系统

操作系统（Operating System，OS）是直接运行在"裸机"上基本的系统软件，其他软件都必须在操作系统的支持下才能运行。操作系统由早期的计算机管理程序发展而来，目前已成为计算机系统各种资源（包括硬件资源和软件资源）的统一管理、控制、调度和监督者，合理地组织计算机的工作流程，协调各部件之间、部件与用户之间的关系。

从资源管理的角度，操作系统的主要功能包括作业管理、进程管理、存储管理、设备管理和文件管理。其中，作业管理和进程管理合称处理机管理。

总之，操作系统的目标是提高各类资源的利用率，方便用户使用计算机系统，为其他软件的开发与使用提供支撑。常用的操作系统有 UNIX、Windows、Linux，以及手机操作系统 Android、iOS 等。

2. 网络操作系统和通信软件

曾经的一句流行语"网络就是计算机"，说明了计算机与网络的密切关系。硬件提供网络软件的运行环境，网络和通信软件保证计算机联网工作的顺利进行，负责网络上各类资源的管理和监控，负责计算机系统之间、设备之间的通信，是计算机网络系统中必不可少的组成部分。根据覆盖范围的大小，计算机网络可以分为局域网和广域网，因此网络与通信软件也分为局域网通信软件和广域网通信软件两种。

最重要、最基本的网络与通信软件是网络操作系统（Network Operating System，NOS）。通常，每个网络操作系统的主体部分由一个内核程序来控制软件、硬件之间的相互作用，由传输规程软件控制网络中的信息传输，由服务规程软件扩展网络的联网功能，由网络文件系统实现网络中的文件管理、文件传输和文件使用权限的控制。此外，为了方便用户进行网络操作，所有网络操作系统都提供了一些实用程序，用于管理用户的操作，为用户提供编程接口，以及网络设置和监控功能。

总之，网络操作系统通过内核程序、传输规程软件、服务规程软件、网络文件系统、网络实用程序和网络管理及监控程序等软件模块，保障网络的资源共享和数据通信。

网络中的不同计算机为了进行相互通信，都必须遵守共同的数据交换和传输规则、标准或约定的条款，人们称之为网络协议。当前常用的操作系统有 UNIX、Novell NetWare、Windows NT、Windows Server、OS/2 及 Linux 等，采用的协议主要是 TCP/IP、IPX/SPX。

3. 语言处理程序

为了让更多的人能够理解和操作计算机，计算机科学家发明了更接近于人们平常生活用语和思维方式的程序语言，这样的语言被称为高级语言，用它编写的程序被称为高级语言程序。图 4-2 是用 BASIC 语言编写的比较两个数大小的程序，相信没有学过 BASIC 语言的人也能够看懂该程序的功能是：从键盘输入两个任意的数，然后将它们从小到大显示在屏幕上。

但是，计算机只能够识别和执行的是由机器指令组成的机器语言程序。也就是说，必须有一类软件能够提供高级语言命令给程序员来编写源程序，并把高级语言编制成的源程序翻译成计算机硬件能够直接执行的机器语言程序，这类软件就被称为语言处理程序。当前，C#、C++、Java、C、GO 语言等都是较为常用的语言处理程序。

```
REM ORDER.BAS                    REM 是注释语句
  PRINT "请输入两个数 a,b"         在显示屏幕上显示：请输入两个数 a、b
  INPUT a,b                      从键盘上输入两个数，分别存入 a、b
  IF a<b THEN                    如果 a 小于 b
    PRINT a,b                      在屏幕上显示 a、b
  ELSE                          否则（意思是 a 大于或等于 b）
    PRINT b,a                      在屏幕上显示 b、a
  END IF                        IF 语句结束
END                            程序结束
```

图 4-2　比较两数大小的 BASIC 程序

4．数据库管理系统

除了软件、硬件资源，数据资源在计算机应用中的地位越来越重要，已经成为数字经济的核心。在信息时代，数据资源的产生具有速度快、体量大、类型多、变化快、价值大等特点，必须依靠数据库技术才能够管理好它。

数据库技术的核心是数据库管理系统（DataBase Management System，DBMS），一种专门用来管理数据的系统软件，为各类用户或有关的应用程序提供使用数据库的方法，包括建立数据库、查询、检查、恢复、权限控制、增加与修改、删除、统计汇总、排序分类等操作数据的命令。数据库管理系统能够有效地将企事业单位的相关数据组织、存储在一起，构成数据库，而且允许多个用户共享数据库中的数据。

数据库管理系统通过数据模型管理数据，数据模型能够保持数据间的密切联系，降低数据冗余度，实现数据独立性。数据独立性是指数据库中的数据不依赖于某具体的应用程序，当数据发生变化时，程序仍然可以正常工作，这是其他软件系统所不具有的功能。

数据模型是数据库管理系统的核心和基础，决定了数据的存储结构和存取效率，数据库管理系统的类型通常是用数据模型来命名的。在数据库的发展过程中，应用过的数据模型主要有层次模型、网状模型、关系模型、面向对象模型和 NoSQL 数据库。其中，层次模型和网状模型是早期的数据模型，当前主要采用的是关系模型、面向对象模型和 NoSQL 数据库。

在关系型数据库系统中，把一张二维表视为一个关系，一个数据库系统则是多个二维表的集合。所有关系型数据库都用 SQL 进行数据操作，包括创建数据库、查找数据、删除数据表、限制用户的访问权限等操作，都由具体的 SQL 命令完成。

SQL 的全称是 Structured Query Language，即结构化查询语言，其中的结构指的就是关系（二维数据表），只能对符合要求的二维表进行操作。而 NoSQL 就是不用 SQL 的数据库的通称。因为用 SQL 的只有关系型数据库，所以 NoSQL 指的就是关系数据库之外的所有数据库，实际上是大数据管理技术的通称。

当前常用的关系型数据库有 Access、SQL Server、MySQL、Oracle、Informix、Sybase

及 DB2 等，NoSQL 数据库有 Hbase、MongoDB、Redis、Hive、Neo4J 等。

5．实用程序

实用程序是指通用的工具性程序，把实用程序划入系统软件有其历史性的原因。因为从历史上看，许多操作系统、语言处理程序、数据库管理系统等一直附带许多应用程序，这些应用程序就是实用程序。实用程序不依赖于具体的应用问题，具有一定的通用性，可以供所有用户使用，如编辑程序、文件操作程序、连接装配程序和调试程序等。

实用程序能够配合其他系统软件（如操作系统、语言处理程序、网络与通信软件、数据库管理系统等），为用户操作计算机提供方便和帮助，如系统配置、初始化设置、资源管理、系统诊断和测试、程序和文本编辑、程序调试、文本格式转换等。

4.2.2 应用软件

应用软件是指用于社会各领域的应用程序及其文档资料，是各领域为解决实际问题而编写的软件。在大多数情况下，应用软件是针对某特定任务而编制的程序。例如，企业工资管理系统、网上缴费程序和人事档案管理系统就是典型的应用软件。

1．应用软件的类型

按照开发方式和用途，应用软件可以分为定制软件、应用软件包和通用软件包 3 类。

定制软件是针对具体应用而定制的应用软件，完全是按照用户的特定需求而专门进行开发的，其应用面较窄，往往只限于专门的部门及其下属单位使用。这种软件的运行效率较高，开发代价和成本也比较高。

应用软件包在某应用领域有一定程度的通用性,但与应用单位的具体要求还有一些差距，往往需要进行二次开发，经过不同程度的修改之后才能使用，如各种财务软件包、数学软件包、统计软件包、生物医用软件包等。

通用软件是在计算机的应用普及进程中产生的，这些应用软件迅速推广流行，并且不断更新，如文字处理软件、电子表格软件、绘图软件等。

2．常见应用软件

应用软件已经深入人们社会生活的各方面，如微信支付、QQ 聊天、电子邮件、航空订票、网上办公、远程教学等。下面简要列举几类通用性的应用软件。

1）文本处理软件

文本处理软件是当前人人都会用到的应用软件，具有创建和编辑文本，对文本进行语法拼写和检测，以及文档打印与输出格式化设置等功能。文本处理软件大致可以分为三类：第一类是最简单的文本编辑程序，如 Windows 的记事本、各种程序设计语言提供的编辑程序。第二类是功能较为完备的文字处理软件，如 WPS、Microsoft Word 等。第三类是功能完备、已达到相当高的专业水准的综合性高级桌面排版处理系统，如 PageMaker、方正、华光等排版处理系统。

在通信和网络高度发展的今天，许多文字处理软件与多媒体和通信网络相结合，如 Word 就有了制作网页和博客的功能，允许在文档中插入音频、图像，还能够接收和发送电子邮件。同时，基于互联网的一些文本处理软件在不断被研制，如微博、有道云笔记、语雀文档编辑器等，只要有网络的地方，就能够进行文档编辑、存储、使用和共享。

2）电子表格软件

电子表格软件有许多自动功能，可以帮助人们快速完成工作，缩短工作时间，提高工作效益。试想：若要根据图 4-3 中左图的数据人工绘制右边的饼图要花多少时间？

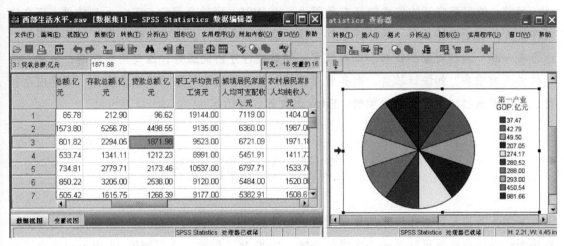

图 4-3　电子表格示例

概括而言，电子表格软件具有如下功能：

① 建立和编辑电子表格，即能够制表、填入表格内容、制定表格的各类说明。

② 能够动态计算表格中的内容。只需在单元格中输入计算公式，电子表格便会自动计算公式的值，并填入公式所在的单元格。

③ 提供丰富的函数和公式演算能力，可以进行复杂的数据分析和统计。

④ 具有制图功能，可以制作各类图表，包括直方图、饼图、折线图、趋势线等。

⑤ 具有文件格式转换能力，能够方便地访问由其他软件所建立的数据。

⑥ 具有一定的编程能力，允许用户对它进行编程。

WPS、Microsoft Excel 和 SPSS 是人们当前最常用的电子表格软件。SPSS（Statistical Product and Service Solutions，统计产品与服务解决方案）广泛用于通信、医疗、银行、证券、保险、制造、商业、市场研究、科研教育等领域和行业，是应用最广泛的专业统计软件。

3）绘图软件

从应用角度，图形软件大致分为两类。一类是由软件平台或系统软件自带的图形软件，其功能相对简单，如 Windows 自带的 PaintBrush（画笔）、OS/2 自带的 Picture Viewer 图像显示程序。另一类是由专业软件公司开发的商业化绘图软件，功能较强，广泛用于制作电气工程图、建筑工程图、线路布线等，如 3ds MAX、AutoCAD、Microstation、CorelDRAW、Harvard Graphics 等。

4）集成软件

多年来，一些公司致力于把一些常用的软件组合在一起，构成一个"集成化的软件包"，为用户提供使用上的方便。目前最成功的例子就是集成办公系统，在微机或小型商用计算机系统上，把文字处理、电子表格、数据库管理系统、图形、表格处理软件等组合在一起，可以生成效果良好的各种文档，允许在一个文档中包括文字材料、图片、图表、报表和各类图像，真正做到图文并茂。

目前，使用最广泛的集成软件有我国的金山 WPS、微软公司的 Office 系列软件，把文字处理软件、电子表格软件、数据库软件、演示文稿制作软件、电子邮件收发软件等常用软件组合在一起，通过对象的链接和嵌入技术，使这些程序协同服务，深受用户欢迎。当然，应用软件还有很多，如统计软件、财务管理系统、信息管理软件等，以及多媒体、网络应用软件、媒体播放器、多媒体影像编辑、Edge 浏览器、微信等。

4.3　多媒体软件技术

多媒体是指多种媒体技术的集成使用，如计算机、幻灯机、录像机、录音机、唱片机、数码相机等的集成使用就是一个多媒体系统。1990 年，微软、飞利浦等 14 家公司成立了一个多媒体微机市场管理委员会，制订了多媒体计算机的标准，定义了多媒体计算机系统的一些硬件指标，如 CPU 主频、内存大小、硬盘容量、配备视频解压卡等都有相应的规定，凡是符合这种标准的个人计算机系统被称为多媒体个人计算机（Multimedia Personal Computer，MPC）。

早期的多媒体系统实际上是在普通计算机的基础上增配一些外围设备，一个完整的多媒体计算机包括专用的音频设备（声卡、音箱、麦克风、录音机、光驱或 DVD 驱动器甚至音乐键盘等）、视频设备（如数码相机、录像机、摄像机等）、图形设备（如扫描仪、绘图仪）、打印机等。

随着计算机技术的发展，当前一台普通的微机就足以完成以前需要多种设备协作才能完成的功能，"多媒体"一词也就有了新的定义。多媒体技术实际上是计算机技术、通信技术及媒体信息压缩技术的综合运用，以计算机技术为中心，将音像、通信设备集成在计算机技术中，能够综合处理包括文字、声音、图像、视频等多种信息，并能通过网络进行信息的传输。

4.3.1　多媒体信息压缩技术

多媒体信息是文字、声音、图形、图像等多种信息的综合，每种信息都由相应的软件来处理，最后采用信息合成技术把它们合成起来，这就要求多媒体软件能够处理多种信息，如录入、修改、剪辑声音和动画等。

原始的声像信息是模拟信号，需要经过采样、编码等手段进行数字化后，才能够被计算机识别和处理。但是，数字化后的声像信息的数据量非常庞大。例如，一幅分辨率为640×480的256色图像需要307200像素，存放1秒钟（30帧）这样的视频文件就需要9 216 000字节，约9 MB；2小时的电影需要66 355 200 000字节，约66.3 GB。

因此，需要对数字化后的多媒体信息进行压缩处理才能保存和应用。数据压缩是对数据重新进行编码，以减少其存储空间。经过压缩后，数据的存储量会大大减少，有的文件可以压缩到原来的1/3。对于包含了许多重复字符和空格的文本文件，压缩软件可以把它压缩到原来的50%以下。下面介绍两种多媒体信息压缩标准。

① JPEG（Joint Photographic Experts Group）标准是一种静态图像压缩技术，通常采用4：1～10：1的压缩比来存储静态图像，在压缩过程中的失真程度较小。1000 KB的BMP文件压缩成JPEG格式后，可能只有20～30 KB。动态JPEG则可以顺序地对视频的每一帧进行压缩，就像每一帧都是独立的图像一样。JPEG在网页中使用非常普遍。

② MPEG（Motion Picture Experts Group）标准包括MPEG视频、MPEG音频和MPEG系统（视音频同步）三部分。MPEG压缩标准是针对运动图像而设计的，基本方法是在单位时间内采集并保存第一帧信息，然后只存储其余帧相对第一帧发生变化的部分，以达到压缩的目的。MPEG压缩标准可以实现不同帧之间的压缩，其平均压缩比可达50：1，压缩率比较高，有统一的格式，兼容性好。

MPEG是一个系列标准，包括MPEG-1、MPEG-2、MPEG-4等。MPEG-1用于1.5 Mbps数据传输速率的数字存储媒体运动图像及其伴音的编码，经过标准压缩后，视频数据的平均压缩率可达1/50以上，音频压缩率为1/6.5。MPEG-1提供每秒30帧352×240分辨率的图像，当使用合适的压缩技术时，具有接近家用电视录像带的质量。MPEG-1允许超过70分钟的高质量的视频和音频存储在一张CD-ROM盘上。VCD采用的就是MPEG-1标准。

MPEG-2主要针对高清晰度电视（HDTV）的需要，传输速率为10 Mbps，与MPEG-1兼容，适用于1.5～60 Mbps甚至更高的编码范围。MPEG-2提供每秒30帧704×480的分辨率，是MPEG-1播放速度的4倍。

MPEG-4是超低码率运动图像和语言的压缩标准，用于传输速率低于64 Mbps的实时图像。较之前两个标准而言，MPEG-4为多媒体数据压缩提供了一个更广阔的平台，更多定义的是一种格式、一种架构，而不是具体的算法。MPEG-4可以充分利用各种各样的多媒体技术，包括压缩软件本身的一些工具、算法以及图像合成、语音合成等技术。

4.3.2 常见的多媒体文件类型

多媒体技术的种类很多，产生的媒体文件类型也就比较多，常见的有以下几种。

1）CD

CD 唱片是最常见的数字音乐，CD 其实是一种数字音乐的文件格式，扩展名为 .cda，采样频率为 44.1 kHz，采用 16 位的数字编码。

2）WAV 格式

WAV 即波形声音文件，是最早的数字音频格式，被 Windows 平台及其应用程序广泛支持。WAV 格式支持许多压缩算法，支持多种音频位数、采样频率和声道，采用 44.1 kHz 的采样频率、16 位信息进行编码。因此，WAV 音质与 CD 相差不大，对存储空间的需求比 CD 大。

3）MP3、MP4

MP3 的全称是 MPEG-1 Audio Layer 3，采用 MPEG-1 压缩标准，能够以高音质、低采样率对数字音频文件进行压缩。MP3 音频文件能够在音质丢失很小的情况下把文件压缩到很小。

MP4 在文件中采用了保护版权的编码技术，只有特定的用户才可以播放，有效地保证了音乐版权的合法性。另外，MP4 的压缩比达到 1：15，体积较 MP3 更小，但音质没有下降。

4）WMA

WMA（Windows MediaAudio）是微软公司在互联网音频、视频领域的压缩文件格式。WMA 以减少数据流量但保持音质的方法来达到更高的压缩率，压缩率一般可达 1：18。此外，WMA 可以通过 DRM（Digital Rights Management）方案防止复制，或者限制播放时间和播放次数甚至播放机，可有力地防止盗版。

5）DVD Audio

DVD 是新一代的数字音频格式，与 DVD Video 尺寸和容量相同，为音乐格式的 DVD 光碟，采样频率可在 44.1～192 kHz 之间的多个频率中选择，数字声音的编码位数可以为 16 位、20 位或 24 位，最多可收录到 6 声道。如果以 6 声道 96 kHz 的采样频率和 24 位的声音编码收录声音，可容纳 74 分钟以上的录音。

6）MIDI

MIDI（Musical Instrument Digital Interface，乐器数字接口）是数字音乐及电子合成乐器的国际标准。MIDI 定义了计算机音乐程序、数字合成器及其他电子设备交换音乐信号的方式，规定了不同厂家的电子乐器与计算机连接的电缆和硬件，以及设备间数据传输的协议，可以使不同厂家生产的电子音乐合成器互相发送和接收音乐数据，并且适合音乐创作和长时间地播放音乐的需要，可以模拟多种乐器的声音。

MIDI 相当于一个音乐符号系统，允许计算机和音乐合成器进行通信，计算机把音乐编码成音乐序列命令，并以 .mid、.cmf、.rol 文件形式进行存储。MIDI 声音文件比波形文件要小得多，更节省存储空间。

7）AVI

AVI 是将语音和影像同步组合在一起的文件格式，对视频文件采用了一种有损压缩方式，但压缩比较高。尽管画面质量不是太好，但应用范围仍然非常广泛。AVI 支持 256 色和 RLE 压缩。AVI 信息主要应用在多媒体光盘上，用来保存电视、电影等影像信息。

4.3.3　多媒体软件

目前，多媒体软件较多，Windows 本身就是一个多媒体管理系统，在它的管理控制下，组成计算机的多种媒体设备（如声卡、扫描仪、录像机等）能够协调统一地工作。同时，Windows 提供了一些多媒体软件，如媒体播放器能够播放 CD、VCD，提供的录音机能够录制与播放录音，这些多媒体应用程序在 Windows 的"附件"中能够找到。

专业的多媒体制作软件也不少，如 MacOS 的 HyperStudio、Windows 的 ToolBook，这些创作软件可以将音频文件、视频文件、动画、文本和图形等集成为一体。

4.3.4　超文本、超媒体

超文本实际上就是指文档之间的相互链接。早在 1965 年，美国人 Nelson 就提出了这一概念，当时他想制作一个包括图书馆每篇文件档案的巨大超文本，通过文档之间的相互链接，使读者能够从一个文档直接跳到另一个文档。限于当时的技术条件，他没有能够实现这一理想。今天，超文本在多媒体和因特网中被广泛使用，即超链接，如图 4-4 所示。

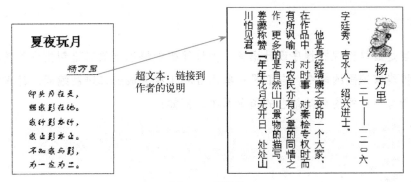

图 4-4　超链接

图 4-4 左图是宋朝诗人杨万里的一首诗，文档中的作者杨万里被设置为超文本，如果读者在读这首诗的过程中想了解有关作者的信息，只需把鼠标指到"杨万里"的位置，这时鼠标就会由箭头变为手指形状。按下鼠标左键，就会自动跳转到图 4-4 右图所示的有关作者的说明。可见，使用超文本可以大大缩短检索信息的时间。

与超文本意义相近的另一个词是超媒体。超媒体是基于多媒体上的超文本，即超媒体所链接的对象中包括文本、图像、声音和视频。例如，在图 4-4 中包括文本和图像信息，它本身也是超媒体。当今网页制作中广泛使用的超链接其实就是一种超媒体。

随着多媒体技术的不断发展，现在的网页中包含音频、动画、图像、表格、文档等媒体元素。这些媒体元素被作为一个个独立的文件保存在网络的服务器中，当在互联网网站中单击一个网页来播放其中的一个媒体元素时，服务器就会把这个媒体元素的文件复制到本地计算机上。如果这个媒体元素是一个比较大的影视文件，在播放它之前，就要花很长时间（半小时或 1 小时）来等待网络传输该文件。

一种新的技术是在单击该媒体元素时，网络将媒体文件的一小部分传输到计算机上，就开始播放它，在播放的同时网络接着传输下一部分内容到计算机，即一边播放一边传输文件，当第一部分播放完毕，第二部分已经送到。这样在接收媒体文件的同时就能够播放该文件，这种技术被称为流媒体。

4.4　计算机编程基础

计算机只能执行用机器语言编写的程序，用各种高级语言编写的程序必须经过相应的语言处理程序的编译，把它们转换成机器语言程序后才能被计算机所执行。

4.4.1　计算机语言的发展

计算机语言发展至今，大致可以划分为四代：机器语言，汇编语言，高级语言，面向对象程序设计语言。

1．机器语言

机器语言是最早出现的程序设计语言，由计算机能够识别的二进制指令系统构成。指令就是指计算机能够识别的命令，它们是一些由 0 和 1 组合成的二进制编码。计算机硬件系统能够识别的所有指令的集合就是它的指令系统。例如：

```
11010100    加法
11010101    减法
11010111    读数
00000000    停机
```

如果实现 3+9-5，就需要用这些代码编写程序（参考例 3-1）。

机器语言与计算机硬件密切相关，不同硬件系统具有不同的机器指令系统。即使完成相同的任务，在不同类型的计算机上编写的机器语言程序也不会相同。由此可见，用机器语言编写程序的难度较大，程序难于理解，出错后难于发现和修改，很难推广应用。

2．汇编语言

为了解决机器语言编程困难、难以记忆之类的缺点，人们用一些便于记忆的符号代替机器语言中的二进制指令代码，这就是汇编语言。例如，用 add 等助记符替代前面的机器指令：

机器指令	汇编指令
11010100	add
11010101	sub
11010111	mov
00000000	halt

用汇编指令编写的 3+9-5 的程序。

```
mov      A, 3                    ; 将 3 读入运算器中的 A 寄存器
add      A, 9                    ; 将 9 与 A 寄存器中的数相加
sub      A, 5                    ; 将 A 寄存器中的数减去 5
halt
```

这段程序被称为汇编语言程序，比例 3-1 的机器语言程序简单多了。

因为汇编语言只是用符号替换了机器指令中的二进制编码，本质上与机器语言是相同的，都依赖于处理器的指令组。正是因为这个原因，汇编语言和机器语言统称低级语言。

3．高级语言

汇编语言虽然比机器语言好用，但仍然是与机器相关的，在不同类型的计算机上完成相同的任务就需要用不同的汇编指令编写程序。人们对此进行了改进，创造了高级语言。在不同 CPU 指令系统的计算机中要完成相同的任务，用高级语言编写只需编写一个相同的程序。也就是说，高级语言是与机器无关的，同一个高级语言程序可以在任何类型的计算机中执行，其程序功能相同。

为了便于理解，高级语言中采用的命令与人类自然语言的思维习惯很接近，用人们熟悉的英文单词（或近似单词）作为命令、控制结构和数据结构，能够较好地表达现实问题，让人们可以用容易理解的语句进行程序设计，大大降低了程序设计的难度。由于高级语言是与机器无关的，同一程序可以在不同计算机上运行，提高了程序的可移植性和通用性。比如，计算 3+9-5，用 Python 语言编写，只用一行语句。

```
print(3+9-5)
```

高级语言都有一个编译程序或解释程序，用于把高级语言源程序翻译成机器语言目标程序。常用的高级语言有 C、FORTRAN、BASIC 等。

4．面向对象程序设计语言

高级语言并没有提供直接描述客观事物的抽象方法，比如在高级语言中不能用软件方法直接表达狗、人、树、老板及文本框等事物或对象，代码复用困难，软件开发效率低，系统维护困难。为了解决这些问题，人们创造了面向对象程序设计语言，提供了用软件直接描述客观事物的方法，可以用把狗、人、树等客观事物抽象成程序中的 Dog、Person、Tree、Boss、Text 等对象，这些软件对象与现实中的对象具有一致的特征和行为，可以作为整体使用。同时，其他程序也可以直接引用这些对象，以提高软件开发效率。

面向对象程序设计是软件开发的一场革命，代表了一种全新的计算机程序设计方法，支持对象概念，使计算机对问题的求解更接近于客观事物的本质，更符合人们的思维习惯。面向对象程序设计语言以类（Class）为程序构建的基本单位，具有抽象、封装、继承和多态等特征，从语言机制上实现了程序代码的可重用性和可扩充性。

抽象（Abstract）是指有意忽略问题的某些细节和与当前目标无关的方面，以便把问题的本质表达得更清楚。抽象是把事物的主要特征抽取出来，有意地隐藏事物某些方面的细节，使人们把注意力集中在事物的本质特征上，更能把握问题的本质。

封装（Encapsulation）是将数据抽象的外部接口与内部实现细节分离，将接口显示给用户并允许其访问，但将接口的实现细节隐藏起来，不让用户知道，也不允许用户访问。在面向对象程序设计语言中，封装是通过类实现的，封装完成后的软件模块就是类。

数据抽象的结果将产生对应的抽象数据类型（Abstract Data Type，ADT）。面向对象的ADT把数据类型分为接口和实现两部分。其中，对用户可见、用户能够用来完成某项任务的部分称为接口；对用户不可见、具体完成工作任务的细节则称为实现。

类（Class）是用来模拟现实中实际对象的程序单元。类是面向对象程序设计的基础，面向对象编程的主要任务就是设计一个个能够反映问题域中客观事物的类，类的一个实例就称为对象。

继承（Inheritance）反映的是对象之间的相互关系，其实质是一个类可以继承另一个类的特征和能力。面向对象程序设计语言也提供了类似于生物继承的语言机制，允许一个新类（派生类）从现有类（基类）派生而来，派生类能够继承基类的属性和行为，并且能够修改或增加新的属性和行为，成为一个功能更强大、更能满足应用需求的类。继承是面向对象程序设计语言的一个重要特征。通过继承，派生类直接复制了基类的全部程序代码，极大地提高了软件复用的效率。

多态（Polymorphism）是面向对象程序设计语言的另一重要特征，它的意思是"一个接口，多种形态"。也就是说，不同对象针对同一种操作会表现出不同的行为。多态与继承密切相关，通过继承产生的不同派生类，它们的对象可以对同一函数调用做出不同的响应，执行不同的操作，实现不同的功能，这就是多态。

如今使用的面向对象程序设计语言主要有 C++、Java、C#、Python、Go 等。其中，C++和 Java 是软件业中的两种主流语言。Java 是一种独立于平台的语言，可运行在不同类型的计算机硬件系统上，如大型机、小型机及微机等，也能够在不同的操作系统平台上运行，如UNIX、Windows、Linux 及 MacOS 等。

程序设计语言是不断发展变化的，前面的划分只是一种较为普遍的看法，不是绝对的。现在有人把它划分得更细，认为程序设计语言已经经历 6 代（如表 4-1 所示）。

表 4-1　计算机语言的发展

	第一代	第二代	第三代	第四代	第五代	第六代
时间	1951—1958 年	1958—1964 年	1964—1977 年	1977—1988 年	1988 年后	1993 年后
类型	低级	低级、高级	高级	超高级	面向对象	Web 工具
举例	机器语言 汇编语言	汇编语言 COBOL FORTRAN	BASIC PASCAL	C++ Turbo Pascal	Visual Basic Small Talk Delphi	HTML Java FrontPage

4.4.2　软件生成的过程和执行方式

1. 软件生成的过程

如何才能开发一个软件呢？从用高级语言编写源程序到生成可执行程序需要经过编辑、编译、链接等基本过程，图 4-5 展示了一个 C 语言程序的生成过程（GCC 编译），其他高级语言程序（包括面向对象语言程序）的开发与此过程基本相同。

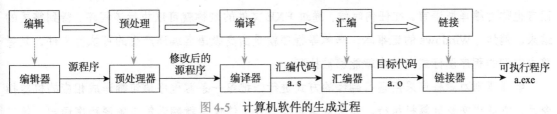

图 4-5　计算机软件的生成过程

首先，需要应用某文本编辑器软件（如记事本）输入高级语言的程序语句，生成源程序文件，如 a.c，这个过程称为编辑。源代码中可能使用了系统预定义的某些符号，或需要引入高级语言的某些系统文件，这项工作需要由高级语言的预处理器完成，预处理器会对预定义符号进行替换，并将指定的包含文件复制到源程序中，这个过程称为预处理（或预编译）。

预处理后的程序仍然是由高级语言的语句组成的，计算机不能够识别它，需要把它翻译成机器语言程序才能被执行。什么是翻译呢？本质上就是：先制定一种转换规则，将每条高级语言命令对应到若干实现该命令功能的机器指令，再设计一个转换程序，能够根据转换规则，自动地把高级语言源程序中的语句替换成与之对应的机器指令，这个过程就称为翻译。翻译生成的机器语言程序被称为目标程序，实现翻译的程序被称为翻译器，如图 4-6 所示。

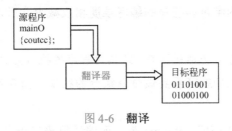

图 4-6　翻译

一些高级语言（如 C 语言）将翻译分为两个步骤，先用编译器把高级语言源程序转换成由汇编语句构造的程序，即汇编代码，再用汇编器（一种把高级语言的语句转换成汇编语句的转换程序）把汇编程序转换成机器语言程序，即目标代码。虽然目标代码由机器指令构成，但它仍然不能够被计算机执行，因为其中可能用到了高级语言定义的函数或命令，这些函数或命令对应的指令代码还保存在系统的某代码库文件中，需要将它们加入目标代码，形成完整的机器语言程序，这个过程称为链接，需要链接器（把程序中用到的系统库函数引入到目标程序中的程序）来完成这项工作。链接后的程序全部由机器指令构成，可以被计算机执行，称为可执行文件，通常采用 .exe 作为文件扩展名。

2．软件运行的方式

根据翻译对象和翻译方法的不同，翻译器可以分为汇编器（汇编程序）、解释器（解释程序）和编译器（编译程序），这三种翻译器决定了程序的两种执行方式。

编译程序和汇编程序会把高级语言源程序或汇编语言程序翻译成对应的目标程序，最终将形成一个由机器指令代码组成的可执行文件，这种翻译方式通常称为编译，磁盘上的 EXE 文件就是由高级语言源程序或汇编源程序编译生成的可执行程序。采用这种翻译方式的高级语言也称为编译型语言。在任何时候，通过 EXE 文件的名称就可以执行该程序，得到需要的结果。例如，Windows 的记事本、画笔等程序就是由高级语言编译产生的可执行文件，只要单击它们的程序图标或文件名就能够被执行。

解释器则对源程序采用逐行翻译的方式进行，把第一条源程序语句翻译成相应的机器指令后，立即提交给计算机执行。如果该语句没有什么错误，就翻译第二条源程序语句，第二条被翻译并执行后，再翻译第三条……如此反复，直到最后一条源程序语句处理完成。采用解释方式执行程序的语言称为解释型语言。

解释器在对翻译过程中并不形成可执行命令文件，这是它与编译器的主要区别，当第二次执行同一个程序时，又必须从源程序的第一条语句开始逐条翻译执行。因此，用解释型语言编写的程序在每次执行过程中都离不开解释器，即需要在相关的程序语言环境中才能够运行。而编译型语言不同，源程序一经编译成可执行命令文件，就不再需要编译程序了，可以独立于编程语言环境而运行。

由于解释型语言是针对源程序每条语句独立翻译执行的，当一条语句有错误时，就停留在有错的语句处，并告诉程序员该语句有错误。待程序员修改错误后，它再解释执行后面的语句。这种方式使得语言的学习和程序的编写难度相应减少，所以解释型语言比编译型语言好学易懂。

也有人把解释型语言称为会话式语言，即其对程序的执行方式是"翻译一句，执行一句"。因为每执行一句，程序员立即就可看到该命令执行的结果，而且可以根据结果设定下一条要执行的语句或变量。

常见的解释型语言有 BASIC、Python 等，而编译型语言较多，如 C、C++、Java 等。

4.4.3　编程语言的系统思维

程序设计需要更多地用到计算思维，任何思维的形成都需要长期的积累和训练，编程思维的形成更是如此，不会编程的主要问题还是实践不够，积累少了。但另一方面，不了解程序设计语言基本要素，缺乏学习编程语言的全局观，一开始就陷入语法细节，多数时间用于处理语法错误，学习程序语句，而真正用于体会程序思想和算法设计的时间并不多，结果是"只见树木，不见森林"。好比学英语总是热衷于背单词，用词造句，但轻视写文章，自然是难以提高写作水平。

程序设计语言有共同的基本要素，了解这些要素，建立对程序语言的整体观，对学习编程有很大的帮助作用。

1. 数据类型与内存分配

程序的主要功能是对数据实施运算，而计算机只能够对内存中的数据进行运算。因此，所有程序设计语言必须向程序员提供把数据存入内存的方法，这个方法就是用数据类型定义内存变量。总体来看，各种程序设计语言中的基本类型包括数值型、字符型和逻辑型（布尔型）三类，如表 4-2 所示。其中，数值型和字符型必须细分后才能够用于内存分配。

表 4-2　程序语言的基本数据类型

	数值型			字符型		逻辑型
类型	整型	浮点数	双精度数	字符型	字符串	布尔型
常用标识符	int	float	double	char	char [n]	boolean
内存大小	4	4	8	1	n	1

在具体语言环境中，某些数据类型还会细分。比如在 C 语言中，int 还可细分为 short int、long int、unsigned short 等。为了表达现实中更多的对象，程序语言还允许程序员用表 4-2 中的基本数据类型进行组合，构建自定义数据类型来分配和使用内存。

数据类型决定了存储空间的大小分配、存储数据的范围，以及对应数据的运算规则。例如，一个用 int 类型分配到的内存空间：① 其大小为 4 字节；② 这个空间只能存放介于 -2^{31} ~ $2^{31}-1$（-2147483648~2147483647）之间的整数，超出这个范围就无法保存；③ 可以对这个内存空间的数据进行算术运算和大小比较之类的逻辑运算，运算结果也必须在 -2147483648~2147483647 范围内。再如，用 char 只能分配到 1 字节的内存空间，只能在该空间中保存一个字符的 ASCII 值。

程序员通过数据类型定义常量或变量，并把数据存入其中，就完成了把数据存入计算机内存的任务，再通过程序语句对这些数据进行运算就能够实现相应的计算任务。

2. 变量和常量

变量和常量是程序数据的两种表现形式，它们都受数据类型控制。变量是指在程序运行过程中其值可以改变的量。在任何程序设计语言中，变量都是用数据类型定义的标识符，这个标识符称为变量名。变量名是程序员根据需要自行定义的标识符，必须满足程序语言的定义规则：通常只能是由字母开头的字母、数字和下画线组合而成的字母数字串，其中不能有空白和特殊符号。例如，ab、num_class、name123 都是合法的变量名，而 3a、a#、space tom 则是错误的。变量名实际代表的是用数据类型分配得到的内存空间，程序员可以通过它向内存传递数据。例如：

```
int a;
float b;
```

则分配了两块内存空间给变量 a 和 b，大小都是 4 字节，可以在 a 中存放整数，在 b 中存放小数。例如，把9和20.4分别写入a、b对应的内存空间，可用如下语句：

```
a = 9
b = 20.4
```

a、b对应内存区域中的数据是可以被修改的。比如，执行"a=100"，就把a对应内存区域的数据从原来的9改变成了100。变量之"变"所体现的就是这个含义。

常量是指在程序运算过程中其值始终保持不变的量，包括两种情况：一是字面常量，指一个值本身是确定不可改变的，如30、3.14、'A'、True、False等都是常量，因为这些值都是明确不变的，例如30不可能变成其他数字。从类型上看，30和3.14是数值常量，'A'是字符常量，True和False是逻辑常量；二是内存常量，与变量的分配和使用方法相同，需要用数据类型为它分配内存空间，但在分配时就向其中写入常量值并用const将其限定为只读内存，在程序运行的全过程中都不允许修改、但可以读出其中的值。例如，

```
const int  a = 9;
const float  b = 20.4;
int  c = a+5                            // 正确
a = 100                                 // 错误
```

a代表用int分配到的4字节的内存空间，在得到这个空间的同时就向其中写入整数9，并限定它为只读内存，如果此后要读出其中的数据是允许的，但修改它就不允许了。这就是上面的语句中"int c=a+5"正确和"a=100"错误的原因。前者是读出a对应的值9，再加上5，结果为14，并将其存入变量c对应的内存；后者是将a对应的内存值修改为100，是禁止的，因为a是常量。

3．表达式和语句

程序语言是通过表达式实现数据运算的，表达式是通过运算符将变量或常量连接起来的运算式，通常分为常量表达式、算术表达式、关系表达式和逻辑表达式。

不用任何运算符连接的常量或变量是常量表达式。

用+、-、*、/、^等算术运算符将变量或常量连接起来的式子就称为算术表达式，其中"*"表示乘法，"/"表示除法，"^"表示乘幂。算术表达式的运算结果是一个数值常量。例如，设a=8，则3+90*2，2^3，((a+5)*2+9)/10，a/2*3都是算术表达式，运算结果分别为：183，8，3.5，12。

程序语言不用"{ }"和"[ ]"，在需要用这两个括号的地方，直接用"( )"，当有多重括号时，就先运算最内层括号的表达式，依次向外，即最内层的括号的优先级最高。

用>、<、<=、>=、<>（程序语言中没有≤、≥、≠）等比较运算符将变量或常量连接起来的运算式称为关系表达式（比较表达式），运算结果是一个逻辑常量，如果表达式成立，那么运算结果为True，否则为False。例如，若a=3，b=2，则a>5，a>b，a>b+9，a<=(b-9)+5都是关系表达式，运算结果分别为：False，True，False，False

用AND、OR、NOT等逻辑运算符将变量、常量或关系表达式连接起来的运算式就称为逻辑表达式。其中，AND是与运算符，当它左右两端表达式的结果都为True时，结果才为

True；OR 是或运算符，它左右两边只要有一个表达式为 True，结果就为 True；NOT 是非运算符，当表达式值为 True 时结果为 False，表达式值为 False 时结果为 True。例如，设 a=2，b=2，c=3，则 True and False，3>4 or 9<10，a+b>c and a+c>b and b+c>a 都是逻辑表达式，运算结果分别为：False，True，True。

表达式是程序语言中的基本概念，是构造程序语句的基础。

4．基本语句

一个程序由若干语句组成，程序语句是程序设计的基本单位。总体上，程序需要实现的功能不外乎是向计算机输入数据，对数据进行运算，运算时可能对不同情况实施不同的运算，最后把结果送到显示屏或保存到磁盘文件中。因此，任何程序设计语言都会提供实现这些功能的语句，分别是输入语句、赋值语句、控制语句和输出语句。

1）输入语句和输出语句

输入语句向程序员提供把数据从外界（如键盘、磁盘文件等）输入计算机（内存变量）的功能，如 C 语言的 scanf 函数，Python 和 BASIC 语言的 input 等函数。

输出语句用于把内存变量的值或表达式的运算结果输出到屏幕显示，送到打印机打印，或者送到磁盘文件保存。如 C 语言中的 printf，Java 和 Python 语言中的 print 等函数。

2）赋值语句

表达式的运算结果或者需要输送到屏幕显示，或者需要保存起来，然后参与其他运算。前者需要与输出语句结合构成输出语句，后者则需要通过赋值语句，将运算结果保存到内存变量中。赋值语句是所有程序设计语言都有的基本语句，用于向变量赋值或将表达式的运算结果保存到变量中，语句形式如下：

```
变量名 = 值
变量名 = 表达式
```

其中的"="称为赋值符号，含义是将右边表达式的结果保存到变量名对应的内存区域中。赋值符"="与数学中的"="是不同的。例如：

```
int  x = 9;
x = x+10;
```

赋值语句"x=x+10"的含义是将"x+10"的结果 19 重新保存到 x 对应的内存区域，这条语句在任何程序语言中都是正确的，但在数学上是不对的。

3）控制语句

程序设计语言规定了程序代码的执行次序：按照程序中的语句顺序，从上到下逐条语句依次执行，这是程序执行的总体规则，称为顺序结构。

然而，有时候需要重复执行某些程序语句，有时候需要根据情况执行不同的语句，如统计某门课的不及格人数，就需要对每个分数进行判断，如果分数小于 60，就将不及格人数加 1，如果大于或等于 60，就不增加。这两种情况都需要打破顺序执行的规则，程序设计语言提供了条件语句和循环语句来解决这两类问题，这两类语句统称控制语句。

条件语句和循环语句的代码组成的结构分别称为分支结构（选择结构）和循环结构。当前所有的高级语言（包括面向对象程序设计语言）都支持三大结构的程序设计，如图 4-7 所示，箭头表示程序代码执行的方向，A、B 表示程序代码块、P 表示条件、T 表示条件成立、F 表示条件不成立。

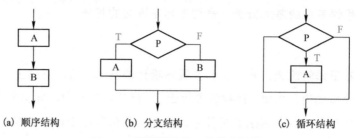

(a) 顺序结构　　　　　(b) 分支结构　　　　　(c) 循环结构

图 4-7　程序设计的三种基本结构

顺序结构要求从上到下执行程序中的语句。所以在图 4-7(a) 中，只有 A 块的语句执行完毕后，才能执行 B 块中的语句。

分支结构又称为选择结构，在图 4-7(b) 中，P 是一个判断条件，当它成立时（即为 T，表示条件为真值），就执行 A 块中的语句组；如果 P 不成立（即为 F，表示条件为假值），就执行 B 块中的语句组。在任何情况下，A 和 B 有且只有一个被执行。

分支结构由 if 语句实现，有两种形式化的语句结构：

```
if  P  then  A
if  P  then  A  else  B
```

循环结构提供了一种重复执行相同程序代码块的编程方法。在图 4-7(c) 中，当条件 P 成立时（即为 T），就执行 A 块中的代码；执行完一次后，再次判断条件 P，如果条件 P 仍然成立，就再次执行 A 块代码；执行后，再次判断条件 P……如此往复，当判定到 P 不成立（即为 F）时，就执行 A 块后的程序代码。

循环结构用于简化重复执行语句的程序编写，通常具有 for、while 和 do-while 三种形式。

for 循环的形式化语句如下：

```
for  x = a to b [step c]
{
    语句组
}
```

其中，x 称为循环控制变量，控制语句组的执行次数；c 称为步长，控制 x 每次的增量。执行过程是：首先将 a 的值赋给 x，如果 x<b（对应 c>0）或 x>b（对应 c<0），就执行语句组，语句组执行完后，执行 x=x+c；接下来再次比较 x 与 b，如果仍然符合条件，再次执行语句组……当 x 和 b 的比较结果不成立时，结束循环。

while 语句称为当型循环，do-while 语句称为直到型循环，其形式化语句为：

```
while 条件                              do
{                                      {
    语句组                                  语句组
}                                      } while 条件
```

while 的执行过程为：先判断条件，如果成立，就执行语句组，执行完后再次判断条件，如果还成立，就再执行语句组，如此重复，直到条件不成立时才结束语句组的执行。

do 循环的执行过程为：先执行语句组，执行完后再判断条件，如果条件成立，就再次执行语句组，如此往复，直到条件不成立时才结束语句组的执行。

for、while 和 do-while 三种循环可以相互转换，不必在遇到循环问题时为选用哪种循环而大费周折，原则上可以用任何一种循环写程序，可以根据当时的条件，选择最易于实现的循环语句。例如，在循环变量的初值、终值和增量都已知的情况下，选择 for 循环最简单。

5．函数结构

函数是程序设计语言中的一种功能结构，是为了实现某种程序功能的语句组合。函数是一种调用－返回式的程序控制结构，也就是说，函数需要被主函数或其他函数调用才会被执行，当它被调用时，会对传递给它的参数进行运算，运算完成后，会把运算结果返回给调用它的函数。

函数通常由返回类型、函数名、形式参数和函数体组成，其形式化的结构为：

```
返回值数据类型 函数名(类型 1 参数名 1，类型 2 参数名 2，…)
{
    语句组
    return 运算结果
}
```

6．程序组织结构

将解决问题的程序语句按照一定的次序组织在一起就构成了程序，如果问题复杂，这个程序中就可能有太多的语句，会给程序的编写和管理带来困难。在 20 世纪 60 年代，人们提出了结构化程序设计（Structure Programming，SP）方法来解决复杂问题的编程问题。在面向对象程序设计技术盛行的今天，SP 方法用于设计问题解决方案、编写程序代码。

结构化程序设计思想可以概括为：自顶向下，逐步求精，模块化。也就是说，从问题的全局着手，把要完成的复杂任务分解为若干子任务，再把每个子任务分解为多个更小的子任务，直到每个子任务都只需要完成某单一的功能为止。每个子任务被称为一个模块。

例如，开发一个学生成绩管理软件，涉及成绩输入、成绩查询、成绩打印，按照结构化程序设计的思想，可以划分为成绩输入、成绩查询和成绩打印三个模块。但是，这三个模块仍然比较复杂。比如，如何输入成绩呢？是按课程输入呢，还是按班级输入，或者是按个人输入？需要进一步细分，按照这个方法进行，最后可以设计出如图 4-8 所示的模块结构。其中的 inputScore 是成绩输入模块，searchScore 是成绩查询模块，printScore 是成绩打印模块。其中，inputScore 模块又分为 input_class（按课程输入成绩）和 input_student（按学生个人输入成绩）。

模块结构设计后，就可以用高级语言进行程序开发了。先编写 input_class、input_student、search_class、search_student 等函数，分别实现按课程、按学生个人输入成绩，按课程、按个人查询和打印成绩的函数。

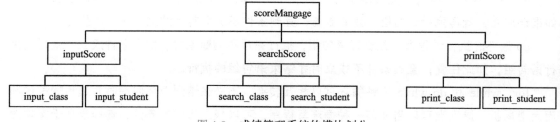

图 4-8　成绩管理系统的模块划分

接下来实现 inputScore 模块，会咨询用户是按课程还是按个人输入学生成绩，并调用 input_class 和 input_student 函数实现成绩输入模块的功能。同样，按此方法编写 searchScore 和 printScore 函数，实现成绩查询和成绩打印模块的功能。

上述函数是分散孤立的，无法运行，必须用一个主控程序将它们按照一定的先后次序组织在一起，然后依次执行每个函数，才能实现成绩管理的功能。这个主控程序就称为主程序，一些语言也称为主函数（如 C 语言中的 main( )函数）。由此实现的程序结构如图 4-9 所示。

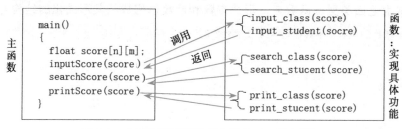

图 4-9　成绩管理程序的基本结构（C 语言版）

注意：如果一个函数不被主函数调用，它永远不会被执行，如同没有编写它一样。

支持结构化程序设计的高级语言称为结构化程序设计语言，如 C、FORTRAN、BASIC 等语言。用结构化程序设计方法组织程序的结构便于程序的编写、阅读、修改和维护，提高了程序的可靠性，保障了程序的质量。

4.5　Python 编程基础

Python 是一款免费、开源、可移植性强的面向对象程序设计语言，支持面向对象和面向过程两种类型的程序设计，由荷兰人吉多·范罗苏姆（Guido van Rossum）于 1989 年发明，广泛用于科学计算、数据分析和人工智能领域。

众多开源软件包提供了 Python 接口，如科学计算扩展库（NumPy、SciPy、Matplotlib）、图形处理库（PIL、Tkinter）、计算机视觉库 OpenCV、三维可视化库 VTK、医学图像处理库 ITK 等，提供了大量面向各应用领域（特别是数据分析和人工智能）的资源库，运用资源库中的函数可以轻松完成各种高级任务，实现需要的程序功能。因此，通过在 Python 中加载某些扩展库构造的开发环境十分适合工程技术和科研人员处理实验数据、制作图表，甚至开发科学计算应用程序。正因如此，**Python** 的功能变得越来越强大，应用越来越广，拓展到了 Web 与 Internet 开发、嵌入式应用开发、游戏开发和桌面应用开发等应用领域。

Python 并不复杂，语法简单，命令通俗易懂，语句表达简洁，代码易于理解，加之免费，可以自由下载，容易搭建开发环境，特别适合初学者进行编程学习。

4.5.1 Python 编程环境

Python 是一种脚本语言，Python 程序也被称为脚本（Script），具有解释和编译两种运行程序的方式。解释执行方式意味着可以输入一条 Python 语句，马上就执行这条语句，这种方式对于学习语法规则、理解数据类型、掌握基本语句、初步培养计算思维的帮助很大。

编译则意味着可以将更多的语句组合成程序整体运行，能够编写大型程序。Python 的编译方式与 Java 和.NET 的虚拟机运行机制相似，Python 在执行时，首先会将扩展名为 .py 的源文件编译成 Python 的字节码，再由 Python 虚拟机执行这些编译好的字节码。

Python 是一个开源软件，自带 IDLE（Integrated Development and Learning Environment，集成开发和学习环境），非常适合初学者。

从 Python 官网下载与本机操作系统对应的 Python 版本，如 Python for Windows 的 64 位版本 Python 3.10.6。双击下载的 python-3.10.6-amd64.exe，即可启动安装，如图 4-10 所示。

图 4-10　Python 安装向导

注意：一是安装位置，若以后要安装其他 Python 集成开发环境，就会引用这个路径位置，默认位置路径太长不好记，可以选择 Customize installation 安装，将 Python 安装到事先建立好的磁盘文件位置中，如 C:\Program Files\Python3.10。二是勾选 Add Python 3.10 to PATH，将安装路径自动添加到系统路径中，以便可在任何磁盘位置启动 Python。

执行其余安装步骤，如果是 Customize installation 安装，只需在后续向导中指定安装目录，其余操作按向导的默认提示即可。

安装完成后，按 **Win+R** 组合键，在弹出的"运行"框中输入"**cmd**"，或选择"开始 | Windows

系统|命令提示符",启动 Windows 的控制台程序;在控制台命令提示符后输入"python",就能够启动 Python 解释器;输入"idle",就能够启动 IDLE,如图 4-11 所示。

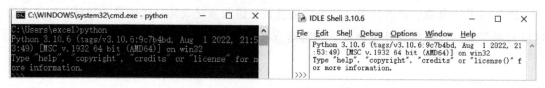

图 4-11 Python 解释器及 IDLE

说明:若安装成功,但在控制台输入"python"却不能运行,可能是没有勾选 Add Python 3.10 to PATH,只需通过系统的"环境变量"设置,将 Python 安装路径添加到 PATH 中即可。

虽然 IDLE 具有编写函数或语句行较多的程序功能,但它的功能并不强大,难以完成大型项目的开发,开发者通常需要安装其他 Python 集成开发环境。PyCharm 就是众多 Python 集成开发环境中较为常用的一个,有一整套可以帮助程序员提高开发效率的工具,如调试、语法高亮显示、项目管理、代码跳转、智能提示、单元测试、版本控制,以及用于支持 Django 框架下的专业 Web 开发的高级功能。

4.5.2 数据类型、变量、表达式和赋值语句

了解一门语言的数据类型是学习该语言的起点,因为掌握了数据类型就掌握了分配内存并将需要程序运算的数据存入内存的方法:用数据类型定义变量并向变量赋值。

Python 是一种面向对象的动态类型语言,数据类型包括基本类型和数据结构类型。基本类型包括数值型、字符型、逻辑型(布尔型),数据结构类型包括列表、集合、元组、字典等。

注意:Python 是用 C 语言编写的,它的底层代码和很多函数库都用 C 语言实现。因此,很多语言习惯都与 C 语言相似,如命名规则、函数名、常量和变量名也是大小写敏感的,即同一个字母的大写和小写代表不同的含义。

1.基本数据类型

与其他程序设计语言相似,Python 的数据类型包括整型(int 和 long)、浮点型(float)、字符型(str)、布尔类型(bool)和空值类型(NoneType)。下面用 Python 的类型函数 type 学习和验证上述数据类型。

先启动 Python。按 Win+R 组合键,在出现的"运行"框中输入"Python",出现 Python 运行环境。

Python 的整数类型包括 int 和 long,其中 int 是一般整数,long 是长整数,能够表示比 int 更大的数。例如,2、300 都是整数。

在 Python 的行命令输入提示符">>>"后输入数据类型判定命令:

```
>>> type(2)
<class 'int'>              # <是运行结果输出符,class 是类型,即 2 是 int 类型
```

```
                                      # Python 中的 float 不是单精度，而是双精度浮点数，6.7、-9E3 都是浮点数
>>> type(6.7), type(-9E3)          # 命令行可以用","间隔多个表达式
(<class 'float'>, <class 'float'>)
```

Python 的 str 就是字符串类型，包括单个字符和多个字符，这与其他语言不同。多数语言把字符定义为字符类型（char），用单引号界定，把多个字符的组合定义为字符串（string），用双引号界定。字符和字符串是不同的数据类型。例如，'a'、"a"在 C 语言中是两种数据类型，但在 Python 中，'a'、"a"、"9"和'a'都是 str 类型。

```
>>> type('a'), type("a"), type('9'), type("123")
(<class 'str'>, <class 'str'>, <class 'str'>, <class 'str'>)
```

Python 中的 bool 就是逻辑类型，也称为布尔类型，只有 True 和 False 两个逻辑值。

2．常量、变量、表达式、赋值语句和类型转换

Python 只有字面值常量，不能用 const 定义内存常量；变量也不需要先用数据类型定义，而是在第一次向变量赋值时定义。这与 C、Java、C#等语言不同，在这些语言中都可用 const 定义内存常量，变量都必须先用 int、float、char 等类型符定义后才能赋值。其原因是 C、Java、C#等都是静态类型语言，需要先确定变量的类型才能为它分配内存空间，而 Python 是一种动态类型语言，变量的类型是在赋值时根据表达式的类型确定的。这个特性使编程人员可以专注于问题的解决而不是语法细节和难懂的计算机技术，降低了程序语言的难度。

Python 变量名的命令规则是：由字母、数字、下画线组合而成，但不能用数字开头。例如，A、b3、_fu3 都是合法的变量名，但 3b、a b、a#b 都是错误的，它们要么以数字开头，要么包含有空格或"#"等不允许的符号。

注意：一是所有的符号中，只有下画线可以用来定义变量名，其他符号不行；二是字母大小写是不同的，如 name 和 Name 是不同的变量名。

Python 变量的定义形式，也就是赋值语句的形式：

```
变量名 = 表达式
```

执行赋值语句至少会做三件事情：一是计算表达式的结果值；二是用结果值的数据类型确定变量名的类型，并为变量分配内存空间；三是将结果值保存到变量名对应的内存空间中。

```
>>> x = 3
>>> type(x)
<class 'int'>
```

执行"x=3"时，由于 3 是 int 类型，先用 int 定义变量 x，再把 3 写入 x 对应的内存，因此用 type(x)查看到的 x 的类型是 int。

表达式是用运算符将常量、变量或表达式连接起来的运算式。Python 的表达式包括算术表达式、逻辑表达式、关系表达式。算术表达式是用算术运算符连接的运算式，Python 的算术运算符包括：+，−，*，/，//（求整数商），%（求余数），**（计算多少次方）。

在 Python 中接着上面的语句后，用表达式继续为 x 赋值，体会表达式及变量之"变"。

```
>>> x = x+8.4
```

```
>>> type(x)
<class 'float'>
```

程序设计语言中表达式类型确定的通用规则是：若表达式中有不同类型的变量或常量，则表达式结果的类型是占存储空间最大的变量或常量的类型。"x+8.4"中，8.4 是浮点数，占 8 字节，x 为 int 型，占 4 字节。因此，重新定义 x 的类型为 float 类型，x 中的值为 11.4，以前的 3 就不存在了，type(x)的输出结果也证实了这一点。

用关系运算符将常量（包括布尔常量、数值常量）、变量或表达式连接起来的运算式称为关系表达式，Python 中的关系运算符包括：>，<，==（相等），<=（小于或等于），>=（大于或等于），!=（不相等）。接着在 Python 中输入如下语句：

```
>>> x = True
>>> type(x)
<class 'bool'>
```

True 是布尔常量值，因此 x 被重新定义为布尔变量（逻辑变量）。

```
>>> x = 6>8
>>> type(x)
<class 'bool'>
```

"6>8"是关系表达式（比较表达式），关系式的运算结果布尔常量，这里是 False，因此 type(x)的类型是布尔型。

用逻辑运算符连接的表达式称为逻辑表达式，Python 的逻辑运算符包括：and，or，not。在 and 运算中，只有当它左右两边表达式的结果都是 True 时，结果才为 True，其他情况都为 False；在 or 运算中，只要参与运算的表达式中有一个的结果为 True，运算结果就是 True，当两个表达式的结果都是 False 时，运算结果才为 False；not 运算取表达式结果的相反值。

```
>>> x = 4<6 and 3>3
>>> type(x)
<class 'bool'>
```

逻辑表达式"4<6 and 3>3"的结果是 False，x 中保存的就是这个值，因此 type(x)的类型是 bool 类型。

类型转换是指把一种类型的数据转换成另一种类型的数据，转换的形式为

类型符(表达式)

将把表达式结果值的类型转换成类型符指定的数据类型。

【例 4-1】 在 Python 中进行如下实验，理解数据类型转换。

```
>>> x = '123'
>>> type(x)
<class 'str'>
>>> x = int(x)
>>> type(x)
<class 'int'>
```

x 被赋值为字符串'123'，type 检查出它的类型为 str，用 int(x)对 x 进行类型转换后，用 type

检查出 x 的类型为 int。

【例 4-2】 进行如下实验，体会对 x 的再次类型转换。

```
>>> x = float(x)
>>> type(x)
<class 'float'>
```

3．数据结构类型

除了上述基本类型，Python 还提供了功能强大的数据结构类型，包括 list（列表）、set（集合）、dict（字典）、tuple（元组）。实际上，str 也是一种功能强大的复杂数据类型。这些类型本质上是类，除了能够存储数据本身，还提供了对数据进行查询、排序、插入或删除的方法，可以存储操作大型复杂数据，这也是 Python 功能强大但编程序简单的原因之一。

列表（list）是用"[ ]"组织在一起的有序对象的集合，其定义形式为：

```
列表名 = [对象 1，对象 2，对象 3，…，对象 n]
```

列表中的每个元素可以是不同类型的对象，都有从 0 开始的唯一编号，称为索引号，根据索引号可以读取或修改对应的元素，访问方式为：列表名[索引号]。例如，列表名[2]访问到的是"对象 3"。

【例 4-3】 Tom 的 5 科成绩分别为 78、98、90、86、99，在 Python 中用列表存储他的成绩，并查看他的第 1、3、5 科成绩。

```
>>> Tom = [78,98,90,86,99]        # Tom 就是 list 类型，78 的索引值为 0
>>> Tom[0]                        # 访问 tom 的第 1 个对象
78                                # Tom[0]的值
>>> Tom[0], Tom[2], Tom[4]        # 访问 Tom 的第 1、3、5 号对象
(78, 90, 99)                      # Tom 列表中 1、3、5 号对象的值组成的元组
>>>
```

【例 4-4】 用列表存储信管专业的学生 Tom 的信息：年龄 18、身高 1.71 米，并访问他的身高。

```
>>> student = ['Tom', '信管专业', 18, 1.71]
>>> student[3]
1.71
>>>
```

【例 4-5】 将例 4-4 中 Tom 的身高修改为 1.68。

```
>>> student[3] = 1.68             # 修改 student 的第 4 个元素值
>>> student                       # 查看 student 对象的全部列表值
['Tom', '信管专业', 18, 1.68]
>>>
```

Python 中有一个 range 函数，可生成指定区间的列表，经常被用来控制循环，用法为：

```
range(n1, n2)
```

将生成大于等于 n1 且小于 n2 的区间列表。例如，range(1, 5)等价于[1,2,3,4]。

元组是用"( )"括起来的一个有序对象的集合，与列表的定义和访问方法相同，唯一的

123

区别是元组中的对象是不可修改的。其定义形式为：

```
元组名 = (对象 1，对象 2，对象 3，…，对象 n)
```

【例 4-6】 用元组存储例 4.4 中 Tom 的学生记录

```
>>> student = ('Tom', '信管专业', 18, 1.71)        # student 是元组
>>> student[1]                                    # 读取 student 元组第 2 个元素值
'信管专业'
>>> student[0] = 'jack'                            # 修改元组第 1 个元素，出现错误
Traceback (most recent call last):
  File "<stdin>", line 1, in <module>
TypeError: 'tuple' object does not support item assignment
>>>
```

字典（dict）是用"{ }"括起的<键，值>对组织起来的一种数据结构类型。定义形式为：

```
字典名 = {键 1:值 1，键 2:值 2，…，键 n:值 n}
```

可以根据键查找与之对应的值，类似于根据字典索引查询某字或词在字典中的页码，然后通过页码再找到需要的信息。根据字典的键查找对应值的方法为：

```
字典名[键名]
```

【例 4-7】 已知学生年龄记录：Tom，21 岁，Jack，19 岁，Mike，16 岁，Susan，17 岁，Binbin，21 岁，Dahai，18 岁。用字典存储这组学生记录，并查询 Mike 的年龄，同时把 Dahai 的年龄改为 20。

```
>>> student = {'Tom':21, 'Jack':19, 'Mike':16, 'Susan':17, 'Binbin':21, 'Dahai':18}
>>> student['Mike']                               # 查看 Mike 的年龄
16
>>> student['Dahai'] = 20                         # 修改 Dahai 的年龄
>>> student                                       # 查看 student 字典中的全部数据
```

集合（set）类型及其用法与列表和元组差不多，在此就不介绍了。

4.5.3 程序语句

一门程序语言的基本语句包括输入输出语句、赋值语句、条件语句和循环语句。

1．Python 的语句缩进格式

Python 并没有像 C 语言、C++和 Java 系列语言那样用"{ }"作为语句块的界定符，也没有像 Pascal 或 BASIC 那样用 Begin-End 作为语句块的界定符，而是采用语句的缩进位置作为语句块的界定符，其目的是约束程序员严格按照缩进格式编写程序代码，写出结构清晰、易于阅读的程序。在其他程序语言中，每行的开头可以有任意多个空格，但 Python 是不允许的，每行语句前的空格数必须符合语法规则：在采用缩进格式输入语句时一定是有需求的，具有相同缩进字符个数（通常缩进以 4 字符为缩进单位，但不是必须的）的语句属于同一语句块，在编写函数、条件结构、循环结构时尤其要时时清楚这一点。

Python 的缩进格式规则要求写程序代码时，不可以在语句前面随意输入空白符号，语句开头的空白符号是用来控制命令格式或程序代码结构用的，任何时候在语句前输入空白或不输入空白都要有理由，没理由就按照上一条语句的缩进格式输入程序代码。

【例 4-8】 在 Python 中输入如下语句，理解何时才能够对语句采用缩进格式。

```
>>> x = 10
>>>   x = 10                          # 先输入了 2 个空格，后才输入 "x = 10"
  File "<stdin>", line 1
    x=10
IndentationError: unexpected indent
```

在 Python 的命令提示符后直接输入第一条语句"x=10"，没有报告任何问题，表明正确执行了。在输入第二行语句时，先输入了两个空格符号，再输入语句"x=10"，但 Python 报告了意外缩进错误"unexpected indent"。

2．注释语句、输入语句和输出语句

注释语句不会被执行，主要用于编写说明性文本，以便于维护和他人阅读程序，其中可以包含中文文字在内的任何内容。"#"是 Python 中的行注释语句，可以出现在一行的任何位置，从"#"开始直到该行结束的内容不会被执行。

Python 的输入、输出语句是通过输入函数 input 和输出函数 print 实现的。input 函数用于从键盘输入数据，语法形式如下：

```
x = input( )
x = input('数据输入提示信息：')
```

两种形式的功能相同，第二种形式将在屏幕上显示出引号中的字符串，提示应当输入什么数据，第一种无显示。但要注意，input 输入的数据类型是字符串类型 str，如果想输入数值型数据，需要对输入数据进行类型转换。

print 函数的语法格式如下：

```
print(x1, x2, x3, …)
```

其中，x1、x2、x3、…是要输出的表达式，它们可以具有不同的类型。

【例 4-9】 在 Python 中进行练习，体会输入、输出语句的用法。为 x 输入 123，为 name 提示"输入姓名： "并输入"张三"，为 age 赋值 23，并一次性打印输入 x、name、age 和 age 大于 60 的比较结果。

```
>>> x = input( )
123
>>> name = input("输入姓名：")
输入姓名：张三
>>> age = 23
>>> print(x, name, age, age>60)
123 张三 23 False
>>>
```

3．条件语句

条件语句通常有 3 种语法形式。第 1 种形式：

```
if 条件:
    语句块 1
```

说明：① 条件后的"："是必不可少的；② 语句块 1 是条件成立时执行的一组语句，必须缩进 1 个或多个符号位，通常是 4 个字符，因为按 Tab 键的默认缩进就是 4 个字符。若条件成立要执行多行语句，则每行缩进的字符数必须相同。

【例 4-10】 在 Python 中输入一个数 x。若 x>0，则在第 1 行打印输出 x，在第 2 行输出"x 符合要求"；若 x 小于等于 0，则不做任何操作。

```
>>> x = input()
8                              # 说明：从键盘输入了 8
>>> x = int(x)                 # 从键盘输入的 8 是字符类型，int(x)把 x 转换成整型
>>> if x > 0:                  # 不要忘了冒号
...     print(x)               # …是系统产生的，按 Tab 键或直接输入 4 个空格
...     print('x 符合要求')     # 必须与上一行缩进同样多的符号，否则错误
...                            # 直接回车，可以结束 if 语句
8                              # 第 1 条 print 的输出
x 符合要求                      # 第 2 条 print 的输出
>>>
```

条件语句的第 2 种情况是，当条件成立时和不成立时，都要执行任务，形式如下：

```
if 条件:
    语句块 1
else:
    语句块 2
```

【例 4-11】 在 Python 中输入一个同学的成绩，若成绩小于 60 分，则在第 1 行输出成绩，在第 2 行输出"还要努力！"；否则在第 1 行输出成绩，在第 2 行输入"祝贺你，及格了！"。

```
>>> x = input()
89                             # 从键盘输入 89
>>> x = float(x)               # 将字符串 89 转换成浮点数 89
>>> if x < 60:
...     print(x)
...     print("还要努力！")
... else:
...     print(x)
...     print("祝贺你，及格了！")
...
89.0
祝贺你，及格了！
>>>
```

请结合例 4-5，理解本语句的输入和输出情况。

第 3 种是多情况的条件语句，格式如下：

```
if 条件1:
    条件1成立时执行的代码
elif 条件2:
    条件2成立时执行的代码
......

elif 条件n:
    条件n成立时执行的代码
else:
    条件1、条件2、…、条件n都不成立时执行的代码
```

【例 4-12】 输入一个学生的成绩 score，若为 90 分及以上，则输出"优"；80～90（含80），则输出"良"；70～80（含 70），则输入"中"，60～70（含 60），则输出"及格"；60分以下，则输出"不及格"。

```
>>> x = input( )
95                              # 从键盘输入了 89
>>> x = float(x)               # 将'89'转换成了 89
>>> if x >= 90:
...     grade = "优"
... elif x >= 80:
...     grade = "良"
... elif x >= 70:
...     grade = '中'
... elif x >= 60:
...     grade = '及格'
... else:
...     grade = '不及格'
...
>>> print(grade)               # 打印输入 if 语句的结果：grade
优
>>>
```

参照例 4-10 的语句说明，分析本语句的输入、类型转换、多条件语句及输出结果，掌握多情况 if 语句的用法。

4．循环语句

循环语句用于实现对指定语句的重复执行，是计算机能够以简短的程序代码实现庞大计算任务的根本所在。Python 的循环结构包括 for、while 和 do-while 三种。

for 是最常用的循环，主要用在重复执行次数明确可知的场景。其语法形式如下：

```
for 变量 in 范围:
    语句1
    语句2
    ......
    语句n
```

其中的范围可以是前面的 list、set、tuple，或用 range 函数创建的列表。语句 1～语句 n 是需要重复执的语句，它们前面的空白字符个数必须相同，即各语句的起始位置必须相同。

【例 4-13】 计算 1+2+3+…+100 的总和。

```
>>> s = 0
>>> for i in range(1, 101):          # range 生成列表[1,2,3,…,100]
...     s = s+i                      # 第 1 次加时，s = 0，i = 1
...                                  # 出现语句组续行的…时，按回车结束 for 语句
>>> print(s)                         # 用输出语句查看运算结果。
5050
>>>
```

【例 4-14】 Tom 同学期末考试的成绩单为 56、87、45、98、67、33，计算其总分、平均分，输出不及格的分数。

在 Python 中可以用列表、集合、元组、数组等保存成绩和不及格成绩，下面用 score 保存成绩，用 noPass 保存不及格成绩，用 sum 保存总成绩，avg 保存平均成绩。

```
>>> sum = 0                          # sum 为总分，初始为 0，此语句可以省略
>>> noPass = []                      # noPass 保存不及格成绩，计算前为空集，必须先定义
>>> score = [56,87,45,98,67,33]      # 成绩列表
>>> for g in score:                  # 用 g 依次读出 score 中的每个数，一次读一个
...     sum = sum+g                  # 将读出的成绩累加到 sum 中
...     if g < 60:                   # 如果当前成绩小于 60，就追加到 noPass 列表
...         noPass.append(g)         #list 类型有个 append 方法，可以将数据加到列表尾部
...
>>> avg = sum/len(score)             # Python 中有个 len 函数，可以计算列表中的数据个数
>>> print(sum, avg)                  # 输出总分，平均分，结果如下
386 64.33333333333333
>>> print(noPass)                    # 输出 noPass 列表中的数据，结果如下
[56, 45, 33]
>>>
```

while 和 do-while 循环用于解决重复执行的条件明确但重复次数未必确定的情况。比如，从键盘输入若干数，直到输入-9999 或总和大于 50000 才结束循环。

```
while 条件:                          do:
    条件成立时的语句 1                     语句 1
    条件成立时的语句 2                     ……
    ……                              while 条件
```

【例 4-15】 已知 fac=1×2×3×…×n，计算 fac 超过 10000 的最小 n 值。

```
>>> fac = 1                          # 1 的阶乘为 1
>>> n = 1
>>> while fac < 10000:
...     n = n+1                      #循环体，…之后有 4 个空格
...     fac = fac*n                  # 循环体，…之后有 4 个空格
...                                  #直接按回车键
>>> print(n, fac)                    # 输出循环结果
8 40320                              # 8 是阶乘超过 10000 的最小整数
```

4.5.4　函数

函数是程序设计中的最小功能结构，各种程序设计语言通常都提供了函数实现机制。在编写大型系统软件时，可以按照结构化程序设计的思想，把它划分为多个功能模块，然后用函数实现各模块的功能。这样能够使程序的结构清晰，编程难度降低，并且能够重用代码（同一个函数可以被多次重复调用），提高软件开发效率。

函数通常由 4 部分构成：函数名、参数表、函数体、返回值。Python 函数的形式化定义格式如下：

```
def 函数名([参数 1], [参数 2], …):
    函数语句 1
    函数语句 2
    ……
    函数语句 n
    [return 结果值]
```

其中：各函数语句前的空白字符个数必须相同；"[ ]"表示可选项，意思是它在有些情况下可有，有些情况下没有。因此，最简单 Python 函数的形式化定义如下，它没有参数，称为无参函数。注意：参数括号不能够省略。

```
def  函数名():
    函数体语句组
```

函数定义完成后不会自动运行，必须在主程序或其他函数中调用它，函数才会被执行。有 return 语句的函数的调用形式为：

```
X = 函数名([实参 1], [实参 2], …)
```

函数中 return 的结果值将被赋值给 X。没有 return 语句的函数的调用形式为：

```
函数名([实参 1], [实参 2], …)
```

【例 4-16】 从键盘输入一组学生成绩，成绩个数未知，当输入-9 时，结束成绩输入，然后计算这组成绩的总分和平均分。

解题思路：计算机解题的步骤通常是输入数据，运算数据和输出结果，可以设计函数分别实现这几个步骤。本例中，设计 inputData 函数，将成绩输入列表，设计函数 sumData 和 avgData，对 inputData 输入列表中的数据进行总分和平均分计算，最后在主程序中调用这 3 个函数，就能够完成题目的要求。

按照前面的语句实践方法，在 Python 解释环境中固然可以完成这个程序，但可能浪费不少时间，因为一旦输入发生错误就要重新输入。因此，最好安装类似于 PyCharm 的集成开发环境来学习 Python 函数及具有更多代码的程序开发。这里用 Python 自带的 IDLE 完成本程序设计，虽然 IDLE 比较简单，但具有编辑 Python 源代码、保存文件和运行 Python 文件的功能，完成这样的题目还是可以的。过程如下：

<1> 按 Win+R 组合键，在"运行"框中输入"cmd"，然后在控制台环境中输入"idle"，启动 IDLE 集成开发环境。

<2> 选择"File | New File"菜单命令，在弹出的文本编辑框中输入 inputData、sumData 和 avgData 函数的源代码。这个编辑器具有一定的智能性，输完一行回车后，它会自动确定下一行的缩进位置，只需输入程序代码就行了。如果代码或缩进位置弄错了也没有多大关系，可以删除后重新输入，也可以修改，非常方便。

<3> 输入完整的函数代码，如图 4-12 所示。选择"File | Save 或 Save As …"菜单命令，将程序保存到指定文件夹中，只要没有删除它，以后随时可以打开并再次运行这个程序。

<4> 全部函数或一个函数输入完成后都可以执行它，以检查函数是否正确，如果有错误，返回修改就是了，非常方便。选择"Run | Run Module"菜单命令，这时弹出如图 4-13 所示的解释器执行环境，在此可按前面的方式执行 Python 的语句。

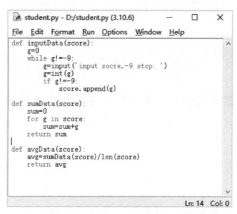

图 4-12　编辑源码

图 4-13　运行程序

<5> 在 IDLE 解释器执行环境中，最左边的">>>"是命令行提示符，可以在它的右边输入 Python 语句。在本例中，可以看出输入了以下语句：

```
score = []                  # 定义了一个空列表，用于保存输入的学生成绩
inputData(score)            # 调用 inputData 函数，从键盘输入学生成绩至 score 列表中，-9 结束
total = sumData（score）    # 调用函数 sumData 对 score 列表的成绩计算总和，保存在 total 中
average = avgData(score)    # 调用函数 avgData 对 score 列表的成绩计算均值，保存在 average 中
print(total,average)        # 打印输出总分和平均分
```

4.5.5　在 Python 中引用扩展库函数

随着开源软件的不断加入，Python 的功能越来越强大，被广泛应用于云计算、Web 开发、运营分析、科学计算和人工智能等领域，已成为人工智能时代的最佳编程语言。Python 本身并不复杂，复杂的是它拥有数以万计的各种扩展库。下面列出几种应用较多的扩展库。

Pandas 是用于数据分析的软件包，可以便捷地对分析数据进行操作、聚合和可视化。NumPy 是专用于 Python 中科学计算的软件包，能够实现对多维数组和矩阵的高速运算。Matplotlib 是一个数据可视化软件库，可以轻松绘制出折线图、散点图、饼图等图表。TensorFlow 是数据流图计算的开源库，可以在大型数据集上快速训练神经网络。NLTK 主要

用于 NLP 及相关领域（语言学，认知科学人工智能等）的教学和研究。Scikits 是专门为图像处理和机器学习等特定功能而设计的软件包，SciPy 是一个包含了线性代数、优化、集成和统计等模块的工程和科学软件库。

因此，Python 学习的主要内容是它的各种库函数而不是语言本身，好在各扩展库都是具有领域针对性的，可以根据要从事的工作和研究选择性地学习某些扩展库。各扩展库的使用方法基本相同，可以概括为三个通用步骤：下载安装扩展库，在程序中导入库，调用库函数。

【例 4-17】 三家超市 2022 年的销售额如表 4-3 所示，编程画出比对折线图。

表 4-3 三家超市 2022 年销售额（单位：千元）

	1 月	2 月	3 月	4 月	5 月	6 月	7 月	8 月	9 月	10 月	11 月	12 月
兴兴	34	41	34	39	32	31	25	31	27	30	27	22
旺旺	31	30	22	26	32	34	28	25	29	25	25	28
发发	37	49	43	42	39	37	37	42	39	41	41	46

Python 有一个第三方数据可视化库扩展库 Matplotlib，其中包括有许多绘图函数，能够画出饼图、折线图、散点图、柱形图、气泡图、面积图等图表。Matpltlib 中有一个 pylab 函数库，提供了上述图形的绘图函数，包括画折线、设置 X 轴和 Y 轴的坐标刻度、标签、坐标值范围，以及设置标题和图例的函数等。xticks、yticks：设置坐标轴刻度；xlabel、ylabel：设置坐标轴标签；xlim、ylim：设置坐标轴刻度值范围；title：设置标题；legend：启用图例；grid：设置网格线；text：添加数据标签；plot(x, y, color, marker, linestyle, label,…)：画折线。

在 plot 函数中，x、y 是个数对等的两组数字，其中对应位置的数字构造平面上的坐标点；label 用于设置折线的标签名，实际上就是图例的名称；color、marker 和 linestyle 是可选参数（可以省略，省略后按默认方式设置），用于设置折线的颜色、类型和数据点形状，各参数的设置代码如表 4-4 所示。

表 4-4 plot 绘图函数的 color、marker 和 linestyle 参数的代码

color	含 义	marker	含 义	linestyle	含 义
b	蓝色	.	点	-	实线
g	绿色	o	圆圈	:	点线
r	红色	*	星号	-.	点划线
c	宝石蓝	s	方形	--	虚线
m	洋红	d	钻石形	(none)	不显示线
y	黄色	v^<>	五角星		
k	黑色	p	六角星		/
w	白色	h	三角形（四个方向）		

color、marker 和 linestyle 可以分开设置，也可以组合在一起，如"bd-"表示画蓝色实线，数据点用钻石形状表示。

现在，运用上述知识编写绘制三家超市的折线图。启动 idle，选择"File | NewFile"新建一个文件 plot.py，并在其中输入如下程序代码。

```
#ploy.py
from matplotlib import pylab as plt          #导入 pylab 库并取别名 plt 以简化输入
from pylab import mpl                         # mpl 可以设置显示中文
mpl.rcParams['font.sans-serif'] = ['SimHei']  # 支持中文
month = ['1', '2', '3', '4', '5','6', '7', '8', '9', '10','11','12']    # X 轴的标签值
x = range(1,13)                               # X 轴刻度值列表
E1 = [34,41,34,39,32,31,25,31,27,30,27,22]    # E1、E2、E3 是三超市的销售数据
E2 = [31,30,22,26,32,34,28,25,29,25,25,28]
E3 = [37,49,43,42,39,37,37,42,39,41,41,46]
plt.title("2021 年三家超市销售额比较")          # 标题
plt.xlim(1, 13)                               # 限定 X 轴刻度值的范围
plt.ylim(10, 70)                              # 限定 Y 轴刻度值的范围
plt.plot(x,E1,"r*-",label='兴兴')             # 画红色星形标记的实线折线
plt.plot(x,E2,"b^-",label='旺旺')             #画蓝色上三角形标记的实线折线
plt.plot(x,E3,"gd:",label='发发')             # 画绿色钻石形标记的虚线折线
plt.xticks(x, month, rotation=40)             # 调置 month 内容为 X 轴标签，倾斜 40º
plt.margins(0)                                # 设置边距
plt.xlabel(u"月份")                           #设置 X 轴标题
plt.ylabel("单位：千元")                       #设置 Y 轴标题
plt.legend()                                  # 启用图例
plt.show()                                    # 显示出图形
```

　　输入上述程序代码并保存后，选择 IDLE 的 "Run | Run Moudle" 菜单命令。如果没有安装 Matplotlib 库，会出现如图 4-14 所示的 "No moudle named 'matplotlib'" 错误信息。

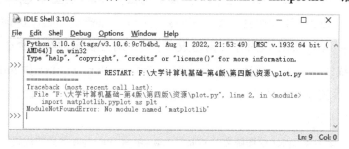

图 4-14　未安装 Matplotlib 库的错误信息框

　　按 Win+R 组合键，在弹出的 "运行" 框中输入 "cmd"，然后在启动的控制台环境中输入下面的 Matplotlib 库安装命令：

```
pip install -U matplotlib
```

　　保证网络已经连接到互联网，pip 命令会自动从网上下载 Matplotlib 库，并完成安装，其中的 "-U" 参数用于指出下载最新版本，如图 4-15 所示。

图 4-15　用 pip 命令从网上下载 Matplotlib 库

下载完成后，再次通过 IDLE 的"Run | Run Moudle"菜单命令运行程序，结果如图 4-16 所示。

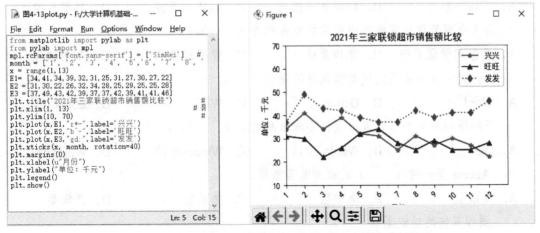

图 4-16　在 Python IDLE 中编写并运行的 Python 图表分析程序

习 题 4

一、选择题

1. 计算机软件由（　　）组成。

A. 系统软件和应用软件　　　　　　B. 编辑软件和应用软件

C. 数据库软件和工具软件　　　　　D. 程序和相应文档

2. 下列各组软件中，全部属于应用软件的是（　　）。

A. 程序语言处理程序、操作系统、数据库管理系统

B. 文字处理程序、编辑程序、UNIX 操作系统

C. 财务处理软件、金融软件、WPS Office

D. Word 2016、Photoshop、Windows 10

3. 下列叙述中，正确的是（　　）。

A. 用高级程序语言编写的程序称为源程序

B. 计算机能直接识别并执行用汇编语言编写的程序

C. 机器语言编写的程序执行效率最低

D. 不同型号的计算机具有相同的机器语言

4. 高级程序语言的编译程序属于（　　）。

A. 专用软件　　　　B. 应用软件　　　　C. 通用软件　　　　D. 系统软件

5. 下列叙述中，错误的是（　　）。

A. 高级语言编写的程序的可移植性最差　　B. 不同型号的计算机具有不同的机器语言

C．机器语言是由一串二进制数 0、1 组成的　D．用机器语言编写的程序执行效率最高

6．把用高级语言写的程序转换为可执行的程序，要经过的过程称为（　　）。

A．汇编和解释　　　　B．编辑和连接　　　　C．编译和连接　　　　D．解释和编译

7．用来全面管理计算机系统资源的软件称为（　　）。

A．数据库管理系统　　B．操作系统　　　　　C．应用软件　　　　　D．专用软件

8．下列属于金山公司文字处理软件的是（　　）。

A．Word　　　　　　B．Office　　　　　　C．WPS　　　　　　　D．Lotus

9．下列操作系统中对计算机硬件要求最高的是（　　）。

A．DOS　　　　　　B．Windows 11　　　　C．Windows 10　　　　D．Windows 7

10．Access 是一种（　　）数据库管理系统。

A．发散型　　　　　B．集中型　　　　　　C．关系型　　　　　　D．逻辑型

11．操作系统的功能是（　　）。

A．处理机管理　　　　B．存储管理和文件管理　C．设备管理　　　　　D．以上全是

12．下面是 NoSQL 数据库管理系统的是（　　）。

A．Mongodb　　　　B．MySQL　　　　　　C．DB2　　　　　　　D．Informix

13．对于语句行首字符出现位置有明确规定的程序语言是（　　）。

A．GO　　　　　　　B．C　　　　　　　　C．Python　　　　　　D．Java

14．Python 语言中的下列数据结构中，不能修改（　　）中的数据元素。

A．set　　　　　　　B．list　　　　　　　C．dict　　　　　　　D．tuple

15．在程序语言中，关于常量'a'和"a"的说法正确的是（　　）。

A．没有区别　　　　　B．在 C 语中相同　　　C．在 Python 中没有区别　D．都是 1Byte

二、名词解释

程序　　　　　源程序　　　　　软件　　　　　操作系统　　　　　编译器　　　　　汇编

多媒体　　　　　超文本　　　　　流媒体　　　　　位图

三、计算题

1．计算保存 1 分钟 MPEG-1 的视频需要多大存储空间。

四、问答题

1．简述软件的分类及其功能。

2．用 C 语言开发一个 EXE 可执行程序需要经过哪些主要步骤？

3．常见的系统软件有哪些类型？试举例说明。

4．什么是结构化程序设计？

5．什么是解释？什么是编译？它们有什么区别？

6．简述计算机语言的发展过程，并说明各代语言的特点。

7．简述 MPEG、MIDI 的主要特点。

五、编程题

1. 人们常说的台风，在气象专业上称为热带气旋。按照中国气象局的标准，热带气旋按中心附近地面最大风速划分为下面 6 个等级。用 Python 语言编写一个函数，判断从键盘输入的风速属于哪个等级的热带气旋。

热带低气压	41~62 km/h
热带风暴	63~87 km/h
强烈热带风暴	88~117 km/h
台风	118~149 km/h
强台风	150~184 km/h
超强台风	185 km/h 或以上

2. 用 Python 语言编写一个程序，计算 1+3+5+7+…+101 的总和。

3. 某同学 2022 年上半年的经济花费如下表所示，用 Python 语言编写程序，画出该同学的花费折线图。

一月	二月	三月	四月	五月	六月
1200	1345	1143	1420	1390	1400

拓展：在 matplotlib.pylab 库中，除了 plot 函数，还有其他许多绘图函数，它们的用法与 plot 画折线的方法大同小异，试用百度等搜索引擎查询该库中 pie（画饼图）和 bar（画柱形图）函数的用法，编写 Python 程序画出该同学费用的饼图和柱形图。

第 5 章

操作系统基础

COMPUTER

本章介绍操作系统的基本概念、主要功能、在计算机系统中的重要地位，以及操作系统的基本应用，包括：操作系统与计算机软件、硬件的关系，主要类型，DOS 操作系统和 Windows操作系统的基本功能，如处理机管理、文件系统、磁盘管理、设备管理等内容。

5.1 操作系统概述

1．操作系统与计算机软件、硬件的关系

操作系统（Operating System，OS）是运行于计算机硬件之上的系统软件，是一组程序的集合，这组程序以协作运行的方式控制和管理计算机系统中的各类资源（包括硬件和软件资源），合理地组织和安排计算机系统的工作流程，控制和管理应用程序的运行，向其他系统软件提供编写应用程序的软件接口，并向用户提供操作计算机的各种服务功能。

通俗地讲，操作系统好比是计算机系统的"管家"，负责管理计算机系统的全部硬件和软件资源，如 CPU、硬盘、显示器、打印机、网络、高级语言编译程序、网络浏览器及财务管理软件等。操作系统又是计算机系统的"接待员"，为用户提供操作计算机的友好界面，负责用户和其他软件与计算机系统之间的交互。离开了操作系统，人们就只能用类似"110100"这样的机器指令去操作计算机，难度就太大了。

从系统结构上，操作系统是运行于计算机硬件上的第一层软件，是对硬件功能的扩充，其他软件系统则运行于操作系统之上，通过操作系统提供的软件接口才能访问硬件，实现软件需要的功能。用户只有通过操作系统提供的"界面"才能操作计算机。图 5-1 是计算机硬件、软件与操作系统的关系。

① 显示器、键盘、鼠标、内存、硬盘、光驱、网卡等设备通过各类总线和印制电路板组合成计算机硬件，但这些硬件如果没有操作系统的支持，就什么也不会干，它们只能识别机器指令

② 操作系统是运行于硬件上的第一层软件，它把硬件有机地管理起来，提供给人们类似于Windows的友好操作界面，人们因此能够操作计算机

③ 操作系统将硬件能够完成的功能以函数的形式提供给语言处理程序，使得语言处理程序（如C语言）能够直接调用操作系统的函数来支配硬件。例如，在C程序中调用一个Windows函数，可以让打印机工作

④ 人们可用程序语言开发出许多应用程序，如飞机订票系统、学生成绩管理、工资系统等

⑤ 用户可通过应用软件完成所需的工作。不论什么软件，它的工作最后都会逐层向内提供给操作系统，由操作系统调用计算机硬件来完成相应工作

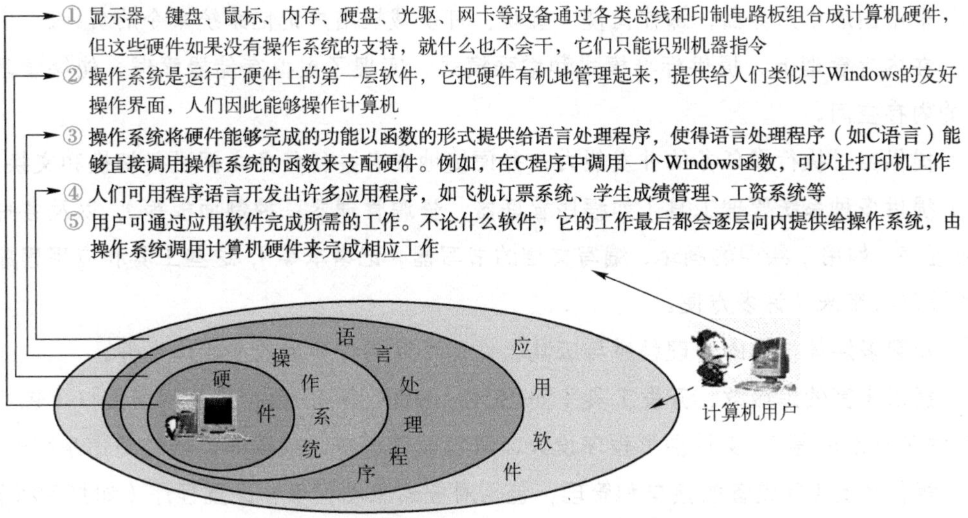

图 5-1 计算机硬件、软件与操作系统的关系

简言之，操作系统对整个计算机系统的性能有着重要的影响，每台计算机必然安装有一个或多个操作系统，在它的管控之下，计算机各组成硬件才能够成为一个有机的整体，得以启动运行，并向用户提供各种服务。如果没有操作系统，计算机硬件和软件都无法正常运行。

2．常见的操作系统

1）MS-DOS

1981 年，微软公司为 IBM 公司的第一代微机编写了第一个操作系统，即 MS-DOS 1.0，主要用于 Intel 公司的微处理器芯片 80x86。

DOS（Disk Operating System，磁盘操作系统）是当时最基本的微机操作系统，提供了对系统资源、程序执行和用户命令的管理，其核心是用于管理文件和 I/O 设备的一组服务程序，包括 3 个系统文件 command.com、msdos.sys、io.sys 和 1 个引导程序。

DOS 为单用户环境下运行的程序提供了一组服务软件，并以一个简单的命令行解释程序作为用户与微机之间的接口，用户可以通过此接口向计算机发布操作命令。由于当时计算机系统的配置较低，磁盘空间和内存空间都很小，因此 DOS 采用了非常简单的 16 位 FAT 文件管理磁盘，具有很大的局限性，只能管理 640 KB 的内存，硬盘的大小不能够超过 2 GB，超过 2 GB 的硬盘就要划分为多个分区。

早期 Windows 系统实际上是 DOS 的图形化版本，虽然早已取代 DOS 系统，但在系统中一直保留了 DOS 的命令行操作方式。用命令行方式操作计算机，对于程序命令和文件管理的理解比用 Windows 的图文操作方式更为深刻，仍然不失为初学者操作计算机的较好选择。

2）Windows

Windows 是微软公司于 1983 年推出的多用户多任务操作系统，经过不断地更新和完善，已成为主流操作系统，当前版本为 Windows 11。Windows 是一个基于图形用户界面的多任务操作系统，主要特征和功能包括：

① 采用图形用户界面，操作简便、直观，可以减轻用户记忆系统命令的负担。

② 在内存管理上，提供标准模式和增强模式，实现了虚拟存储器管理，能够管理超过 TB 级的内存空间。

③ 提供实时执行多任务的并发能力，并便捷地在各并行任务之间进行切换和交换信息。

④ 提供多种系统管理工具（如程序管理器、资源管理器、控制面板等），以及各种有效的应用程序（如用于绘图的画笔、编写文档的书写器、记事本等），这些工具和应用程序为用户操作计算机带来了许多方便。

⑤ 配置多媒体技术的管理程序与工具软件，可以制作和播放多媒体文件。

⑥ 提供丰富的库函数、开发工具（如 SDK、DDK 等）、数据库和网络接口（包括附有通信软件 Terminal 等），支持图形程序设计、语言处理程序、数据库、网络通信系统开发。

⑦ 提供各类 I/O 设备的接口和管理，包括对应的驱动程序和设置程序（如打印机管理、控制面板等）。

当然，Windows 的功能不止这些，如动态数据交换、对象的链接和嵌入等。

3）UNIX

UNIX 是一个多用户多任务的操作系统，可以作为不同类型计算机的操作系统。UNIX 是 1971 年 AT&T（美国电话与电报）公司下属的贝尔实验室编制的，经过几十年的应用和发展，已成为当前最流行的操作系统之一，可以作为小型机、工作站、微机的操作系统，也可以作为超级计算机或网络服务器的操作系统。

UNIX 可以分为两部分。一部分是 UNIX 系统的核心程序，负责利用底层硬件所提供的各种基本服务，向外层提供应用程序所需要的服务。例如，系统核心部分能够为操作系统的各个进程分配硬件资源，也能够为每个程序分配资源。另一部分就是应用子系统，由许多应用程序和服务例程所组成，这些是用户可以明显见到的部分，包括 Shell 程序（UNIX 系统中的命令解释程序）、文本处理程序、邮件通信程序、源代码控制系统等。

UNIX 是用 C 语言编写的，仅有小部分与硬件有关的程序是用汇编语言编写的，具有非常好的可移植性和可扩展性。AT&T 公司最初并没有严格保护 UNIX 的技术秘密，一些大学或研究机构可以以低廉价格甚至免费形式就能够获得 UNIX 源码，作为研究或教学之用。一些机构在源码基础上加以扩充和改进，形成了许多变种，其中比较著名的如加州大学伯克利分校开发的 BSD 产品、IBM 的 AIX、HP 的 HP-UX、SUN 的 Solaris 和 SGI 的 IRIX。

4）Linux 系统

Linux 是芬兰的 Linus Torvalds 于 1991 年在赫尔辛基大学上学时原创开发的，他将源程序在互联网上公开发布，全球范围内的计算机爱好者都可以从互联网上下载该源程序，并按自己的意愿完善某一方面的功能。

一些世界级的大软件商纷纷发布可运行于 Linux 平台的软件产品，如 Oracle、Sybase、Novell 和 IBM 等大公司都有支持 Linux 系统的产品，许多硬件厂商也推出预装了 Linux 系统的服务器产品，以支持其发展。经过不断的修改完善，当前的 Linux 已成为功能强大、应用广泛的服务器和个人计算机的操作系统。Linux 具有如下特点：

① 一个免费软件，可以自由安装并任意修改软件的源代码。

② 与主流的 UNIX 系统兼容，因此有很好的用户群基础。

③ 支持广泛的硬件平台，包括 Intel 系列、680x0 系列、Alpha 系列、MIPS 系列等，并广泛支持各种外围设备。

④ 安全性高，遵循 UNIX 的安全体系结构，有多种认证方式、访问控制系统及网络防火墙等功能。

Linux 继承了自由软件的优点，是最成功的开放源码软件，被众多高校、科研机构、军事机构和政府机构广泛采用，也被越来越多的行业所采用，如银行、电力、电信等。

5）手机操作系统

手机操作系统是指应用于智能手机中的操作系统，它的发展历史并不长，但随着智能手机的普及，其应用非常广泛。目前的手机操作系统主要有 Symbian、Windows Mobile、Linux、Android、iOS 和 PalmOS 等。

Android（安卓）是 Google 公司基于 Linux 平台开发的开源手机操作系统，由操作系统、中间件、用户界面和应用软件组成，底层是 Linux，开发工具则是基于 Java 的，拥有巨大的潜在软件开发群体。Android 采用 WebKit 浏览器引擎，具备触摸屏、高级图形显示和上网功能，可以查看电子邮件、搜索网址和观看视频节目等功能，其搜索功能和界面功能非常强大，是一种融入全部 Web 应用的手机软件开发平台。同 Windows Mobile、Symbian 等不同，Android 操作系统免费向开发人员提供。

iOS 即 iPhone OS，是由苹果公司为 iPhone 开发的操作系统，主要是供 iPhone、iPod touch 和 iPad 使用。iOS 系统架构分为 4 层：核心操作系统层、核心服务层、媒体层、可轻触层。

5.2 操作系统的类型

操作系统种类繁多，无法按某个标准精确分类，大致可分为以下类型。

1．单用户操作系统

单用户操作系统是指在同一时间内只允许一个用户使用计算机的操作系统，其功能比较简单，主要包括执行程序，管理文件，为程序语言提供支撑，管理外部设备等功能。

单用户操作系统又分为单用户单任务和单用户多任务操作系统两种。单用户单任务是指在计算机工作过程中，任何时候只有一个用户程序在运行，该用户程序占有计算机系统的全部软件、硬件资源，只有当前任务完成后，才能执行下一个程序。早期的操作系统如 CP/M、MS-DOS 等就属于这种操作系统。

单用户多任务操作系统也是只允许一个用户操作计算机，但在计算机工作过程中可以执行多个应用程序，而且允许用户在各应用程序之间进行切换。Windows 3.1、Windows 95、Windows 98 等都属于这类操作系统。

2．嵌入式操作系统

嵌入式操作系统是指为实现某特定应用而设计的专用计算机系统，被嵌入其他设备或系统，作为它们的组成部件之一，通常用于控制、监视、辅助设备或系统的运行。嵌入式操作系统的主要职责是负责嵌入系统全部软件、硬件资源的分配和调度工作，控制和协调并发活动，并且能够通过装卸某些模块来实现系统要求的功能。

过去，嵌入式操作系统主要应用于工业控制和国防系统领域，当前已被广泛应用到各种日常通信和电子产品中，如机顶盒、手机、电冰箱、微波炉、PDA 等产品。

常用嵌入式操作系统有 Linux、WinCE、Symbian、pSOS、Nucleus、C Executive 等。

3．多用户操作系统

多用户操作系统允许多个用户同时使用计算机资源，每个用户可以同时执行不同的任务。因此多用户自然是一种多任务。UNIX、Windows、Linux 等都是多用户多任务的操作系统。

从多用户与多任务的工作模式来看，操作系统具有批处理、分时、实时、网络和分布式等类型。

1）批处理操作系统

在批处理操作系统中，用户首先编写好要完成的作业（包括用于完成任务的程序、需要处理的数据、程序的执行步骤、可能出现的错误及处理方法等），然后将作业提交给系统操作员。系统操作员将许多用户的作业组织成批处理任务并输入计算机，在计算机中形成一个自动转接的作业流，然后启动操作系统，自动执行批处理中的每个作业。最后，由系统操作员将每个作业的执行结果返回给用户。

在作业处理过程中，批处理操作系统负责调度和运行用户递交的一批作业，包括作业控制语言的解释执行、对作业的运行控制、作业运行步骤的切换、发生异常情况时的处理、作业的中间输出或结果输出等，在作业执行过程中不允许用户与计算机直接交互。批处理系统比较适合运行步骤十分规范的作业，或程序已经经过调试而不易出错的作业。

2）分时操作系统

分时操作系统采用"时间片"轮转的方式为多个用户提供服务，把 CPU 的全部运行时间划分成一些时间片，然后根据某种时间片轮转次序，在多个用户之间分配系统资源，每个用户都能在某时间片内获得 CPU 的服务。

例如，假设有 60 个用户在使用同一台计算机，分时操作系统把 1 秒钟分为 60 等份，每等份称为一个时间片，在第 1/60 秒让第 1 个用户使用计算机系统，第 2/60 秒让第 2 个用户使用计算机，其余以此类推。这样，在 1 秒钟内每个用户都可以使用一次计算机。由于 CPU 处理速度很快，实际时间片的持续时间可能短得多，每个用户在 1 秒钟内都可能获得 CPU 的多次服务。

在分时操作系统的管理下，允许在一台主机上连接几十甚至几百个终端供多个用户同时使用，每个用户在自己的终端上通过键盘和显示器（或者其他 I/O 设备）与主机进行交互，感觉不到其他用户的存在，好像计算机只有他一人在使用一样。

分时操作系统需要尽量保证用户获得相对满意的响应时间（不致有长时间等候服务的感受），适用于软件开发、程序调试、文本编辑、准备数据、不频繁查询等场合。

3）实时操作系统

实时操作系统用于控制计算机系统对各种外部事件的请求做出及时响应，在严格规定的时间内完成事件处理，并控制所有设备和任务实时、协调一致地工作。

实时操作系统的首要特点是对服务请求的实时性响应，每个处理请求必须尽快获得服务，并且在严格规定的时间内完成，然后把结果及时反馈给相应的设备。另一个显著特点是与具体应用任务的关系十分密切，往往难以明确区分操作系统与实时应用任务之间的界限。因此，实时操作系统一般采用由事件驱动的设计方法，系统接收到某种信息后，自动选择相应的服务程序进行相关操作，在非常严格的控制时序下运行，以保证服务的正确性和实时性。

实时操作系统主要用于实时过程控制、实时信号处理、实时通信等场合，如钢铁厂炼钢的过程控制、化工厂的生产控制、发电站的实时监控及导弹轨迹控制等。

4）网络操作系统

网络操作系统在一般操作系统的基础上增加了网络设备管理方面的功能，用于管理计算机网络，实现网络中各计算机的相互通信和资源共享。例如，在网络操作系统的管理下，任何一台计算机的用户都可以共享网络上其他计算机的资源，如共享数据文件和程序资源，共享硬盘、打印机、扫描仪等。常见的网络操作系统有 Windows、UINX、Linux 的变种。

5）分布式操作系统

一些大公司、大企业的计算机网络在地域上可能非常广泛，分布在不同的国家和城市，它们对网络提出了新的需求：用户希望以统一的界面、标准的接口使用系统的各种资源，实现各种操作；并且希望每个城市或国家的业务主要在当地计算机中处理，处理后的数据又能够快速、及时地被网络中的其他计算机访问；同时，要求整个网络是一个统一的系统，网络中的计算机可以实现异地业务处理。这样的需求导致了分布式系统的产生。

分布式系统建立在计算机网络基础之上，由物理上分散在不同地域中的多个计算机系统组成，这些计算机系统在逻辑结构上紧密耦合成一个完整的系统，给用户的印象就像只有一台计算机，但具有处理多地业务的能力。分布式系统中的每台计算机都有自己的处理器、存储器和外部设备，它们既可以独立工作，也可以进行多机合作。通常情况下，每台计算机负责处理本地的业务，在必要时能够组织系统中的多台计算机，自动进行任务分配和协调，完成复杂的计算功能。分布式系统比普通计算机网络具有更强的健壮性，当某台计算机或通信链路发生故障时，其余部分可以自动重组成新系统继续工作，甚至可以接续失效部分的全部工作。等到故障排除后，系统又会自动恢复到重构前的状态。

用于管理分布式系统的操作系统就是分布式操作系统，它负责全系统（包括每台计算机、设备、文件及各种数据等）的资源分配和调度、任务划分、信息传输、控制协调等工作，并为用户提供统一的操作界面和标准接口。分布式操作系统具有比常规网络操作系统更强大的功能，解决了常规操作系统中普遍存在的三个问题：其一是在一个计算机网络中，在不同类型计算机中编写的程序怎样相互运行；其二是实现了在具有不同数据格式、不同字符编码的计算机系统之间的数据共享；其三是实现了分布在不同主机上的多个进程间的相互协作。

在分布式操作系统的管理下，网络中的用户通过统一界面使用系统和资源，系统对用户是"透明的"。即当用户提交一个作业时，分布式操作系统能够根据需要，在系统中选择最合适的处理器运行作业，并在处理器完成作业后，将结果传给用户。在这个过程中，用户并不会意识到有多个处理器的存在，好像整个系统就只有一个处理器一样。

当前有各种类型的分布式系统被广泛应用，如分布式事务处理、分布式数据处理、分布式办公系统等。

5.3 操作系统的功能

总体上，操作系统具有管理计算机资源和向用户提供服务两大功能。资源管理方面的主要功能包括作业管理、进程管理、存储管理、设备管理和文件管理。其中，作业管理和进程管理合称处理机管理。

1. 处理机管理

处理机管理主要是对 CPU 及其运行状态进行登记，满足程序对 CPU 的要求，并按照一定的策略，将 CPU 分配给各用户的作业使用。作业（Job）其实就是处于运行状态、正在被执行的程序，近似于进程（处于内存中正在被执行的程序）。

因此，可以简单地理解为处理机管理就是程序的运行管理，即当有程序要求被执行时（可能有多个），操作系统要负责执行程序的调度，即当前应该执行哪个或哪几个程序？谁先执行，谁后执行？是多个程序交替执行，还是一个执行完后再执行另一个呢？这些都由操作系统管理，由它将要执行的程序代码从磁盘文件中传输到内存，并负责将其送到 CPU 执行。

如何将要运行的程序代码指派给 CPU 呢？有些程序的代码很多，有些又很少；有些程序的代码必须依次执行，有些却可以同时执行。如果一次将全部程序代码装入 CPU，那么空间不足；如果所有代码依次执行，那么运行效率不高，因为当前的 CPU 都是多核心的，依次执行可能只用到了其中的某个核心，其余则被闲置。为了解决诸如此类的问题，操作系统采用了分时、中断、多道程序、进程和线程等技术和方法实现处理机管理。

程序（Program）是有序的指令集合，是为解决具体问题而用某种程序语言编写的，通常由数据结构、算法和程序语句构成。如果计算机内存只允许一个程序执行，就称为单道程序（单任务），如果内存中可以同时存放多个程序来执行，就称为多道程序（多任务）。

进程（Process）是操作系统进行资源分配和调度的基本单位，是内存中正在被执行的程序。进行与程序密切相关，程序通常是指保存在磁盘上的文件，是静态的；当程序被调入内存执行时就被称为进程，操作系统会为它分配内存、CPU 等资源并执行它。一个程序可以被多次执行，每执行一次，操作系统就创建该程序的一个进程。当进程执行完成后，就收回它占用的内存和 CPU 资源，进程就"消亡"了，因此进程是动态的，具有就绪、运行和阻塞三种状态。

就绪状态是指进程已经获得了除处理机之外的其他全部资源，一旦获得了处理机资源，

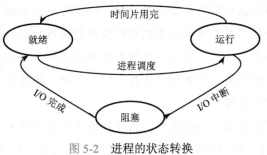

图 5-2　进程的状态转换

该进程就能够立即执行。执行状态是指进程已经占用了 CPU 资源，正在被执行。单核 CPU 一次只能够有一个进程被执行，但可以同时有多个进程处理于运行状态。阻塞是执行进程因某种条件不具备（如等待 I/O 设备输入数据）而被迫停止执行的状态，等待条件具备后再执行。进程的三种状态之间可以相互转换，如图 5-2 所示。

进程是较早（1960 年前后）的处理机管理技术，以进程为基本单位进行资源分配和运行调度，即 CPU 和相关资源一次只分配给一个进程使用。然而，随着技术的发展，进程逐渐暴露出一些弊端：一是以进程作为资源拥有者，调度单位过大，创建、撤销和切换进程时存在较大的时空开销；二是对称多处理机（SMP）和多核心处理机出现后，可以满足多个运行单位同时执行，而多个进程并行运行的开销过大。如果能够以比进程更小的单位进行资源分配和运行调度，就能够提高资源利用率，于是在 1980 年出现了线程。

线程（Thread）是操作系统能够独立调度和分配给 CPU 执行的基本单位，一个线程由若干程序语句组成，被包含在进程中，是一个进程内相对独立的、可以被单独调度的执行单元。二者的关系是：进程是线程的容器，一个进程中可以包含多个线程，一个线程是进程中可以被 CPU 独立调度和执行的基本单位，同一进程中的各线程可以共享资源。

作业、程序、进程和线程之间的关系是，一个作业中可以包含多个程序，一个程序可以有多个进程，一个进程包括多个线程，一个线程可以包括多条指令。

在处理机管理过程中，通常都会运用中断技术。中断是指外部设备需要处理机介入工作时（如已经准备好了数据，需要使用 CPU 处理）向处理机发出中断请求信号，CPU 接到请求信号后就暂停当前程序的执行，转而处理中断事件，当中断事件处理完成后，CPU 返回原来的指令位置，继续执行先前的程序。

总之，处理机管理就是合理地组织计算机流程，负责各应用程序的调度执行，并为每个运行的程序分配处理器资源。

2．存储管理

程序在未被执行时都是保存在外存中的文件，但是外存没有直达 CPU 的通道，只有通过内存的中转才能与 CPU 连接。因此，一个程序要被计算机执行，首先需要把它从外存（如硬盘、光盘）调入内存，然后才能够被 CPU 执行，这个过程由操作系统的内存管理模块实现。内存管理是操作系统为执行程序提供的内存分配与使用技术，即如何从外存中将要执行的程序调入内存，一次调入多少内容到内存，存放在内存的什么位置，内存的某部分程序被执行完毕如何清理并回收它所占据的内存空间，以便被其他程序再次使用这些内存空间等问题。其主要目标是高效、快速地分配与回收内存资源，提高内存的利用率。

操作系统主要采用分页和虚拟存储器等技术实现存储管理。分页是按页对内存进行逻辑划分的一种技术，1 页的大小为 2^n 字节，通常是几 KB，如 Linux 一页的默认大小为 4 KB。当操作系统为某程序分配内存时，会采用合理的算法以页为单位进行分配，一次可能为该程序分配若干页，并按照一定的算法对程序进行分割，然后依次将要执行的程序段调入分配给它的内存页，如果程序大小超过了分配给它的内存页总和，就用一定的算法先将已执行的内存页调出，再把即将执行的程序段调入此页。如此往复，直至程序执行完毕。同时，操作系统将保护内存页中的数据不被其他程序有意或无意地破坏。

虚拟存储器技术是把内存和外存进行统一调度使用的一种技术，用计算机的硬盘（通常是硬盘的一部分）作为内存空间的逻辑扩充，这样就能够得到一个比实际内存容量大得多的、虚拟的存储器中。在这种技术下，外存作为内存的逻辑扩充，并不会让用户感受到它们的区别，但可以执行比实际内存容量大得多的程序。当一个程序要运行时，其全部内容就被装载到虚拟存储器。装载方式是，需要立即运行的程序代码段被装载到内存中，暂时不会被执行到的程序代码段放在磁盘上（这部分磁盘存储器就称为虚拟内存）。当 CPU 要执行的程序不在物理内存中时，会采用一定的算法，把内存中暂不使用的程序代码段置换到磁盘上（虚拟内存中），而把要执行的代码段从磁盘（虚拟内存中）调入内存，使得计算机在物理内存比较小的情况下可以运行大型程序，操作大型的数据文件，同时运行多个程序。

虚拟存储器的大小取决于计算机的存储结构，由地址总线的位数决定。比如，一台 64 位的计算机只配置 8 GB 实际内存，但虚拟存储器大小的理论值可达 2^{64} B=16 EB。

3．设备管理

设备管理是指对计算机系统中除 CPU 和内存以外的所有输入、输出设备的管理，除了显示器、打印机、硬盘和 Modem 等计算机外部的常见设备，还包括设备控制器、DMA 控制器、中断控制器和通道等封装在计算机内部的设备，以及虚拟逻辑设备。为了实现对设备的有效管理，提高利用率，操作系统通常按照资源占用和数据组织方式对设备进行分类管理。

按照资源占用方式，设备可以分为独占设备、共享设备和虚拟设备三类。独占设备是指一次只允许一个用户使用的设备，如扫描仪，打印机；共享设备是指可以让多个用户同时使用的设备，如硬盘；虚拟设备是用虚拟技术将一台独占设备虚拟成多台逻辑设备，供多个用户同时使用，如虚拟存储器，磁盘阵列 RAID 等。按照数据组织方式，设备可以分为字符设备和块设备。字符设备是指以字符为单位进行传输的设备，如键盘、打字机。块设备是指以数据块为单位进行数据传输的设备，如磁盘、U 盘。

设备管理需要解决外部设备种类多、差异大（具有不同的接口、传输速度、串行/并行通信方式）以及与主机速度不匹配等问题，才能够实现设备与主机之间的数据传输。总之，设备管理具有以下功能。

① 缓冲管理。主机与输入、输出设备的数据处理速度差异很大，通常采用缓冲区技术来匹配两者之间的差异，达到提高 CPU 和 I/O 设备利用率，提高系统吞吐量的目的。缓冲区管理包括缓冲区创建、分配和回收等操作。

② 设备分配。根据用户的 I/O 请求分配所需的设备，以及实现 I/O 需要的设备控制器和通道。设备管理系统通常采用队列方式进行设备的分配和回收。

③ 设备运行和维护。为设备安装、更新驱动程序，保障设备正常运行。

④ 设备独立性。对用户屏蔽了具体设备 I/O 操作的实现细节，呈现给用户的是一种性能理想化的、操作简便且使用方法统一的逻辑设备，具有一致的访问接口。用户通过访问接口进行设备操作而不用关心实际设备的操作细节，这种性能称为设备的独立性（设备无关性）。

4．文件管理

程序、文档、游戏、聊天记录等工作生活中的一切档案在计算机中都以文件形式保存，保存在磁盘上则称为磁盘文件，保存在光盘中则称为光盘文件，不管哪类文件都由操作系统进行统一管理。在操作系统中有一个专门进行文件管理的软件模块，称为文件系统，其主要功能如下。

① 组织和管理文件。通常采用目录结构、逻辑结构、物理结构三种结构来组织和管理文件。应用目录结构将相关文件保存在相同的目录中，文件具体内容按照逻辑结构和物理结构进行组织管理和存储，逻辑结构是为便于用户查看和编辑的文件组织方式，物理结构则是文件在磁盘等存储介质上的存储组织方式。

② 按名存取文件。屏蔽文件在磁盘等存储介质上的读写细节，向用户提供按名存取功能。用户只需要提供文件名，文件系统就能够自动实现从文件名到磁盘文件的映射转换工作，完成用户对文件的建立、更新、删除和内容读写等操作，为用户提供文件操作的便利。

③ 实现文件保护与共享。在多用户和网络环境实现文件保护和共享功能，通常采用文件属性设置方式，文件可以设置为读取、修改、写入、隐藏等访问方式，并向用户提供授权访问功能，将用户分为不同安全等级，不同等级具有不同的访问权限，只能访问授权文件。

④ 提供文件操作功能。实现用户对文件的操作要求，包括建立、打开、读出、写入、更新、复制、关闭、删除等操作。

此外，文件系统具有对磁盘和外存空间的管理等功能，如划分逻辑盘，对磁盘文件被不断删除后形成的碎片空间的整理，对被误删文件的恢复等。

5.4 文件系统

操作系统管理计算机资源的基础是文件，只有理解了文件系统中的基本概念和方法，才能够更好地操作计算机，管理好计算机中的文档资料。

5.4.1 文件系统简介

1．文件的概念

通俗地讲，文件是指保存在存储介质中（光盘、磁带、硬盘等）的程序或数据，其内容可以是文字、程序、表格、图表、图像、电影、歌曲等。文件是计算机存取磁盘内容的基本形式和最小单位，每个文件都必须有一个名称，它是计算机用来区分不同文件的唯一标识。

文件的大小没有限制，内容多，文件就大，内容少，文件就小。例如，可以把一本书保存为一个文件，也可以把每一章分别保存为一个文件。

从存储文件的介质来看，文件存储在磁盘上就被称为磁盘文件，存储在磁带上就被称为磁带文件，存储在光盘上就被称为光盘文件。从文件保存的时间来看，保存时间长的文件被称为永久文件，保存时间短的文件被称为临时文件。从文件的读写性能来看，只能读出不能修改的是只读文件，既能读出又能被修改的被称为读/写文件。

2．文件标识符

文件标识符是计算机系统能够唯一区分磁盘上各文件的符号，由磁盘标号（磁盘驱动器符号）、目录路径和文件名组成。文件名又由基本文件名和类型扩展名两部分组成。结构如下：

> <磁盘驱动器号:><目录路径><基本文件名><.扩展名>

其中，基本文件名一定要有，其余 3 项则可视具体情况而省略。

1）磁盘驱动器符号

磁盘驱动器符号是保存文件的磁盘标识符，它是一个逻辑符号，指出文件存放在哪个磁盘上。早期的计算机系统都有软盘驱动器，对于磁盘驱动器符号有一个简单的约定："A:"和"B:"一般表示软盘驱动器，"C:""D:""E:"等分别表示第一个、第二个，第三个……硬盘驱动器，最后一个硬盘驱动器字母的后一个字母表示光盘驱动器。当前虽然未用软盘驱动器，但仍然延续了这一命名约定。例如，某计算机有一个硬盘驱动器和一个光盘驱动器，则"C:"表示硬盘，"D:"表示光驱。如果把这个硬盘分为两个逻辑盘，则"C:"和"D:"分别表示两个逻辑硬盘，"E:"则表示光驱。

注意：在表示磁盘驱动器时，驱动器字母后的":"是不能少的。

2）文件名

文件名一般由基本文件名和类型扩展名两部分组成，形式为"基本名.扩展名"。扩展名可以没有，没有扩展名的文件名也是合法的，所以文件名也常表示为"基本名[.扩展名]"。

说明：在计算机类型的书籍中，写在[ ]中的内容表示可选项，可能有，也可能没有。

文件名的作用是区分众多不同的文件，文件基本名的选用应尽量反映出文件本身的含义，可用英文或中文来表示，文件扩展名用来区分文件的类型。表 5-1 列出了当前常用的文件类型名。

表 5-1　常见的文件类型名

扩展名	文件类型	扩展名	文件类型
.bmp	位图文件	.gif	图形文件
.asm	汇编语言源程序文件	.dat	数据文件
.bak	备份文件	.txt	文本文件
.mdb、.accdb	Access 数据库文件	.exe	可执行文件
.java	java 语言源程序文件	.com	DOS 系统命令文件，是可执行文件
.bin	二进制类型文件	.xls、.xlsx	Excel 表格类型文件
.doc、.docx	Word 文档类型文件	.ini	系统初始化文件
.ppt、.pptx	PowerPoint 演示文件	.sys	系统配置或设备驱动程序文件
.c、.cpp、.h	C++（或 C）语言源程序文件	.tmp	暂存文件（临时文件）
.zip	使用 WinRAR、ZIP 压缩的文件	.wav	音频文件
.gif	GIF 图像文件	.html、.htm	HTML 文件
.jpg	JPEG 图像文件	.wps	WPS 办公类型文件
.pdf	文档的电子映像；PDF 代表 Portable Document Format（可移植文档格式）		

注意：不同文件系统对文件名中允许的字符、文件名的总长度（文件名和类型扩展名的字符总数）具有不同的要求。此外，下面几个标识符不能用作文件名，它们有特殊的含义。CON 常用来表示标准的输入/输出设备（键盘或显示器），AUX 表示第一个串行通信口，COM1 或 COM2 表示第一个或第二个串行通信口，LPT、LPT1、LPT2 表示并行通信口（打印机接口），PRN 表示打印机，NUL 表示测试使用的虚拟设备。

3）可执行文件和数据文件

可执行文件包含了控制计算机执行特定任务的指令，文件的内容按照计算机可以识别的机器指令格式进行存储，扩展名通常是 .exe 或 .com。普通的编辑软件不能识别这种文件的格式。例如，在 Word 或 WPS 中打开一个可执行文件（如 format.com），就会显示一些不可识别的、无意义的符号（如 O、õ、š、Œ、●、■、♂、ゆ等）。

数据文件通常是指包含可以查看、编辑和打印的词语、数字、字母、图形、图像、表格等内容的文件。数据文件常由一些应用程序创建，如 WPS、Word、Excel 等都可以建立相应的数据文件。许多软件系统在运行过程中会自动使用一些数据文件，如 Windows 操作系统在运行过程中会使用 system.ini、win.ini、user.dat 等数据文件。

3．文件通配符

为了简化磁盘文件名的查找，方便用户操作计算机，文件系统引入了两个特殊的字符：

"?"和"*",称为通配符。"*"表示该位置可以为多个任意字符,"?"表示该位置可以是一个任意字符。

通配符可以用在基本文件名或扩展名中,使用通配符的文件名称为广义文件名,通过它可以同时操作一组文件,提高文件操作的效率。例如,"*.ini"表示所有扩展名为 .ini 的文件名,"*.*"表示所有文件,"plus.*"表示所有基本名为 plus 的文件名(任意扩展名都可以),"A*.com"表示所有以 A 开头的 COM 类型的文件,"H???????.??b"表示以"H"开头共 8 个字符且扩展名以"b"结束的文件名。

4.文件属性

出于文件管理的需要(如文件的安全、更新和备份等),文件系统常为不同类型的文件定义某些独特的性质,称为文件属性。常见的文件属性有系统文件、隐藏文件、只读文件和归档文件。了解和利用文件属性,可以更好地使用和保护磁盘文件。

① 系统属性(S):具有系统属性的文件是系统文件,将被隐藏起来。在一般情况下,系统文件不能被查看,也不能被删除,是操作系统对重要文件的一种保护,防止这些文件被意外破坏。

② 隐藏属性(H):在查看磁盘文件的名字时,系统一般不会显示具有隐藏属性的文件名。具有隐藏属性的文件不能被删除、复制或更名。

③ 只读属性(R):对于具有只读属性的文件,可以查看它的名字,它能被应用,也能被复制,但不能被修改或删除。如果将可执行文件设置为只读文件,不会影响它的正常执行。将一些重要的文件设置成只读属性,可以避免意外删除或修改。

④ 归档属性(A):文件被创建后,系统会自动将其设置成归档属性,这个属性常用于文件备份。

在 Windows 操作系统中,右击某个文件夹或文件,从弹出的快捷菜单中选择"属性"命令,就会弹出"文件属性"对话框,从中可以更改文件夹或文件的属性。

5.4.2 文件夹和路径

办公室文件柜的抽屉中保存的是一叠一叠的文件夹,同一个文件夹中通常保存的是彼此相关的文件,如学生档案夹中保存的全是学生的档案文件,学院文件夹中保存的全是学院发布的各种文件……当前正在使用的文件夹称为当前文件夹。

类似地,所有计算机文件都保存在磁盘中。磁盘就是计算机的"大文件柜",同样具有许多目录(也称为文件夹),在一个目录中可以存放文档、应用程序、数据及其他目录(好比大文件袋中还可以装小文件袋一样)。为了便于文件资料的查找,通常也将有一定关系的文件存放在同一个目录中,当前正在使用的目录被称为当前目录(当前文件夹)。

一个硬盘能够存放成千上万个计算机文件,如果没有有效、科学的组织和管理方法,就会造成磁盘文件的混乱，给文件查找带来麻烦。为了便于文件的分类管理和查找，文件系统采取了与图书管理相似的多级目录结构，如图 5-3 所示。

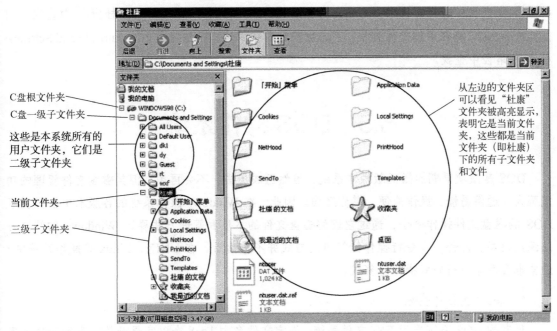

图 5-3　Windows 的目录结构

1）子目录和父目录

子目录与父目录是一个相对概念，在一个磁盘的目录结构中，最上层的被称为根目录，其他所有目录包含在根目录中，都是它的子目录。对一个具体子目录而言，其上一级目录就是它的父目录，其下一级目录又是它的子目录。任何目录（除根目录之外）都只能有一个父目录，但可以有许多子目录。

注意：① 在计算机的文件系统中，除了 Windows 操作系统，文件夹通常被称为目录（本书统一为"目录"）；② 在同一个目录中不能有两个相同的文件名，不同目录中可以有相同名字的文件。

2）文件路径

在图 5-3 所示的树型文件结构中，因为不同目录中允许有同名的文件，所以要引用一个文件就必须指明该文件在哪个目录中，有时在一个文件名前面要用若干目录名才能够表示该文件所在的位置。查找一个文件所顺序经过的子目录称为路径。路径名由若干子目录名组成，各子目录之间用"\"分开。如在图 5-3 中，ntuser.dat 文件的路径为：

`\Documents and Settings\杜康\`	#1 相对路径

若加上磁盘驱动器符号，则为

`C:\Documents and Settings\杜康\`	#2 绝对路径

以盘符（驱动器符号）开始的路径被称为绝对路径，不以盘符开始的路径则被称为相对路径。系统对这两种路径中的文件搜索方式是不同的，相对路径中的搜索将在当前路径中进

行，而绝对路径是固定的，对它的搜索与当前目录位置没有关系。例如，若当前目录为 D:\bb，查找上面"#1"路径中的文件，就会在 bb 目录中查找，即在"D:\bb\Documents and Settings\杜康\"中查找；若当前目录为 C:\abc，则在"C:\Documents and Settings\杜康\"中查找。但是，对于"#2"路径中的文件查找，不论当前目录在哪里，都会在"C:\Documents and Settings\杜康\"路径中查找。

5.5 DOS 操作系统

DOS 是微软早期的微机版操作系统，虽然已成历史，不会再用，但其磁盘文件管理的功能强大，通俗易懂，操作简便，堪称经典。因此，在 Windows 操作系统的各版本中都保留了 DOS 的磁盘文件操作命令，通过它理解磁盘文件的本质和管理方法要比 Windows 的图文方法深刻得多。此外，命令行操作计算机的方式并不是落后，在 UNIX、Linux 等操作系统中，通常也会用命令行方式操作计算机。

1．DOS 的文件系统

早期的 DOS 系统采用 FAT 文件系统，规定文件名由 1～8 个以字母开头的字符和数字串组成，扩展名由 1～3 个合法字符组成，文件名的合法字符包括：英文字母 A～Z 的大小写；数字 0～9；特殊符号!、^、%、#、$、-、{、}、&、~、@等。其他字符如空格、?、*等则是不允许的。

FAT 文件系统应用两个文件来确定文件在磁盘上的存储位置：一个是目录文件表（File Directory Table，FDT），另一个是文件分配表（File Allocation Table，FAT）。FDT 中保存的主要内容是文件名、文件类型、文件大小、文件属性、建立日期、修改日期、起始簇号等。簇是文件系统存取磁盘数据的一种单位，通常由若干扇区组成，512 字节为一个扇区。FAT 中则记录了每个文件由哪些簇组成，每个簇在磁盘上的具体位置，哪些簇已经被占用，哪些簇空闲可用等信息。FAT 的内容相当重要，如果它被破坏了，操作系统就不知道各文件在磁盘上存储的具体位置，整个磁盘上的数据就读不出来了。FAT 是 16 位的文件系统，用 16 位表示簇的编号，最多只能有 2^{16}=65536 个簇。

图 5-4 是文件 f1.c 在 FAT 文件系统中的磁盘存储结构示意。在读取 f1.c 文件时，首先在文件目录表 FDT 中找到 f1.c 在文件分配表中的起始簇号 4，根据它可以从磁盘存储区读取第 4 簇数据（f1.c 的第 1 块数据 Block1）；此外，FDT 中的 4 对应 FAT 中的索引号 4，其中保存了 f1.c 下一块数据的簇号 6，根据它从磁盘存储区中读出第 2 块数据 Block2；在 FAT 的索引 6 中保存 f1.c 的下一簇数据是 3……按这样的方式重复，直到 FAT 中的最后簇 1。

FAT 只能管理 2 GB 以下的磁盘，超过 2 GB 就需要进行磁盘的逻辑分区。后被修改为 32 位的文件系统 FAT32，FAT32 支持更大的磁盘存储空间、更小的磁盘簇，提高了硬盘空间的利用率，并突破了 FAT 的文件名字符数的限定，支持长文件名。

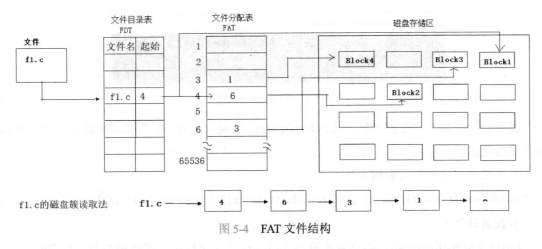

图 5-4 FAT 文件结构

2．用 DOS 命令进行文件管理

DOS 有着丰富的操作命令，涉及磁盘操作（格式化、检测、校验等）、系统启动、目录操作、文件操作、数据校验等。这里只介绍有关目录、文件操作和时间管理的几条命令，如表 5-2 所示。

表 5-2 常见的 DOS 命令

类型	命令	功　　能	说　　明
查看目录和文件	Drive:	更改 Drive:为当前磁盘	Drive 是磁盘符号，如 C、D、E
	DIR	查看指定文件夹下的文件和文件夹	可通过参数查看子文件夹、文件属性
	TREE	查看指定文件夹下的文件夹树	可详细列出指定磁盘或文件夹下的文件结构
	REN	为文件夹或文件更名	
目录操作	CD	进入指定文件夹	
	MD	创建文件夹	
	RD	删除文件夹	要求被删文件夹是空文件夹
	PATH	设置、查看、取消系统路径	设置、修改路径需要权限
文件操作	COPY	复制文件	可用通配符"*"和"?"，批量复制文件
	XCOPY	复制文件夹	若文件夹中有子文件夹和文件，则也一并复制
	DEL	删除指定文件夹中的文件	只删除文件，如有子文件夹，则子文件夹不会被删除
	type	显示文件内容	文本文件会正常显示，其他类型显示为乱码
系统时间	DATE	设置、查看系统日期	设置日期和时间需要权限
	TIME	设置、查看系统时间	

DOS 命令只能在系统命令提示符下才能被执行，形式如下：

系统提示符　命令　[命令参数 1]　[命令参数 2]　[开关参数 1]　[开关参数 2]

其中，系统提示符是 DOS 显示给用户的提示，用户执行命令时无须输入；[ ]中的内容表示可以没有，即有的命令需要命令参数和开关参数，有的命令不需要。

在 Windows 操作系统的控制台中可以应用 DOS 命令，进入控制台有以下两种方法：按 Win+R 组合键，在弹出的运行框中输入"cmd"，回车后即可进入 Windows 控制台；或者，选择"开始| Windows 系统 | 命令提示符"命令，弹出 Windows 控制台，如图 5-5 所示。

图 5-5　Windows 控制台

其中，">"称为命令提示符，"C:\Users\excel"就是当前路径，可以用 CD 命令和驱动器命令进行更改。

（1）目录和文件信息查询命令

```
DIR [drive:][path][filename] [/P][/A[[:]attributes]] [/O:sortorder]] [/S]
```

参数解释如下。

[drive:][path][filename]：待查看的驱动器或目录名或文件名，可用通配符"*"和"?"。

/P：显示满一屏幕后暂停，回车后继续显示下一屏。

/S：显示所有的目录和文件，包括目录中的子目录和文件。

/W：宽行显示文件列表，只显示文件名和扩展名，每行显示 5 个。

/A：显示具有隐藏属性的文件，属性标识符如下：D，目录；R，只读文件；H，隐藏文件；A，归档属性；S，系统文件。

/O：按指定顺序显示文件列表，指定的顺序有：N，按字母顺序；S，按文件大小，最小的排在前面；E，按扩展名的字母顺序；D，按文件建立日期（最早的在前面）；A，按文件被访问的时间；G，文件夹在前，文件在后。

【例 5-1】　查看当前路径下的所有文件和目录。

```
C:\Users\Excel>dir
```

回车后，可以看到"C:\User\Excel"目录下的全部子目录和文件，类似如下形式：

```
C:\Users\Excel 的目录
2022/08/21  09:57    <DIR>          .
2022/08/21  09:57    <DIR>          ..
2022/08/11  14:22    <DIR>          .anaconda
2022/08/20  17:14                62 bf_new_uninstall.log
……
2021/11/28  20:41    <DIR>          Videos
              2 个文件            87 字节
             23 个目录 397,112,852,480 可用字节
```

其中，<DIR>表示该项是目录，"."代表的就是当前目录，".."是指当前目录的上一级父目录。此处的"."即"C:\Users\excel"，".."即"C:\Users"；没有显示<DIR>标记的是文件，最后会统计出目录中共有多少个文件和子目录。

（2）目录操作和当前路径更改的命令及用法

drive::更改当前磁盘。

cd <目录名>：进入指定目录，"\"代表当前盘根目录。

md <目录名>：创建目录。

rd＜目录名＞: 删除目录。

其中, drive 用于将指定的磁盘作为当前盘; 目录名是一个包括有路径的磁盘目录 (对应 Windows 中的文件夹), 在 cd 命令中用 "\" 表示根目录。

【例5-2】 指定 C 盘根目录为当前目录。

```
C:\Users\excel>cd \          回车后, 命令提示符将显示为下面的形式
C:\>                         当前目录为 C 盘的总目录, 称为 "根" 目录
```

【例5-3】 查看 C 盘根目录下的文件和目录, 显示一屏后暂停。

```
C:\>dir C:\ /P
```

此外, "C:\" 是绝对路径, 若写为 "C: /p" 则是相对路径, 由于当前目录为 "C:\", 在此两者具有相同的含义, 若当前目录不是 C 盘根目录, 则含义不同。

【例5-4】 宽屏显示 C 盘的目录和文件名。

```
C:\>DIR C: /W               将按每行 5 列的形式显示目录和文件名
```

【例5-5】 查看 C 盘所有的子目录和文件。

```
C:\>dir C: /S
```

【例5-6】 查看 D 盘 temp 目录中以 z 开头的所有文件。

```
C:\> dir d:\temp\z*.*
```

【例5-7】 查看 C 盘所有文件, 包括具有隐藏属性的文件。

```
C:\>dir C:\ *.* /A          A 表示显示所有属性的文件
```

用 dir 命令查看特定类型的文件名。

【例5-8】 查看 C 盘所有扩展名为 INI 的文件名。

```
C:\>DIR C:\ *.INI /S        S 表示如有子目录, 要一查到底
```

【例5-9】 在 D 盘建立图 5-6 所示的目录结构。其中 aa.c 的内容是 "void main() {printf("Hello!");}"。

创建目录需要用 md 命令, 当前目录为 "C:\", 可以直接用绝对路径建立此目录结构:

```
C:\>md D:\Webapp
C:\>md D:\Webapp\meta-inf
C:\>md D:\Webapp\web-inf
```

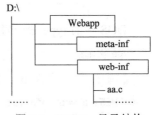

图 5-6 Webapp 目录结构

是否创建成功, 可以用 tree 命令查看到 Webapp 的目录结构, 输入如下命令:

```
C:\>tree D:\Webapp          下面是命令执行结果
文件夹 PATH 列表
卷序列号为 0000006F 4A8D:C58F
D:\WEBAPP
├──meta-inf
└──web-inf
```

此外, 许多人习惯于在当前目录下创建子目录, 这需要用到当 Drive、CD 和 MD 命令, 可以依次用如下命令来建立本例的目录结构。

```
C:\>D:                          指定 D 盘为当前盘，执行后命令提示符会变为 D:\>
D:\>
D:\>md webapp
D:\>cd webapp
D:\Webapp>md meta-inf
D:\Webapp>md web-inf
```

【例 5-10】 在 DOS 中编写文本文件。

aa.c 是一个简短的 C 语言程序文件，不能够用目录操作命令完成，但可以用 Windows 的记事本程序 notepad.exe 编写它。首先进入 web-inf 目录，在其中执行 notepad 命令：

```
D:\Webapp>cd web-inf
D:\Webapp\web-inf>notepad aa.c
```

此命令将启动 Windows 中的记事本程序，从中输入 aa.c 文件的代码后，选择"文件 | 保存"命令，就建立好了 aa.c 程序文件，如图 5-7 所示。

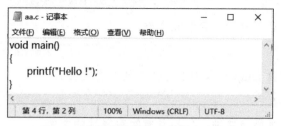

图 5-7　在记事本程序中编辑文本文件

```
D:\Webapp\web-inf>dir              用 dir 命令查询，可以看到如下结果
……          ..
2022/08/22  17:23                  43 aa.c
              1 个文件              43 字节
              2 个目录 363,166,863,360 可用字节
```

3）查看文本文件内容

DOS 中的 type 命令可以查看文本文件的内容，格式如下：

```
type 文件名
```

【例 5-11】 查询 aa.c 文件的内容。若要查看的文件在当前目录下，直接用 type 命令查看。

```
D:\Webapp\web-inf>type aa.c
void main( )
{
    printf("Hello !");
}
```

如果要查看的文件不在当前目录中，需要指明文件的绝对路径，效果相同。type 命令有一个过滤参数 more，当文件内容很多时，用它可以显示一屏后暂停下来，回车后再显示下一屏幕。

```
C:\>type D:\Webapp\web-inf\aa.c |more
```

4）文件改名、复制、删除的命令及用法

ren name1 name2：目录或文件名 name1 更改为 name2。

---

del filename：删除指定文件名，可以用*或？进行批量删除。

copy filename [目录]：将文件复制到指定目录，如未指定目录，就复制到当前目录。

xcopy filename[目录] [/S] [/E]：s 指复制非空子目录，与 E 结合用，表示空子目录也复制。

【例 5-12】 将当前目录中的 aa.cc 改名为 hellow.c。

```
D:\Webapp\web-inf>ren aa.c hellow.c
```

【例 5-13】 将 hellow.c 复制到 D:\temp 目录中。

```
D:\Webapp\web-inf>copy hellow.c D:\temp
已复制        1 个文件。                        #执行结果信息
```

【例 5-14】 当前目录为 D:\，将 C 盘根目录中的全部文本文件复制到 D:\Webapp\web-inf
目录中。

```
D:\>copy C:\*.txt D:\Webapp\web-inf
C:\eula.1028.txt
……
已复制        9 个文件。
```

【例 5-15】 将 C 盘 windows 目录中以 V 开头的文件复制到 D:\Webapp\web-inf 目录中。

```
C:\>copy C:\windows\v*.* D:\Webapp\web-inf
……
C:\Windows\vssetup.ttf
已复制        4 个文件。
```

【例 5-16】 将 D:\Webapp 及其中的子目录和文件全部复制到 F 盘的 kk 目录下。

```
C:\>xcopy D:\Webapp F:\kk /s/e
目标 F:\kk 是文件名
还是目录名
(F = 文件, D = 目录)? D                        输入 D
……
复制了 65 个文件
```

【例 5-17】 删除 D:\Webapp 目录。

```
C:\>rd D:\Webapp
目录不是空的。                                rd 删除失败
```

用 rd 命令用于删除目录，一次只能够删除一个空目录，并且不能删除当前目录及其父目
录。D:\Webapp 中有两个子目录，需要依次删除它们。

```
C:\>rd D:\Webapp\meta-inf                     删除 meta-inf 成功
C:\>rd D:\Webapp\web-inf
目录不是空的。                                删除出错的信息
```

rd 命令删除 Web-inf 目录时失败，因为该目录中有许多文件，必须将它们删除后，才能
删除此目录。rd 命令只能删除目录，不能删除文件，删除文件只能够用 del 命令。执行如下
一组命令后，将删除 D:\Webapp 目录。

```
C:\Users\Excel>del D:\Webapp\web-inf\*.*
D:\Webapp\web-inf\*.*，是否确认(Y/N)? y        删除全部文件间需要确认
```

```
C:\Users\Excel>rd D:\Webapp\web-inf
C:\Users\Excel>rd D:\Webapp
```

5）系统信息查询：date、time、path、ver

【例 5-18】 查询当前日期、系统时间，环境变量路径，操作系统版本。

```
C:\Users\Excel>date
当前日期: 2022/08/22 周一
输入新日期: (年月日)
C:\Users\Excel>time
当前时间: 22:32:24.08
输入新时间:
C:\Users\Excel>path
PATH=C:\Program Files (x86)\Common Files\Oracle\Java\javapath;……
C:\Users\Excel>ver
Microsoft Windows [版本 10.0.19044.1889]
```

5.6 Windows 操作系统

Windows 是美国微软公司开发的计算机操作系统，具有适用于服务器、微机和手机等不同机型的系统版本，功能强大且简单易用。

5.6.1 Windows 操作系统的特点

Windows 是面向对象的图形用户界面（Graphical User Interface，GUI）操作系统，用生动形象的图形表示计算机中的所有内容，单击鼠标就可以打开文件、关闭窗口或执行程序，使计算机的操作更加方便，减轻了用户的学习负担，主要有以下特点。

① 即插即用的硬件管理。Windows 操作系统具有强大的设备管理功能，当在计算机中安装了新设备后，能够自动识别，并自动为它安装设备管理程序，整个过程不需要人工参与，这对非专业人士而言非常方便。

② 支持多线程、多任务和多处理机。

③ 多语言支持。Windows 采用了 Unicode 双字节编码技术（16 位），能够容纳大量的字符集，支持多种语言，可以在同一应用程序环境下浏览、查询、编辑和打印由多种语言组成的文档。

④ 真正的 Web 集成。通过 Windows 操作系统中提供的"Internet 连接向导"可以方便地连接到互联网，借助 Microsoft FrontPage Express，可以创建自己的 Web 页。借助 Web 风格的活动桌面，可在任何窗口中查看 Web 页，甚至可以将最佳 Web 页作为桌面墙纸使用。

⑤ 强大的安全功能。采用 NTFS 文件系统，支持多种加密技术，能够对用户文件进行数据加密保护，还具有强大的用户管理能力，能够对访问计算机资源的人员进行身份识别，防

止特定资源被用户不适当地访问。Windows 操作系统还具有强大的数据恢复能力，当系统出现故障时，可以将系统恢复到以前的某时间点的正常状态。

⑥ 支持多媒体，娱乐性更强。支持 DVD 和数字音频，可以在计算机上播放高品质的数字电影和音频，也可以将数码相机拍摄的照片读入计算机进行处理，还可以利用摄像头、麦克风进行网上视频聊天、召开视频会议等。

5.6.2 程序管理

程序运行需要在处理机中完成，Windows 操作系统的程序管理是其处理机管理的具体实现，涉及系统启动、程序运行调度、进程控制、内存分配、用户安全和相关设备资源的调度分配。其中的大部分功能可以通过"开始"菜单和任务管理器完成。

1．程序

1）桌面

Windows 启动后的显示器画面称为桌面，其中的小图片称为图标，如"此电脑""网上邻居""开始"等，它们实际上是命令按钮，双击它们，可以执行一些最常用的应用程序功能。

：："此电脑"是一个文档图标，包含系统中所有资源的可视标志。双击该图标，可以看到计算机的所有硬件和软件资源，如硬盘驱动器、打印机、文件夹、文档及程序的对应图标。

：："回收站"是 Windows 操作系统的"垃圾桶"。在操作计算机过程中删除的文件、文件夹等内容，Windows 先将其临时放在回收站，如果需要，还可以将其复原。

：："我的文档"对应 My Documents 文件夹，用来保存经常使用的文件。

2）任务栏

桌面底部的横条称为任务栏，有 4 个区域："开始"按钮、工具栏区域、任务栏区域和通知区域，如图 5-8 所示。

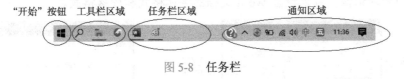
"开始"按钮　工具栏区域　　　任务栏区域　　　　　　　通知区域

图 5-8　任务栏

每个启动的程序或打开的文件夹窗口在"任务按钮区域"都有一个相应的按钮，只要查看任务按钮区域，就可以知道当前的活动程序（被调入系统内存正在运行的程序），通过任务栏的按钮，可以方便地在各程序窗口之间进行切换。

"通知区域"常常显示一些后台程序运行时的图标，表达了一些后台程序的信息。例如，若计算机中装有声卡，就显示音量调节图标 ；执行打印时，打印机图标 就会显示；一般还有时钟和输入法的图标，可以查看和设置系统时间，或者选择输入法。双击这些图标，就可以显示这些程序的运行状态。

3）"开始"按钮

单击任务栏的"开始"按钮，出现"开始"菜单，其中列出了系统功能列表和本机中安装的全部应用程序名称。单击其中的任何列表项目，就会执行相应的程序功能。Windows 操作一般从"开始"按钮开始，在此可以启动应用程序、打开文档、进行系统设置、获取帮助、查找文件、关闭系统等。

在"开始"菜单中，那些后面有"✓"的菜单项（如"所有程序"）还有下一级菜单。

4）窗口

窗口是显示屏幕上查看相应程序或文档的一块矩形区域，运行程序或打开文档时，Windows 都会在桌面上建立一个窗口，并在其中显示程序或文档的内容。窗口的组成元素包括：边框、标题栏（包括控制菜单、图标窗口标题栏极小化、极大化和恢复按钮）、菜单栏、工具栏、工作区、滚动条、状态栏（显示当前窗口状态的提示信息），如图 5-9 所示。

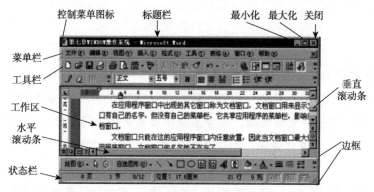

图 5-9　典型的 Windows 窗口

窗口的常用操作有打开、关闭、移动或缩放等。

5）对话框和控件

对话框是 Windows 操作系统与用户进行信息交互的场所，人们通过它将信息和数据提供给 Windows 操作系统处理，并将处理结果显示在对话框中。例如，图 5-10 就是 Word 的字体设置和段落设置对话框，可以设置 Word 文档的字体格式和段落格式。

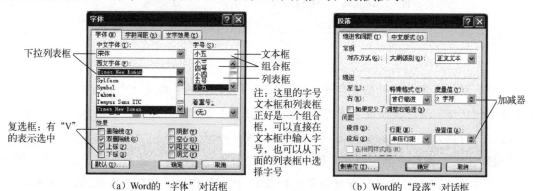

（a）Word的"字体"对话框　　　　（b）Word的"段落"对话框

图 5-10　对话框和控件

对话框中的按钮、文本框等内容称为控件。一个对话框中通常包括多种类型的控件，按键盘上的 Tab 键，可以在对话框的各项目之间进行切换。常用的控件有命令按钮、文本框、列表框、下拉式列表框、单选按钮、复选框等。

2．Windows 操作系统的启动过程

计算机加电后的首要任务是进行机器自检，通常称为 POST（Power-On-Self-Test）自检，主要任务是检测硬件系统是否正常，显示检测的信息。如果在自检过程中发现问题，计算机就会报告错误，并停止工作。POST 自检是一个复杂的过程，如图 5-11 所示，图中的编号表示了计算机自检的先后顺序。

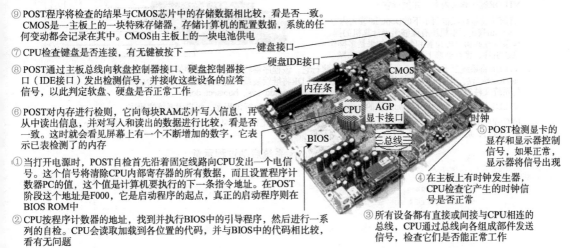

⑨POST程序将检查的结果与CMOS芯片中的存储数据相比较，看是否一致。CMOS是一主板上的一块特殊存储器，存储计算机的配置数据，系统的任何变动都会记录在其中。CMOS由主板上的一块电池供电

⑦CPU检查键盘是否连接，有无键被按下

⑧POST通过主板总线向软盘控制器接口、硬盘控制器接口（IDE接口）发出检测信号，并接收这些设备的应答信号，以此判定软盘、硬盘是否正常工作

⑥POST对内存进行检则，它向每块RAM芯片写入信息，再从中读出信息，并对写入和读出的数据进行比较，看是否一致。这时就会看见屏幕上有一个不断增加的数字，它表示已表检测了的内存

①当打开电源时，POST自检首先沿着固定线路向CPU发出一个电信号。这个信号将清除CPU内部寄存器的所有数据，而且设置程序计数器PC的值，这个值是计算机要执行的下一条指令地址。在POST阶段这个地址是F000，它是启动程序的起点，真正的启动程序则在BIOS ROM中

②CPU按程序计数器的地址，找到并执行BIOS中的引导程序，然后进行一系列的自检。CPU会读取加载到各位置的代码，并与BIOS中的代码相比较，看有无问题

键盘接口
硬盘IDE接口
CMOS
内存条
CPU
AGP
显卡接口
时钟
BIOS
总线

⑤POST检测显卡的显存和显示器控制信号，如果正常，显示器将信号出现

④在主板上有时钟发生器，CPU检查它产生的时钟信号是否正常

③所有设备都有直接或间接与CPU相连的总线，CPU通过总线向各组成部件发送信号，检查它们是否能正常工作

图 5-11　计算机 POST 自检的过程

如果 POST 自检无误，就开始从磁盘上装载操作系统，这是一个固化的操作流程。先自动将 BIOS 中的引导程序加载到 CPU 中执行，再由引导程序逐步找到安装在磁盘的 Windows 操作系统，并将它加载到内存中运行，如图 5-12 所示。

3．任务管理器和程序管理

程序要在 Windows 操作系统中运行，必须先安装它。安装成功后，通常会在"开始"菜单中建立相应的菜单命令，多数程序还会在桌面上建立快捷键图标。选择程序的菜单命令或双击程序文件的图标时，系统就会把该程序载入内存，并为之分配计算机资源，启动它，并在任务管理器中显示它的运行状态。

任务管理器是集成了程序运行、进程管理、计算机性能与网络监控及用户调度的多功能管理程序，不仅具有管理程序和用户的功能，还具有计算机安全保护的能力。任务管理器可以随时中止非法程序和进程的运行，也可以立即停止非法用户对计算机的操作。

任务管理器可以显示哪些应用程序正在运行，也可以中止某些程序的运行，这为停止某些非法程序的执行提供了一种控制手段。在系统运行的任何时候，按 Ctrl+Alt+Delete 组合键，从弹出的快捷菜单中选择"启动任务管理器"命令，就会弹出如图 5-13 所示的任务管理器。

① POST自检完成后，BIOS中的引导程序获取CPU控制权
② 引导程序被CPU执行，将在硬盘的C分区中查询由BIOS设置的“激活分区”，如果硬盘也没有找到，将继续找光驱
③ 引导程序找到磁盘的“激活分区”（引导磁盘）后，引导程序将读取引导盘的引导扇区，即“0磁盘0扇区”的内容到内存并执行它
引导程序
①
②
BIOS
CPU
硬盘
读引导扇区到内存
③
RAM
④
⑤
⑥
⑦
⑧
④ 引导扇区程序获取控制权后，将系统盘根目录下的NTLDR程序读人内存，并执行它
⑤ NTLDR将系统盘根目示下的Boot. ini读人内存。Boot. ini列出了本机所有能够引导计算机的操作系统在磁盘上的位置和名称，如果是多操作系统引导，将在屏幕上列出来，供用户选择
⑥ NTLDR将系统盘上的ntdetect. com调人同存并执行它，该程序将收集计算机硬件信息并写入注册表，ntdetect执行后，将CPU的控制权返回NTLDR。NTLDR将继续装载其他系统文件。这个阶段要用到的系统文件有Boot. ini、ntdetect. com、ntokrnl. exe、Ntbootdd. sys、bootsect. dos
⑦ NTLDR将系统盘上的Windows内核的ntolrn1.exe调入内存，并执行该程序，将启用系统注册表
⑧ 内存程序ntokrn1. exe执行将执行一些其他初始化和系统检查工作，所有工作完成后，登录程序Win1ogon.exe被调入执行，启动系统安全子系统，显示登录对话框

图 5-12　Windows 系统启动过程示意

任务管理器
文件(F) 选项(O) 查看(V)
进程 性能 应用历史记录 启动 用户 详细信息 服务
名称 状态 14% CPU 65% 内存 0% 磁盘 0% 网络 2% GPU GPU 引擎
应用 (7)
Google Chrome (17) 0.3% 257.1 MB 0.1 MB/秒 0 Mbps 0%
Microsoft Word (2) 1.2% 505.0 MB 0 MB/秒 0 Mbps 0%
Windows 资源管理器 0% 11.2 MB 0 MB/秒 0 Mbps 0%
Windows 资源管理器 (2) 0.4% 65.0 MB 0 MB/秒 0 Mbps 0%
记事本 0% 3.5 MB 0 MB/秒 0 Mbps 0%
截图工具 1.7% 22.6 MB 0.1 MB/秒 0 Mbps 0%
任务管理器 0.6% 43.0 MB 0 MB/秒 0 Mbps 0%
后台进程 (108)
简略信息(D)
结束任务(E)

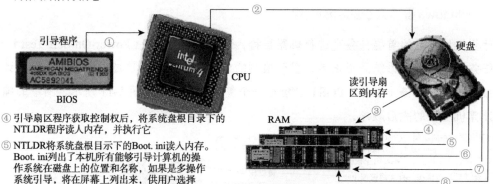

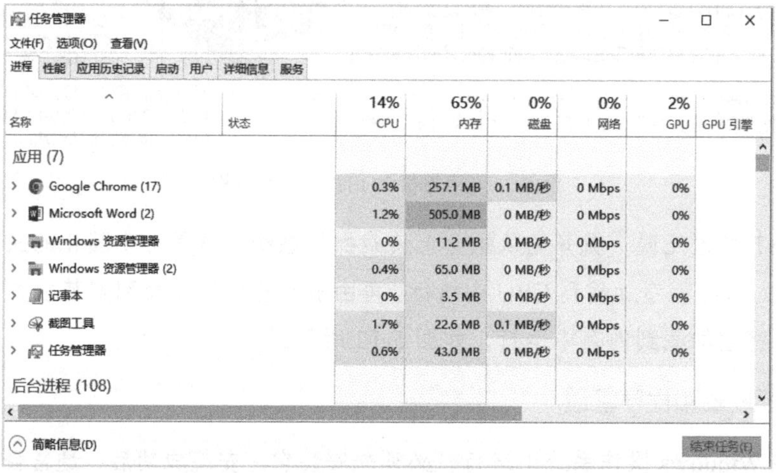

图 5-13　任务管理器

任务管理器提供了进程、性能、应用历史记录、启动、用户、详细信息、服务等标签。“进程”标签具有监管进程的功能，其中列出了正在运行的全部进程，包括进程和程序的执行状态、停止状态、CPU 占有率等。如果对 Windows 操作系统非常了解，可以借此分析系统的运行是否正常。比如，突然发现一个前所未有的进程名，则很有可能是系统被病毒感染了，可以通过“进程”标签立即结束该进程，并进行病毒清查。

“性能”标签可以监控计算机的运行情况是否正常，如 CPU 和内存的利用率、运行速度、正在运行的线程数量等，如图 5-14 所示。“用户”标签可以实施用户管理，如了解正在操作系统的用户有哪些，每个用户程序占用的内存、网络、CPU 情况，对非法用户进行控制，断开他与计算机的连接，就能够取消他对计算机的使用。

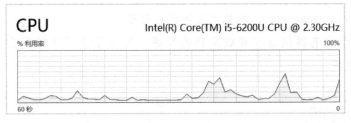

图 5-14　性能

"服务"标签（如图 5-15 所示）可以用于对系统服务程序的管控，不仅能够查看它的运行状态，还能够控制它的运行，实施诸如启动、开始运行、停止运行、禁止运行之类的操作，方法是右击服务程序名称，然后从弹出的快捷菜单中选择对应的操作命令。服务管理是一项非常重要的系统功能管理，如网络硬件连接正常却无法上网、数据库应用程序连接不上数据库服务器、蓝牙无法连接等情况，一种可能的原因就是服务程序停止运行了，通过这里的对话框重新启动与之对应的服务程序，问题也许就解决了。

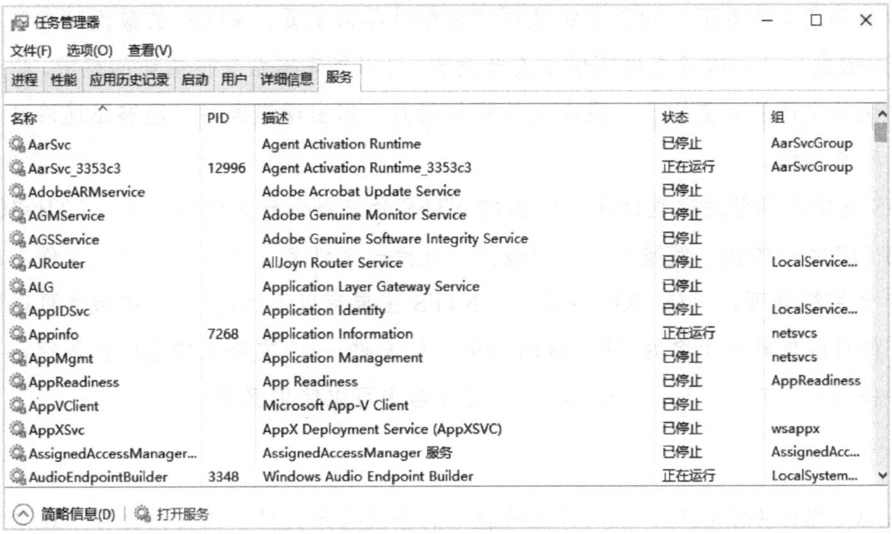

图 5-15　服务

4．安装或卸载应用程序

Windows 操作系统的技术发展使原本复杂的软件安装变得简单，绝大多数应用程序都提供了网络下载方式，并且包含自动安装程序（类似于 setup.exe 或 install.exe），安装程序能够自动启动，并显示安装向导。根据向导提示，用户就能够完成安装。

删除一个应用程序非常简单，如果删除的是文档，可以使用前面介绍的文件或文件夹的删除方法，如果删除的是应用程序，最好采用卸载方法。因为在 Windows 中安装一个应用程序时，通常会把一些程序信息写入 Windows 的系统文件或注册表文件，直接删除文件的时候，这些程序信息是不会被删除的，这样的"垃圾"积累多了就会影响系统的运行效率。

多数应用程序安装后，在 Windows 的"开始"菜单中都会生成该程序的菜单项，其中通常包含"运行"和"卸载"两个命令。选择"卸载"命令，或到该程序的安装文件夹中运行它的反安装程序（uninstall.exe），就能彻底地把它删除。

如果删除一个没有提供自动卸载工具的程序，可以通过"控制面板|程序|程序和功能|卸载程序"进行。

5.6.3 文件管理

1．Windows 的文件系统

目前的 Windows 采用 NTFS 文件系统，有 32 位和 64 位两种版本，分别适用于 32 位和 64 位计算机。NTFS 兼有 FAT 和 FAT32 文件系统的优点，并提供了这两种文件系统所没有的高性能、高可靠性和兼容性，能够快速地读写和搜索大容量的磁盘，具有较强的容错和系统恢复能力。

NTFS 提供了文件服务器和企业环境下的高端个人计算机要求具备的安全特性，支持数据访问控制和所有权等级，对于维护数据的完整性非常重要。NTFS 的最大特点是安全性和稳定性，为磁盘目录和磁盘文件提供了安全设置，可以指定磁盘文件的访问权限。此外，NTFS 能够自动记录文件的变更操作，具有文件修复能力，当出现错误时，能够迅速修复系统，稳定性好，不易崩溃。

NTFS 支持大容量的磁盘分区，32 位的 NTFS 允许每个分区达到 2 TB（1 TB=1024 GB），支持小到 512 字节的簇，使硬盘利用率最高；支持长文件名，只要文件夹或文件名的长度不超过 255 个字符都可以。与 DOS 相比较，NTFS 主要有以下区别：① 扩展名可以使用多个分隔符，如可以创建一个名为"P.A.B.FILE98"的文件；② 文件名中可以使用空格，但不能使用以下符号：' " ? \ * < >；③ 文件名中可以使用汉字。

2．文件关联

Windows 操作系统中有一个叫"注册表"的系统信息文件，该文件保存了在系统中安装的所有应用程序的相关信息，以及每个应用程序能够打开的文档的扩展名。例如，Word 能够打开扩展名是 .doc 的文件，Excel 能够打开扩展名为 .xls 的文件，记事本能够打开扩展名为 .txt 的文件，等等。

文档与应用程序之间的这种对应关系称为关联。每当安装一个应用程序，系统会自动为它建立对应的文档关联。当双击一个文档名时，系统先检查它的扩展名，根据扩展名运行与它关联的应用程序，再由应用程序打开该文档。例如，当双击 XX.doc 文档名时，会先运行 Word，再由 Word 打开 XX.doc 文档。表 5-3 列出了 Windows 中常见文件的关联。

Windows 操作系统中还有许多通用文件类型，这些类型的文件可以用多种应用程序打开。文本文件：.txt。声音文件：.mav、.mid。图形文件：.bmp、.pcx、.tif、.wmf、.jpg、.gif。动画/影视文件：.avi、.mpg、.dat。Web 文档：.html、.htm、.php。

表 5-3　Windows 中常见文件的关联

文件后缀	关联应用程序名	文件后缀	关联应用程序名
.doc、.docx、.dot	Word	.c、.cpp、.rc、.clw、.h	VC++
.xls、.xlt、.xlsx	Excel	.dat、.bmp、.avi、.asf、.wmv	Windows Media Player
.mdb、.accdb	Access	.mov	QuickTime
.wri	Write	.pdf	Adobe Reader

3．"此电脑" "文件资源管理器" 和文件夹

Windows 的 "此电脑" 和 "文件资源管理器" 相当于整个计算机系统的总文件夹，通过它们可以管理计算机系统的全部软件、硬件资源，包括进行系统设置，文件查找，磁盘管理等工作。查看某磁盘的任何一个文件都可以从 "此电脑" 或 "文件资源管理器" 开始，其中的磁盘标识符则是某磁盘的总文件夹，找到并双击该磁盘所在的磁盘驱动器图标，从中可以找到该磁盘上的任何文件。若要查看某文件夹的内容，只需双击其图标，就可以打开。

通过 "此电脑" 和 "文件资源管理器" 还可以实现以下文件管理功能：文件的复制、移动、删除和重命名，更改文件或文件夹的属性，建立文件夹，设置驱动器卷标名称，搜索、查看磁盘中的文件或文件夹。

图 5-16 是在 "此电脑" 中双击 C 盘图标后显示的内容，可以看出，所有的文件夹图标都是一样的，而文件图标有所区别。文件夹还可以包括其他文件夹和文件。

图 5-16　文件夹与文件图标的区别

通过图 5-16 中的 "查看 | 布局" 菜单，可以设置如下文件信息查看方式。

❖ 图标：包括超大图标、大图标、中等图标、小图标。

❖ 平铺：用大图标形式显示文件夹或文件，图标按水平方向排列，使同一屏幕能够显示更多的图标。

❖ 列表：用小图标显示文件夹，同时显示文件名，且按竖直方向排列。

❖ 详细信息：显示名称、文件大小、类型建立或编辑的日期和时间等信息。

❖ 内容：显示文件或文件夹的名称、修改日期等信息。

4．文件与文件夹操作

文件与文件夹的操作包括复制、打开、移动、删除和创建等。

1）选定文件

选定单个文件：将鼠标指向要选定的文件图标，单击鼠标时可以看见该文件图标的颜色与其他图标不同，就表示该文件已经被选定了。

选择多个文件：如果要选定的文件是不相邻的，可按住 Ctrl 键，然后单击每个要选定的文件；如果要选定的文件是相邻的，可先单击第一个要选择的文件，按住 Shift 键，再单击最后一个要选定的文件。如果要选定一组文件，而这些文件的名字是相邻的，只要用鼠标指针将它们"围住"就可以了。具体操作是：将鼠标指针移到第一个文件旁边的空白处（注意，必须离开文件名或图标），然后拖动鼠标，在鼠标拖动过程中会出现一个虚线框，所有落在框中的文件都将被选定。

2）复制、移动文件或文件夹

复制文件或文件夹的方法和步骤如下：

<1> 通过"此电脑"或"文件资源管理器"窗口，找到要复制或移动的文件或文件夹。

<2> 选中要复制的文件或文件夹并单击右键，从弹出的快捷菜单中选择"复制"命令。会把所选定的文件（文件夹）复制到剪贴板中。

<3> 找到存放所选内容的目标文件夹并单击右键，从弹出的快捷菜单中选择"粘贴"命令。

如果要移动文件或文件夹，只需在第 2 步操作中选择"剪切"命令，其余步骤相同。

也可以使用拖放方式进行文件或文件夹的复制。步骤如下：

<1> 在桌面上同时打开两个窗口，一个显示源文件夹，另一个显示目标文件夹。

<2> 复制时，把鼠标指向要复制的文件或文件夹（若要一次复制多个文件，应先选定它们），按住 Ctrl 键，同时将它拖放到目标文件夹。在拖动过程中，鼠标指针的下面将显示一个带"+"的小方框，提示用户正在复制文件。

<3> 把文件或文件夹拖放到目标文件夹后，释放鼠标，然后释放 Ctrl 键（应先释放鼠标后释放 Ctrl 键，否则会变成移动文件），文件或文件夹就被复制到了目标文件夹或目标磁盘。

如果被复制文件（文件夹）与目标文件夹位于不同的磁盘，在拖放复制的过程中就不需要按住 Ctrl 键。

还可用鼠标拖放进行文件复制：选定要复制的文件，用鼠标右键把选定的文件拖动到目标文件夹，然后释放鼠标右键，将弹出一个快捷菜单，选择其中的"复制到当前位置"命令。

如果要将文件复制到本机硬盘之外的其他磁盘（如 U 盘、移动硬盘），除了使用上面的方法进行复制，还可以选中要复制的文件或文件夹并单击右键，从弹出的快捷菜单中选择"发送到"命令，并从其二级菜单选择目标文件夹。

3）重命名文件夹或文件

右击要重命名的文件或文件夹，从弹出的快捷菜单中选择"重命名"命令，删掉旧文件名，输入新的文件名即可。

4）删除文件夹或文件

选择要删除的文件或文件夹（一次可以选定多个文件或文件夹），然后按 Delete 键。也可以右击文件或文件夹，从弹出的快捷菜单中选择"删除"命令，就可以把文件或文件夹删除。

5）创建新文件夹

通过"此电脑"或"文件资源管理器"找到要在其中新建文件夹的父文件夹，再进行如下操作即可：右击父文件夹的空白区域，然后选择快捷菜单中的"新建 | 文件夹"命令。

6）控制文件信息是否显示

通过"此电脑"或"文件资源管理器"打开要查看的文件夹，选择"查看 | 选项"菜单命令，弹出"文件夹选项"对话框，如图 5-17 所示。

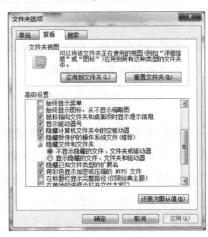

① 不显示隐藏文件或系统文件。在"文件夹选项"对话框中可以看到关于隐藏文件和系统文件是否被显示的设置。隐藏文件或系统文件默认被设置为不显示。如果隐藏文件或系统文件已被显示，就可在"文件夹选项"对话框的"查看"标签中选择"不显示隐藏的文件、文件夹或驱动器"和"隐藏受保护的操作系统文件（推荐）"，隐藏文件的类型主要有 .dll、.sys、.vxd、.drv、.ini 等。

图 5-17　"文件夹选项"对话框

② 显示所有文件。显示全部文件，包括隐藏文件和系统文件，可在"文件夹选项"对话框的"查看"标签中选择"显示所有文件、文件夹和驱动器"选项。使用该选项要慎重，因为当所有的文件都显示后，如不小心破坏了系统文件，则可能影响系统的正常运行。

③ 显示文件扩展名。在默认情况下，Windows 操作系统将常见的文件类型扩展名隐藏起来不显示，所以在查看磁盘上的文件时经常看不见文件的类型名，在很多时候不方便。可以通过"文件夹选项"对话框中的"隐藏已知文件类型的扩展名"选项对此进行重新设置，以显示文件类型扩展名。

5．文件搜索

如果只记得文件或文件夹的名称，而忘记了它们在磁盘上的存储目录，就可以通过查找功能找到其所在的磁盘位置。至少可从以下两个地方进行文件搜索："此电脑"或"文件资源管理器"窗口。

下面是通过"文件资源管理器"搜索计算机中的 DOC 文档，过程如下：右击"开始"按钮，从弹出的快捷菜单中选择"文件资源管理器"命令，弹出如图 5-18 所示的窗口；在左窗口中单击"此电脑"图标，在右上角的搜索编辑框中输入搜索条件"*.doc"，回车后，计算机将进行搜索，将全部磁盘所有文件夹中的 DOC 文件列出来。

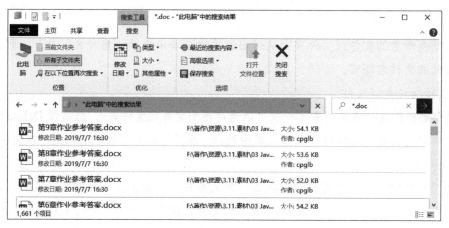

图 5-18　文件搜索

由图 5-18 可知，除了按文件或文件夹的名称进行查找，还可以按照文件建立或修改的日期，或文件的大小进行查找。

6．文件的删除和恢复

无论是从"此电脑""文件资源管理器"还是其他窗口中被删除的文件，Windows 操作系统并不真正从磁盘上将它们删除，而是把这些文件的删除信息放入"回收站"（与直接将文件拖放到"回收站"中的效果完全相同），只要没有执行"清空回收站"操作，就可以将它们恢复到原来的保存位置。这样，当不慎删除了有用的文件后，还能够从"回收站"中把它们找回来，挽回不必要的损失。

"回收站"是被删除文件的集中堆积站，所有执行删除操作的文件都被堆在这个"废品站"中，有时还可以从中找回一些有用的文件。

1）查看"回收站"中的文件

双击桌面上"回收站"的图标，就可以打开"回收站"，从中可以看到所有被删除的文件或文件夹，如图 5-19 所示。要查看"回收站"中的详细内容，如被删除的文件名、删除前所在的文件夹、文件大小、被删除的日期及文件的类型等，只需选择"回收站"窗口中的"查看|详细资料"命令，就会以列表的方式显示"回收站"中的内容。

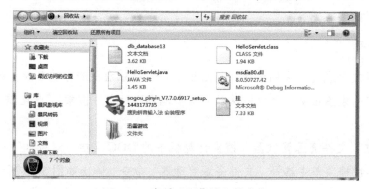

图 5-19　查看"回收站"的内容

"回收站"中的每个图标就是一个被删除的文件或文件夹,它们的图标与"文件资源管理器"或"此电脑"中看到的图标相同。但在"回收站"中双击一个图标却不能打开它,系统将弹出一个关于该图标所对应的文件或文件夹被删除的属性,从中可以查看到该文件的名称、删除前的位置、删除的日期和时间、文件的类型和大小等。

2)删除、还原、清空"回收站"中的文件

在"回收站"窗口中右击要恢复的文件或文件夹,会弹出操作"回收站"的快捷菜单,有"还原""剪切""删除""属性"等命令。选择"还原"命令,相应文件会被放回原来的位置,而且所有数据、信息都与删除前一样。文件被还原后,它在回收站中的图标就消失了。

如果选择"删除"命令,被选中的文件或文件夹就会被真正地删除掉。单击图 5-19 的工具栏中的"清空回收站"按钮,则"回收站"中的全部文件或文件夹都会从磁盘上被删除。

5.6.4 磁盘管理

1.磁盘分区管理

操作系统对于磁盘的通用管理办法是分区管理,即将一块物理磁盘划分为若干区域,并把每个区域视为一个独立的逻辑磁盘进行管理,这就是为什么许多人的计算机只有一块硬盘却有等若干磁盘的原因,C:、D:、E: 其实只是硬盘的一个逻辑分区而已。

1)磁盘分区的概念

磁盘分区本质上是对硬盘的一种格式化,将一个物理硬盘划分成几个逻辑上独立的虚拟磁盘(如图 5-20 所示),划分后,每个逻辑盘的操作方法与独立硬盘的使用方法相同。

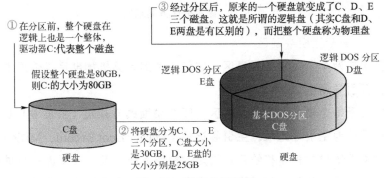

图 5-20　磁盘分区示意

分区是磁盘管理的常规性操作之一,分区的原因很多。例如,新硬盘只有进行分区后,才能被格式化为可用的磁盘;要在同一个硬盘上安装多个操作系统,如同时安装 Windows 和 Linux 操作系统。不同的操作系统只能安装在不同的磁盘分区上,必须对磁盘进行分区;为了有效地管理各类文件,将硬盘划分为多个分区,然后将操作系统和应用程序安装在同一个分区上,将数据存放在另一个单独的分区中,当系统遭遇病毒或操作系统不能启动时,即使重新格式化系统分区,也不会造成数据的损坏。

2）磁盘分区的类型

磁盘分区分为主分区和扩展分区两种。

主分区（Primary Partition），也称为基本分区，是用于装载操作系统，启动计算机工作的磁盘分区。每个物理磁盘最多可以划分为 4 个主分区。多个主分区共存的主要目的是允许计算机装载不同的操作系统，或存放不同类型的数据。在主分区中不能够再划分子分区，因此每个主分区与一块物理区域相对应，只能给每个主分区分配一个磁盘盘符。

扩展分区（Extended Partition）是为了突破一个硬盘上只能有 4 个分区的限制而引入的，通过扩展分区，可以将硬盘划分成 4 个以上的逻辑分区。

一个硬盘最多只能有一个扩展分区，但是一个扩展分区可以被划分成多个逻辑分区。因此在对硬盘进行分区时，应该把主分区以外的全部自由空间都分配给扩展分区，再将扩展分区划分为一个或多个逻辑分区，也称为逻辑盘。多个逻辑盘的好处是可以把应用程序和数据文件分类存放，便于管理。例如，D 盘存放数据，E 盘存放游戏，F 盘存放 MP3 音乐等。图5-21 是磁盘分区方案示例。

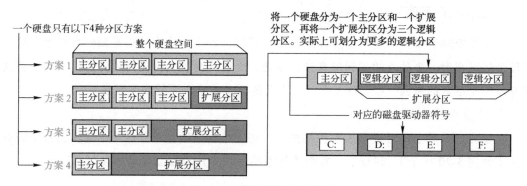

图 5-21　磁盘分区方案示例

3）主引导扇区和分区引导扇区

在磁盘分区中有两个至关重要的扇区，它们关系到计算机加电后能否正常启动，这就是主引导扇区和分区引导扇区。

主引导扇区位于每个硬盘的第一个扇区，即 0 磁面的 0 磁道（柱面 0）上的 1 扇区，主引导扇区中的记录称为主引导记录。主引导记录（Master Boot Record，MBR）共 446 字节，用于硬盘启动时将系统控制权转移给用户指定的操作系统分区，以便进一步进行操作系统的引导。主引导记录不属于任何操作系统，其内容是类似于 Fdisk 这样的磁盘分区工具在对磁盘进行分区时写入的，包括整个磁盘的分区信息及引导分区的信息（指出从哪个分区装入操作系统）。在每次启动计算机时，主引导扇区中的记录先于任何操作系统而执行。

分区引导扇区是硬盘的 0 扇区（某主分区的第一个扇区），又称为 Boot 区。分区中的内容称为分区引导记录，分区引导记录是由类似于 Format 命令的磁盘格式化工具写入的，用于将操作系统载入内存（分区引导记录记载了系统文件在磁盘中的位置）。

2．Windows 操作系统中的磁盘管理

1）磁盘分区

利用磁盘管理工具可以对磁盘进行格式化、分区或删除已有分区等，操作过程如下：

<1> 选择"开始 | Windows 管理工具 | 计算机管理"命令，弹出计算机管理窗口。

<2> 选择"计算机管理"窗口左边目录区中的"存储 | 磁盘管理"选项，屏幕将显示"计算机磁盘管理"窗口，如图 5-22 所示。磁盘管理窗格列出了当前计算机系统的所有磁盘分区状况，包括物理盘的个数、每个物理盘的存储容量、采用的文件系统、已用磁盘空间和空闲磁盘空间等信息。

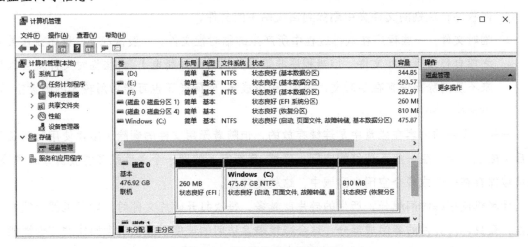

图 5-22 "计算机磁盘管理"窗口

在 Windows 中删除或划分磁盘分区非常简单。在磁盘管理窗格中，先选中要删除（或格式化）的分区，再选择"操作 | 所有任务"命令，然后从"所有任务"菜单中选择所需的操作选项。更简便的方法是右击要处理的分区，然后通过快捷菜单实现需要的操作。

说明：选择"此电脑 | 计算机 | 管理"命令，也可以打开如图 5-22 所示的窗口。

2）磁盘格式化

新磁盘需要格式化后才能够使用。此外，磁盘在使用一段时间后某些磁道或扇区可能坏掉，格式化可以将磁盘中的坏磁道和扇区标识出来，计算机就不会在已经损坏的扇区中写入数据，从而提高磁盘信息的可靠性。磁盘格式化具有破坏性，会删除磁盘的所有数据，所以要小心使用。

格式化磁盘的过程如下：在"计算机管理"窗口中右击要格式化的磁盘，从弹出的快捷菜单中选择"格式化"命令，弹出磁盘格式化对话框，从中可以指定磁盘的文件系统（FAT、FAT32 或 NTFS）。快速格式化只把磁盘的文件分配表和文件目录表等文件抹掉，但并不清除磁盘上的其他数据，所以格式化的速度很快。

3）清除垃圾文件

Windows 10 操作系统提供了"磁盘清理"程序，能够清除磁盘中无用的垃圾文件。在某些情况下，这个程序还会自行启动。例如，当向空闲空间小于磁盘总容量 3% 的硬盘分区复

制文件时，"磁盘清理"程序会提示磁盘空间已经很少，并且询问是否删除不必要的文件。运用"磁盘清理"程序清理垃圾文件的操作步骤如下：

　　<1> 选择"开始|Windows 管理工具|磁盘清理"命令，将运行"磁盘清理"程序，显示出"选择驱动器"对话框。

　　<2> 选择要清理的磁盘后，弹出"磁盘清理程序"对话框，从中可以对不同类型的文件进行清除，其中较常用的如下。

❖ Temporary Internet Files：存放 Internet 临时文件的目录。

❖ 已下载的程序文件：用户在浏览 Internet 时自动下载的程序文件。

❖ 回收站：从别的文件夹中删除到回收站中的文件。

❖ 临时文件：一些程序在执行过程中所产生的临时性文件。一般情况下，程序会在关闭之前自行清除这些文件，但当程序非正常关闭时（如断电），这些临时文件就会因为来不及清除而保存在临时文件夹中，积少成多，时间长了也可能占用较大的磁盘空间。

　　4）整理磁盘碎片

　　一般，文件的内容在磁盘中是连续存放的，但随着无用文件的删除（磁盘使用时间长了之后），磁盘上会产生一些不连续的空闲小区域，重新写入的同一个文件就可能被拆分成多块，每块被保存在一个或多个空闲小区域中，这就是碎片。

　　计算机使用的时间越长，产生的碎片就越多，每次打开碎片文件时，计算机都必须搜索硬盘，查找碎片文件的各组成部分，这会减慢磁盘访问的速度，降低磁盘操作的综合性能。对磁盘上的文件进行移动，将破碎的文件合并在一起，并重新写入硬盘上相邻扇区，以便提高访问和检索的速度，这个过程就称为碎片整理。

　　Windows 10 提供了磁盘整理程序，用于重新组织磁盘上的文件，以提高计算机的访问速度。运行磁盘碎片整理程序的步骤如下：选择"开始|Windows 管理工具|碎片整理和优化驱动器"命令，弹出"优化驱动器"对话框，从中选择要整理的磁盘，然后单击"优化"按钮。

　　此外，通过"优化驱动器|更改设置"对话框，可以设置让系统按每天、每周或每月自动执行对磁盘的优化整理。

5.6.5　设备管理

　　设备管理的任务包括设备安装和去除，为应用程序选择和分配输入、输出设备进行数据传送，控制 CPU 与输入、输出设备或内存之间的数据交换，为程序语言提供屏蔽了具体硬件特性的 API 函数等。在此只对设备安装、删除和状态管理方法进行简要介绍。

　　1．已安装的设备查询

　　选择"开始|Windows 管理工具|设备管理器"，可以启动设备管理器，弹出如图 5-23 所示的对话框。

图 5-23　设备管理器

设备管理器功能全面，能够查看当前计算机中的全部硬件设备、各设备的生产商，以及运行状态是否正常，能够更新设备驱动程序、添加或删除设备。例如，在图 5-23 中，展开"处理器"列表项，可知其为多核心处理器，双击某处理器，会弹出右侧的对话框，通过其中的"常规"标签可查看该设备的运行状态，通过"驱动程序"标签可以删除、更新设备的驱动程序，也可以卸载该设备。

2．安装硬件设备

随着计算机技术的发展，微机的配置十分灵活，随时可以为计算机增加设备。增加设备除了要进行硬件的物理连接，还必须安装相应的设备驱动程序，并分配合适的硬件资源，这一过程称为添加新硬件。

Windows 操作系统具有即插即用功能，一些新硬件插入计算机的扩展槽后，能够被自动识别，并自动安装相应的驱动程序，不需要人工设置。

绝大多数计算机扩展卡（如声卡、网卡、调制解调器、打印机等）都具有即插即用的功能。安装这类设备的基本过程是：先关闭计算机的电源，打开计算机的主机箱，选择一个合适的总线扩展槽，把新增硬件插入扩展槽；然后重新启动计算机，Windows 操作系统会检测到新连接的设备，此时屏幕上就会出现一个提示对话框，告诉用户找到了一个新的硬件设备，并询问是否安装该设备的驱动程序；根据屏幕向导的提示安装设备驱动程序后，该硬件就安装好了。

对于某些不能被计算机自动检测到的设备或自动安装过程中出现故障的硬件，需要利用系统的安装向导来进行安装。操作过程如下：选择"开始 | Windows 管理工具 | 计算机管理 | 设备管理"，在图 5-23 所示的对话框中找到对应的设备，打开"更新驱动程序"对话框，从中

指定驱动程序所在的文件夹位置（可以是磁盘目录或网络搜索路径）。

5.6.6 常用程序

Windows 提供了一些很实用的应用程序，为日常工作带来许多方便，如写文章、浏览文本文件、制作或编辑图像、拨号上网，或者工作之余玩玩小游戏等。打开任务栏的"开始 | Windows 附件"，其中包括方便好用的记事本、写字板、画图和计算器等程序。

1. 记事本

记事本（Notepad.exe）是一个功能单一的文本文件编辑器，用于编写短小的说明性文本或修改文本文件（如 .txt）。记事本只能打开并编辑文本文件，不能设置文件内容的格式，如标题居中、给文字加下画线、加粗字体、插入图表等都是不行的。

记事本与文本文件关联，双击 TXT 文件的名称或图标，系统就会启动记事本程序，并打开选中的文件。

2. 写字板

写字板（Write.exe）是 Windows 提供的一个简单文字处理软件，可以建立、编辑、修改和打印简要的文稿，可以编写的文件类型有写字板文档（*.wri）、文本文件（*.txt）、Word 文件（*.doc）、Rich Text 文件（.rtf 是与 .txt 文件相似的一种文件格式，但在这种格式的文件中不仅可以保存 ASCII 字符，还可以保存图形、表格等多种形式的信息，而在 .txt 文件中只能保存 ASCII 字符）。

写字板与磁盘上扩展名为 .wri 的文件相关联，双击这种类型的文件时，系统就会在写字板中打开该文件。

3. 画图

画图（Mspaint.exe）是一个简单的作图软件，没有 Photoshop、CorelDraw、Micrographx Designer 这些专业图形软件的强大功能，但方便、实用。画图能够制作 BMP（位图）、JPEG、GIF、PNG 等格式的图形，并能进行图形文件的格式转换。

4. 计算器

Windows 10 已将之前版本位于"附件"中的计算器程序移到"开始"菜单，并对其功能进行了扩展。打开"开始 | 计算器"，将显示图 5-24 左图所示的界面，可以进行普通的加、减、乘、除等数学运算，单击左上角的"☰"按钮，可以选择更多的计算功能，如图 5-24 右图所示。

5. 了解你的计算机

选择"开始 | Windows 系统"，然后右击"此电脑"，从弹出的快捷菜单中选择"属性"命

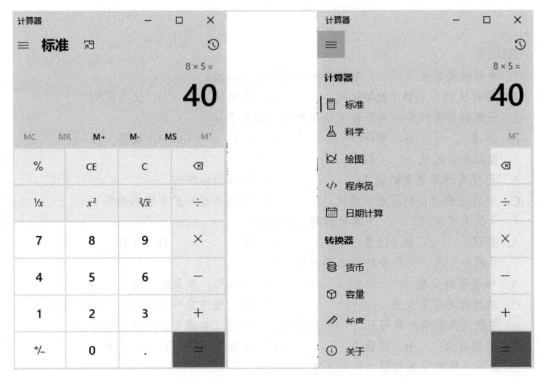

图 5-24　计算器

令，弹出"设置"窗口，从中可以看到当前计算机系统的主要信息，如图 5-25 所示，其中列出了当前计算机系统中的软件、硬件配置信息，可以查看 CPU 的型号、内存大小、安装的软件等信息。

图 5-25　计算机配置信息

习 题 5

一、选择题

1. 进程调度是从（　　）中选择一个进程投入运行。

A. 等待队列　　　B. 就绪队列　　　　　C. 阻塞队列　　　D. 提交队列

2. 分配到需要的资源且获得了处理机的进程处于（　　）状态。

A. 就绪　　　　　B. 等待　　　　　　　C. 运行　　　　　D. 阻塞

3. 虚拟存储器是（　　）。

A. 可提高运算速度的设备　　　　　　B. 增加的内存条

C. 对内存进行自动覆盖的技术　　　　D. 用外存虚拟扩充出的内存

4. 文件系统以（　　）为单位读写文件数据。

A. 扇区　　　　　B. 记录　　　　　　　C. 簇　　　　　　D. 页面

5. 从用户角度，文件系统的主要功能是（　　）。

A. 保存系统文档　　　　　　　　　　B. 保存用户和系统文档

C. 实现按名存取文件　　　　　　　　D. 负责程序在内存和磁盘之间的调度

6. 查找文件的绝对路径从（　　）开始，依次经过各级父目录到达文件名。

A. 当前目录　　　B. 根目录　　　　　　C. 子目录　　　　D. 父目录

7. 操作系统的设备管理功能主要管理的是（　　）。

A. CPU　　　　　B. 磁盘　　　　　　　C. 内存　　　　　D. 处理机和内存之外的设备

8. Windows 操作系统的"桌面"指的是（　　）。

A. 资源管理器窗口　　　　　　　　　B. 屏幕上的活动窗口

C. 放计算机的桌子　　　　　　　　　D. 窗口、图表或对话框等的屏幕背景

9. 操作系统负责管理系统的（　　），包括处理机、设备、内存和文件。

A. 线程　　　　　B. 进程　　　　　　　C. 资源　　　　　D. 文件

10. 启动 Windows 操作系统时，要想直接进入最小系统配置的安全模式，按（　　）。

A. F7 键　　　　B. F8 键　　　　　　　C. F9 键　　　　　D. F10 键

11. 桌面上的图标可以用来表示（　　）。

A. 最小化的图标　　　　　　　　　　B. 关闭的窗口

C. 文件、文件夹或快捷方式　　　　　D. 没有意义

12. 在 Windows 程序的菜单中，后面有"^"标记的项目表示（　　）。

A. 单选选中　　　B. 有对话框　　　　　C. 复选选中　　　D. 有级联菜单

13. 窗口标题栏中最左边的小图标表示（　　）。

A. 应用程序控制菜单按钮　　　　　　B. 开关按钮

C. "开始"按钮　　　　　　　　　　　D. 工具按钮

14. 快捷方式的含义是（　　）。

A. 特殊磁盘文件　　　　　　　　　　B. 指向某对象的指针

C. 特殊文件夹　　　　　　　　　　　D. 各类可执行文件

15. "回收站"是（　　）。

A. 硬盘上的一个文件　　　　　　　　B. 软盘上的一个文件夹

C. 内存中的一个特殊存储区域　　　　D. 硬盘上的一个文件夹

16. "控制面板"是（　　　）。

A. 硬盘系统区的一个文件　　　　　　B. 硬盘上的一个文件夹

C. 一组系统管理程序　　　　　　　　D. 内存中的一个存储区域

17. "控制面板"上显示的图标数目（　　　）。

A. 与系统安装无关　　　　　　　　　B. 与系统安装有关

C. 随应用程序的运行变化　　　　　　D. 不随应用程序的运行变化

18. Windows 操作系统的"任务栏"中存放的程序是（　　　）。

A. 系统正在运行的程序　　　　　　　B. 系统中保存的程序

C. 系统前台运行的程序　　　　　　　D. 系统后台运行的程序

19. 用鼠标拖放功能进行文件或文件夹的复制时，一定可以成功的是（　　　）。

A. 用鼠标左键拖动文件或文件夹到目标文件夹上

B. 按住 Ctrl 键，然后用鼠标左键拖动文件或文件夹到目标文件夹上

C. 按住 Shift 键，然后用鼠标左键拖动文件或文件夹到目标文件夹上

D. 用鼠标左键拖动文件或文件夹到目标文件夹上，然后在弹出的快捷菜单中选择"复制到当前位置"命令

20. 若微机系统需要热启动，应同时按下（　　　）组合键。

A. Shift+Esc+Tab　　　　　　　　　　B. Ctrl+Shift+Enter

C. Ctrl+Alt+Delete　　　　　　　　　D. Alt+Shift+Enter

21. 下列关于"回收站"的说法中，正确的是（　　　）。

A. "回收站"可以暂时或永久性保存被删除的磁盘文件

B. 放入"回收站"的信息不能恢复

C. "回收站"占用的磁盘空间是大小固定、不可修改的

D. "回收站"只能存放软盘中被删除的文件

22. 小李记得在硬盘中有一个主文件名为 ebook 的文件，现在想快速查找该文件，可以选择（　　　）。

A. 按名称位置　　　　　　　　　　　B. 按文件大小查找

C. 按高级方式查找　　　　　　　　　D. 按位置查找

23. Windows 操作系统采用的目录结构为（　　　）。

A. 树型　　　　　B. 星型　　　　　C. 环型　　　　　　　D. 网络型

24. 在 Windows 中，需要查找以 n 开头且扩展名为 com 的所有文件，查找对话框内的名称框中应输入（　　　）。

A. n.com　　　　B. n?.com　　　　C. com.n*　　　　　D. n*.com

25. 设置屏幕显示属性时，与屏幕分辨率及颜色质量有关的设备是（　　　）。

A. CPU 和硬盘　　　　　　　　　　　B. 显卡和显示器

C. 网卡和服务器　　　　　　　　　　D. CPU 和操作系统

二、判断题

1. DOS 是一种单用户多任务的操作系统，能够同时执行多个应用程序。（　　　）

2. UNIX 是一种多用户多任务的操作系统，也是一种网络操作系统。（　　　）

3. 进程和线程都是一种程序，两者没有任何区别。（   ）

4. 处于阻碍状态的进程获得需要的资源后，能够立刻进入运行状态。（   ）

5. Windows 操作系统只能运行小于实际物理内存的程序。（   ）

6. 操作系统对磁盘的管理属于设备管理。（   ）

7. rd 命令既可以删除目录，也可以删除文件。（   ）

8. Windows 的任务管理器功能强大，可以查看进程的状态，CPU 占用情况，并能够杀死进程。（   ）

9. 在 Windows 的窗口中，单击末尾带有"…"的菜单意味着该菜单项已被选用。（   ）

10. 在"桌面"上不能为同一个应用程序创建多个快捷方式。（   ）

11. 用鼠标移动窗口，只需在窗口中按住鼠标左按钮不放，拖曳移动鼠标，使窗口移动到预定位置后释放鼠标按钮即可。（   ）

12. 卸载磁盘上不再需要的软件，可以直接删除软件的目录及程序文件。（   ）

13. 在同一驱动器中的同一目录中，允许文件重名。（   ）

14. 磁盘上刚刚被删除的文件或文件夹都可以从"回收站"中恢复。（   ）

15. 在 Windows 中，如果多人使用同一台计算机，就可以自定义多用户桌面。（   ）

16. 当改变窗口大小导致其中内容显示不下时，窗口中会自动出现垂直滚动条或水平滚动条。（   ）

17. Windows 的"任务栏"只能位于桌面的底部。（   ）

18. 窗口和对话框中的"?"按钮是为了方便输入标点符号中的问号而设置的。（   ）

19. 在 Windows 中，对文件夹也有类似文件一样的复制、移动、重新命名、删除等操作，但其操作方法与对文件的操作方法是不相同的。（   ）

20. 剪贴板可以共享，其上的信息不会改变。（   ）

21. 前台窗口是用户当前所操作的窗口，后台窗口是关闭的窗口。（   ）

22. 在"资源管理器"窗口中，单击第一个文件名后，按住 Shift 键，再单击最后一个文件，可选定一组连续的文件。（   ）

三、简答题

1. 什么是操作系统？它具有哪些功能？

2. 简述处理机管理的主要任务。

3. 什么是进程？它有哪些状态？进程与线程和程序有什么关系？

4. 什么是虚拟存储器？简述它的工作原理。

5. 在 Windows 操作系统中，如何查询系统提供的服务？

6. Windows 的"任务栏"的"开始"按钮有哪些功能？

7. GUI 的含义是什么？PnP 指的是什么？

8. 在 Windows 操作系统中，怎样查看、修改文件或文件夹的属性？

9. "回收站"有哪些功能？

10. 在 Windows 操作系统中，怎样运行 DOS 下的应用程序？

11. 什么是文件关联？它有什么意义？如何把一个文件关联到一个应用程序上？

12. 简述剪贴板的功能。

13. 文件复制有哪些方法？

14. 在 Windows 操作系统中，运行程序有哪些方法？

15. "控制面板"有什么作用？

四、实践题

1. 在 D 盘根目录下分别建立 AAA 和 BBB 两个文件夹。

2. 在 AAA 文件夹中新建一个名为 TEST1.txt 的文件，在 BBB 文件夹中新建一个名为 TEST2.docx 的文件。

3. 将 AAA 文件夹压缩，并命名为 A 包，存入 BBB 文件夹。

4. 为 BBB 文件夹建立名为 B 的快捷方式，存入 AAA 文件夹。

5. 请使用两种方式查出所操作计算机的物理地址、IP 地址、子网掩码及默认网关，并将所查询的结果截图并保存到 TEST2.docx 文件中。

第6章

计算机网络基础

COMPUTER

　　本章介绍计算机网络及互联网应用的基础知识，包括：计算机网络的发展过程、拓扑结构、传输介质、网络类型、网络协议及无线局域网，Internet 的基本概念，接入 Internet 的方式，电子邮件、搜索引擎、FTP、Telnet、QQ、微信、微博的操作和应用方法。

6.1　计算机网络

　　计算机网络就是利用通信设备和通信线路将地理位置分散、功能独立的计算机系统和由计算机控制的外部设备连接起来，在网络操作系统的控制下，按照约定的通信协议，实现信息交换、资源共享、协同工作、交互通信、在线处理的系统，如图 6-1 所示。

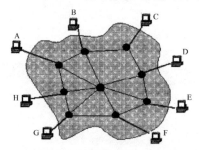

图 6-1　计算机网络示意

6.1.1 计算机网络概述

计算机网络是通信网络与计算机相结合的产物，整个网络包括通信子网和资源子网。

1．通信子网

通信子网由通信线路和通信设备组成，负责网络数据的传输、转换等通信处理任务。图6-1中的黑色圆点及它们之间的连线构成了通信子网。黑色圆点称为通信节点，它们是具有存储转发功能的通信设备，可以是集线器、路由器、网桥或网关等设备。当通信线路繁忙时，传输的信息可以在节点中存储、排队，等到线路空闲时再将信息转发出去，从而提高了线路的利用率和整个网络的效率。一句话，通信子网主要负责信息的传输工作。

2．资源子网

资源子网包含通信子网所连接的全部计算机，如图6-1中的计算机A～H与通信子网中的通信节点相连，又称为主机。它们向网络提供各种类型的资源，包括硬件、软件和数据，实现资源共享，并提供各种网络应用。

6.1.2 计算机网络的发展

计算机网络始于20世纪50年代，发展速度很快，迄今为止，经历了以下阶段。

1．计算机—终端联机网络

20世纪50年代，出现了以一台计算机（称为主机）为中心，通过通信线路，将许多分散在不同地理位置的"终端"连接到该主机上，所有终端用户的事务在主机中进行处理的模式。终端仅是一些外部设备，常常只有显示器和键盘，没有CPU，也没有内存，这种单机联机系统又称为面向终端的计算机网络，如图6-2所示。

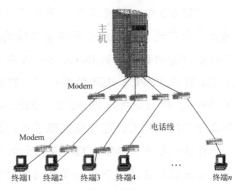

图6-2　面向终端的计算机网络

当时，许多系统的终端都通过Modem和电话线与主机相连接，借助公用电话网进行数据传输。例如，美国的半自动地面防空系统（Semi-Automatic Ground Environment，SAGE）最早是由人工操作的实时控制计算机系统，能够接收各侦察站雷达传来的信息，识别来袭飞行物，由操纵者指挥地面防御武器瞄准敌对飞行器。此系统建立于20世纪50年代末，用了全长约240万千米的通信线路，连接了1000多台分布在全美各地的终端；20世纪60年代，美国航空公司的联机订票系统SABRE将分布在全美各地的2000多个终端连接到了中央主机上，每天处理85000个电话、40000个预订信息和20000张机票的数据。这些都是比较成功的面向终端的计算机网络。

2．计算机—计算机互连网络

1957 年，苏联发射了第一颗人造卫星，引起了美国对争夺太空的重视，美国为此设立了 ARPA（Advanced Research Projects Agency，美国国防部高级研究计划署），旨在发展太空技术。该机构后来被 NASA（美国航空航天局）取代，ARPA 则成为大学和承包商的高级研究项目的资助者。ARPA 在 1969 年建成了 ARPANET，即阿帕网，该网络最初只连接了 4 台主机，分别隶属于斯坦福研究所、加州大学圣巴巴拉分校、加州大学洛杉矶分校和犹他大学。阿帕网首次采用分组交换技术进行数据传输，主机通过 IMP（Interface Message Processor，接口信息处理机）将各大学研究中心的主机连在一起，各地的终端均与本地的主机连接，IMP 实现网络中信息的路由、存储与转发。1972 年，ARPANET 增设了 TIP（Terminal Interface Processor，终端接口处理机），让用户终端可以直接接入阿帕网，如图 6-3 所示。

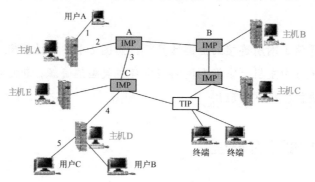

图 6-3　计算机—计算机网络

在图 6-3 中，假设用户 A 要向异地的用户 C 传输数据，就要经过 A、C 之间的许多 IMP 转发才能实现。用户 A 首先将要传输的数据送到本地主机 A，主机 A 因与 IMPA 相连，所以它将要传输的数据送到 IMPA；IMPA 存储收到的数据，并为要传输的数据找到一条数据通路，如 IMPB 或 IMPC（IMP 根据一定的路由算法来决定是送到 IMPB 还是 IMPC）。假设它选择了 IMPC，信息就会送到 IMPC，IMPC 将数据送到与之相连的主机 D，主机 D 再将数据送到与之相连的用户 C。这样就实现了从用户 A 到用户 C 的信息传输。

在该网络中，IMP、TIP 及它们之间的通信线路和其他通信设备组成了通信子网，而主机、与主机相连的用户终端及所有的计算机软件就构成了资源子网。

20 世纪 70 年代，局域网的发展很快，许多公司、企事业单位都建立了自己的局域网。

3．Internet

阿帕网（ARPANET）发展较快，到 1981 年，它已经拥有了 213 台主机，大约每 20 天就会增加一台新的主机。1982 年，许多网络采用了 TCP/IP 作为通信协议，实现了两种不同网络的互联，首次出现了术语"Internet（因特网，即互联网）"。

20 世纪 80 年代中期，美国国家科学基金会（NSF）利用从阿帕网发展而来的称为 TCP/IP 的通信协议建立了广域网 NSFnet，该网络最初只连接了 6 个超级计算机中心。NSF 鼓励大学和研究机构与它们非常昂贵的 6 台主机联网，共享其中的资源并进行一些研究工作。许多大学、政府资助的研究机构以及私营研究机构纷纷把自己的局域网并入 NSFnet，这使 NSFnet

逐渐取代阿帕网而成为 Internet 的主干网。

1990 年，阿帕网正式宣布关闭，而 NSFnet 主干网经过不断扩充，最终形成世界范围的 Internet。网络向着开放、高速、高性能方向发展，可以传输数据、语音和图像等多媒体信息，并且具有更好的安全性。1995 年，原有的 NSFnet 宣布停止运营，取而代之的是由多个公司分别经营的 Internet，正式对社会公众开放。

4．Internet 在我国的发展过程

20 世纪 80 年代初，我国已有部分高校和企业引入国外的局域网产品，建立了自己的局域网。1986 年，包括中科院在内的一些科研单位通过国际长途电话，拨号接入欧洲一些国家的 Internet，进行信息查询，这是我国使用 Internet 的开端。

1989 年，我国第一个公用分组交换网 CNPAC 正式运行。1993 年，该网络扩充为层次结构的全国性网络 CHINAPAC，由国家主干网和各省、地区、市的网络组成，在北京、上海接入国际互联网。中科院高能所与美国斯坦福大学的线性中心在核物理研究方面有着密切的合作关系，因研究需要，在 1993 年 3 月租用了一条 64 kbps 的卫星线路与斯坦福大学联网。次年 4 月，中科院计算机网络中心通过国际线路连接到美国，并开通了路由器，标志着我国正式加入 Internet。

1993 年，我国启动"三金"工程，使我国网络进入了快速发展时期，此后陆续构建了许多网络，其中较重要的网络如表 6-1 所示。其中，CHINANET 是中国电信于 1994 年建成的面向公众的商业网络，其主干网的网络设备设在清华大学，由国家投资建设，教育部负责管理，清华大学等高等学校承担建设和管理运行的全国学术性计算机互联网，主要面向教育和科研单位，是全国最大的公益性互联网。

表6-1 中国互联网一览表

互联网名称	单 位	运营性质	成立时间
中国公用计算机互联网（CHINANET）	中国电信集团公司	商业	1995.5
中国金桥信息网（GBNET）	吉通通信有限责任公司	商业	1996.9
中国联通公用计算机互联网（UNINET）	中国联合通信有限公司	商业	1999.4
中国网通公用互联网（CNCNET）	中国网络通信有限公司	商业	1999.7
中国移动互联网（CMNET）	中国移动通信集团公司	商业	2000.1
中国科技网（CSTNET）	中国科学院	商业	1994.4
中国教育和科研计算机网（CERNET）	教育部	公益	1995.11

6.2　网络拓扑结构、网络类型和网络协议

6.2.1　网络拓扑结构

网络拓扑结构是抛开网络电缆的物理连接方式，不考虑网络的实际地理位置，把网络中

的计算机看成一个节点，把连接计算机的电缆看成连线，从而看到（形成）的几何图形。该图形能够把网络中的服务器、工作站和其他网络设备的关系清晰地表示出来。

按形状，网络拓扑结构可以分为 5 种：总线型、星型、环型、总线/星型混合、树型。几种拓扑结构在数据传输速率、信道容量和误码率等主要技术指标方面存在一定的差异。

1．总线型

总线型网络是用一条称为总线的中央主电缆作为公共传输线路，每个工作站节点通过一根支线连接到总线上，如图 6-4 所示。

2．星型

星型结构由一个中心节点和一些外围节点构成，中心节点和外围节点之间采用一条单独的通信电缆相连接，外围节点之间没有连接电缆，节点连接的形状就像向外辐射的星状，由此得名。公用电话网和最普遍的以太网（Ethernet）都是星型结构。在星型结构的网络中，处于中心位置的网络设备称为集线器（Hub）。集线器提供一个输入端口和多个输出端口，输入端口一般用来连接服务器，输出端口用来连接多个终端用户（工作站），如图 6-5 所示。

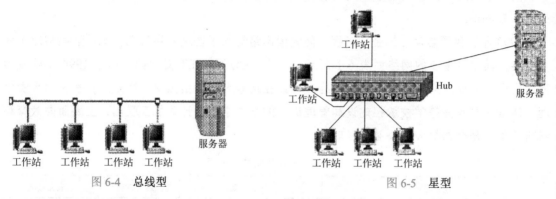

图 6-4　总线型　　　　　　　　　　　　　图 6-5　星型

3．环型

环型网络使用通信电缆，从一个节点（工作站）连接到另一个终端用户，所有的终端用户连成环状，如图 6-6 所示。在环型网络中，环路上的任何节点都可以请求发送信息。请求一旦被批准，就可以向环路发送数据。发送的数据沿固定的方向流动，经过网络中的每个节点。如果某节点发现环型网络中传输数据的地址与自己的地址相符时，它就接收信息，之后信息继续流向下一个节点，一直流回到发送该信息的节点才停止流动。

环型网络的典型代表是 IBM 公司的令牌环状网（Token Ring）。

4．总线/星型混合

用一条或多条总线把多个星型网络连接起来，就构成了总线/星型网络的混合结构。这种拓扑结构很容易将多个小型网络组合成一个较大的网络，如图 6-7 所示。

5．树型

树型结构是总线型结构的扩展，如果总线型网络通过多层集线器连接到主机，主机按级

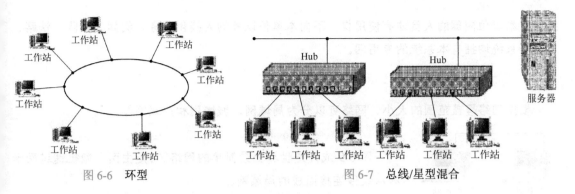

图 6-6　环型　　　　　　　　　　　图 6-7　总线/星型混合

分层连接，使整个网络看上去就像一棵倒立的树，如图 6-8 所示。

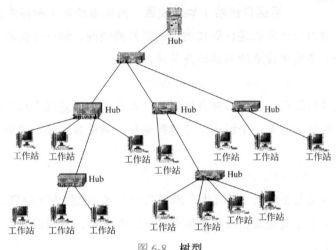

图 6-8　树型

树型网络是一种分层网络，对高层节点的可靠性要求较高，具有一定的容错能力，一个分支节点的故障一般不会影响另一个分支节点的工作，任何一个节点送出的信息都可以传遍整个网络。

Internet 就是树型网络，位于不同层次的节点的地位不同：树根对应最高层的横穿全球的主干网（广域网），中间节点对应地区网络（城域网或局域网），叶节点对应最低层的局域网。

6.2.2　网络类型

从不同角度可以将计算机网络分为不同类型，这里主要从网络用户和网络覆盖范围两方面进行划分。

1．公用网和专用网

按照网络的用户群体，网络可分为公用网和专用网两种。

公用网（Public Network，也称为公众网）是指国家出资组建的大型网络，如中国移动网和中国电信网。"公用"的意思是指所有愿意按照国家规定缴纳费用的人都可以使用此网络。

专用网（Private Network）是指某部门为本单位的特殊业务需要而建造的网络。这种网络只有本单位内部的人员才有使用权,不向本单位以外的人提供服务。例如,军队、铁路、电力等系统均拥有本系统的专用网。

2．局域网、城域网、广域网

根据网络覆盖范围的大小,网络可以分为局域网、城域网和广域网等。

图6-9　最简单的局域网

1）局域网(Local Area Network,LAN)

图6-9或许是世界上最简单的网络了,是由两台微机通过网卡和双绞线连接而成的局域网。

所谓局域,就是指很小的地理范围,一般是几米到几千米。用通信线路(如双绞线、同轴电缆等)和网络设备(如网卡、集线器等)把这个范围内的计算机连接而成的网络就是局域网。如一个实验室或一栋商业大楼内、一个公司或一个学校里建立的网络都是局域网。

2）城域网(Metropolitan Area Network,MAN)

通俗地讲,城域网就是一个城市建立的网络,覆盖的地理范围为几千米到几十千米。一般而言,城域网的有效范围是一个城市,可能跨越几个街道甚至整个城市,将一个城市的多个局域网连接起来。

3）广域网(Wide Area Network,WAN)

广域网覆盖的地理范围较大,从几十千米到几千千米,也称为远程网。广域网是Internet的核心组成部分,其任务是通过长距离传输主机发送的数据,广域网的主干线具有较大的容量和较高的传输速率。

3．骨干网和接入网

根据组成结构,通信网可以划分为骨干网(核心网)和接入网。骨干网负责数据交换及远距离传输,接入网则负责将用户加入网络。例如,一个大城市的市内电话网在许多地区(或街道)设立电话交换支局,这些交换支局经过局间线路相互连接,传输成群的信号,这些电话交换支局及它们之间的通信线路就构成了市内电话通信的骨干网。

另一方面,每个电话交换支局的程控电话交换机提供了许多用户电缆,这些用户电缆从地下管道一直拉到用户的住宅区,每根用户电缆中包含许多对电话线,每对电话线分别进入不同用户的家中,每对电话线可连接一部电话,且有唯一的号码相对应(电话号码)。这里所说的电话线最初被称为Sub-scriber Line,又被称为Accessline(接入线)。整个电话交换局(或整个城市)的所有接入线形成了一个网络,这个网络就称为接入网,如图6-10所示。如果通信网是无线移动通信的,就称为"无线接入"(Wireless Access)。

图6-10上半部分是某城市的骨干网,由4个交换支局、1个中心交换局和交换局之间的通信电缆组成;下半部分是B支局的接入网,其他交换支局的接入网则省略未画。在接入网中,数据从用户传输到交换局,称为上行,从交换局传输到用户,称为下行。

局域网、城域网、广域网和接入网之间存在一定关系,如图6-11所示。

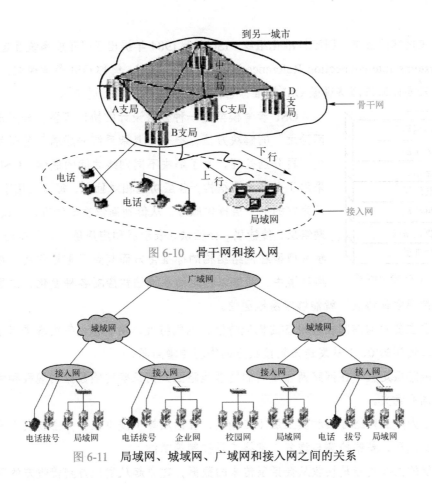

图 6-10　骨干网和接入网

图 6-11　局域网、城域网、广域网和接入网之间的关系

6.2.3　网络协议

两台联网的计算机要进行数据通信，它们必须遵守共同的信息传递、信息交换规则，这些规则被称为网络协议。网络协议包括语法、语义和同步三个要素。语法用于定义传输数据与控制信息的结构和格式。语义用来确定数据与控制的含义，如通信双方需要发出何种控制信息，完成什么协议，以及做出何种应答，如此等等。同步则规定了双方通信事件的实现顺序，即确定了通信应答和数据传输状态的变化和过程，

与道路交通规则相似，网络协议制订了网络中的两台计算机在传输数据时必须遵守的规则，告诉发送信息的计算机如何发送数据，一次发送多少，发送的速率如何，数据在通信线路中的传输速率是多少，如果数据在通信线路上丢掉了或发生了错误应当如何处理。同时，网络协议规定了接收信息的计算机接收数据的方法，一次接收多少，以怎样的速率接收等。如果谁不遵守网络协议，就不能将数据送到对方。

1．OSI 参考模型

20 世纪 70 年代末，许多国家建立起了自己的大型网络。但各网络有各自独立的体系结构，采用的通信协议也不一样，彼此并不相同，很难实现互连互通。

为了实现网络互连，国际标准化组织（ISO）于1984年提出了"开放系统互连参考模型"（Open Systems Interconnection Reference Model，OSI/RM），简称OSI参考模型。"开放"的含义为"只要计算机网络遵循OSI标准，它们就能够互连，进行通信"。

| 应用层 |
| 表示层 |
| 会话层 |
| 传输层 |
| 网络层 |
| 数据链路层 |
| 物理层 |

图 6-12　OSI 参考模型

OSI参考模型是一种分层设计的协议模型，分层是一种"分而治之"的解决方法，把一个复杂系统分成若干易于处理的子系统，再分别处理。为了解决不同网络之间的通信，OSI参考模型采用了七层体系结构，各层功能相对独立，每层使用下层的服务，又为它的上一层提供服务。从低到高依次是物理层、数据链路层、网络层、传输层、会话层、表示层和应用层，如图6-12所示。OSI参考模型在网络结构的标准化方面起到了重要作用，在复杂的网络环境中，能够以稳定的系统结构应对各种变化，如果全世界所有的网络都遵守该协议，就能够轻易地通信。

物理层主要对通信网物理设备的机械特性、电气特性、功能特性等内容进行了定义。解决了单个二进制的0、1从发送方到接收方的物理传输问题。

数据链路层定义了在网络两点之间的物理线路上如何正确传输数据的规程和协议，保证传输的数据有意义。

网络层为建立网络连接和其上层（传输层、会话层等）提供服务，主要实现数据传输过程中的路由选择、差错检测与恢复、网络流量控制等功能。

传输层的主要功能是接收从会话层传来的数据，建立起从发送方到接收方的网络传输通路，并在必要时将数据分成较小的单元，传输给网络层，并确保信息正确地到达。

会话层为通信双方建立和维持会话关系（所谓会话关系，是指一方提出请求，另一方应答的关系），并使双方会话获得同步。会话层在数据中插入校验点，当出现网络故障时，只需传输最后一个校验点之后的数据就行了（即已经收到的数据就不传输了），这对大文件的传输非常重要。

表示层为异种计算机之间的通信制订了一些数据编码规则，为通信双方提供一种公共语言，以便对数据进行格式转换，使双方有一致的数据形式，以便能够进行互操作（即通信双方之间的配合与协作）。

应用层提供了大量的应用协议，为应用程序（如传输文件、收发电子邮件、远程提交作业、网络查询、网络会议等程序）提供服务。

2．TCP/IP 模型

OSI参考模型试图达到一种理想的境界，使全世界的网络都遵循这一协议模型，但过于复杂，最终没能在具体的网络中实现。与OSI参考模型相比，TCP/IP（Transmission Control Protocol/Internet Protocol，传输控制协议/网际协议）模型更简略、更实用，由于Internet的原因，它成了事实上的网络协议标准。

TCP/IP 实际上由多个协议组成，如文件传输协议 FTP、远程登录协议 TELNET、超文本传输协议 HTTP 等。而 TCP 和 IP 是其中两个最重要的协议，TCP 负责信息传输的正确性，IP 则保证通信地址的正确性。

同 OSI 参考模型一样，TCP/IP 也采用了分层的体系结构，但只有 4 层：应用层、传输层、网络层、网络接口层，如表 6-2 所示。

表 6-2　OSI 参考模型与 TCP/IP 模型的对照

OSI 参考模型	TCP/IP 模型	TCP/IP 协议族
应用层	应用层	TELNET、FTP、SMTP、HTTP、Gopher、SNMP、DNS 等
表示层		
会话层		
传输层	传输层	TCP、UDP
网络层	网络层	IP、ARP、RARP、ICMP 各种底层网络协议
数据链路层	网络接口层	FDDI、Ethernet、PDN、SLIP、PPP，IEEE 802.1A，IEEE 802.2～IEEE 802.11 等
物理层		

1）网络接口层

网络接口层等效于 OSI 参考模型的物理层和数据链路层，定义了通信线路的物理接口和数据传输的细则，负责将数据帧发往通信线路，或从通信线路上接收数据帧。

2）网络层

网络层，也称为互联网层，主要处理分组（分组即传输的数据帧）在网络中的活动，具有网络寻址和路由选择的功能。网络层协议包括 IP（网际协议）、ICMP（互联网控制报文协议）和 IGMP（Internet 组管理协议）。

3）传输层

传输层主要为通信双方提供端到端的通信，包括以下两种数据传输服务。

TCP（Transport Control Protocol，传输控制协议）：面向连接的可靠传输协议，用于传输大量数据。TCP 为两台主机提供高可靠性的数据通信，把应用程序传来的数据分成合适的小块（数据报分组）后，送到其下的网络层进行发送，如果在规定的时间内没有收到对方的确认信息，就说明对方可能没有收到，它将重发数据。

UDP（User Datagram Protocol，用户数据报协议）：不可靠的、无连接的传输协议，用于即时传输少量数据。UDP 提供一种非常简单的服务，只是把数据报的分组从一台主机发送到另一台主机，但并不保证该数据报能到达接收端。

4）应用层

TCP/IP 没有会话层和表示层，这两层的功能都在应用层实现。应用层定义了许多网络应用方面的协议，提供了许多 TCP/IP 工具和服务，常用的协议如下。

SMTP（Simple Mail Transfer Protocol）：简单邮件传输协议，主要用来传输电子邮件。

DNS（Domain Name Service）：域名解析协议。域名（Domain Name）是 IP 地址的文字表现形式，DNS 提供域名到 IP 地址之间的转换。

FTP（File Transfer Protocol）：文件传输协议，主要用来进行远程文件传输。

TELNET：远程登录协议，可为远程主机建立仿真终端。

HTTP（WWW）、Gopher 和 WAIS：既是通信协议，又是实现协议的软件。

在 Internet 的应用层协议中，最重要的是电子邮件、文件传输和远程登录三个协议。

6.3　网络硬件和网络结构

6.3.1　网络硬件

图 6-13 是某公司的网络，可以看出，一个计算机网络是由计算机和不同的网络设备构成的。常见的设备有传输介质（通信线路）、网卡、中继器、交换机、路由器、网桥等。

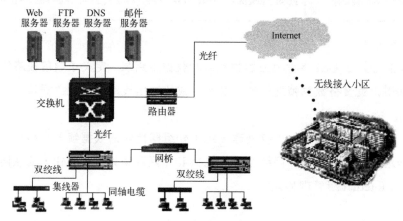

图 6-13　某公司的网络

1．传输介质

传输介质用于将计算机和各种通信设备连接成网络，并在其间传输信号，分为有线和无线两种。常见的有线传输介质有双绞线、同轴电缆和光纤，无线传输介质则主要是无线电波。

1）双绞线

双绞线（Twisted Pair，TP）是最常用的一种传输介质，传输距离通常在 100 米内，由两根具有绝缘保护层的铜导线按一定密度相互绞在一起，使每一根导线在传输中辐射的电波被另一根线上发出的电波抵消，以此减少信号在传输过程中的相互干扰。双绞线也由此而得名。

双绞线分为无屏蔽双绞线 UTP（Unshielded Twisted Pair）和屏蔽双绞线 STP（Shielded Twisted Pair）两种。STP 是在双绞线的外面加一个金属屏蔽层构成的，金属屏蔽层具有抗电磁干扰的能力。STP 虽然比 UTP 具有更好的传输性能，但成本较高，故其应用远不及 UTP。图 6-14 是无屏蔽双绞线的示意。

2）同轴电缆

同轴电缆以单根铜导线为内芯，外裹一层绝缘材料，在绝缘材料之外包裹着金属屏蔽层导体，最外面包裹一层保护性塑料。金属屏蔽层能够将磁场反射回中心导体，同时使中心导体免受外界干扰，如图 6-15 所示，所以同轴电缆比双绞线的传输性能更好，可用于较高速率的数据传输。

3）光纤

光纤就是光导纤维，由直径约为 0.1 mm 的细玻璃丝（多用石英玻璃）构成，如图 6-16 所示。光波能够在光纤中传播。

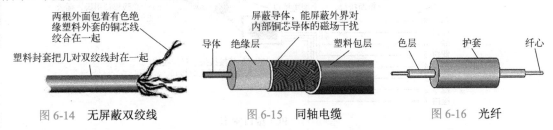

图 6-14　无屏蔽双绞线　　　　图 6-15　同轴电缆　　　　图 6-16　光纤

光纤具有其他传输介质无法比拟的优点：传输信号的频带宽，通信容量大；信号衰减小，传输速度快，能以 2.5 Gbps 的速率传输；传输距离长，在无中继的情况下可达几十千米。

4）无线传输介质

采用无线传输介质连接的网络称为无线网络。无线局域网可以在普通局域网基础上通过无线 Hub、无线接入点 AP（Access Point，也称为网络桥通器）、无线网桥、无线 Modem 及无线网卡等实现。其中，无线网卡最普遍。无线网络采用的传输媒体主要是无线电波和红外线，它们都以空气为传输介质。

无线网络具有组网灵活、容易安装、节点加入或退出方便、可移动上网等优点。随着通信的不断发展，无线网络应用越来越广泛。

2．网络接口卡

网络接口卡（Network Interface Card，NIC）简称网卡，也叫网络适配器，是插在个人计算机或服务器扩展槽内的扩展卡，与网络操作系统配合工作，控制网络上的信息传输。网卡与网络传输介质（双绞线、同轴电缆或光纤）相连。图 6-17 是一块 PCI 接口网卡。

每块网卡都有全球唯一的编号，称为网卡的硬件地址或物理地址，由网卡生产厂家写入网卡的 EPROM 中，在网卡的"一生"中，物理地址都不会改变。在数据传输过程中，本机和目的主机的物理地址将被添加到数据帧中，在网络底层的物理传输过程中，将通过物理地址来识别通信的双方。例如，以太网卡的物理地址是 48 位的整数倍。

网卡主要涉及网络协议的物理层和数据链路层，基本功能包括：数据转换（并行及串行数据通信转换），数据包的装配和拆卸，网络存取控制，数据缓存和网络信号分析。

根据采用的总线类型，网卡可以分为 ISA、VESA、EISA、PCI、PCI-E 等类型。目前的主流网卡是 PCI 和 PCI-E 接口的网卡，两者都是 10/100/1000 Mbps 三种速率的自适应网卡。

3．集线器

集线器（Hub，有"中心"之意）工作在物理层，只是一个信号放大和中转的设备，不具

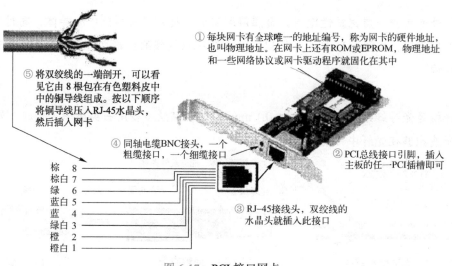

⑤ 将双绞线的一端剖开，可以看见它由 8 根包在有色塑料皮中的铜导线组成。按以下顺序将铜导线压入RJ-45水晶头，然后插入网卡

① 每块网卡有全球唯一的地址编号，称为网卡的硬件地址，也叫物理地址。在网卡上还有ROM或EPROM，物理地址和一些网络协议或网卡驱动程序就固化在其中

④ 同轴电缆BNC接头，一个粗缆接口，一个细缆接口

② PCI总线接口引脚，插入主板的任一PCI插槽即可

棕　　8
棕白　7
绿　　6
蓝白　5
蓝　　4
绿白　3
橙　　2
橙白　1

③ RJ-45接线头，双绞线的水晶头就插入此接口

图 6-17　PCI 接口网卡

备交换功能，采用广播方式传递信息，一般有 4、8、16、24、32 等数量的 RJ-45 接口，每个接口可以通过双绞线连接一台计算机。这样，通过集线器可以将多台计算机连接成一个星形网络。集线器在网络中处于"中心"位置。图 6-18 是具有 16 个 RJ-45 接口的集线器所连接的星型网络，只连接了 8 台计算机（还可以再连接 8 台）。

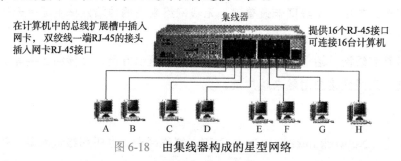

在计算机中的总线扩展槽中插入网卡，双绞线一端RJ-45的接头插入网卡RJ-45接口

集线器

提供16个RJ-45接口可连接16台计算机

A　B　C　D　E　F　G　H

图 6-18　由集线器构成的星型网络

集线器价格便宜，组网灵活，采用星型布线，如果一个工作站出现问题，不会影响整个网络的正常运行。

4．网桥和交换机

网桥（Bridge），也称为桥接器，一般的网桥具有两个接口，可以连接两个网段或两个不同的局域网，是把两个局域网连接起来的桥梁。网桥工作于 OSI 参考模型的数据链路层，具有数据帧的转发和过滤、协议转换及简单的路径选择功能，可以将相同或相似体系结构的网络系统连接在一起，即使两个网络的传输介质不同（如一个网络采用双绞线，而另一个网络采用光纤），也能够将信号从一个网络传到另一个网络，如图 6-19 所示。

交换机实际是一种功能更强大的网桥，提供了更多的连接端口，通常为 16 个以上（网桥的端口一般只有 2～4 个），能将多个网络连接在一起，并允许这些网络通过交换机传递数据。

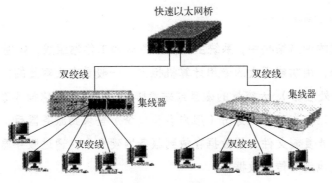

图 6-19　由网桥连在一起的两个局域网

5. 路由器

路由器是一种网络连接设备，实现 OSI 参考模型中网络层的功能，具有数据的存储转发和路由选择功能，用于将多个不同的网络连接在一起。只要遵守相同网络层协议的网络都可以通过路由器互连，如图 6-20 所示。

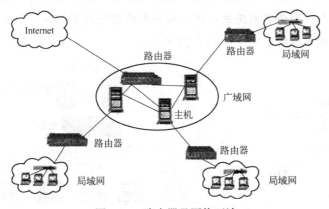

图 6-20　路由器及网络互连

目前，几乎所有网络都支持 TCP/IP，各国家（地区）、各研究机构、各高校的不同网络正是通过 TCP/IP 才能够连接成今天的 Internet。在这些网络的连接过程中，路由器处于核心地位，其性能优劣对整个网络有着十分重大的影响。

6. 网关

网关（Gateway），又叫协议转换器，是一种复杂的网络连接设备，实现 OSI 参考模型的第 4～7 层网络协议功能，能够进行协议转换和数据重新分组，在两个不同类型的网络之间进行通信。网关可以是专门的网络硬件设备，也可以是一台具有网络协议转换功能的计算机。

6.3.2　网络结构

在计算机网络的发展过程中，网络组建的模式也在不断地发展。

1．文件服务器结构

在文件服务器的网络结构中，系统主要由服务器和工作站组成，如图 6-21 所示。服务器是整个网络的中心，由功能强大的专用计算机担当，一般具有大容量的内存、高性能的处理器（有的还有多个处理器）、大容量的磁盘或磁盘阵列。它运行网络操作系统，管理网络中的所有资源，各工作站只有以合法身份（用户名和口令）登录到服务器后，才能使用服务器中的资源。如从服务器复制文件，将数据存放到服务器硬盘中，通过服务器打印文件，通过服务器向网络中的其他用户传输数据等。

2．C/S 结构

在 C/S（Client/Server，客户—服务器）结构中，服务器是整个应用系统资源的存储与管理中心，为客户机提供网络资源。服务器上一直运行着服务程序，随时准备为客户机提供服务。如果有用户需要服务，首先启动客户机上的客户应用程序，连接到服务器上，并向服务器提出操作请求，而服务器按照此请求提供相应的服务，然后将处理的结果返回客户机。

C/S 结构是对文件服务器系统的改进，服务器将部分网络功能"下放"到了客户机，使客户机具有处理本地事务的能力，如图 6-22 所示。

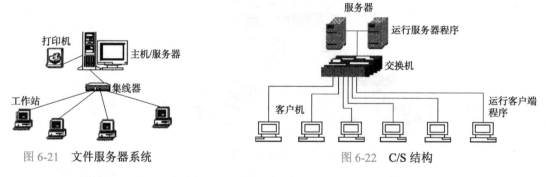

图 6-21　文件服务器系统　　　　　　　　图 6-22　C/S 结构

3．B/S 结构

B/S（Browser/Server，浏览器/服务器）结构是利用 Internet 技术对 C/S 改进后的一种基于 Internet 的网络结构，如图 6-23 所示。它在服务器上运行 Web 服务程序，而在用户工作站上运行浏览器程序，用户通过浏览器获取服务器提供的服务。

图 6-23　B/S 结构

B/S 结构简化了 C/S 结构中客户机的功能。在 C/S 结构中，客户机上必须运行与服务器程序相对应的客户端应用程序，才能与服务器相连接。但在 B/S 结构中，客户机上只需运行一个网络浏览器软件，就可以登录到 Web 服务器，获取相应服务。浏览器可以从任何第三方获取。

B/S 结构将系统升级与维护成本降到了最低限度，因为整个系统的功能几乎都是在服务器上完成的，无论用户的规模有多大，有多少分支机构，都不会增加系统维护和升级的工作量，因为所有的操作只需要针对服务器进行。

B/S 结构是适合电子商务活动的一种网络结构，企业将其能够提供的服务放到企业内部的 Web 服务器上，用户只需要一台普通的微机就可以通过 Internet 登录到该服务器，获取企业提供的服务，以此实现商务活动。

6.4　互联网及其应用基础

互联网采用 TCP/IP 进行通信和数据传输，其中 TCP 负责传输的正确性，IP 保证通信地址的正确性。互联网不属于任何国家、部门或机构，任何遵守 TCP/IP 的网络都可以接入互联网，成为其中的一员；互联网也不属于任何个人或组织，任何个人或组织只要愿意都可以自由地加入，在互联网中查找或传递信息，也可以将信息发布到互联网上。

互联网是网络的网络，由多个网络互连而成，实现网络互连的主要设备是路由器。从物理上看，互联网是基于多个通信子网（主干网）的网络，这些通信子网属于加入互联网的不同国家。各国家（地区）的城域网、局域网或个人用户可以通过各种技术接入本国的通信子网。这样，各国的"小网络"就通过通信子网而连接而成一个"大网络"，再通过路由器连接成一个更大的网络，就是互联网，如图 6-24 所示。互联网是一种层次结构的网络，从上至下，大致可分为三层。第一层为各国主干网，第二层为区域网，第三层为局域网。

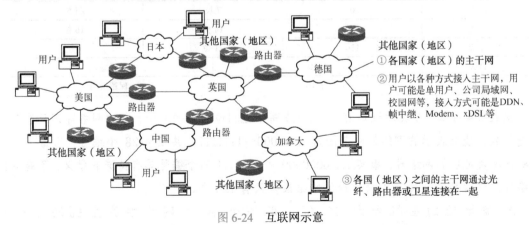

图 6-24　互联网示意

主干网：由代表国家或者行业的有限个中心节点通过专线连接形成，覆盖到国家一级；连接各国主干网的是互联网互连中心，如中国互联网信息中心（CNNIC）。

区域网：由若干作为中心节点代理的次中心节点组成，覆盖部分省、市或地区，如我国的教育网各地区网络中心、电信网各省互联网中心等。

局域网：直接面向用户的网络，如校园网和企业网等。

6.4.1　IP 地址

快递公司根据个人的家庭地址信息可以将网购商品送到用户手中，与此相似，互联网中的每台计算机都有唯一的网络地址，用于将信息传输到指定的计算机。在互联网中，计算机的网络地址由 IP 负责定义和转换，所以又被称为 IP 地址。

最初的 IP 用 4 字节存储 IP 地址，称为 IPv4。4 字节能够表示的数字有 2^{32} = 4294967296 个，一个数字代表互联网中一台计算机的地址，最多可有 4294967296 台计算机。记住每台计算机的 32 位二进制数字编号比较困难，所以人们通常用 4 个十进制数字来表示 IP 地址，十进制数之间用"."分开。例如，11111111111111111111111100000111 就表示为 255.255.255.7，其转换规则是将每字节转换为 1 个十进制数，因为 8 位二进制数最大为 255，所以 IP 地址中每个十进制数不超过 255。

互联网中的 IP 地址分为 A、B、C、D、E 五类，每类包括的网络数量和主机（互联网中的计算机称为主机）数量不同，这些信息都隐藏在主机的 IP 地址中，结构如下：

网络类别	网络标识	主机号

网络类别表示 IP 地址的类型，它与网络标识组合成网络号，是网络在互联网中的唯一编号，主机号表示主机在本网络中的编号，如表 6-4 所示。

表 6-4　IP 地址的结构

IP 类型	网络类别	网络标识	主机号
	IP 地址（总长 32 位）		
A 类	0	7 位	24 位
B 类	10	14 位	16 位
C 类	110	21 位	8 位
D 类	1110	组播地址	
E 类	11110	保留后用	

由表 6-4 可知，A 类地址是 IP 地址中最高二进制位为 0 的地址，它的网络标识只有 7 位二进制数，能够表示的网络编号范围为 0000000～1111111，共 2^7=128 个编号，即最多只有 128 个 A 类地址的网络号。事实上，0000000 和 1111111 两个编号具有特殊的意义，不能用作网络号。这就是说，具有 A 类地址的网络最多只有 126 个。

A 类地址的主机号为 24 位，即每个 A 类网络中的主机编号可从 000000000000000000000000 一直编到 111111111111111111111111，共 2^{24}=16777216 台主机。

A 类网络的网络号（网络类别+网络标识）处于 IP 地址的最高字节，占据 IP 地址的第一个十进制数，范围为 1～127，所以只要看见 IP 地址中的第 1 个十进制数在此范围内，就可以肯定它属于某个 A 类网络。例如，在 IP 地址 12.12.23.21、26.43.56.11、231.192.192.3 中，前两个是 A 类地址，最后一个不是 A 类地址。

同样可以推算其 B 类、C 类、D 类和 E 类 IP 地址中的网络数和主机数。表 6-5 列出了 A、B、C 三类 IP 的起始编号和主机数。

表 6-5　A、B、C 类 IP 的网络范围和主机数

IP 类型	最大网络数	最小网络号	最大网络号	最多主机数
A	126 (2^7-1)	1	126	$2^{24}-2=16777214$
B	16384 (2^{14})	128.0	192.255	$2^{16}-2=65534$
C	2097152 (2^{21})	192.0.0	223.255.255	$2^8-2=254$

说明：IP 中的全 0 或全 1 地址另做他用，这就是表 6-5 中主机数减 2 的原因。

A 类地址网络数较少，但每个网络中的主机数较多，所以常常分配给拥有大量主机的网络，如大公司（如 IBM、AT&T 等公司）和 Internet 主干网络。B 类地址通常分配给节点比较多的网络，如政府机构、较大的公司及区域网。C 类地址常用于局域网络，因为此类网络较多，而网络中的主机数又比较少。大家熟知的校园网就常采用 C 类地址，较大的校园网可能还有多个 C 类地址。

D 类地址应用较少，E 类地址则保留以备将来使用，到目前为止尚未开放。

在 IP 地址中，有 6 组 IP 地址具有特殊用途，如表 6-6 所示。

表 6-6　6 组具有特殊用途的 IP 地址段

IP 地址段	含　义	备　注
127.0.0.1	本机 IP	Windows 中的别名为 localhost
10.*.*.*, 192.168.*.* 172.16.*.*～172.31.*.*	私有网络地址	主要用于企业内部网络中，但不能够在 Internet 上使用，Internet 没有这些地址的路由
0.0.0.0	一组不清楚的主机或目的网络	指代本机路由表中没有设定的主机和目的网络
255.255.255.255	受限制的广播地址	对本机而言，指本网段内（同一个广播域）的所有主机
224.0.0.0～239.255.255.255	组播地址	
169.254.*.*	DHCP 故障地址	当设置 DHCP 自动获取 IP 出现故障时，会分配这个段中的一个地址，表示出现问题了

IPv4 能够管理的 IP 地址并不多，预计过不了几年就会用完。人们为此设计了 IPv6，它采用 128 位二进制数表示 IP 地址，可以设置 2^{128} 个地址，这是个很大的数字，足够人们用许多年。

6.4.2　子网掩码

一个 A 类网络中可以容纳 16777214 台主机，B 类网络中可以容纳 65534 台主机。但据统计，许多 B 类网络中实际所连接的主机数不到 200 台，这就意味着有 6 万多个 IP 地址被浪费掉了。这种不合理的地址方案一方面造成了极大的地址浪费，另一方面使 IP 地址紧缺。一种解决方案就是把这些网络划分成更多的子网，再将子网分配给不同的单位。对于划分了

子网的 IP 地址而言，其结构如下所示：

从有无子网的 IP 地址结构中可以看出，子网技术是将本地网络部分（主机号）再划分为多个更小的网络，对原来 IP 地址的网络号则不作修改。子网技术没有增加互联网的任何负担，因为在通信过程中，互联网只需将信息送到相关的网络（由 IP 地址中的网络号确定），再由相关网络将信息送到主机。子网划分并未引起主机 IP 中原有网络号的变化，信息传输也就不会受到子网划分的影响。

子网划分可以通过子网掩码技术实现。所谓子网掩码，实际上是一个与 IP 地址等长（32位）的二进制编码，将一个 IP 地址的网络号部分（包括子网部分）设置为全 1，主机号部分设置为全 0，将 IP 地址与之进行二进制数据的"与"运算，即可得出该 IP 所在的网络的 IP 地址。

例如，有 30 个 B 类地址 132.1.2.1~132.1.2.30，要想将它们划入同一子网，可以通过子网掩码技术将"132.1.2"设置为网络号，最后 1 字节表示该网络中的主机编号，则其子网掩码为"11111111111111111111111100000000"，如果这 30 台主机都使用这个子网掩码，它们的网络号（包括子网号）就相同。例如，132.1.2.30 地址的网络号计算过程如下：

	网络标识		子网号	主机号	
	132	1	2	30	IP 地址：十进制
	10000100	00000001	00000010	00011110	IP 地址：二进制
and	11111111	11111111	11111111	00000000	子网掩码
and 结果	10000100	00000001	00000010	00000000	所在网络号：二进制
	132	1	2	0	所在网络号：十进制

如果主机 132.1.2.56 也使用这个子网掩码，同样可得出其网络号为 132.1.2.0，它也会被划入该子网。可以看出，子网掩码和 IP 地址相与的结果与将 IP 地址的主机号直接设置为 0 的结果相同。子网掩码常用十进制表示，如上述掩码可以表示为 255.255.255.0。

互联网中的每台主机都有子网掩码，路由器以此来推算 IP 地址所属的网络。网管人员可以借助子网掩码将一个较大的网络划分为多个子网。

6.4.3 网关

网关是用来把两个或多个网络连接起来的设备，工作在网络协议的高层，能够实现不同网络协议的转换。计算机要接入互联网，必须进行 IP 地址的设置。在 Windows 操作系统中进行主机 IP 配置时，有一项就是网关的设置。但是，这个网关实际上是出入本网的路由器地址，并非真正意义上的网关，这样称呼有其历史原因。图 6-25 是用一个路由器连接两个子网络的网关配置示意。

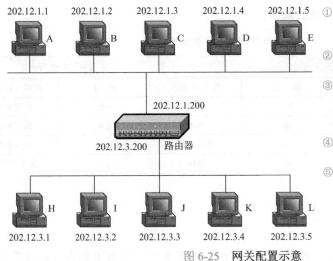

① A、B、C、D、E处于同一网络，它们要访问H、I、J、K、L等主机必须经过路由器

② 路由器连接了两个网络，它就是两个网络互相访问的网关

③ 每个连在路由器上的网络都要给路由器分配一个IP地址，即路由器的IP地址数与连接的网络数相同

④ 对于A、B、C、D、E而言，其网关是202.12.1.200

⑤ H、I、J、K、L的网关是202.12.3.200

图 6-25　网关配置示意

6.4.4　域名系统

要访问互联网中的任何一台主机，都需要知道它的 IP 地址。IP 地址本质上是一个数字，难以记住，于是互联网允许人们用一个类似于英文缩写或汉语拼音的符号来表示 IP 地址，这个符号化的 IP 地址就称为"域名地址"。

在互联网中，地址由域名服务器管理。域是一个网络范围，可能表示一个子网、一个局域网、一个广域网或 Internet 的主干网。一个域内可以容纳许多主机，每台主机一定属于某个域，通过该域的域名服务器访问该主机。域名系统是一种层次命名结构，如图 6-26 所示。

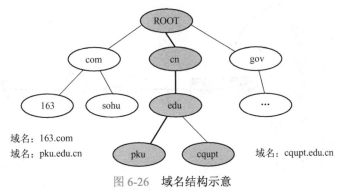

域名：163.com
域名：pku.edu.cn
域名：cqupt.edu.cn

图 6-26　域名结构示意

设置主机的域名时必须符合以下规则：① 按层次结构划分，最右边的层次最高；② 域名的各段以"."分隔；③ 域名从左到右书写，即沿图 6-26 所示的层次结构从下向上定义域名；从右到左翻译，即在图 6-26 中从上向下翻译域名的含义。例如在图 6-26 中，重庆邮电

大学的域名为 cqupt.edu.cn，表示的含义为"中国.教育科研网.重庆邮电大学"。

在互联网中，由域名服务器实现 IP 地址与域名地址之间的转换。例如，当在 IE 的地址栏中输入北京大学的域名 www.pku.edu.cn 时，域名服务器会将它转换成北京大学的 IP 地址 162.105.129.12。表 6-7 给出了常见的域名。

表 6-7　互联网中常见的域名

常见国家或地区的域名				常见组织机构域名	
域　名	国家或地区	域　名	国家或地区	域　名	组织（行业）
cn	中国	ko	韩国	edu	教育机构
us	美国	jp	日本	gov	政府机构
mil	军事部门	mo	澳门特区	com	商业机构
net	网络组织	uk	英国	int	国际性组织

6.4.5　Internet 的接入方式

接入互联网主要有专线接入、拨号接入和宽带接入等方式。专线上网多为局域网用户所采用；宽带上网技术推出的时间较短，但发展较快，是当前个人用户接入互联网的主要方式；拨号上网是早期的主要接入方式，速度较慢，已基本不用。

1．专线上网

局域网一般采用专线接入互联网，网络中的用户都可以通过此专线访问互联网。图 6-27 是采用专线接入互联网的示意图，局域网通过路由器与数据通信网（如 DDN、帧中继网等）的专线相连接，数据通信网覆盖范围很大，与国内的 Internet 主干网相连，最后由主干网实现国际互连。专线接入的上网速度比较快，适合大业务量的网络用户使用，接入后，网络中的所有终端和工作站均可共享 Internet 服务。

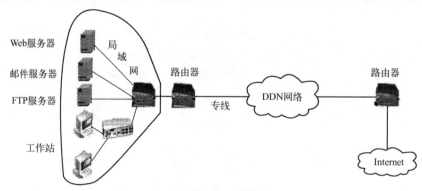

图 6-27　专线接入互联网示意

2．宽带上网

宽带上网近年发展迅猛，能够进行视频会议和影视节目的传输，适合小型企业、网吧及家庭用户上网。宽带上网主要采用 DSL 技术实现。

DSL（Digital Subscriber Line，数字用户线路）是对普通电话线进行改造，利用电话线进行高速数据传输的技术，包括 HDSL、SDSL、VDSL、ADSL 和 RADSL 等，被称为 xDSL。它们的主要区别是传输速率和传输距离不同。

ADSL（Asymmetrical Digital Subscriber Loop，非对称数字用户环路）是 DSL 接入技术的一种，在电话线上支持上行（从用户端到局方）速率 640 kbps～1 Mbps，下行（从局方到用户端）速率 1～8 Mbps，有效传输距离为 3～5 km。ADSL 有效地利用了电话线，只需要在用户端配置一个 ADSL Modem 和一个话音分路器就可接入宽带网，如图 6-28 所示。

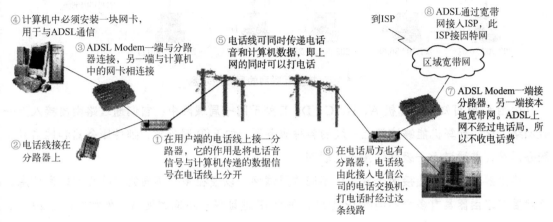

图 6-28　ADSL 上网的过程

6.4.6　在 Windows 中创建互联网连接

1．Windows 的网络接入方式

Windows 操作系统具有强大的网络管理功能，能够使你的计算机与其他计算机或网络建立连接，进行信息传递。Windows 操作系统不仅可以让计算机通过 LAN、调制解调器、ISDN 或 DSL 等方式访问远程服务器，还可以使计算机成为远程访问服务器，让网络中的其他用户访问该计算机。在 Windows 中，至少可以通过以下方法将计算机接入网络：① 通过计算机的串口或并口，使用电缆直接与另一台计算机相连；② 使用调制解调器或网络适配卡连接到局域网或专用网络；③ 通过虚拟专用网（VPN）连接网络。

2．Windows 中局域网的 IP 参数设置

通过局域网接入互联网是目前较常用的互联网访问方式之一。在同一局域网中，相同子网中的所有用户通过相同的网络设备和网络线路访问互联网。除了做好硬件设备与互联网的物理连接之外，还必须通过 Windows 操作系统的网络管理功能建立软件连接，并正确配置网络的 TCP/IP 参数，才能够进行互联网的访问。

在 Windows 操作系统中，局域网 TCP/IP 参数的设置至少涉及主机的 IP 地址、子网掩码及网关等重要参数的设置。只有参数设置正确，才能够访问互联网。下面以图 6-29 所示局域网中的计算机 E 为例，说明 Windows 中 IP 地址的设置过程。

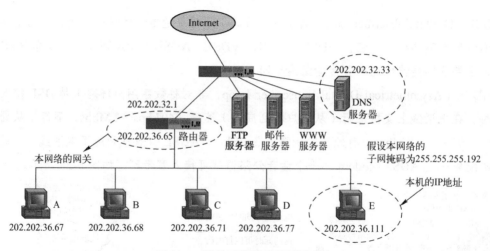

图 6-29　接入互联网的局域网示意

由图 6-29 可知，计算机 A、B、C、D、E 处于同一局域网中，它们通过路由器接入上一级网络。这些计算机能够访问上一级的各种服务器，如 FTP 服务器、邮件服务器和域名解析服务器等，并通过上一级网络接入互联网。

路由器通常用于连接两个或多个不同的局域网，以便在多个不同的网络之间转发信息。这就要求路由器具有多个不同的 IP 地址，每个 IP 地址属于不同的网络。例如在图 6-29 中，连接 A、B、C、D、E 的路由器就有两个不同的 IP 地址，其中的一个 IP 地址与 A、B、C、D、E 网络计算机具有相同的网络号，这个 IP 地址就是 A、B、C、D、E 计算机的网关。另一个 IP 地址则具有与之相连的另一个网络的网络号。在本例中，该路由器具有与服务器相同的网络号。路由器的这种地址方案使之能够识别它所连接的不同网络。

在 Windows 中，为图 6-29 中的计算机 E 配置 IP 的过程如下。

<1> 选择"开始|控制面板|网络和共享中心|查看网络状态和任务"，出现如图 6-30 所示的"网络连接"窗口。

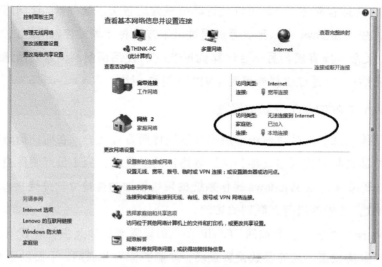

图 6-30　"网络连接"窗口

<2> 单击"更改适配器配置",从弹出的"网络连接"窗口中选择"WLAN",出现该连接的属性对话框,如图 6-31 所示。

<3> 选中"Internet 协议版本 4(TCP/IPv4)"项,然后单击"属性"按钮,出现如图 6-32 所示的对话框。

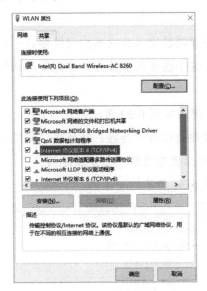

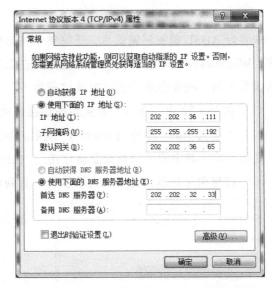

图 6-31　WLAN 属性　　　　　　图 6-32　Internet 协议(TCP/IP)属性设置

<4> 设置计算机 E 的 IP 地址、子网掩码、网关和 DNS 的 IP 地址。在图 6-32 所示的对话框中选中"使用下面的 IP 地址",在"IP 地址"框中输入计算机 E 的 IP 地址"202.202.36.111",在"子网掩码"中输入"255.255.255.192",在"默认网关"中输入路由器的本网地址"202.202.36.65"。选中"使用下面的 DNS 服务器地址",然后在"首选 DNS 服务器"中输入计算机 E 所在网络的域名服务器地址"202.202.32.33"。

经过上述操作步骤,就设置好了图 6-32 中的计算机 E 的 IP 参数。其他几台计算机 A、B、C、D 的 IP 参数配置过程与此相同,它们的子网掩码、网关和 DNS 服务器地址也与计算机 E 相同,不同的是每台计算机的 IP 地址。

3．ADSL 宽带上网

ADSL 上网多用于家庭和个人用户。这种方式通过调制解调器,借助电话线,通过电话交换网接入特定的 ISP(如电信公司或移动公司),再由 ISP 接入互联网。

要想通过宽带 ADSL 接入互联网,需要首先向其提供商(如当地的电信、移动和联通公司)提出申请,在办理相关手续后,会给你分配相应的用户名和初始密码(用户可以修改此密码),这里填写的用户名和密码就是这样得来的。

1)安装调制解调器

安装 ADSL 调制解调器的操作步骤如下:

<1> 将电话线接入 ADSL 分路器的 Line 接口,将电话机与分路器的 Phone 接口连接,

将连接到计算机网卡的网线与分路器的 ADSL 接口连接，并接好 ADSL 调制解调器的电源。

<2> 启动 Windows，安装好调制解调器的设备管理程序。

说明：在一般情况下，将调制解调器接入计算机后，重新给计算机加电时，Windows 也能自动识别出调制解调器。

2）创建一个新的连接

安装好 ADSL 调制解调器后，还需要安装支持调制解调器接入互联网的网络协议和拨号程序。Windows 中有单独的拨号网络程序，在正确配置这个程序的参数后，才能使用调制解调器拨号上网。拨号程序的参数配置过程如下。

<1> 在图 6-30 中，单击"设置新的连接或网络"，弹出如图 6-33 所示的窗口。

<2> 单击其中的"连接到 Internet"选项，如果曾经建立过拨号连接，就会将它们显示出来。这时可单击其中的"仍然设置新连接"，在弹出的对话框中选择"创建新连接"。

<3> 按照向导提示，逐步骤向下执行，直到出现图 6-34 所示的对话框。

图 6-33 "设置连接或网络"向导

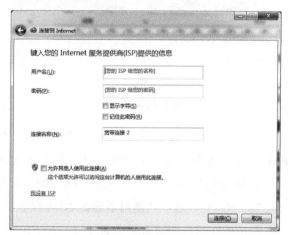

图 6-34 设置网络连接方式

<4> 在图 6-34 中，输入从 ISP 服务商（如电信或移动公司）申请到的用户名和密码，在"连接名称"输入宽带连接的名称，此名称用于标识本次创建的宽带连接，由用户自己命名，可以是任意名称，将显示在图 6-30 中的网络连接名称的列表中。双击它，就能够连接到网络。

4．拨号接入 ISP

建立了一个拨号连接后，就会在"网络连接"窗口中增加该拨号连接的图标。双击该图标，在出现的对话框中输入用户名和密码，然后单击"连接"按钮，你的计算机就能连接到 ISP 的服务器上，ISP 将向你提供互联网的访问服务。

6.4.7 常用网络命令

1．ipconfig

ipconfig 是用来查看主机内 IP 配置信息的命令，可以查看的信息包括：网络适配器的物理地址、主机的 IP 地址、子网掩码以及默认网关、主机名、DNS 服务器、节点类型等。该命令对于查找拨号上网用户的 IP 地址及网络适配器的物理地址很有用。其操作过程如下：

<1> 按 Win+R 键，在弹出的"运行"窗口中输入"cmd"，或选择"开始|Windows 系统|命令提示符"命令，出现 DOS 命令提示符对话框。

<2> 在 DOS 命令提示符后面直接输入"ipconfig"命令，然后回车，将显示本机的 IP 地址、子网掩码及默认网关等信息，如图 6-35 所示。

图 6-35　ipconfig 命令的执行结果

如果使用"ipconfig /all"命令，就可以得到更多的信息，如主机名、DNS 服务器、节点类型、网络适配器的物理地址、主机的 IP 地址、子网掩码以及默认网关等。

2．ping

ping 命令用于测试与远程主机的连接是否正确，使用 ICMP 向目标主机发送数据报，当目标主机收到数据报后，会给源主机回应 ICMP 数据报，源主机收到应答信息后就可确定网络连接的正确性。如果源主机在规定的时间内没有收到回应，就会显示超时（time out）错误。

说明：ICMP（Internet Control Message Protocol，网际消息控制协议）是 TCP/IP 中的维护协议，每个 TCP/IP 实施中都需要该协议，允许 IP 网络上的两个节点共享 IP 状态和错误信息。ping 命令使用 ICMP 来确定远程系统的可访问性。

图 6-36 是用 ADSL 宽带上网后，用 ping 命令测试与远程主机连接情况的结果。

执行 ping 命令的方法如下：在 DOS 命令提示符后直接输入"ping 远程主机 IP 地址"，然后回车，系统将显示连接的状态信息。

6.4.8　访问互联网

连接到 Internet 以后，要上网查看和搜索信息，必须有一个浏览器。有了浏览器，人们需要做的仅仅是按几下鼠标，做很少的输入，就能够从网络上获得所需的信息。常用的浏览器主要有 Microsoft 公司的 Edge 浏览器、火狐浏览器（Mozilla Firefox）等。

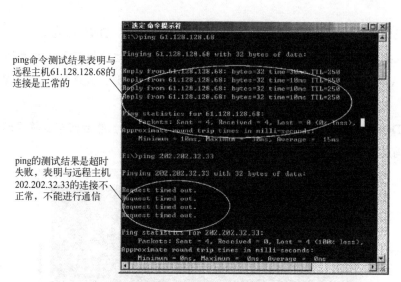

ping命令测试结果表明与远程主机61.128.128.68的连接是正常的

ping的测试结果是超时失败，表明与远程主机202.202.32.33的连接不正常，不能进行通信

图 6-36   使用 ping 命令测试主机连接是否畅通

1．WWW

WWW（World Wide Web，简称 Web）通常译成万维网，是一个通过互联网访问的由许多互相链接的超文本文档组成的系统。WWW 中每个有用的东西都称为"资源"，由一个"统一资源标识符"（URI）标识，并通过超文本传输协议（HyperText Transfer Protocol，HTTP）传输给用户，用户通过点击链接来获得资源。

WWW 的管理机构是万维网联盟（World Wide Web Consortium，W3C），又称为 W3C 理事会。W3C 制定了 WWW 的三个标准，也是 WWW 的核心内容，即：统一资源标识符（URI），世界通用的负责给万维网上的资源（如网页）定位的系统；超文本传输协议（HTTP），负责定义浏览器和服务器相互交流的规则；超文本置标语言（HTML），定义超文本文档的结构和格式。

WWW 是欧洲物理粒子研究所的 Tim Berners Lee 发明的，他与 Rogert Cailliau 在 1991年研制出了第一个浏览器，使世界范围内的科学家在不进行数据格式转换的情况下就能够通过浏览器获得信息。世界上第一个网站成立于 1994 年。现在，世界上已有成千上万个网站，人们可以通过 WWW 进行购物、订飞机票、查询旅游资源、预订旅途餐馆、查看世界各国的新闻、远程学习、远程医疗等，或者进行休闲娱乐，如打游戏、看电影、视频聊天、看演唱会及收看网上电视等。可以说，WWW 包罗万象。图 6-37 就是一个 WWW 网页。

在进行 WWW 浏览时，应该理解以下几个比较重要的概念。

① WWW 服务器：WWW 采用 B/S 模式提供网络服务，在 WWW 服务器中存放有大量的网页文件信息，提供各种信息资源。用户端的计算机中则安装有网络浏览器软件程序，当用户需要访问 WWW 的服务器时，首先与 WWW 服务器建立连接，然后向服务器发出传输网页的请求。WWW 服务器则随时查看是否有用户连接，一旦建立连接，它就随时应答用户提出的各种请求。

图 6-37　包括图文声像多种信息的 WWW 网页

② 浏览器（Browser）：一个能够显示网页的应用程序，可以通过它进行网页浏览。浏览器具有格式化各种不同类型文件信息的功能，包括文字、图形、图像、动画、声音等信息，并能够将格式化的结果显示在屏幕上。

③ 主页（Home Page）与页面：WWW 中的内容称为网页，即页面。一个 WWW 服务器中有许多页面。主页是一种具有特殊意义的页面，是用户进入 WWW 服务器所见到的第一个网页。主页相当于介绍信，说明网页所提供的服务，并具有调度各页面的功能，好比图书的封面和目录。

④ HTTP：WWW 的标准传输协议，用于传输用户请求与服务器对用户的应答信息，要求连接的一端是 HTTP 客户程序，另一端是 HTTP 服务器程序。

⑤ HTML：用来描述如何格式化网页中的文本信息，将标准化的文本格式化标记写入 HTML 文件中，任何 WWW 浏览器都能够阅读和重新格式化网页信息。

⑥ XML（eXtensible Markup Language，可扩展标记语言）：Internet 环境中跨平台的、依赖于内容的技术，是当前处理结构化文档信息的有力工具。XML 是一种简单的数据存储语言，使用一系列简单的标记描述数据，这些标记可以用方便的方式建立和使用。

⑦ URL（Uniform Resource Locator，统一资源定位器）：出现在浏览器的地址栏中，也可以出现在网页中，由三部分组成：协议部分、WWW 服务器的域名部分、网页文件名部分。图 6-38 表示出了三者之间的关系。WWW 中的 URL 协议有多种，如 FTP、TELNET 等。

协议　　WWW服务器的域名　页面文件名

图 6-38　URL 的组成

2．电子邮件

电子邮件（E-mail）是 Internet 的主要用途之一，可以完成普通邮件同样的功能，而且比普通邮件更快、更省钱。只要有一台接入 Internet 的计算机，有一个 E-mail 账号，就可以接收或发送电子邮件。电子邮件还可以传输文件，订阅电子刊物，参与各种论坛及讨论组，发布新闻或发表电子杂志，享受 Internet 所提供的各种服务。如果所用的 E-mail 软件功能齐全，还可以利用电子邮件进行多媒体通信，发送和阅读包括图形、图像、动画、声音等多媒体格式在内的邮件，是普通邮件不能比拟的。

与普通信件一样，电子邮件也需要地址。电子邮件地址就是用户在 ISP（Internet Service Provider，互联网服务提供商，如移动公司）所开设的邮件账号加上 POP3（Post Office Protocol Version 3，邮局协议版本 3）服务器的域名，中间用"@"隔开。

例如，"Ashi@sohu.com"，其中的 Ashi 表示用户在 ISP 所提供的 POP3 服务器上所注册的电子邮件账号，也就是用户名；"@"表示"at"，即"位于""在"的意思；sohu.com 表示 POP3 服务器的域名。

目前，许多网站提供了免费电子邮件服务，如雅虎（Yahoo）、新浪（Sina）、搜狐（Sohu）、广州网易（Netease）以及中华网（China）等。

3．搜索引擎

互联网中的信息浩如烟海，包罗万象，只有借助一些网站提供的搜索引擎才能及时查找到需要的信息。搜索引擎的使用非常简单，只需要输入关键字，搜索引擎就会查找出与关键字相关的信息。但是，网上有许多雷同的信息，搜索引擎都会搜索出来，有用的信息还需要自己去鉴定和筛选。

常用的中文搜索引擎有谷歌（Google）、百度（Baidu）、雅虎（Yahoo）、新浪、搜狐、搜狗等，英文搜索引擎主要有 Google、Bing、Infoseek、Altavista 等。

百度是一个世界性的搜索引擎，主要以中文为主，默认为"搜索所有网站"，即搜索结果中包含英文、简体中文和繁体中文网页。百度采用了一系列新技术，如完善的文本对应技术、先进的 PageRank 排序技术、独特的网页快照等。这些辅助功能会帮助使用者更快速、方便地找到需要的资料。网页快照功能可以从百度服务器里直接取出以前曾经查看过的网页，使得搜索速度很快。

4．远程登录 Telnet

所谓远程登录，就是让本机充当远程主机的一个终端，通过网络登录到远程的主机上，并访问远程主机中的软件和硬件资源。在远程登录时，需要向远程主机提供合法的用户账号（该账号可从远程主机管理者处申请获得）。目前许多机构也提供了开放式的远程登录服务，用户可以通过公共账号（如 guest）登录远程主机。

TELNET 其实是一个简单的远程终端协议，也是互联网的正式标准，用户可以通过 TELNET 建立本地计算机与远程主机之间的 TCP 连接注册，并由此登录到远程主机上。 TELNET 能够将用户的击键传递到远程主机上，也能将远程主机的输出通过 TCP 连接返回到用户屏幕上（好像你的鼠标、键盘、显示器是连接在远程主机上的一样）。

Windows 提供了一条远程登录命令 telnet，该命令运行于 DOS 命令环境。telnet 在 Windows

的早期版本中是默认开放的，但在 Windows 10 中并未开放，需要按如下步骤设置它：依次选择"开始|Windows 系统|控制面板|程序和功能"命令，在出现的"程序和功能"窗口中单击"启用或关闭 Windows 功能"，弹出如图 6-39 所示的窗口，选中"Telnet 客户端"项目设置，单击"确定"按钮后，就开启了 Telnet 功能。

5．电子公告栏 BBS

BBS（Bulletin Board System）是建立在互联网基础上的，用户必须首先连接到互联网上，然后才能通过 Telnet 登录到某个 BBS 站点上。BBS 站点允许很多人同时登录，并允许他们交换信息，传递文件，讨论问题，并发表自己的言论，阅读其他用户的留言。

BBS 是一个名副其实的"网上社会"，在这里，人们可以与各类社会人士进行网上聊天，也可以在这里获取许多共享软件、免费软件，向专家请教各种问题，查找各类网络软件、计算机病毒防范程序、加解密工具和各类游戏等。

现在使用 Telnet 登录 BBS。例如，要登录北京大学的 BBS，操作步骤如下：选择"开始|Windows 系统|命令提示符"命令，在出现的 DOS 命令提示符对话框中输入"telnet bbs.pku.edu.cn"（北大 BBS 站地址是 bbs.pku.edu.cn）命令，回车，将显示如图 6-40 所示的北大 BBS 登录界面。

图 6-39　Windows 7 的功能设置

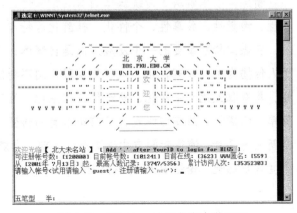

图 6-40　用 Telnet 登录北京大学 BBS

一般的 BBS 提供了一个公共登录账号 guest，不管是谁，都可以用此账号登录 BBS 并查看其中的各种信息，但 guest 具有较小的权限，如不能上传或下载文件资源等，而合法的用户则具有更多的权限。

6．即时通信软件

1996 年，几名以色列青年开发了一种可以让人们在互联网上直接交流的软件，取名 ICQ（I SEEK YOU，意为"我找你"）。ICQ 支持在 Internet 上聊天、发送消息、传递文件等功能，这就是最初的即时通信软件。

即时通信（Instant Messenger，IM）软件是通过即时通信技术来实现在线聊天和信息交流的软件，允许人们使用网络即时传递文字信息、档案文件，并能够进行语音与视频交流，人们可以知道自己的好友是否正在线上，并能与他们即时通信。

即时通信比传输电子邮件所需时间的更短，比拨电话更方便，并且可以提供即时的语音和视频信息，价格更低廉。自面世以来，即时通信软件的功能日益丰富，逐渐集成了电子邮件、博客、音乐、电视、游戏和搜索等功能。

当前，即时通信软件已不再是一个单纯的聊天工具，而是一个成集交流、资讯、娱乐、搜索、电子商务、办公协作和企业客户服务等为一体的综合化信息平台，是网络时代最方便的通信方式。我国目前应用广泛的 IM 软件有 QQ、微信、钉钉等。

6.5 新媒体信息技术基础

媒体是指传播信息的介质，也就是人们常说的宣传平台，相对于报刊、广播、出版、影视四大传统意义上的媒体而言，新媒体是指在新的技术支撑体系下出现的媒体形态，是利用数字技术、网络技术、移动技术，通过互联网、无线通信网，有线网络等渠道以及计算机、手机、数字电视机等终端，向用户提供信息和娱乐的传播形态和媒体形态。

新媒体技术解决了传统媒体固有的枯燥性、延迟性、非互动性等缺陷，具有交互性、即时性、海量性、共享性、个性化、社群化等特点。

新媒体特别重要的一个发展方向是自媒体，又称为"公民媒体"或"个人媒体"，是指以个人传播为主，以现代化、电子化手段，向不特定的大多数或者特定的单个人传递信息的媒介，具有私人化、平民化、普泛化、自主化、互动性等特点。在自媒体时代，因其制作流程简单，门槛低，故使传媒发生了前所未有的转变，人人都有麦克风，人人都是记者，人人都是新闻传播者，使得新闻自由度更高。当前，自媒体平台主要包括播客、博客、微博、微信、百度官方贴吧、论坛/BBS 等网络社区。

6.5.1 播客

播客源于苹果电脑的 iPod 与 broadcast（广播）的合成，是数字广播技术的一种，初期借助一个叫 iPodder 的软件与一些便携播放器相结合而实现。它使用 RSS 2.0 文件格式传输信息，允许个人进行创建与发布，这种新的传播方式使个人可以通过互联网发表自己的节目。

初期的播客主要用于传播音频节目，苹果公司称其为"自由度极高的广播"，人人可以制作，随时可以收听。2005 年，苹果公司推出的 iTunes 4.9 推动了播客的发展。iTunes 4.9 是一种播客客户端软件，或者称为播客浏览器。人们通过它可以在互联网上浏览、查找、试听或预订播客节目，并且可以将网上的广播节目下载到自己的 iPod、MP3 播放器中随身收听，不必坐在计算机前，可以随时随地自由收听。

播客技术也可以用来传输视频文件，视频已经成为当前播客的主要内容了。每个人都可以自己制作声音与视频，并将其上传到网上与广大网友分享。因此，也有人说，播客就是一个以互联网为载体的个人电台和电视台。当前的播客网站非常多，其中有丰富的各类音频和视频节目。土豆网、新浪播客、酷6、优酷等就是其中的代表。

6.5.2 博客和微博

博客（blog）与播客非常接近，都是个人通过互联网发布信息的方式，都需要借助博客/播客发布程序（通常为第三方提供的博客托管服务，也可以是独立的个人博客/播客网站）进行信息发布和管理。其主要区别在于，博客传播的以文字和图片信息为主，播客传播的则以音频和视频信息为主。

博客源于 Web Log，即网络日志，是一种通常由个人管理、不定期张贴新文章的网站。任何人都可以像免费电子邮件的注册、写作和发送一样，完成个人博客网页的创建、发布和更新。博客文章可以充分利用超链接、网络互动、动态更新的特点，将个人工作过程、生活故事、思想心得、新闻信息等及时记录和发布。人们可以通过博客以文会友，进行交流沟通。

博客上的文章通常根据张贴时间，以倒序方式由新到旧排列。典型的博客结合了文字、图像、其他博客或网站的链接、其他与主题相关的媒体，能够让读者以互动的方式留下意见，是许多博客的重要要素。大部分博客的内容以文字为主，如程序技术方面的博客，但仍有一些博客专注于艺术、摄影、视频、音乐等主题。

博客可以分为许多类型，而微博是其中最受欢迎的博客形式。微博（Weibo）是微型博客的简称，比博客更简短，是一种通过关注机制分享简短实时信息的广播式的社交网络平台。用户可以通过 Web、WAP 等客户端组建个人社区，更新信息，并实现即时分享。微博的关注机制分为可单向、可双向两种。2015 年 1 月，新浪微博平台取消了 140 字的发布限制，不超过 2000 字都可以。

相对于强调版面布置的博客来说，微博对用户的技术要求门槛很低。内容可以只是由简单的只言片语组成，语言的编排组织上也没有任何限定，可以通过手机、网络等方式来开通，并可随时更新自己的微博内容。

微博作为一种分享和交流平台，更加注重时效性和随意性。每个人既可以作为观众，也可以作为发布者。只要有网络或者移动终端，就可以在微博上浏览感兴趣的信息，也可以随时将自己的想法、见闻、最新动态以简短的文字、图片、视频等形式在微博上发布。

微博最大的特点是信息共享便捷快速：信息发布快，信息传播的速度也快。一些大的突发事件或引起全球关注的大事，如果有博主在场，利用各种手段在微博客上发表出来，其实时性、现场感和快捷性是许多媒体无法比拟的。

提供微博的网络平台很多，如新浪微博、腾讯微博、网易微博、搜狐微博等。

6.5.3　微信

微信（WeChat）是腾讯公司于 2011 年推出的一个为智能终端提供即时通信服务的免费应用程序，支持在不同通信运营商之间，采用不同操作系统平台通过网络快速发送免费的（需消耗少量网络流量）语音短信、视频、图片和文字。微信提供了公众平台、朋友圈、消息推送等功能，用户可以通过"摇一摇""搜索号码""附近的人"、扫描二维码方式添加好友和关注公众平台，同时可以将内容分享给好友，将自己看到的精彩内容分享到微信朋友圈。

微信对全球人们的影响巨大，确实影响和改变了人们的交流方式。目前，微信已经覆盖国内 90%以上的移动终端，用户覆盖 200 多个国家（或地区）、超过 20 种语言，全球用户超过 12 亿，各品牌的微信公众账号总数已经超过 3 亿个。

除了文字聊天、语音聊天和视频聊天，微信还有朋友圈、公众号、购物、游戏等功能。

1．添加好友

要与他人进行微信交流，应先加为朋友。在微信界面右上角，触按"+"，选择"添加朋友"，进入对应程序界面，其中有以下添加朋友的方式（因版本不同而略有差异）：

搜索号码：如果知道朋友的微信号、QQ 号或手机号，可以直接在"搜索"框中输入对应号码，按搜索图标🔍后，会搜索该号码，并将找到的信息显示出来，选择其中的"添加到通信录"，对方确认后，彼此就成了朋友，就能够交流了。

扫一扫：适用于单个朋友的添加，用手机扫描对方的微信二维码，就能够输入他的微信号，然后添加为朋友。

手机联系人：选择手机联系人后，系统会显示出本机通信录中的手机号，点击相同的号码，可以申请将对方添加为朋友，如果通过了对方的验证，就成为朋友了。

附近的人：不是"添加朋友"中的选项，也能添加朋友。方法是点击微信界面中的"发现|附近的人"，系统会搜索距离本机一定范围内正在使用微信的人，并显示他们的微信号列表。点击其中感兴趣的人，可以进一步聊天，再决定是否添加朋友。

2．聊天

聊天是微信最基本的功能，包括文字聊天、语音聊天和视频聊天，具有个人聊天和群聊两种聊天方式。个人聊天方式为：点击想发送信息的朋友，进入聊天界面，输入想要发送的文字，或者发送语音短信、视频、图片（包括表情）。群聊方式为：单击微信界面右上角的"+"，选择"发起群聊"，然后选择一个群，可勾选若干微信朋友（最高 40 人），然后就会以选中的人建群，并进入群聊环境，在其中输入的文字或发送的信息可在群内的朋友之间共享。

语音聊天是微信最值得称赞的地方，其信息发送近乎免费（与电话相比，仅有低廉的网络流量），但语音质量、传输速度基本一致。对用户而言，它与电话通信没有太大的区别，大大降低了用户的通信费用，还可以将更多零碎的时间利用起来。语音聊天的方法和操作过程与视频聊天的基本相同，在此略述。

3．微信支付

1）微信支付流程

近年来，移动支付已经渗透到了小额支付的各种应用领域，也带动了传统行业的移动互联网转型升级。微信支付是移动支付的形式之一，是集成在微信客户端的、以绑定银行卡的快捷支付为基础的支付功能，使用户可以通过手机快速完成支付的流程。

使用微信支付，用户可以用手机互相转账，以及在线付款给线下的合作零售商，或者与金融服务机构协同合作，同网上银行一样方便，但微信支付随时、随地都可操作，更为便捷。

为了给更多的用户提供微信支付电商平台，腾讯公司于 2014 年取消了微信服务号申请微信支付功能收取 2 万元保证金的开店门槛，使更多的网上卖家和新型创业者使用微信公众平台进行支付。据不完全统计，当前微信支付绑卡用户数已超过 9 亿。

目前，微信支付已实现刷卡支付、扫码支付、公众号支付、App 支付，并提供企业红包、代金券销售等支付方式，可以满足用户及商户的不同支付需求。用户如想实现微信支付，需要在微信中关联一张银行卡，并完成身份认证，就能够把装有微信 App 的智能手机变成一个钱包，之后就可以用它购买合作商户的商品及服务，用户在支付时只需在自己的智能手机上输入密码，不需任何刷卡步骤即可完成支付。

当前，微信支付已与多家银行合作，可以绑定招行、建行、光大、中信、农行、平安、兴业、民生等银行的借记卡及信用卡进行支付，绑卡过程如下：

<1> 手机登录微信，点击微信首页下方的"我"，从设置界面中选择"服务"。

<2> 进入"钱包"操作界面后，点击"银行卡"。

<3> 点击"添加银行卡"，在弹出的页面中输入银行卡号。输完后，点击"下一步"，系统会自动匹配该卡号的银行。然后填写银行卡信息，包括持卡人的用户名，身份证号，以及该卡在银行预留的手机号等，勾选"同意协议"，填写完毕点击"下一步"。

<4> 手机验证，系统会发送一个验证码到前面填写银行卡时预留的手机号上。

<5> 收到短信验证码后输入，点击"下一步"，完成手机短信验证。接下来是设置微信支付密码，该密码是在购物时的支付密码，一定要记住，设置为 6 位数字，为了安全起见，最好不要跟银行卡的取现密码一样。

完成上述设置后，点击"完成"。这样，银行卡就与微信进行了绑定，以后就可以进行"微支付"了。

2）微信红包

2014 年初腾讯推出的微信支付 App 实现了发红包、查询收发记录和提现的支付功能，利用现有的微信好友关系网络，借助信息通信技术，实现发红包的功能，具有很强的主动传播性。自上线后，微信红包很快就被人们认可和推广，而收到红包后想要提现，就必须绑定银行卡，庞大的发红包用户群体也促进了微信支付用户数量的增加。

3）微信提现

自 2016 年 3 月起，微信支付对转账功能停止收取手续费。同日起，对提现功能开始收取手续费，此费用主要用于支付银行手续费。具体收费方案为：每位用户（以身份证为证）终身享受 1000 元免费提现额度，超出部分按银行费率收取手续费，目前费率均为 0.1%，每笔最少收 0.1 元。微信红包、面对面收付款、AA 收款等功能则免收手续费。

4．微信公众平台

微信公众平台是腾讯公司在微信基础上增加的功能模块，个人和企业都可以建立一个微信公众号，并绑定账号进行群发信息，实现和特定群体的文字、图片、语音的全方位沟通、互动。此外，用户也可以通过计算机和手机查找公众平台账号，或者扫二维码关注微信公众平台，获取感兴趣的知识或信息。

微信公众平台发展很快，从推出至今，许多机关、政府部门也开通了微信公众平台，方便群众办事，节约了群众办事成本；不少企业也开通了微信产品推销公众平台，进行产品二维码订阅、消息发送、品牌传播，建立微社区，发展微会员，实施微推送和微支付，进行线上线下微信互动营销，实现部分轻量级的商务活动，收到了良好的效果。

微信公众号分为订阅号和服务号、企业号三类平台。订阅号主要用来为用户提供信息，个人用户只能申请订阅号。这种账号每天可以发送 1 条群发消息，发给订阅用户（粉丝）的消息，将会显示在对方的"订阅号"文件夹中。

服务号主要用来为用户提供服务，适用于运营机构（如企业、媒体、公益组织），1 个月内可以发送 4 条群发消息，发给订阅用户（粉丝）的消息，会显示在对方的聊天列表中，在订阅用户（粉丝）的通讯录中有一个公众号的文件夹，保存着他所关注的所有服务号。

企业号是企业申请的公众号类型，旨在帮助企业、政府机关、学校、医院等事业单位和非政府组织建立与员工、上下游合作伙伴及内部系统间的连接，简化管理流程、提高信息的沟通和协同效率、提升对一线员工的服务及管理能力。

微信公众平台的申请过程很简单，登录注册界面后，点击右上角的"立即注册"，进入注册界面并完成基本信息、邮箱激活、选择类型、信息登记、公众号信息 5 方面的信息填写，就可以注册微信公众号。

6.6　简单的 Python 聊天程序设计

本节用 Python 语言编写一个简易的聊天程序，实现客户端和服务器互通信息的功能，借此了解 TCP/IP 网络程序工作的基本原理和实现方法。

网络通信中的客户端和服务端类似于超市购物中的顾客和服务人员，先由服务端建立好服务项目后，等待客户连接访问。由于通信双方计算机系统的通信能力可能存在差异（如数据传输速度不同、字符编码方式不同等），为了解决这种差异问题，通信双方都通过套接字（Socket）进行数据交换。Socket 本质上是对 TCP/IP 进行封装后的 API 函数，程序员可以用这些 API 函数进行网络编程。从程序员的角度，Socket 与 TCP/IP 的关系如图 6-41 所示。

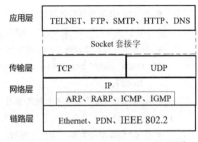

图 6-41　Socket 与 TCP/IP 的关系

由于一台计算机（对应一个 IP 地址）可以提供很多服务，如 Web 服务、FTP 服务等。如果只用 IP 就无法区分网络服务的类型，因此用"IP+端口号"来区分不同的服务。类似于一个水库如果只有一个管道，就只能够传输一种流速和流量的水流；如果开挖多个不同的流水端口和管道，那么每个端口都可以放出不同流速和流量的水流。好比通信中用 IP 可以找到"水库"，用端口号则可以选择需要的"管道"。

TCP/IP 的端口用 2 字节编码，编号范围为 0～65535。不同的端口用于传输不同的服务，但 0～1023 范围的端口是系统预留的，在编程中不能够使用，常用的端口号如表 6-8 所示。

表 6-8　TCP/IP 常用的端口号

端口号	服　务	端口号	服　务	端口号	服　务
21	FTP	25	SMTP	80	HTTP
22	SSH	53	DNS	1433	SQL server
23	TELNET	69	TFTP	3306	MySQL

Socket 将 TCP/IP 的各种协议封装在内部，并向程序员提供了指定通信双方 IP 和通信端口的方法，以及分别用于服务器和客户端信息收发的 Socket 套接字函数。在 Python 中，利用 Socket 编写 TCP 通信程序时，首先需要用 Socket 函数在服务器和客户端创建同类型的套接字（都是 TCP 套接字，或都是 UDP 套接字）：

```
socket(AF_INET, SOCK_STREAM)              # 创建 TCP 套接字
socket(AF_INET, SOCK_DGRAM)               # 创建 UDP 套接字
```

然后需要用 bind、listen、accept、recv、send、connect 等 Socket 函数将服务器和客户端的套接字端口绑定到相同的端口号，服务器就可以进行线路信号侦听和数据传输，最后关闭连接，结束通信。

图 6-42 展示了 socket TCP 连接聊天程序的服务器程序，客户端程序的基本框架，以及运行机制。在 Python IDLE 或 PyChar 编写服务器程序：tcpserver.py。

```
# tcpserver.py
import socket                                    # 导入 socket 包
server=socket.socket(socket.AF_INET, socket.SOCK_STREAM)      # 创建 TCP 套接字
server.bind(('127.0.0.1',10008))                 # 套接字绑定到本机，10008 端口
server.listen(1)                                 # 侦听，1 表示连接数
print("服务器运行中...")
#接收客户端连接请求，返回客户端套接字和地址
client_socket,addr = server.accept()
while True:
    # 接收客户端 send 出的信息，最多 1024 个字符
    recv_data=client_socket.recv(1024)
```

```
       # 用 utf-8 编码解码收到的信息
       print('来自客户端的数据：', addr,recv_data.decode('utf-8'))
       # 如果客户端发送的是 quit 就退出 while 循环
       if recv_data.decode() == 'quit':
           break
       # 从键盘输入要传递给客户端的信息
       Data = input('请输入要发送给客户端的数据：')
       # 用 utf-8 编码向客户端发送数据
       client_socket.send(data.encode("utf-8"))
       # 关闭 socket 套接字
client_socket.close()
print("结束服务。")
```

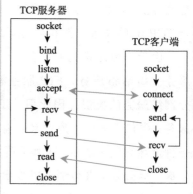

图 6-42　Socket TCP 通信流程

在 Python Idle 或 PyChar 编写客户端程序：tcpclient.py。

```
# tcpclient.py
    import  socket                                        •      # 导入 socket 包
    client = socket.socket(socket.AF_INET,socket.SOCK_STREAM)         # 创建 TCP 套接字
    client.connect(('127.0.0.1', 10008))                       # 通过本机 10008 端口创建客户端连接
    while True:
        data = input('请输入要发送的数据：')                      # 从键盘输入要发送的信息
        if data == 'quit':
            break
        client.send(data.encode("utf-8"))                     # 发送数据：
        recv_data = client.recv(1024)                         # 接收从服务器传来的数据
        print("从服务器返回的数据",recv_data.decode("utf-8"))      # 用"utf-8"编码解码并输出接收的数据
    client.send(b'quit')                                      # 向服务器发送"退出"标志
    client.close()                                            # 关闭 socket 连接
```

<1> 运行服务器程序，结果如下。

```
服务器运行中...
```

<2> 运行客户端程序，输入：

```
hello server!
请输入要发送的数据：hello server!
```

<3> 在服务器输入：

```
hello client!
服务器运行中...
来自客户端的数据：('127.0.0.1', 57183) hello server!
请输入要发送给客户端的数据：hello client
```

<4> 在客户端输入：

```
quit
请输入要发送的数据：hello client
从服务器返回的数据 hello client
请输入要发送的数据：quit
Process finished with exit code 0
```

<5> 服务器收到客户端的 quit，结束程序。

```
服务器运行中...
来自客户端的数据：('127.0.0.1', 57462) hello client
```

请输入要发送给客户端的数据：hello client
来自客户端的数据：('127.0.0.1', 57462) quit
结束服务。
Process finished with exit code 0

习题 6

一、选择题

1. 计算机网络的主要作用有集中管理、分布处理、远程通信和（　　）。
A. 信息交流　　　B. 辅助教学　　　　C. 资源共享　　　　D. 自动控制

2. 计算机网络是（　　）相结合的产物。
A. 计算机技术与通信技术　　　　B. 计算机技术与信息技术
C. 计算机技术与大数据技术　　　D. 信息技术与通信技术

3. 计算机网络的主要类型分别是局域网、城域网和（　　）。
A. 广域网　　　B. 局部网　　　　C. 全球网　　　　D. 互联网

4. 计算机网络最突出的优点是（　　）。
A. 软件、硬件和数据资源共享　　　B. 运算速度快
C. 可以相互通信　　　　　　　　　D. 内存容量大

5. 在计算机网络体系结构中，要采用分层结构的理由是（　　）。
A. 可以简化计算机网络的实现　　　B. 各层功能相对独立，保持体系结构的稳定性
C. 比模块结构好　　　　　　　　　D. 只允许每层和其上下相邻层发生联系

6. 下列不属于 Internet（因特网）提供的服务的是（　　）。
A. 电子邮件　　　　　　　　　　　B. 文件传输
C. 远程登录　　　　　　　　　　　D. 实时监测控制

7. 万维网 WWW 以（　　）方式提供世界范围的多媒体信息服务。
A. 文本　　　B. 信息　　　　C. 超文本　　　　D. 声音

8. 计算机用户有了可以上网的计算机系统后，一般需找一家（　　）注册入网。
A. 软件公司　　　B. 系统集成商　　　C. ISP　　　　D. 电信局

9. 每台计算机必须知道对方的（　　）才能在 Internet 上与之通信。
A. 电话号码　　　B. 主机号　　　C. IP 地址　　　　D. 邮编与通信地址

10. 网络协议主要由以下三个要素组成（　　）。
A. 语义、语法和体系结构　　　　B. 硬件、软件和数据
C. 语义、语法和同步　　　　　　D. 体系结构、层次和语法

11. 下列各指标中，（　　）是数据通信系统的主要技术指标之一。
A. 误码率　　　B. 重码率　　　　C. 分辨率　　　　D. 频率

12. TCP 的主要功能是（　　）。
A. 进行数据分组　　　　　　　　B. 保证可靠的数据传输
C. 确定数据传输路径　　　　　　D. 提高数据传输速度

13. 用户在 ISP 注册拨号入网后，其电子邮箱建立在（　　）。

A. 用户的计算机上   B. 发信人的计算机上

C. ISP 的主机上   D. 收信人的计算机上

14. 根据 Internet 的域名代码规定，域名中的（   ）表示政府部门网站。

A. .net   B. .com   C. .gov   D. .org

15. 用于局域网的基本网络连接设备是（   ）。

A. 集线器   B. 路由器   C. 调制解调器   D. 网络适配器（网卡）

16. Internet 中不同网络和不同计算机相互通信的基础是（   ）。

A. ATM   B. TCP/IP   C. Novell   D. X.25

17. 非对称数字用户线的接入技术的英文缩写是（   ）。

A. ADSL   B. ISDN   C. ISP   D. TCP

18. TCP/IP 的互联层采用 IP，相当于 OSI 参考模型中网络层的（   ）。

A. 面向无连接网络服务   B. 面向连接网络服务

C. 传输控制协议   D. X.25 协议

19. 采用点对点线路的通信子网的基本拓扑结构有 4 种，它们是（   ）。

A. 星型、环型、树型和网状   B. 总线型、环型、树型和网状

C. 星型、总线型、树型和网状   D. 总线型、星型、环型和树型

20. 决定局域网特性的几个主要技术中，最重要的是（   ）。

A. 传输介质   B. 介质访问控制方法

C. 拓扑结构   D. LAN 协议

二、名词解释

计算机网络   网络拓扑结构   网关   IP 地址

域名系统   微信红包   微信公众平台

三、简答题

1. 什么是网络的拓扑结构？常用的网络拓扑结构有哪几种？

2. 简述 OSI 参考模型与 TCP/IP 模型之间的区别和联系。

3. 简述网卡、网桥、路由器及网关的作用。它们有什么区别？

4. 常见的传输介质有哪些？

5. C/S 结构与 B/S 结构有什么差异？

6. 什么是局域网？以太网采用的网络协议是什么？

7. 目前常用的无线网络协议有哪几种？

8. 如何进行微信支付。

四、实践题

1. 在 Internet 上找到压缩软件 WinRAR 并下载，然后安装试用。

2. 用搜索引擎搜索"计算机之父"方面的文章，了解 IT 先驱的业绩和贡献。

3. 用 Telnet 以 guest 的身份登录清华的"水木清华"BBS 站。

4. 从网络上下载并注册一个免费 QQ 账号，添加几个好友，然后聊天并传输文件。

5. 在搜狐或新浪网中创建自己的微博。

6. 登录 https://mp.weixin.qq.com，创建自己的微信公众号。

第 7 章

算法思维基础

算法是计算机解决问题的方法和过程，是计算机处理各类问题的基础。了解算法，形成算法思维，才能真正理解计算机的工作过程和工作原理，算法思维是计算思维的核心。本章结合 Raptor 介绍几类常用的算法，如枚举法、递推法、递归法等。

7.1　Raptor 编程基础

Raptor 是一个基于流程图的可视化编程环境，具有程序设计语言的基本特征，支持数据类型、变量、语句、过程等概念，以及顺序、分支和循环结构，但这些是以图形化方式提供的，对语法要求最少，并且屏蔽了程序语句的语法细则，减轻了程序语言的学习负担，让人们可以专注于求解问题的算法设计，称得上最佳的计算思维训练工具。

与其他编程语言相比，Raptor 更像是一个算法设计工具。设计人员只需要用 Raptor 提供的图形符号画出算法的流程图，就能够设计并运行自己的算法，且能看到运行结果。

7.1.1　Raptor 安装和操作

Raptor 的教育版是免费的，安装非常方便，按默认安装即可。安装成功后，双击 raptor.exe

即可运行，其初始运行界面如图 7-1 所示，分为以下 4 个区域。

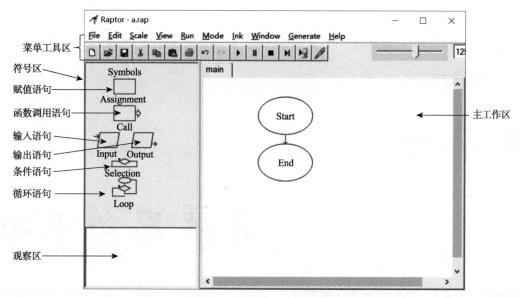

图 7-1　Raptor 初始运行界面

1）菜单工具区

提供了 Raptor 的常规操作功能，诸如文件保存与打开、程序运行、界面设置等，"Generate"菜单选项中还提供了将流程图转换成 C++、Java 等语言源程序的功能。

2）符号区

提供了 6 条语句的流程图设计符号。Assignment 是赋值语句，用于定义变量并为其赋值；Input 是输入语句，用于获取用户从键盘输入的数据；Output 是输出语句，用于输出运算结果至主控制台窗口；Call 是函数调用语句，用于调用函数；Selection 是条件语句；Loop 是循环语句。

算法设计者只需要将符号区的语句符号拖放到主工作区的初始流程图中，就能够设计出自己的算法。

3）观察区

用于显示流程图运行过程中，每执行一条语句后，所有变量（包括数组）当时的内存值。设计者可以据此观察到流程图的运行情况，分析算法设计是否正确。

4）主工作区

为程序员提供的工作区域，程序员只需要将符号区中的语句符号拖放到初始流程图中，就能设计出实际可运行的流程图。此外，子图、子过程的定义也需要主工作区中完成。

与用其他绘图软件作出的流程图不同的是，Raptor 不仅作图方便，还可以逐步观察其运行过程，看到运行结果。此外，Raptor 能够将流程图转换成 C++、VBA、C#、Java 等语言的源程序。

7.1.2 数据类型、变量、常量、表达式和系统函数

第4章曾经介绍过，学习任何一门程序设计语言，首先需要掌握内存的分配和使用方法，这样才能够在内存中存取需要运算的数据，并且所有程序设计语言都是通过数据类型进行内存分配和使用的。虽然 Raptor 表象上是一种画图工具，但它本质上是一种程序设计语言，系统会将流程图转换成程序代码，也就一定会应用数据类型、变量、常量和表达式了。

1．Raptor 的数据类型

Raptor 的数据类型包括字符，字符串，数值型，布尔型。其中，字符是指用单引号括起的单个符号，字符串是用双引号括起的多个字符，数值型数据包括浮点数和整数。

2．常量

常量是程序运行过程中始终保持固定值的量，Raptor 中没有提供定义符号常量的方法，但在内部预定义了一些符号常量，可在流程图语句中直接引用它们，如表 7-1 所示。

表 7-1　Raptor 内置符号常量

常量符号	常量值	备　注	布尔常量	常量值	备　注
pi	3.1416	圆周率	True/yes	1	布尔值为真
e	2.7183	自然对数的底数	False/no	0	布尔值为假

3．变量

变量是程序运行过程中，其值可以变化的量。与 Python 类似，Raptor 中的变量不需要用数据类型明确定义，但它也是先定义然后才能够使用的。其定义是在第一次用赋值语句给变量赋值时，Raptor 会自动定义该变量，并用表达式结果值的类型确定变量的数据类型，即表达式最终结果值是什么数据类型，变量就是什么类型。

Raptor 变量的名称必须符合 Raptor 标识符的命名规则：

① 标识符必须以字母开头，且只能够由英文字母、数字和下画线组成。

② 标识符不区分大小写，即 abc，Abc，ABC，aBC 都是同一个标识符。

③ 保留字不能够作为用户标识符。比如，不能定义 pi、true、red（颜色保留字）。

据此命名规则，变量名 a、x、my_ball1，okey 是合法变量名，_heName、8abc、abc#则是非法变量名。

4．表达式

表达式是用运算符将常量或变量连接起来的运算式，包括算术表达式、关系表达式和逻辑表达式。

1）算术表达式

Raptor 中的算术运算符按优先级从高到低，依次为：-（负号）→ ^，**（指数）→ *、/（乘、除）→ +、-（加、减）。用这些运算符连接常量或变量后构成的表达式就被称为算

术表达式。例如，"1+2^2+2**2+3/2"是一个合法的算术表达式，运算结果为 10.5。

常用到的还有求余运算符：mod，计算两数相除后的余数。例如，5 mod 3 的结果是 2。

2）关系表达式

Raptor 中的关系运算符包括：>、>=（大于或等于）、<、<=（小于或等于）、=、!=（不等于）。用这些运算符连接常量或变量后就称为关系表达式，其运算结果为 0 或 1，如果比较结果成立，结果就为 1，反之为 0。例如，2>3，3<=3，'a'>'C'，"AC">="1"都是关系表达式，运算结果分别是 0、1、1、1。

3）逻辑表达式

Raptor 中的逻辑运算符包括：not（非）、and（与）、or（或）、xor（异或）。用这些运算符连接的变量、常量或关系表达式被称为逻辑表达式。

not 运算符用于取逻辑相反值。例如，not 3>2 的结果为 0。

and 运算符用于实现两个条件同时满足的要求。例如，3>2 and 4>8 的结果为 0，3>2 and 8>4 的结果为 1。

or 运算符用于实现满足两个条件之一的要求。例如，3>2 or 4>8 的结果为 1，3>2 or 8>4 的结果为 1。

注意：在 C 语言等程序设计语言中，关系表达式和逻辑表达式可以出现在赋值语句中，但 Raptor 中的关系表达式和逻辑表达式只允许在条件语句或循环语句的条件判断中使用。

5．系统函数

Raptor 提供了一些系统函数，在设计算法流程图时可以直接调用它们，实现需要的运算功能。其中常用函数包括数学函数（如表 7-2 所示）、三角函数（如表 7-3 所示）和随机函数。

表 7-2　Raptor 常用数学函数

函　数	说　明	举　例
abs	绝对值	abs(-2) = 2
ceiling	向上取整	ceiling(3.4) = 4，ceiling(-3.1) = -3
floor	向下取整	floor(3.9) = 3，floor(-3.9) = -4
log	自然对数（以 e 为底）	log(10) = 2.3026
max/min	两个数的最大/最小数	max(3,5) = 5，min(3,5) = 3
random	生成一个[0, 1)之间的随机数	random*100，产生 0~99.9999 的随机数
length_of	数组或字符串的长度 数组长度是指数组元素的个数，字符长度是指字符串的符号个数	str = "hello raptor" length_of(str) = 12 A[10] = 1 length_of(A) = 10
sqrt	平方根	sqrt(3) = 9

表 7-3　Raptor 常用三角函数

函　数	说　明	举　例
sin/cos	正弦/余弦（以弧度表示）	sin(pi/2)=1，cos(pi/4)=0.71
tan/cot	正切/余切（以弧度表示）	tan(pi/4)=1.0，cot(pi/3)=0.577

7.1.3 用输入、输出、赋值和条件语句设计简单流程图

计算机程序的基本框架是输入数据，处理数据，输出结果，在 Raptor 中设计算法流程图的逻辑也是如此。在 Raptor 中没有什么烦琐的命令或语句需要学习，用好 6 个语句符号就能够实现任何复杂的算法设计。

这里应用输入输出语句、条件语句和赋值语句介绍 Raptor 流程图的设计方法和详细设计过程，以此掌握这四个语句的使用方法，以及 Raptor 程序的设计方法。

【例 7-1】 从键盘输入两个数 a、b，将其中的大数存入 c，并输出 a、b、c 的值。

这个程序非常简单，可用下面的算法过程实现：① 输入数据 a；② 输入数据 b；③ 比较 a、b 的大小，若 a>b，则 c=a，否则 c=b；④ 输出"a=? b=? c=?"。

在 Raptor 中的详细设计过程如下。

<1> 启动 Raptor，初始设计界面如图 7-2 所示（还有一个主控制台界面，此处未画出来）。选择"File | Save As"菜单命令，选择一个磁盘目录，将文件名存为 eg7-1.rap。

<2> 用鼠标将输入语句符号 Input 拖放到 Start 和 End 之间的连线上；也可以先单击 Input 图形，再单击 Start 和 End 之间的连线，结果如图 7-3 所示。

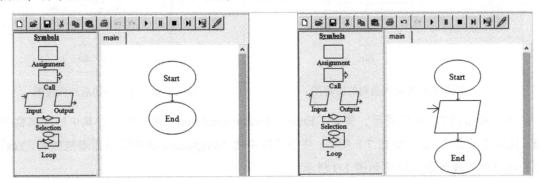

图 7-2　Raptor 启动后的初始界面　　　　　图 7-3　插入输入语句

<3> 双击图 7-3 中的输入语句图形，弹出如图 7-4 所示的设置对话框，在"Enter Prompt Here"文本框中输入提示字符串（也可以什么都不输入），它们将在执行流程图时显示，提示输入什么数据。注意：输入的提示字符串必须放在双引号中，最好不要用汉字作为提示信息，因为执行流程图时，汉字很有可能被显示为乱码。在"Examples"文本框中输入变量名，变量名要符合前面介绍的标识符命名规则，只能由字母开头的字母、数字和下画线组成。这里输入 a，单击"Done"按钮后，完成输入语句设置，结果如图 7-5 所示。"input the value of a"就是提示信息，下面的"GET a"就是输入语句。

<4> 按照上面的方法，在"GET a"图形下添加"GET b"输入语句，如图 7-6 所示。

<5> 将符号区中的"Selection"条件语句图形拖放到"GET b"与 End 图形之间的连线上，也可以先单击符号区中的"Selection"图形，再单击"GET b"与 End 之间连线的任何位置，结果如图 7-7 所示。

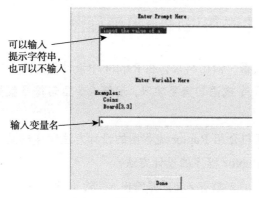

可以输入
提示字符串，
也可以不输入

输入变量名

图 7-4　输入变量设置

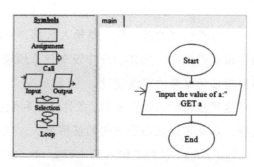

图 7-5　插入了一条输入语句的流程图

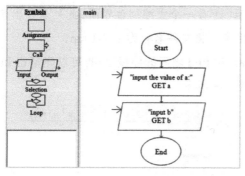

图 7-6　插入了两条输入语句的流程图

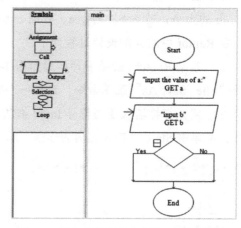

图 7-7　插入了条件输入语句后的流程图

<6> 双击图 7-7 中的菱形，弹出"Enter selection condition"对话框，在其中的文本框中输入比较表达式"a>b"，如图 7-8 所示；将符号区中的 Assignment 赋值语句图形拖放到"Yes"与 End 之间的连线上，结果如图 7-9 所示。

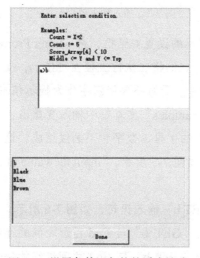

图 7-8　设置条件语句的关系表达式

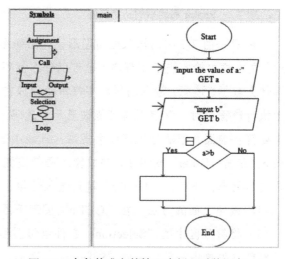

图 7-9　在条件成立的情况中插入赋值语句

<7> 双击图 7-9 中的赋值语句符号，弹出如图 7-10 所示的赋值语句设置对话框。其中的

"Set"文本框用于设置赋值语句左边的变量名，它必须符合前面介绍的 Raptor 命名规则，这里输入变量名 c；"to"右边的文本框用于设置赋值语句右边的赋值表达式，这里输入 a。结果如图 7-11 所示。

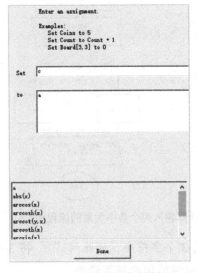

图 7-10 赋值语句设置

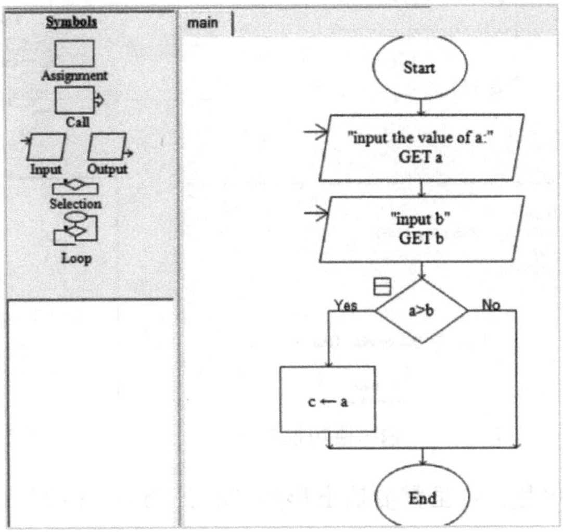

图 7-11 a>b 时 c=a 的流程图

<8> 按照同样的方法，在图 7-11 的"No"和 End 之间的连线上插入赋值语句"c←b"，结果如图 7-12 所示。

<9> 将符号区中的 Output 输出语句图形拖放到 End 上的连线上，如图 7-13 所示。

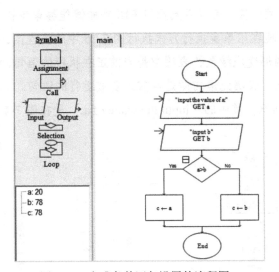

图 7-12 完成条件语句设置的流程图

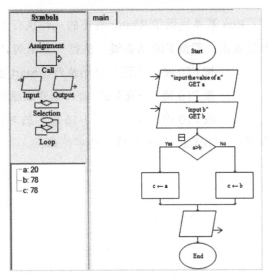

图 7-13 插入了输出语句后的流程图

<10> 双击输出语句符号，弹出如图 7-14 所示的输出语句设置对话框。在其中 Examples 下面的文本框中输入需要输出的程序运算结果："a="+a+", "+"b="+b+", c="+c。

注意：输出语句按照字符方式输出程序结果，因此它的参数是字符串，一条输出语句只能够输出一个字符串。

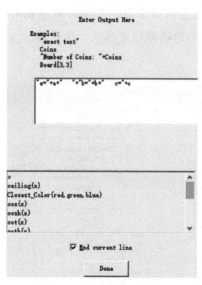

图 7-14　输出语句设置

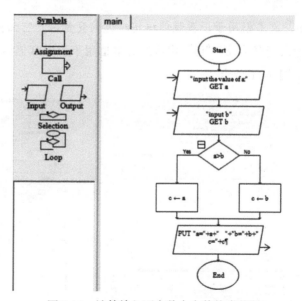

图 7-15　计算输入两个数中大数的流程图

　　但是，这里需要输出形如"a=?　b=?　c=?"这样的 3 个字符串，因此用"+"将 3 个字符串连接成一个字符串，同时在字符串之间添加空白，以使输出数据更清晰。

7.1.4　Raptor 流程图的运行

1．单步执行方式

　　Run 菜单提供了 Raptor 程序的几种执行方式，从中可以看到通过 F10 功能键能够单步执行流程图，即按 F10 功能键，执行一条语句。现在用单步执行方式执行图 7-15 中的流程图。

　　<1> 按 F10 键，流程图开始执行，Start 图形变成绿色，表明它是当前正在执行的语句。

　　<2> 按 F10 键，"GET a"输入框变成绿色，表明此语句即是当前正要被运行的语句。

　　<3> 按 F10 键，弹出如图 7-16 所示的对话框，其中的"input the value of a:"是在图 7-4 中创建"GET a"语句时输入的字符串。

图 7-16　执行"Get a"输入语句

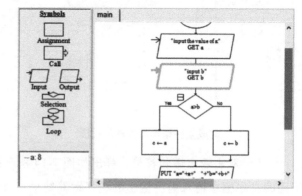

图 7-17　观察区中显示出内存变量 a 的值是 8

　　在文本框中输入一个数，如 8，这个数就会被输入到变量 a 中；单击"OK"按钮，"GET

a"语句执行完成，在 Raptor 的观察区中将显示内存变量 a 的值，同时"Get b"语句变成绿色，成为当前要执行的语句，如图 7-17 所示。

<4> 按 F10 键，弹出"Get b"输入语句对话框，输入 b 的值，如 21（参考图 7-16），完成后，观察区中列出"a:8 b:21 c:21"，同时条件语句中的"a>b"将变成绿色，成为当前语句。

<5> 按 F10 键，因为"a>b"的结果是 No，因此语句"c←b"变成绿色，成为当前语句。

<6> 按 F10 键，语句"c←b"执行完成，在观察区中将列出 a、b、c 的值，同时输出语句"PUT"变成绿色，成为当前即将执行的语句。

<7> 按 F10 键，"PUT"语句执行完成，End 将变成绿色，如图 7-18 所示。"PUT"语句的执行结果将在另一个窗口——主控制窗口中显示，如图 7-19 所示。

<8> 按 F10 键，执行完 End 语句，程序结束。系统将自动将主控制台窗口设置为活动窗口，如果之前主控制台窗口是关闭的，Raptor 将自动打开它，并在其中显示流程图的执行结果，如图 7-20 所示。

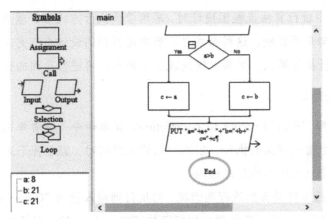

图 7-18　执行完输出语句后的流程图

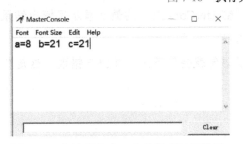

图 7-19　主控制台窗口中的程序运行结果

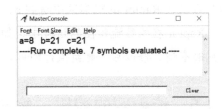

图 7-20　Raptor 流程图的最终执行结果

图 7-21 是 Raptor 流程图执行完成后的最终主控制台窗口，对比图 7-20 可以发现，在最终结果的主控制台窗口中有"Run complete"标志和"Clear"按钮。

在 Raptor 运行过程中，每次执行流程图的输出结果都会保留在主控制台窗口中。比如，运行 10 次就会保留 10 次的输出数据，单击"Clear"按钮就会清除这些数据，这样才便于查看到当前的运行结果。

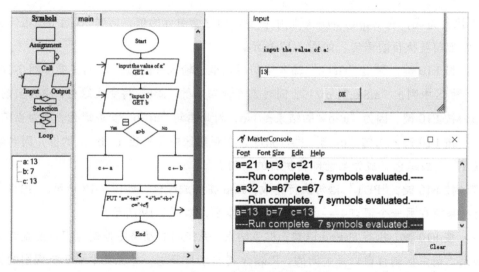

图 7-21　一次性执行流程图的过程及最终结果

初次在 Raptor 中进行算法流程图设计时，采用单步执行方式可以逐步查看每条语句的执行情况，检查各语句是否正确。这种方式并不要求流程图的设计全部完工后才可以运行，可以先完成部分设计就执行算法，如果有错误就及早修改，再进行后面的设计。

2．一次性执行方式

在 Raptor 中选择"Run | Execute to completion"菜单命令，或者单击工具栏的右三角形按钮，就会启动对当前流程图的执行，当执行到输入语句时，就会停下来等待键盘数据的输入，输入完成后，会自动向下执行流程图。

图 7-21 是一次性执行前面的流程图情况，当执行到输入语句"Get a"时，会弹出"Input"对话框；为 a 输入数值 13 后，又会弹出执行语句"Get b"的输入数据对话框；输入 7 后，就会自动执行后面的全部语句。在主控制台窗口"MasterConsole"的最后显示了输出结果，同时可以在 Raptor 的观察区中看到 a、b、c 的内存值。

Raptor 在执行流程图的过程中，如果遇见错误语句就会停下来，并报告错误，这是非常常见的事情，修改后-+重新执行即可。

7.1.5　流程图的编辑、修改和标注

流程图的设计不可能步步正确，次次顺利，出现错误很正常，Raptor 允许进行错误的修改，如果是设置语句时出现了语法错误，Raptor 会立即在语句设置时的对话框中指出错误，可以即时修改。程序员如果发现逻辑错误，如比较语句的先后次序不对，处理起来也很方便，可以在流程图中用鼠标左键将语句拖放到正确的位置就行了。

Raptor 编辑与修改流程图的方法非常直观、简洁、方便，例 7-1 的流程图设计与运行过程已经充分体现了这个特点。现在进行简要的总结和补充。

1．在流程图中增加语句符号

在流程图中插入语句符号非常便捷，至少有三种方法，如图 7-22 所示。

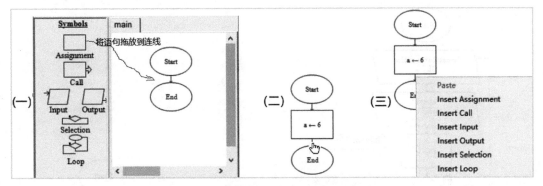

图 7-22　在流程图中添加语句的三种方法

① 鼠标拖曳法。如图 7-22（一）所示，在符号区找到需要的语句图形，用鼠标左键将它拖放到 Start 和 End 之间的流程线上即可。

② 鼠标插入法。单击符号区中需要插入的语句图形，该语句图形会变成红色，然后将鼠标移到要插入的流程线位置，当鼠标指针变成"手形"时，如图 7-22（二）所示，单击鼠标，在"手形"所指位置就会插入选中的语句图形。

③ 快捷键插入法。直接在要插入语句图形的流程线位置右击，然后在弹出的快捷菜单中选择要插入的语句名称，如图 7-22（三）所示。

2．修改、删除、移动、标注流程图中的语句

1）修改流程图中的语句

双击流程图中的语句图形，或者右击流程图中要修改的语句图形，从弹出的快捷菜单中选择"Edit"命令，弹出该语句的设置对话框，从中重新输入变量名和变量值，或者赋值语句的表达式，或者输出语句的表达式，就能够实现修改。

2）删除流程图中的语句

单击要删除的语句图形，按 Delete 键，或者右击要删除的语句图形，从弹出的快捷菜单中选择"Delete"命令。

3）移动流程图中的语句位置

方法一：在流程图中，用鼠标将要移动位置的语句图形拖放到新的位置即可。

方法二：右击要移动位置的语句图形，从弹出的快捷菜单中选择"Cut"命令，然后单击目标移动位置的流程线，从弹出的快捷菜单中选择"Paste"命令。

4）为流程图中的语句添加标注

为了让他人能够理解流程图中某些语句的作用和设计思想，可以适当添加一些注解。注解不会被 Raptor 执行，是方便程序员理解流程图的说明性文本，其中可以包括中文文字。

为流程图添加标注的方法是，右击流程图中要添加注解的语句图形，从弹出的快捷菜单选择"Comment"命令，弹出注释对话框，从中输入注释。例如，为"c←a"添加一条注释

"假设 a 是大数！"，如图 7-23 所示。

【例 7-2】 修改例 7-1，用另一种方法求两个输入数据中的大数，如图 7-24 所示。

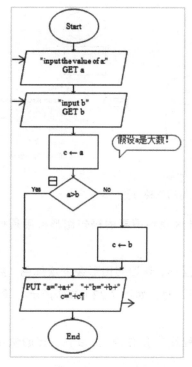

图 7-23 修改后的求两数的大数流程图

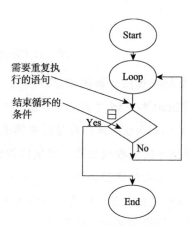

图 7-24 Raptor 循环结构

例 7-1 设计出的流程图采用了双分支条件语句计算 a 和 b 中的大数，并将结果保存在 c 中。现在用如下算法计算 a，b 中的大数，并保存在 c 中：输入 a；输入 b；假设 a 是大数，因此将 a 赋值给 c；用条件语句检测如果 a>b 不成立，就表明 b 是大数，将 b 赋值给 c；输出 a、b、c。

与例 7-1 相比，除了条件语句不同，其他语句都是相同的，因此可以在例 7-1 的流程图基础上进行修改，从而提高效率。方法如下：

<1> 打开设计好的流程图 Eg7-1.rap，通过 "File | Save As" 菜单命令另存为 Eg7-2.rap。

<2> 将 "c←a" 语句拖放到 "Get b" 下的流程线上，结果如图 7-23 所示。如果对鼠标拖放操作不熟悉，也可以用快捷键方法完成：右击 "c←a" 语句，从弹出的快捷菜单中选择 "Cut" 命令，右击 "Get b" 下的流程线，从弹出的快捷菜单中选择 "Paste" 命令。

运行图 7-23 中的流程图，将得到与例 7-1 流程图完全相同的结果。

7.1.6 数组和循环程序设计

1．循环程序设计

循环是重复执行指定语句的一种程序结构，是计算机解决问题的主要手段。在图 7-24 中，

Loop 代表循环语句开始，如果有需要重复执行的语句，就从 Raptor 的符号区中把它们拖放在 Loop 和菱形之间的流程线上，在菱形中写上循环执行的结束条件表达式，当条件不满足时，会再次执行 Loop 和菱形之间的语句，然后执行菱形中的条件；如此往复，当条件成立时，就结束循环的执行。

计算机中的许多事情都需要用循环的方式进行解决，如输入若干人的成绩，计算多个数值的总和、乘积，查找网络中的商品列表等。

【例 7-3】 输入 5 个数，计算它们的总和。

算法设计：用变量 s 保存总和，用 a 保存输入的数，计数器 n 用来计算输入的数据个数，开始为 0，每次输入一个数到 a 后，n 就加 1，同时把 a 加到 s 中，然后输入第 2 个数到 a 中，n 再加 1，并把 a 加到 s 中……直到 n=5，结束输入；最后输出保存在 s 中的总和。

在 Raptor 中，用循环结构可以轻易设计出解决此问题的流程图，如图 7-25 所示。

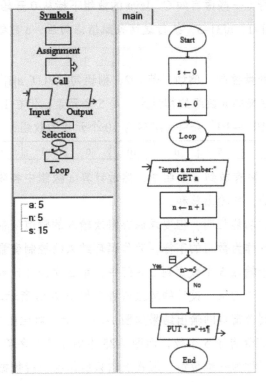

图 7-25　计算 5 个输入数总和的流程图

单击 Raptor 工具栏的执行按钮 ▶，会出现 5 次输入数据对话框，依次输入 1、2、3、4、5，循环结束。在观察区中可以看到最后输入到 a 的数据是 5，计数器 n 的值是 5，总和 s 为是 15。PUT 语句在 Raptor 的主控制台窗口中输出了如下内容：

```
s=15
----Run complete. 30 symbols evaluated.----
```

2．数组

例 7-3 从键盘输入 5 个数，每次都输入到变量 a 中，存在的主要问题是：输入第 2 个数

229

到 a 时，第 1 次输入到 a 中的数就被覆盖了，当输入第 3 个数到 a 时，第 2 次输入的数就没有了……当输入第 5 个数到 a 时，前面 4 次输入的数据都没有了。总之，变量 a 在任何时候都只能保存一个数。

如果 5 个数都要保存该如何办呢？有人说用 a、b、c、d、e 五个变量保存就是了。这当然可以，但是如果要输入 1 万个数呢，用 1 万个变量吗？显然不可取。计算机程序语言中用数组解决这类问题。数组是具有相同变量名称的一组数，具有一维数组，二维数组，三维数组……在 Raptor 中，数组的大小可由第一次赋值给数组名时确定。

例如，赋值语句"a[5]←10"定义了如下数组：

	1	2	3	4	5
a	0	0	0	0	10

数组的名称为 a，其中每个格子称为数组元素，每个数组元素的编号称为下标，Raptor 的数组下标从 1 开始依次编号（一些语言如 C、Java 的数组下标从 0 开始），数组元素是通过下标进行访问的。例如，a[1]=1，a[3]=5，执行这两条赋值语句后，a 数组的值如下：

a	1	0	5	0	10

数组的下标可以用变量控制。例如，若 i=2，则语句"PUT a[i]"输出 0，即 a[2]元素的值。虽然"a[5]←10"定义的 a 数组的初始大小是 5 个元素，但在 Raptor 中它的大小是可以自动扩展的。例如，"a[10]←10"会将 a 扩展为 10 个元素的数组：

a	1	0	5	0	10	0	0	0	0	10

【例 7-4】 输入 5 个数存放到 a 数组中，然后计算 a 数组中各数据元素的总和，最后倒序输出 a 数组各元素的值，并输出总和。

这个程序与例 7-3 的功能相同，但要求保存每次输入的数值以备后用，可以在例 7-3 的流程图基础上修改。用 n 作为数组的下标，兼作循环结束的控制变量。用两次循环完成流程图设计，第 1 次循环用于输入 5 个数据到 a 数组中，第 2 次循环计算数组中各数值的总和，并在循环中输出各数据元素的值。设计的算法流程图如图 7-26 所示。

程序执行后，主控制台窗口的输出结果如图 7-27 所示。对比图 7-26 和图 7-25 中的观察区可知，图 7-26 中的 a[5]保存了 5 个数，而图 7-25 中的 a 只保存了一个数。

只有一个下标的数组称为一维数组，形式上它只能保存一行数据。如果要处理多行的数据，虽然可以用一维数组解决问题，但没有二维数组方便。所谓二维数组，就是具有两个下标的数组，第一个下标用于表示行号，第二个下标用于表示列号。Raptor 二维数组的定义也是由第 1 次用赋值语句给数组赋值时定义的。例如，a[3, 4]←10 就定义了如下数组。

a		1	2	3	4
	1	0	0	0	0
	2	0	0	0	0
	3	0	0	0	10

【例 7-5】 验证 Raptor 赋值语句"a[3, 4]←10"定义的数组。

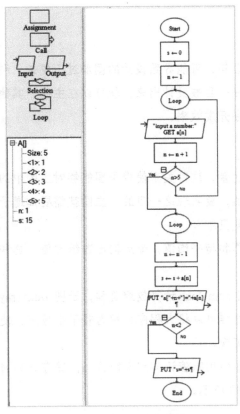

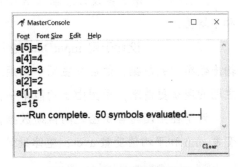

图 7-26 数组总和计算流程图   图 7-27 例 7-4 的运行结果

这个验证极易实现，算法设计思想：先用赋值语句定义数组，再在循环中输出数组元素的值。二维数组适宜在双重循环中操作，用外循环控制行数，即用多少行就循环多少次，内循环控制列数，有多少列就循环多少次。

为简化问题，这里只介绍控制行数的外循环，在输出语句 PUT 中一次输出数组中的一行数，流程图如图 7-28 所示。其运行结果如图 7-29 所示。

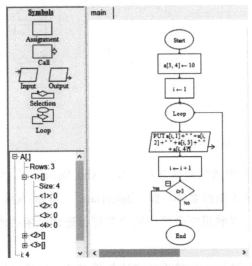

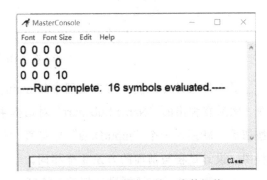

图 7-28 验证二维数组元素个数流程图   图 7-29 程序输出的二维数组值

7.1.7 子图和子程序

如果程序规模较大，在一个流程图中设计全部语句，可能导致设计的图形过于复杂，利用子图或子程序能够简化问题。此外，子图和子程序一旦被设计出来，就可以在主图、其他子图或子程序中多次调用，实现代码复用，提高程序开发效率。

1．子图（Subchart）

子图与主图依赖性较强，主图和子图能够共享变量，这种关系使得子图能够对主图中的数据进行运算，主图能够应用子图的运算结果。当然，要实现这一目的，主图就需要知道子图里面的变量细节，同时在子图里需要知道主图的变量细节。

【例 7-6】 用子图设计法输入 5 个数，计算其总和与平均值，最后输出数组的值、总和和平均值。

算法设计：设计子图 inputData 输入数组，子图 sumData 计算数组总和，子图 outArray 输出数组中的数据，然后在主图中调用这些子图，这样可以将大程序分解为若干小程序，使主图的逻辑更清晰，子图由于功能单一，也很容易实现。

为了在主图与各子图之间传递数据，可以在主图中用赋值语句定义数组 a，保存总和的变量 sum 和平均值变量 aver。整体设计情况如图 7-30 所示。

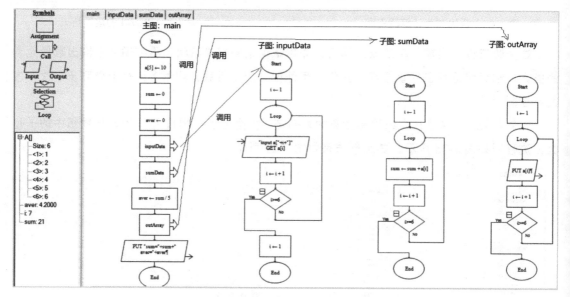

图 7-30　在主图中调用子图的流程图

子图的设计方法是：右击主图中的 main，从弹出的快捷菜单中选择"Add Subchart"命令，然后在弹出的"Name Subchart"对话框中输入子图的名称，如"inputData"；单击"OK"按钮后，就插入一个"inputData"标签页，然后可以利用符号区中的语句符号设计子图的流程图，设计过程与前面的方法完全相同。

主图设计方法：子图设计好后，就可以设计主图 main。其设计方法与没有子图时的设计方法相同。当需要调用子图时，将符号区中的 Call 语句拖放到调用位置的流程线上，然后双击 Call 语句的图形，在弹出的对话框中输入子图的名称，如图 7-31 所示。

运行主图，会依次调用 inputData、sumData 和 outArray 三个子图，最后会在主控制台窗口中输出程序的运行结果，如图 7-32 所示。

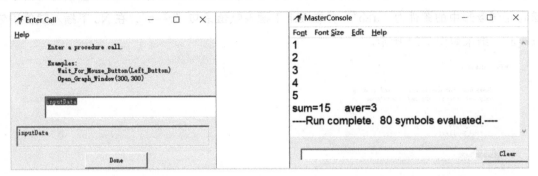

图 7-31　子图调用设置　　　　　　　　　图 7-32　程序运行结果

2．子程序（Procedure）

子程序的设计方法和子图相同，区别是：子图创建时不需要设置输入、输出参数，而子程序是有参数的，在创建时需要进行输入、输出参数的设置；调用子图时，只需给出子图的名字就行了，但调用子程序时需要为子程序的参数提供值。

从功能上，子程序能够接收参数，并在内部对参数进行运算，然后通过输出参数把运算结果传送给调用程序，具有更为强大和灵活的功能。相当于 C 和 Python 等语言中的函数，其通用形式如下：

```
T funname(para1, para2, …)
{
    ……
    Result = …
    return result;
}
```

在 Raptor 中，para1、para2、…、result 都是参数，函数名后"( )"中的参数称为输入参数，函数运算结果的 result 称为输出参数，都需要进行设置。

【例 7-7】　设计子程序计算两个数中的最小数。

算法设计：设计子程序 mymin(a, b)，该子程序返回 a、b 中的小数，然后在主图 main 中设用 mymin，并将要计算最小值的两个数传递给 a 和 b。

1）子过程的设计方法

<1> 启动 Raptor，选择"File | Save"菜单命令，将文件保存为 Eg7-7.rap。

<2> 右击主图中的 main，从弹出的快捷菜单中选择"Add Procedure"命令，弹出如图 7-33 所示的对话框。

<3> 在"Procedure Name"的文本框中输入子过程名称"mymin"；在 Parameter 1 和 Parameter 2 中勾选"Input"，取消"Output"，设置 a、b 为两个输入参数；在 Parameter 3 中

取消"Input"，勾选"Oubput"，设置此参数为输出参数 c。然后单击"OK"按钮，将插入新建子过程"mymin"标签，并在其中显示"Start(in a,in b,out c)"初始的子过程流程图。

<4> 从符号区中将 Selection 语句符号拖放到 Start(int a, int b, out c)与 End 之间的流程线上。Start 中的参数 a、b、c 可视为已定义变量名称，可以在子过程的语句中直接应用。设置选择语句菱形中的条件为"a>b"，并在 Yes 下插入赋值语句"c←b"，在 No 下插入赋值语句"c←a"，结果如图 7-34 所示。

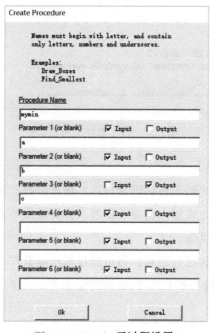

图 7-33　Raptor 子过程设置

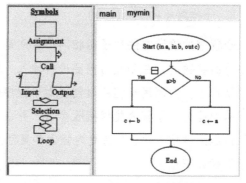

图 7-34　mymin 子过程流程图

这样就完成了子过程 mymin(a, b, c)的设计，其功能是：接收调用者提供的 3 个参数，对第 1、2 个输入参数进行大小比较，将其中的小数保存在第 3 个参数中，调用者可以应用第 3 个参数作为最小值。

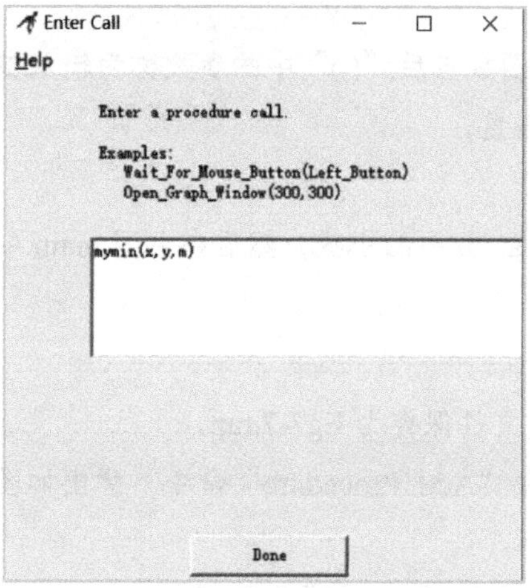

2）主图（main）的设计过程

<1> 在主图中插入两条输入语句图形，设置输入变量 x、y，即从键盘输入两个数，分别保存在 x 和 y 中。

<2> 将符号区中的"Call"图形拖放到"GET y"语句后，然后双击 Call 语句的图形，在弹出的对话框中输入"mymin(x, y, m)"，如图 7-35 所示。其中 x，y 就是 main 图中"GET x"和"GET y"输入的 x、y 值，它们将按照 mymin(a, b, c)中参数的位置进行传递。

对于输入参数，传递方向是从调用者 main 传向 mymin 子过程，即将 x 的值传给 a，将 y 的值传给 b；

图 7-35　调用 mymin 子过程

对于输出参数，传递方向是从子过程向调用者传递，即将 c 的值传送给 m。这个 m 是可以在 main 图的语句中应用的（当然只能在 mymin(x, y, m)后的语句中应用）。

<3> 在"mymin(x, y, m)"语句后插入一条输出语句，双击该语句，在弹出的设置框中输入""x="+x+" y="+y+" m="+m"。注意：这是一个字符串，其中双引号中的内容原样输出，没有用引号引起来的变量就输出它的值，"+"的作用是把两个字符串连接在一起。设 x 的值是 1，y 的值是 2，m 的值是 3，则上述字符串输出的结果如下：

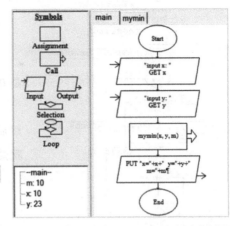

图 7-36　调用子过程 mymin 的主图流程图

```
x=1  y=2  m=3
```

<4> 设计好的主图 main 如图 7-36 所示。

单击工具栏的执行按钮▶，执行 main 流程图，在弹出的 GET x 和 GET y 输入对话框中分别输入 10 和 23，程序将调用 mymin(x, y, m)计算出 x 和 y 中的小数，并保存在 m 中。在主控制台窗口中可以看到如下输出，同时在观察区中也可以看到 x、y 和 m 的内存值。

```
x=10  y=23  m=10
----Run complete. 10 symbols evaluated.----
```

7.2　穷举法

穷举法，也称为蛮力法，其解决问题的基本思想是：对于要求解的问题，逐一列举出它所有可能的解，然后运用解题条件对每个解进行判定，从中选出符合求解条件的解。

借助于计算机的运算速度优势，许多计算方法并不复杂但运算量庞大的问题，过去难以求解，现在运用穷举法也能够解决了。

适用于穷举法解决的问题其实很多，并且自古以来，人们就在探索这类问题。

我国古代《算经》中的"百鸡问题"：鸡翁一值钱 5，鸡母一值钱 3，鸡雏三值钱 1。百钱买百鸡，问鸡翁、母、雏各几何？

《孙子算经》也有类似的问题：今有物，不知其数，三三数之，剩二，五五数之，剩三，七七数之，剩二，问物几何？

其他诸如韩信点兵、鸡兔同笼、求 100 以内的素数、水仙花数等都可以用穷举法求解。

【例 7-8】　用穷举法求解鸡兔同笼问题。今有鸡兔同笼，上有三十五头，下有九十四足，问鸡兔各几何？

算法设计：假设有 x 只鸡，y 只兔，列出所有可能的情况：

0 只鸡，0 只兔，1 只兔，2 只兔，…，35 只兔

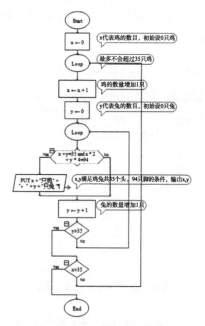

图 7-37 "鸡兔同笼"穷举法流程图

1 只鸡，0 只兔，1 只兔，2 只兔，…，35 只兔

2 只鸡，0 只兔，1 只兔，2 只兔，…，35 只兔

……

35 只鸡，0 只兔 1 只兔，2 只兔，…，35 只兔

可以看到，x 的范围可以是 0 至 35，y 的范围也可以是 0 至 35。

计算机可以用双重循环列举出上述所有可能情况，然后用如下条件进行检查，同时满足两个条件的 x 和 y 就是问题的解：

$$2x + 4y = 94$$
$$x + y = 35$$

在 Raptor 中设计求解算法流程图如图 7-37 所示。

【例 7-9】 优化"鸡兔同笼"流程图。

上面的鸡兔同笼算法，先假设有 1 只鸡情况下，兔子从 0 只，…，一直假设到 35 只；然后假设有 2 只鸡，兔子又从 0 只，…，一直假设到有 35 只……最后假设 35 只鸡，兔子又从 0 只，…，一直假设到 35 只。虽然最终计算求得了具有 23 只鸡、12 只兔的正确解，但进行了许多不必要的运算，耗费了太多不必要的计算资源，这就是算法数学模型设计不科学所导致的问题。

现对算法的数学模型进行如下优化：

$$\begin{cases} x \times 2 + y \times 4 = 94 \\ x + y = 35 \end{cases} \xrightarrow{\text{求解模型优化}} x \times 2 + (35 - x) \times 4 = 94$$

设有 x 只鸡，则兔子数是 $35-x$，它们总脚数的数学表达式为 $2x + 4 \times (35 - x) = 94$，这个优化后的数学模型只需用单循环列举鸡从 1 只到 35 只进行求解，最多 35 次循环，而原模型有 35×35 次循环，其运算效率存在巨大差异。

在 Raptor 中设计出"鸡兔同笼"进行数学模型优化后的求解算法流程图如图 7-38 所示。两个算法的运算结果如图 7-39 所示。可以看到两次运算结果相同，有 23 只鸡、12 只兔，由于 Raptor 为英文版，因此 PUT 语句中的中文被输出为乱码。

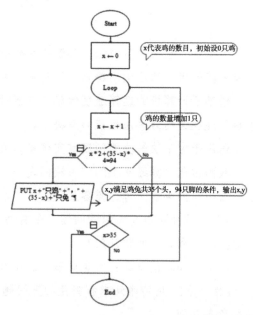

图 7-38 "鸡兔同笼"穷举法优化流程图

图 7-39   "鸡兔同笼"算法优化前后的运行结果

7.3   递推法

递推是序列计算机中的一种常用算法，按照一定的规律来计算序列中的每个项，通常是通过计算前面的一些项来得出序列中指定项的值。递推算法特点是：一个问题的求解需一系列的计算，在计算时，如果能够找到前后项之间的数量关系（即递推式），就可以从给出的初始条件出发，逐步递进，推算出问题的解。

递推包括顺推和逆推，从初始已经条件出发，逐步向后推算出问题的解，称为顺推。反之，从问题出发逐步推到已知条件就称为逆推。无论顺推还是逆推，其关键是要找到递推式。递推方法充分发挥计算机擅长重复运算的特点，将复杂运算转换为若干步重复的简单运算。

凡是能够建立起前后项递推式的问题都可以用递推法求解，这类问题事实上很常见。

斐波那契数列问题：满足 $F(1) = F(2) = 1$，$F(n) = F(n-1) + F(n-2)$ 的数列称为斐波那契数列（Fibonacci），前若干项是 1，1，2，3，5，8，13，21，34，…，求此数列第 n 项（$n \geqslant 3$）。

兔子产子问题：把雌雄各一的一对新兔子放入养殖场，每只雌兔在出生两个月以后，每月产雌雄各一的一对新兔子。试问第 n 个月后养殖场中共有多少对兔子？

【例 7-10】计算 $n!$

算法设计：$n!=1 \times 2 \times \cdots \times n$，即 $1!=1$，$2!=1! \times 2$，… $n!$ 可以从 $1!$ 开始逐步递推出来。在程序语言中，通常用下面的数学模型来实现阶乘递推算法：

$$\text{fac} = \text{fac} \times n, \quad n = n+1$$

假定 fac=1 表示 $1!$，若要计算某数的阶乘，则重复执行这两条语句。比如，计算 5 的阶乘就重复 5 次执行这两条语句，当 $n=6$ 时就结束执行。在 Raptor 中可以用循环轻松实现这样的递推运算，如图 7-40 所示。运行阶乘算法，在弹出的 GET n 输入语句对话框中输入 6，将在 Raptor 主控制台窗口中显示出算法执行结果，如图 7-41 所示。

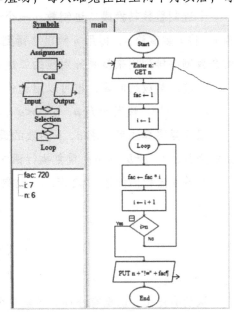

图 7-40   阶乘的递推算法流程图

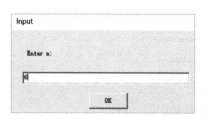
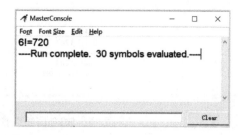

图 7-41 递推计算 6!运行结果

7.4 迭代法

迭代法，也称辗转法，是一种不断用变量的旧值递推新值的过程。迭代算法是用计算机解决问题的一种基本方法，它利用计算机运算速度快，能够快速进行重复运算的特点，让计算机对一组语句进行重复执行，在每次执行这组语句时，都能够利用变量的原值推出它的一个新值。计算机中常用的"二分法"和"牛顿迭代法"都是典型的迭代法。用迭代算法解决问题的关键是确定迭代变量、迭代关系式和迭代结束条件。所谓迭代变量，是能够直接或间接地由旧值递推出新值的变量。所谓迭代关系式，指如何从变量的前一个值推算出其下一个值的数学公式，它是解决迭代问题的关键。结束条件则是控制迭代循环语句结束的条件。

角谷猜想问题。日本数学家角谷静夫在研究自然数时发现了一个奇怪现象：对于任意一个自然数 n，若 n 为偶数，则将其除以 2；若 n 为奇数，则将其乘以 3，再加 1。如此经过有限次运算后，总可以得到自然数 1。人们把角谷静夫的这一发现叫做"角谷猜想"。

十进制整数转换成二进制数。一个十进制数 n 转换成二进制数，可以用 n 除以 2，得到商 r，将 r 赋值给 n，再用 n 除以 2 得到商 r，再把 r 赋给 n……直到 r 为 0，然后将每次得到的余数倒序排列出来就是 n 对应的二进制数。

斐波那契数列问题：也可以用迭代方法进行求解。

【例 7-11】 设两数为 a、b（$b<a$），求 a、b 的最大公约数。

殴几里得算法可以求 a、b 两数的最大公约数。算法设计：① $r=a$ mod b，r 为 a 除以 b 后的余数；② $a=b$，$b=r$；重复执行语句①、②，当 $r=0$ 时，a 就是最大公约数。

其算法流程图如图 7-42 所示，结果如图 7-43 所示。

7.5 递归法

从前有座山，山里有座庙，庙里有个老和尚，正在给小和尚讲故事呢！故事是什么呢？"从前有座山，山里有座庙，……"这个故事反映的就是一模一样的事情，不断重复地进行着。计算机中用与此相同的思想解决了大量的问题，这就是递归法。

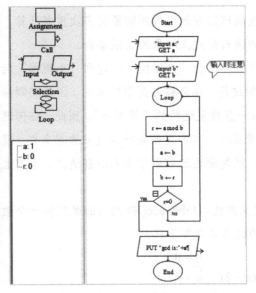

图 7-42 两数最大公约数的迭代算法流程图

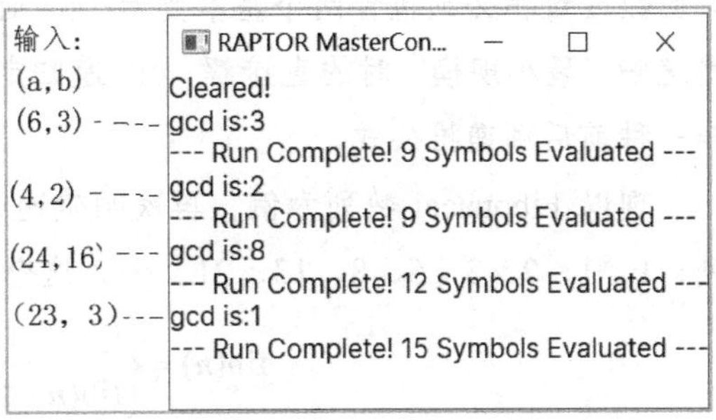

图 7-43 最大公约数算法的 4 次运算结果

一个函数、过程、概念或者数据结构，在其定义或说明内部又直接或者间接地应用了自身，就称之为递归或者递归定义。例如，计算 $n!$。

$$n! = \begin{cases} 1, & n = 0 \\ n \times (n-1)!, & n > 0 \end{cases}$$

在定义 $n!$ 时，用 $(n-1)!$ 去定义它，两者本质上是同一个问题，这就是递归定义。把一个大型复杂的问题层层转化为一个与原问题相似的规模较小的问题，直至小问题可以直接求解，这就是递归。例如，根据上面 $n!$ 的定义，计算 $5!$ 的过程如图 7-44 所示。

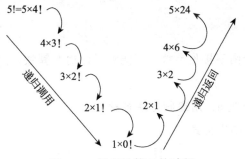

图 7-44 递归计算 5!的过程

计算 5!很简单，重要的是理解递归的思想：一个规模较大的问题，可以不断转化为解决方法相同但规模较小的同类问题，最后小到可以直接得到答案。计算 5!，转化为计算 4!，问题规模变小了，但解决方法相同；计算 4!转化为计算 3!，解法相同但规模更小了……最后转化为计算 0!。0! 是 1，可以直接求解，0! 求解了再返回去求解 2!，2!解决了再返回去计算 3!……最后就可计算出 5!。所有递归问题的求解过程都是这样的“套路”，计算机递归程序的运行过程也是如此。

递归作为一种算法在程序设计语言中被广泛应用，一个过程或函数通过在其定义中直接

239

或间接调用自身的方法，只需要少量的程序代码就能描述解题过程所需要的多次重复计算，大大地减少了程序的代码量。其能力在于用有限的语句来定义对象的无限集合。

对于计算机的递归函数或过程而言，它是通过循环进行"大规模"问题向"小规模"问题转化的，这个转化过程就是图 7-44 中的递归调用过程。循环终归是要结束的，因此必须给出循环结束条件，如果不指定结束条件，就会成为一直重复运行的"死循环"。因此，任何递归函数或过程必须包含两个基本要素：① 递归结束条件，称为递归基础或递归边界条件，就是递归"最小规模"时的直接解；② 递归定义式，就是描述递归调用关系的表达式，本质上是一种前后项递推公式。

现以 Fibonacci 数列为例，再次明确递归的定义方法。Fibonacci 数列指的是这样一个数列：1、1、2、3、5、8、13、21、…。这个数列的数学定义如下：

$$\text{fib}(n) = \begin{cases} 1, & n = 0,1 \\ \text{fib}(n-1) + \text{fib}(n-2), & n > 1 \end{cases}$$

其中，$n=0, 1$ 时，数列的值是 1，即递归结束条件，其他情况需用 $\text{fib}(n) = \text{fib}(n-1) + \text{fib}(n-2)$ 进行运算，这个就是递归定义式。

一般，设计递归算法时必须明确递归结束条件，确定递归定义后才能够进行递归算法设计。在执行递归算法时，包括递归前进（即递归调用，不断缩小问题规模）和递归返回两个阶段。当边界条件不满足时，递归前进；当边界条件满足时，递归返回。

递归程序设计非常简单，只需在递归函数或子过程中把递归定义表示出来就行了。在通常情况下，可以用下面的泛化模型描述：

```
t  f(n, …) {
    if (p) return X;
    else f(n-1, , …);
}
```

在 Raptor 中，由于子图不接收参数，不能够设计递归算法，但可以用子过程来设计递归算法。

【例 7-12】 输入一个数 n，用递归方法求解 $n!$。

再次查看计算 $n!$ 的递归定义式：

$$n! = \begin{cases} 1, & n = 0 \\ n \times (n-1)!, & n > 0 \end{cases}$$

假设用 fac(n) 表示计算 n! 的函数，那么只需在此函数将此定义描述出来就行了。

```
def fac(n):
    if(n == 0):
        t = 1
    else:
        t = n*fac(n-1)
    return t
```

这就是 Python 中计算 $n!$ 的递归函数。在 Raptor 中求 $n!$ 的算法设计过程如下：

<1> 在 Raptor 中新建一个文件，选择"File|Save As"保存为磁盘文件，如 Eg7-12.rap。

<2> 右击主图中的 main 标签，选择"Add Procedure"，弹出如图 7-45 所示的对话框；在"Procedure Name"文本框中输入子程序名称"fact"，在"Parameter 1"文本框中输入"n"，设置为输入参数（勾选 Input），在"Parameter 2"文件框中输入"fn"，设置为输出参数（勾选 Output，并取消 Input 勾选），单击"Ok"按钮。

<3> 在 fact 中插入 Selection 条件语句并在条件不成立时递归调用自己，如图 7-47 所示。

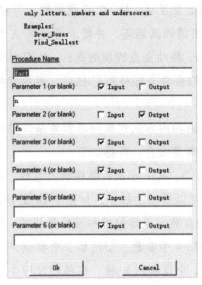

图 7-45　子过程 fact 设置

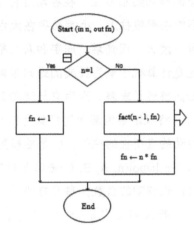

图 7-46　fact 阶乘递归函数流程图

<4> 在主图中调用它插入输入语句"GET n"，然后插入一条 Call 调用语句，计算 n!，并将计算结果保存在 m，最后插入一条 Output 输出语句，输出 fact 计算的 n!。完整的流程图和执行次序如图 7-47 所示。

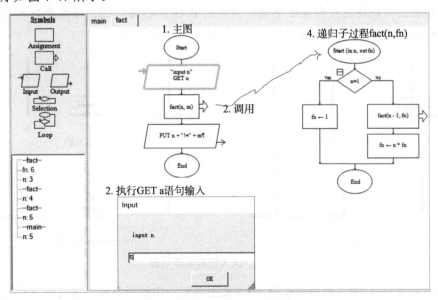

图 7-47　在 Raptor 中求 n!的算法流程图及执行过程

执行主图时，在弹出的"GET n"语句输入对话框中输入 n 的值 5，在观察区中将显示 fact 函数调用过程中参数 n 和阶乘值 fn 的变化过程。最后将在 Raptor 主控制台窗口中输出如下运行结果。

```
5!=120
----Run complete.  29 symbols evaluated.----
```

【例 7-13】 汉诺塔问题的递归求解。

传说印度教的主神梵天在创造世界的时候，在地上立了 A、B、C 三根银柱，并在 A 柱上从下到上地穿好了由大到小的 64 个金盘，这就是所谓的汉诺塔。并要求僧侣将 A 柱上的金盘全部移动到 C 柱上，在移动过程中可以借助 B 柱。移动金盘的规则是：一次只移动一个盘，不管在哪根柱上，小盘必须在大盘上面。当所有的金盘全部移到 C 柱后，世界就将在一声霹雳中消灭，而梵塔、庙宇和众生都将同归于尽。

这是计算机中最为经典的递归求解问题，若用非递归的方法求解则非常复杂，但用递归方法却能够轻松求解，因为它与递归算法的解题思想高度吻合，概括如下：

<1> 将汉诺塔求解问题抽象为函数 hanoi(n, A, B, C)，其中 n 表示要移动的盘数，A 代表需要移动的盘所在的柱子，C 是要移到的柱子，B 是可以借助的柱子。如图 7-48（a）所示。

注意：hanoi(n, A, B, C) 是以参数位置确定移动的盘数，原始位置和目标位置的。即第 1 个参数代表移动的盘数，移盘方法是：第 2 个参数→第 4 个参数，借用第 3 个参数。

<2> 若 A 柱上有 n（$n>1$）个盘，先将上面的 $n-1$ 个盘移到 B 柱，在移动过程中可以借用 C 柱作周转。将 $n-1$ 个盘从 A 柱移到 B 柱，并借助 C 柱，函数描述为：hanoi(n-1, A, C, B)，如图 7-48（b）所示。

<3> 若 A 柱上只有一个盘，就直接移动 C 柱，抽象为 move(n, A, C) 函数。其中，n 是要移动的盘的编号，如图 7-48（c）所示。

<4> 现在的问题转化为有 $n-1$ 个盘，需要从 B 柱移动到 C 柱，可以借助 A 柱作周转，这个问题的描述函数为：hanoi(n-1, B, A, C)，如图 7-48（d）所示。

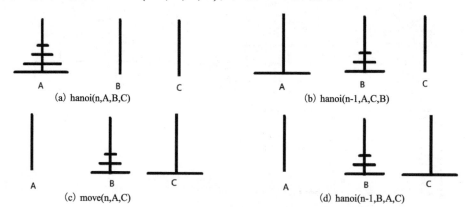

图 7-48 汉诺塔的求解思想

hanoi(n-1, B, A, C) 和 hanoi(n, A, B, C) 本质上相同，但规模更小，又可以转化为将 $n-2$ 个

盘先从 B 柱移到 A 柱……直至柱子上只有一个盘就直接移动。

在 Raptor 中实现此算法流程图的过程如下。

<1> 在 Raptor 中创建一个文件 Eg7-13.Eg。

<2> 右击主图的 main，选择"Add Procedure"，在弹出的对话框的"Procedure Name"文本框中输入子过程名称"move"，在"Parameter 1"文本框中输入"n"，在"Parameter 2"文本框中输入"A"，在"Parameter 3"文本框中输入"C"，勾选这三个参数的"Input"复选框。然后在 move 子过程中插入一条 PUT 输出语句，双击该语句图形，在输出内容中填写"n+", "+A+"->"+C"。完成的流程图如图 7-49(c)所示。

<3> 设计 hanoi(n, A, B, C)递归函数。右击主图 main，选择"Add Procudure"，在弹出的对话框的"Procedure Name"文本框中输入"hanoi"，在"Parameter 1"文本框中输入"n"，在"Parameter 2"文本框中输入"A"，在"Parameter 3"文本框中输入"B"，在"Parameter 4"文本框中输入"C"。然后在 hanoi 流程图中插入 Selection 选择图形，并完成 hanoi 递归函数设计，如图 7-49(b)所示。

可以看到，递归方法解决汉诺塔问题非常简单便捷，直接反映问题的本质。

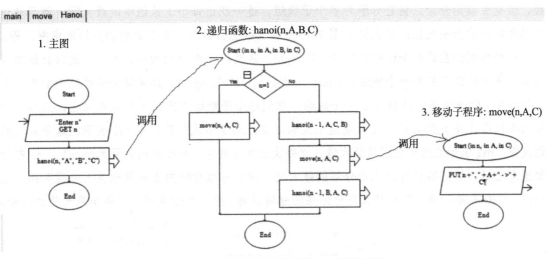

图 7-49 hanoi 递归函数的设计和调用过程

<4> 在流程图中插入"GET n"语句，并插入一条 Call 调用语句，双击 Call 语句图形，在弹出的对话框中输入调用语句"hanoi(n, "A", "B", "C")"。

运行汉诺塔算法流程图，在弹出的"GET n"对话框中输入 3，在主控制台窗口中将显示如下运行结果。

```
1,A->C
2,A->B
1,C->B
3,A->C
1,B->A
2,B->C
1,A->C
```

据数学证明，n 个汉诺塔圆盘的搬运次数为 2^n-1，感兴趣的读者可以验证移盘过程是否正确，其中的 1、2、3 是从小到大的圆盘编号。

7.6 分治法

分治法的思想是将一个规模较大的问题分解为 N 个规模较小的子问题，子问题是相互独立的，且与原问题性质和解决方法相同；如果这 N 个子问题的规模仍然较大，则将每个子问题继续分解为规模更小的子问题，这样一直分解下去，直到可以直接得出最小子问题的解为止，最后将子问题的解合并以求得原问题的解。分治与递归好像一对孪生兄弟，通常结合在一起应用的，分治往往是通过递归算法实现的。

现在举个简单的例子，说明分治法的基本思想和实现方法。例如，要计算数组 a 中 5 个元素中的最大数，当然，可以采用传统方法依次对 5 个元素进行比较，最后可求得其中最大数。但也可以用分治法将它分解为多个子数组，逐一找出每个子数组中的最大数，然后从这些最大数中找出全数组的最大数。图 7-50 是将 a 数组分解为两个子数组的分治法求解过程。

如果数组的左边界 left 不等于右边界 right，表明数组中的元素不止 1 个，就以数组中点为界，将 a 数组分解为两个数组：a[left, mid] 和 a[mid+1, right]，如果每个子数组中仍然不止 1 个元素，就继续将它分解为 2 个子数组，直到每个子数组中只有 1 个元素为止，因为一个数组中只有 1 个元素时最大值就是这个元素本身。对于每次分解，用 m1 表示左边子数组的最大值，m2 表示右边子数组的最大值。当每次分解后的左、右子数组的最大值 m1、m2 都计算出来之后，就能够计算出本次分解的最大值，然后可以逐级向上计算出其上一级数组的最大值，如图 7-50 所示。实线箭头是分治法的分解过程，虚线是逐级返回子数组最大值的过程。

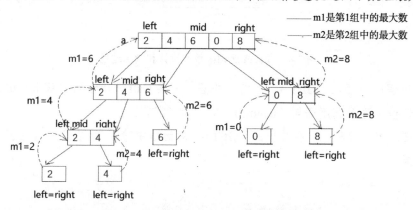

图 7-50   用分治法计算 8 个数中的最大数

其中，mid 是数组的中点，可用向下取整函数 floor 计算：mid=floor((left+hight)/2)。例如，left=1，right=6，则 mid=floor(3.5)=3，floor 的功能是取小于或等于当前参数值的最小整数，称为向下取整。

第 1 次将 a 数组分为了 a[1:3]和 a[4:5]两个子数组，但这两个数组的最大值仍然不知道，因此将再次分别对 a[1:3]和 a[4:5]进行如下分解。

对于 a[1:3]，将计算得 mid=(1+3)/2=2，分解为 a[1:2]和 a[3]两个子数组。因为 a[1:2]数组的左、右边界分别 left=1，而 right=2，表明不止一个元素，因此 a[1:2]会再次分解，计算 mid=floor((1+2)/2)=1，分解为 a[1]，a[2]两个子数组。对于 a[1]，left=right=1；对于 a[2]，left=right=2，不再分解。本次的左子分解 a[1]的最大值 m1=2，右子分解 a[2]的最大值 m2=4，由此返回，可求得其上级分解 a[1:2]的最大值为 4。

因为 a[1:2]和 a[3]是同级分解，并且 a[1:2]是本次分解左边的子数组，因此其最大值是本次分解中的 m1=4；而子数组 a[3]，因为 left=right=3，不再分解，最大值就是 a[3]的值 6，因为它是本次分解中右边的子数组，所以 m2=6；由本次的 m1、m2 可以计算出子数组 a[1:3]的最大值是 6。

对于 a[4:5]，按照与上面同样的分解方法可以求得最大值为 8。进而对同级分解 a[1:3]、a[4:5]的最大值 6 和 8 进行比较，求得 a[1:5]的最大值为 8。

【例 7-14】 用分治法求解 n 个数中的最大数。

<1> 设计输入数组的子过程 inputArray(n, a)。

右击主图中的 main，选择"Add Procedure"，弹出如图 7-51 所示的对话框，设置 Procedure Name、Parameter 1 和 Parameter 2。本子程序的功能是接收从键盘输入的 n 个数，建立 a 数组。n 由主图传入，为了在主图中使用 a 数组，将 a 设计为输出参数，n 设置为输入参数。

在 inputArray 子过程流程图中插入一条 Assignment 赋值语句，设置控制变量 i 的初值为 1，并插入 Loop 循环语句，从键盘输入 n 个数到数组 a 中，如图 7-52 所示。

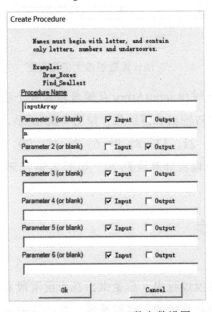

图 7-51 inputArray 函数参数设置

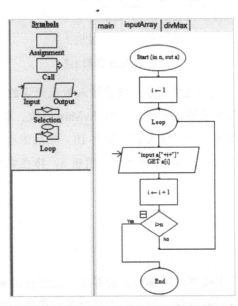

图 7-52 输入 n 个数到数组的流程图

<2> 设计用分治法求解数组 a 的最大值的递归子过程 div(a, left, right, dmax)。

右击主图中的 main，选择"Add Procedure"，在弹出的对话框中设置 Procedure Name、Parameter 1、…、Parameter 4 参数，如图 7-53 所示。其中，divMax 是子过程名，a 是数组名，left 和 right 是数组的左、右边界值，dmax 是数组 a[left:right]区间中的最大值。由于 a、left、right 是计算中使用的数据，必须设置为输入参数，dmax 是函数的运算结果，因此设置为输出参数，以便于在主图中应用这个结果值。

计算数组 a 中最大值的递归子过程流程图如图 7-54 所示。基本设计方法是，如果 a 数组的左、右边界不等，判断方法是 left=right 不成立，就表明数组中的数据个数多于 1，计算出数组的中点位置 mid=floor((left+right)/2)，将数组分为 a[left:mid]和 a[mid+1:right]两个子数组，分别计算出其最大值 m1 和 m2，并将 m1 和 m2 中的最大值作为输出参数 dmax 的值，该值可传回主图应用。

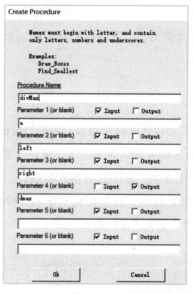

图 7-53　设置 divMax 求解函数

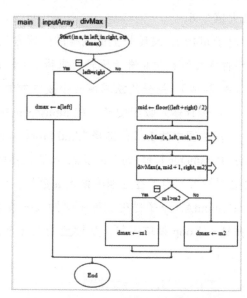

图 7-54　分治法计算数组最大值流程图

<3> 在主图中从键盘输入数组元素的个数，调用子过程 inputArray 从键盘输入 n 个数，再调用求解数组最大值的 divMax 函数，最后用 PUT 语句输出求解结果，如图 7-55 所示。在运行程序时，输入 n 的值为 10，然后依次输入 10 个数：21，13，8，7，6，5，15，29，5，10，创建具有 10 个元素的数组 a，将在主控制台窗口中输出计算结果 29，如图 7-56 所示。

7.7　贪心法

贪心算法又称为贪婪算法，是指在求解问题的多阶段过程中，总是做出在当前阶段看来是最好的选择，但这个选择对于问题的全局解而言未必是最优的。也就是说，贪心法并不从全局最优上加以考虑，它所做出的仅是在某种意义上的局部最优解。

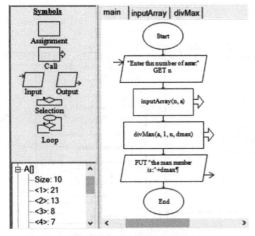

图 7-55　分治法求解最大数主图设计

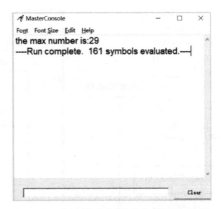

图 7-56　分治法求解最大值的运行结果

例如，在图 7-57 中，求解从三角形顶端 8 出发到底边所历数字之和的最大值。贪心法按照每次选"当前最大"的寻优原则，会沿着图中的实线进行选择，求得的最优解为 33。但实际上，沿着虚线进行选择的才是全局最优解。

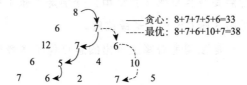

图 7-57　用贪心法求解三角形从顶到底的最大值过程

贪心法的缺点是：尽管当下每一步选择了最优解，但在整体上并不一定能够得到最优解；其优点是时间复杂度通常比较低，也就是用的时间比较少，算法总是可执行的。这对于某些求精确解困难，甚至是难以完成的复杂问题，用贪心法寻求可替代的次优解，却不失为一种好方法。如果贪心准则设计合理，也有可能得出最优解。在计算机中解决动态规划问题，最短路径问题、背包问题、最小生成树问题，常常会用贪心法求解。

归结而言，贪心法并无固定的算法框架，但通常也会用递归法求解，其基本思想可以概括为：将一个大问题拆解为若干个小问题，在求解问题的每一步中，不管当前这一步的决策会对未来有什么影响，都只将眼前的决策取到最优即可。如此反复，直至最终得到最优解。

【例 7-15】　设有面额 1.1 元、0.5 元、0.1 元的纸币若干，要为客户找回 1.5 元，用贪心法计算找回的最小张数。

贪心法设计：首先尽量选取面额为 1.1 元的纸币，当剩下金额不足 1.1 元时尽量选取面额为 0.5 元的纸币，当余额不足 0.5 元时，最后才选取 0.1 元的纸币。算法很简单，可分别用三个单重循环选择纸币，用 n 统计纸币的总张数，每选一张纸币，n 就加 1。在 Raptor 中设计出的算法流程图如图 7-58 所示。

执行算法流程图，Raptor 会在主控制台窗口中输出如下运算结果：

```
n=4
----Run complete.  27 symbols evaluated.----
```

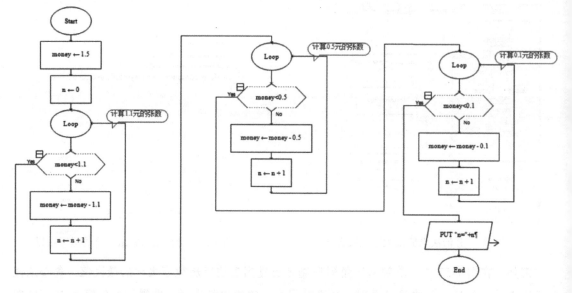

图 7-58　求解金额确定下钱的张数最少的贪心法流程图

贪心法计算出的结果是需要为客户找 4 张纸币，分别是 1 张 1.1 元、3 张 0.1 元。显然，这个解并非最优解，因为找回 3 张 0.5 元才是最优解。

说明：这里所举的案例只是强调贪心算法得出的解可能不是最优的，但并不是说贪心算法无法求得最优解。

7.8　排序法

排序是指按照一定的规则对一组数据进行排列的过程，包括升序和降序。对于数值型数据而言，按照数值从小到大的顺序排列就称为升序，从大到小的顺序排列就称为降序。对于文本数据而言，按照英文字典顺利从 a～z 的顺序排列称为升序，反之称为降序。

排序的方法多，如冒泡法排序、选择法排序、分治法排序、快速法排序、插入法排序和归并法排序等。

7.8.1　冒泡法

冒泡法排序是一种交换排序方法，按照排序规则（从小到大，或从大到小）从左至右对数据进行两两比较，如果是逆序就交换两数，否则就前进 1 个数再进行两两比较，直到最后两个数完成比较后，最右边位置的数就排好序了，称为第 1 趟比较。图 7-59 是对 5 个数从小到大的冒泡法排序过程。由上面的分析可以概括出，n 个数进行冒泡法排序需要进行 $n-1$ 趟比较，第 i 趟比较内部需要进行 $n-i$ 次两相邻数据的比较，如果两数比较时左边的数小于右边的数就交换，否则不交换。可以用双重循环轻易实现这样的算法。

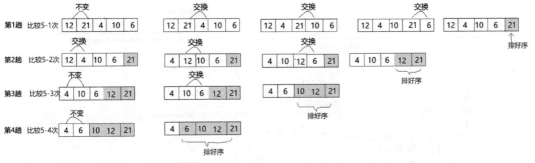

图 7-59　5 个数的冒泡法排序过程

【例 7-16】 在 Raptor 中，用冒泡法对具有 *n* 个数据的数组进行排序。

<1> 设计数组输入、输出和冒泡法排序子过程，并在主图中调用各子程序，从键盘输入 *n* 个数并进行排序，然后输出排序前和排序后的数据。

<2> 设计一个子程序 inputArray(n, a)，从键盘输入 *n* 个数，保存在数组 a 中，结果如图 7-60 所示。

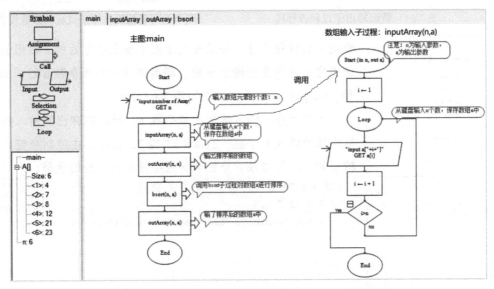

图 7-60　冒泡法主图算法 main 和数组输入子过程流程图

<3> 设计一个子程序 outArray(n, a)，将 a 数组中的 n 个元素输出在同一行中。为了将多个数据输出在同一行，需要对 PUT 输出语句进行简要的设置，如图 7-61 所示。

注意：在设计 outArray 子过程的数组元素输出语句时，为了在同一行中输出多个数（默认方式下，一行只输出一个数），需要勾选"Put a[i]"语句的"End current line"复选框，同时需要在子程序结束前输出一个空字符串" "，并勾选该语句的"End current line"复选框，主要是起到换行作用，否则会影响后面的 PUT 输出语句，它们会在上一行后接着输出数据。

<4> 设计子程序 bsort(n, a)，实现对具有 *n* 个数的数组从小到大排序。

右击主图 main，选择"Add Procedure"，弹出如图 7-62 所示的对话框。由于 bsort 函数从主图接收数组 a，因此需要将它设置为输入参数，同时要对数组 a 进行排序，这会改变原

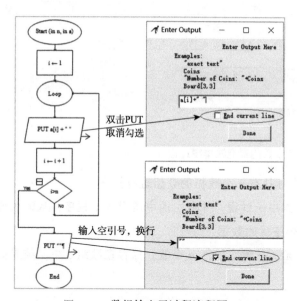

双击PUT
取消勾选

输入空引号，换行

图 7-61 数组输出子过程流程图

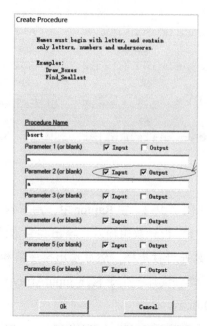

图 7-62 冒泡法排序子过程的参数设置

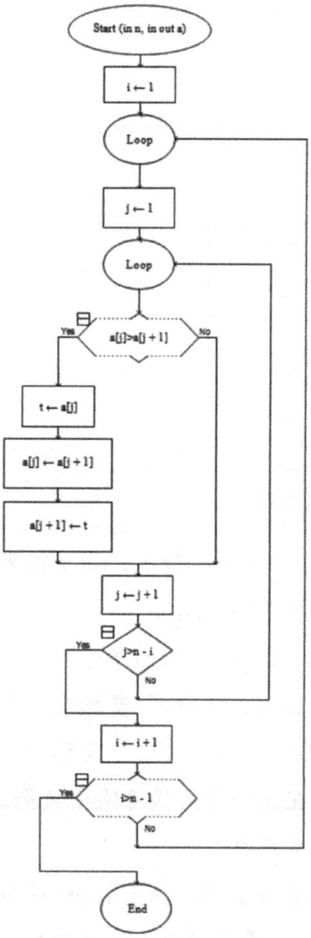

数组中的数据次序，并且要在主图中输出排序后的 a 数组值，因此需要将它设置为输出参数，即需要同时勾选参数 a 的 "Input" 和 "Output"。最后的结果如图 7-63 所示

运行程序，输入数组元素个数 6，接着在弹出的输入数对话框中依次输入 6 个数：21 4 8 23 12 7。最后，主控制台窗口中会输出如下运行结果，分别为 a 数组排序前、后的数据：

```
21 4 8 23 12 7
4 7 8 12 21 23
----Run complete.  197 symbols evaluated.----
```

7.8.2 选择法

冒泡法排序过程中存在许多无效的中间交换，选择法排序对此进行了改进，减少了不必要的中间交换，每趟比较只进行一次数据交换，提高了算法的效率。

选择法的基本思想是，对于 n 个数进行排序，只需进行 $n-1$ 趟选择，每次从数组中选择符合规则的数放在当前的排序位置。比如，对 5 个数进行从小到大的排序。

第 1 趟是选第 1 小的数放在第 1 个位置。用 p 指向最小数的位置。首先，让它从第 1 个位置开始依次与数组中的每个数进行比较，一旦发现某个位置的数更小，p 就重新指向这个位置，当 p 位置的数与所有数都比较完后，将第 1 和 p 位置的数交换。

图 7-63 冒泡法排序子过程

250

第 2 趟是从第 2 到第 5 个数中选最小的数，让 p 先指向第 2 个数，然后依次与第 3、4、5 个位置的数比较，比较完后将第 2 和 p 位置的数交换。

按照上述方法再进行第 3、第 4 趟选择，完成后就对 5 个数完成了排序，如图 7-64 所示。

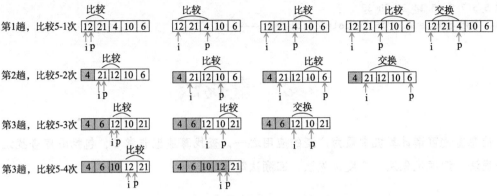

图 7-64　5 个数的选择法排序过程

【例 7-17】　在 Raptor 中，用选择法对具有 *n* 个数据的数组进行排序。

算法设计：与例 7-16 相同，只需要对其中的冒泡法进行修改，用选择法实现排序即可。将 Eg7-16.rap 另存为 Eg7-17.rap，选中 bsort 子过程标签页，双击 Start(in n, in out a)，弹出子过程参数设置对话框，将其中的 "Procedure Name" 修改为 "ssort"，然后修改流程图，结果如图 7-65 所示。

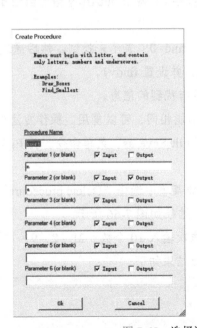

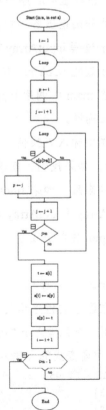

图 7-65　选择法排序流程图

运行流程图，首先输入数组大小 10，然后在弹出的输入框中依次输入 10 个数，排序完成后，在主控制台窗口中输出如下结果，第一行是排序前的数据，第二行是排序后的数据。

```
21 3 5 32 10 28 7 9 14 5
3 5 5 7 9 10 14 21 28 32
----Run complete. 406 symbols evaluated.----
```

7.9 查找法

信息查询可谓计算机中最为广泛的应用之一，查找算法也非常多，包括顺序查找法、二分查找法、深度优先法、广度优先法、回溯法等等。

7.9.1 顺序查找法

顺序查找法是最基本的查找方法，它在要查找的数列中，从左至右依次用查找值与当前位置的数值进行比较，如果找到就输出数据所在位置，如果整个数列都比较完了也没有找到，就给出没有找到的信息。

【例 7-18】在数组中顺序查找是否包括了某数，如果包括了就给出在数组中的下标位置，出现了多次，就分别指出各下标位置；如果不包括，就给出没有找到的信息。

<1> 设计子过程 inputArray 输入数组。

<2> 设计子过程 outArray 在一行上输出数组的各元素。

<3> 在主图 main 中调用 inputArray 创建数组 a，调用 outArray 输出数组 a 中的数据，以便于核查找的正确性。

<4> 在主图中输入查找值 x，并设置变量 find=0，表示未找到。然后通过循环从 a[1]一直比较 a[n]与 x，如果找到，就输出当前位置，并设置 find=1。

<5> 循环结束后，如果 find=0，就给出没有找到的信息。

由于 inputArray 和 outArray 与例 7-17 的功能相同，可以复用。操作方法如下：

<1> 在 Raptor 中打开 Eg7-17.rap，选择"File|Save as"菜单命令，将 Eg7-17.rap 另存为 Eg7-18.rap。

<2> 右击子过程 ssort 标签，在弹出的快捷菜单中选择"Delete procedure"命令。

<3> 删除主图中的程序语句，重新设计，结果如图 7-66 所示。

执行流程图，首先输入 n 的值 10，然后依次输入 10 个数：21、2、9、13、7、45、29、9、0、6，最后为要查找的 x 输入 9，程序运行结果如下：

```
21  2  9  13  7  45  29  9  0  6
find 9 at a[3]
find 9 at a[8]
----Run complete. 140 symbols evaluated.----
```

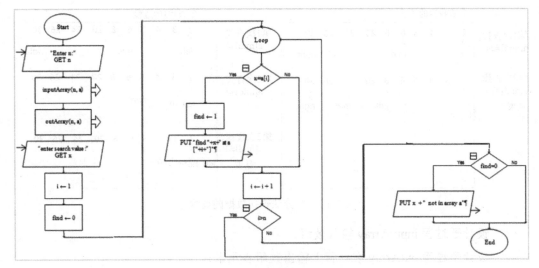

图 7-66　顺序查找流程图

再次运行程序，输入 n 的值为 6，依次输入 2、1、9、6、0、12，输入查找值 x 为 5，运行完成后，输出窗口中的输出结果如下：

```
2  1  9  6  0  12
31  not in array a
----Run complete. 89 symbols evaluated.----
```

7.9.2　二分查找法

顺序查找法从头至尾逐个比较数列中的数据，如果数列较大，要查找的元素又在数列的末尾部分，就比较耗费时间了，效率较低。如果数列本身是有序的，用二分法查找就要高效得多。二分查找法只能用于排序数列中的数据查找，设数列 a 是升序排列的，查找 x 在数列中的位置。用二分法进行查找的基本步骤如下。

　　<1> 用 left、right 分别指向数列的首尾位置，初始为 left=1，right=n。

　　<2> 计算其中点位置 mid=(left+right)/2，比较 x=a[mid]，输出 mid 并结束查找。

　　<3> 如果 x<a[mid]，就重置 right=mid-1；如果 x>a[mid]，就重置 left=mid+1。

　　<4> 如果 left>right，就表明对数列已经完成全部查找，x 不在数列中，结束查询；否则转到步骤<2>，重复执行<2> ~<4>步骤。

图 7-67 是在 10 个有序数列中分别查找 24 和 1 的过程，只需要 2 次比较就能够找到 24，如果用顺序查找法，就需要比较 8 次；只需进行 3 次比较就可知数列中没有 1，如果用顺序查找法，要比较 10 次才能够得出结论。如果数列较大，如成千上亿个数，二分法查找的效率就比顺序查找法高得多了。

【例 7-19】　在从小到大排列数据的数组中顺序查找是否包括了某数 x，如果找到，就给出在数组中的下标位置。如果 x 多次出现，给出第一次出现的位置即可。如果不包括，就给出没有找到的信息。

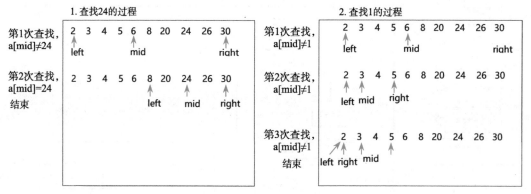

图 7-67　二分法查找数据的过程

<1> 设计子过程 inputArray 输入数组；

<2> 设计子过程 outArray 在一行上输出数组各元素；

<3> 在主图 main 中调用 inputArray 创建数组 a，调用 outArray 输出数组 a 中的数据，以便于核查找的正确性；

<4> 在主图中输入查找值 x，并设置变量 find=0，表示未找到。然后通过循环从 a[1] 一直比较 a[n] 与 x，如果找到，就输出当前位置，并设置 find=1。

<5> 循环结束后，如果 find=0，就给出没有找到的信息。

由于 inputArray 和 outArray 与例 7-18 的功能相同，可以复用。操作方法如下：

<1> 在 Raptor 中打开 Eg7-18.rap，选择"File | Save as"菜单命令，将 Eg7-18.rap 另存为 Eg7-19.rap。

<2> 修改主图 main，输入查找值 x。

<3> 用二分法查找 x，详细流程图如图 7-68 所示。

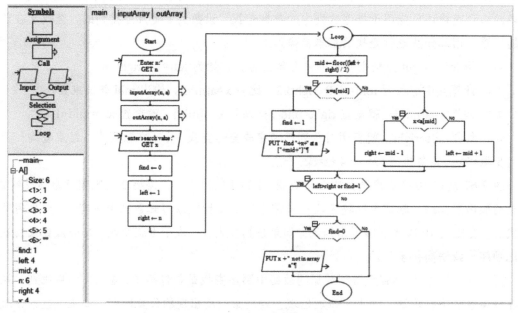

图 7-68　二分法查找算法流程图

运行流程图，首先输入数组元素个数 n 的值，如 6，然后依次输入 6 个从小到大的有序数列，如 1、2、3、4、5、6。再输入要查找的数 x，如 4。查找执行后，主控制台窗口中会输出如下结果：

```
1 2 3 4 5
find 4 at a[4]
----Run complete. 83 symbols evaluated.----
```

再将运行流程图，输入相同的 n 和 6 个数，但为查找值 x 输入 8，则运行结果为：

```
1 2 3 4 5 6
8 not in array a
----Run complete. 84 symbols evaluated.----
```

习 题 7

一、实践题

1. 100 个和尚吃 100 个馒头，大和尚 1 人吃 4 个，小和尚 4 人吃 1 个，问大、小和尚各多少人？用穷举法实现。

2. 设计判断一个数 x 是否为素数的子过程 prime(x, t)，t 为输出参数，若 x 是素数，则 t=1，否则 t=0，用 prime(x, t) 找出 50 以内的素数。

3. 《算盘书》中记载了典型的兔子产仔问题：如果一对两个月大的兔子以后每个月都可以生一对小兔子，而一对新生的兔子出生两个月后才可以生小兔子。也就是说，1 月份出生，3 月份才可产仔。假定一年内没有发生兔子死亡事件，那么 1 年后共有多少对兔子？设计递推法求解的算法流程图。

4. Fibonacci 数列指的是这样一个数列：1，1，2，3，5，…。这个数列的数学定义如下：

$$\text{fib}(n) = \begin{cases} 1, & n = 0,1 \\ \text{fib}(n-1) + \text{fib}(n-2), & n \geq 2 \end{cases}$$

设计用递归算法求解 Fibonacci 数列，并输出该数列的前 10 项。

5. 输出若干个人的英文姓名，并用选择法、冒泡法或分治法对姓名进行升序排序，设计排序算法流程图，并在同一行输出排序前的姓名，在另一行输出排序后的姓名。

6. 假设钱柜里有 25 分、10 分、5 分和 1 分四种硬币，如果你是售货员且要找给客户 41 分的硬币，如何安排才能找给客户的钱既正确且硬币的个数又最少？设计用贪心法求解的算法流程图。

7. 已知数组 a 的数据升序排列，查找某数 x 是否在数组中，若在，则给出 x 在 a 数组中的下标，否则输出 "x 不在数组中" 的信息。设计用分治法求解的算法流程图。

第8章

云计算和大数据基础

COMPUTER

互联网应用的普及产生了大数据,传统信息技术难以在规定时间内实现对大数据的收集、整理、转换并分析出有价值的信息,必须运用云计算、大数据、物联网和人工智能等信息基础设施和支撑技术才进行处理。云计算提供了基于互联网的分布式计算环境,能够将大数据集的计算任务分配到数十、数百、数千乃至数万个计算节点中进行分布运算,实现大数据分析,二者联系紧密。大数据技术不仅改变了传统的数据采集、数据处理、数据应用的技术和方法,还促使了人们思维方式的改变。本章介绍云计算和大数据的基础知识,包括云计算与大数据的基本概念和基本技术框架、虚拟化技术和Hadoop分布式系统基础。

8.1 云计算基础

云计算是适应信息技术发展与应用而产生的新型计算模式和商务模式,为人们提供方便、快捷、无处不在的信息服务。如同从初期逐步发展的互联网一样,云计算与人们工作生活的结合日益紧密,越来越深入地影响着人们的生活方式、信息资源投资方式和商业模式。

8.1.1 云计算的概念

云计算指通过计算机网络形成的计算能力强大的系统,可存储、集合相关资源进行按需配置，向用户提供个性化服务。自2006年Google首次提出"云计算"的概念以来，关于什么是云计算，学术界和业界尚无统一定义。但是，关于云计算概念的说法和描述却非常多。

《信息周刊》（*Information Week*）认为：云计算是一个环境，其中的任何IT资源都可以以服务的形式提供。

《华尔街日报》（*The Wall Street Journal*）认为：云计算使企业可以通过互联网从超大数据中心获得计算能力、存储空间、软件应用和数据，客户只需在必要时为其使用的资源付费，从而避免建立自己的数据中心并采购服务器和存储设备的巨大花费。

谷歌公司的埃里克认为：云计算把计算和数据分布在大量的分布式计算机上，这使得计算和存储具备很强的可扩展性，用户可以通过多种接入方式（如计算机、手机等）方便接入网络获得应用和服务。其重要特征是开放式的，不会有任何企业能够控制和垄断它。

IBM公司认为，云计算是一种计算模式，把IT资源、数据和应用作为服务通过互联网提供给用户。云计算也是一种基础架构管理的方法，大量的计算资源组成IT资源池，用于动态创建高度虚拟化的资源提供给用户使用。

"网格计算之父"伊安·福斯特（Ian Foster）认为：云计算是一种大规模分布式计算的模式，其推动力来自规模化所带来的经济性。在这种模式下，一些抽象的、虚拟化的、可动态扩展和被管理的计算能力、存储、平台和服务汇聚成资源池通过互联网按需交付给外部用户。

类似的说法还有许多，其含义大致相同，从不同侧面反映，云计算兼有技术和商业的双重特性，既是一种计算模式，也是一种商业模式。作为计算模式，它以分布式计算为基础，将大量的网络设备、计算机硬件、软件集成为信息服务资源池，通过虚拟化等技术构建出为用户提供信息服务的运行平台，为云服务提供支撑和保障。作为商业模式，云计算面向众多的用户提供永远在线、随时可访问的服务，支持海量用户按需获取服务资源，并保障服务的可靠性，如图8-1所示。

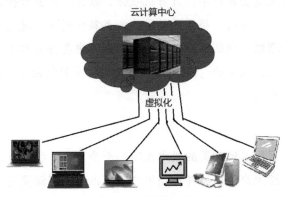

图8-1　云计算示意

图8-1所示云计算的含义是：云计算服务商采用分布式技术集成了能力超强的计算资源池，并通过这些资源池向用户出租信息服务。对于企业、政府、个人以及各种类型的用户来说，不再需要花钱购买计算机、网络设备、软件系统、开发工具等来自建信息系统，只需要按照自己的需求向云计算服务商支付少量费用（相对于自建系统的设备购买和运行维护而言）

就能够获得需要的信息服务，云计算服务商运用虚拟化等信息技术能够从它的信息资源池中按照用户需求，为他们虚拟化创建不同的服务器、计算机、系统开发平台、软件服务平台、数据处理中心、各种应用程序、业务管理系统……并且可以为用户运行维护从云平台购买的信息平台或应用系统。

类似于水、电、气服务，人们不需要知道它们的厂房在什么地方，也不需要知道它们是如何管理和运作的，只需要根据自己的使用需求支付使用费就可以使用。云计算也采用类似的商业模式，由服务商提供信息服务资源（计算硬件系统、软件系统、应用程序、开发环境等），互联网就是信息服务传输的管道，用户只需要支付相应的费用，就能够拥有所需的信息技术或信息系统。

8.1.2 计算模式演化和云计算的发展

云计算是各种计算模式演化发展的结果，可以看到主机计算、效用计算、集群计算、分布式计算以及网格计算等技术的综合应用，是各种计算模式的集大成者。

1．主机计算模式

1964 年，第一台大型机 System/360 在 IBM 公司诞生，随后更多的大型机被制造，产生了主机计算模式。主机系统面向的主要客户是企业用户，他们通常会有多种业务系统需要使用主机系统完成各种计算任务。为了满足用户的需求，IBM 公司发明了虚拟化技术，将一台物理服务器分划成多个分区，每个分区运行一个操作系统或业务系统，提供给用户使用。IBM 主机系统在金融、通信、能源和交通等领域承担着最为广泛和重要数据的运算、存储和应用任务，大多数大型企业都使用了主机系统。

主机系统的主要特点是资源集中，计算机硬件、软件、企业数据、业务系统都集中在主机端，用户通过终端与主机连接，将需要处理的业务集中起来，通过网络以批处理方式发送给主机处理，最后将处理结果送回用户端，用户端则不需要存储和处理数据。

主机计算模式可能就是最早的"云计算"，只不过它是只使用了一台计算机，面向特定用户、特定行业的"专有云"。

2．效用计算模式

主机系统出现后，用户单独购买的成本太高，于是出现了租用方式。主机系统提供商把服务器和存储系统打包给用户使用，并按照用户实际占用的资源量进行计费，如使用水电气的收费模式一样，这就是效用计算模式，其关键技术就是对用户使用的资源进行计量。

IBM 公司就是实施效用计算的代表，它将自己的主机资源按照时间出租给不同的用户，主机系统驻留在 IBM 的数据中心，由公司运行与维护，用户可在远程或者 IBM 数据中心使用公司的计算资源。

效用计算将 CPU、内存、网络带宽、存储容量等信息技术资源打包成可以度量的计算资源，出租给用户使用，并按照使用量进行收费。用户不必提前付费，也不用购买 IT 基础设施（计算机、网络、存储设备等）。这种方式让资金有限的中小企业可以拥有与大型企业相当的计算能力，受到了他们的欢迎。

效用计算通常限于对 IT 资产的计量计费，很少考虑技术、管理、安全等方面的度量和计费，云计算则把这些因素综合在一起，纳入了量化和计费的范畴。

3. 客户—服务器模式（Client/Server，C/S）

随着计算机技术的发展和应用普及，主机计算模式中的用户端不再是显示器、键盘和打印机之类功能单一的设备，而是具有计算能力的个人计算机。为了减轻主机的负担，一些计算任务被下放到终端完成，同时对主机的计算能力要求可以相应降低，由此产生了客户—服务器计算模式，即 C/S 模式。

在 C/S 模式中，应用程序分为服务器部分和客户机部分。服务器部分是多个用户共享的信息和系统功能，执行后台服务，如控制共享数据库的操作等。客户机部分则为用户所专有，负责执行诸如输入、输出、显示和打印数据，以及在线帮助、出错警告等前台功能。

在 C/S 模式中，事务处理过程首先由客户端发起动作，服务器端则被动地等待来自客户机的请求，对客户的请求进行响应，并将客户需求的运行结果返回客户机。

C/S 模式具有交互性强、安全可靠、响应速度快等特点，但也存在系统维护、升级困难等缺点，通常只限于小型局域网内使用。为了适应更大范围内的应用需求，如国际电子商务，C/S 模式演化成了当前的浏览器/服务器（Browser/Server，B/S）模式，将 C/S 模式中的 C 变成了 B，即将客户机的计算处理能力收回到服务器，变成只具有数据呈现功能的浏览器。

4. 集群计算模式

集群计算是指通过网络将一组计算机软件或硬件连接起来，高度紧密地协作完成计算工作。集群系统中的单个计算机被称为节点，通过局域网（或其他连接方式）连接起来，在逻辑结构上可以把集群中的全部计算机看成一台计算机。集群计算机通常用来改进单台计算机的计算速度和可靠性，能够满足大运算量问题的计算需求。

集群计算最早出现在 20 世纪 80 年代 DEC 的 VMS 系统中，IBM 的 Sysplex 是与集群接近的大型主机系统。Microsoft 公司、SUN 公司以及其他一些主导硬件和软件主流的公司提供有集群包，并保证提供可扩展性和可用性。随着应用需求的增加，集群或其中局部零件的大小和数量都可以灵活地扩展。

集群计算是组合多台计算机来完成计算量巨大的单个问题的计算模式，能够实现的分布式计算规模是有限的。云计算则是通过服务器集群为海量用户提供不同需求的计算能力，并且需要考虑与不同用户终端的交互方式，远比集群计算复杂，但确实运用了集群技术。

5. 服务计算模式

2001 年，IBM 公司倡导动态电子商务（Dynamic e-Business）的理念转向 Web Services，把运行在不同工作平台的应用整合在一起，使彼此之间能够相互交流，引导了服务计算模式的发展。服务计算是跨越计算机与信息技术、商业管理、商业咨询服务等领域的新学科，运用面向服务架构（Service-Oriented Architecture，SOA）技术将商业服务与信息支撑技术整合成服务。

在服务计算模式中，将所用的应用程序都作为服务提供给用户，用户和其他程序可以使用这些服务，而不是买断或拥有这些程序。不同的服务之间相对独立，可以随意组合。

云计算采用了服务计算模式的技术和思想，并进行了发展。服务计算一般在互联网上实现，也可以在局域网中提供。一台计算机、几台计算机组成的集群都可以提供服务，服务的内容限于软件服务。但是，云计算是基于互联网的、更复杂的集群，服务的内容并不限于软件，还包括硬件基础设施和系统开发平台。

6．分布式计算模式

分布式计算是能够把一个需要巨大计算能力才能解决的复杂问题分解成许多子问题，然后把这些子问题分配给多台计算机进行单独处理，最后把所有的计算结果综合起来并计算出最终结果的计算模式。

分布式计算的研究始于 20 世纪 80 年代，主要以分布式操作系统的研究为主。随着互联网的发展和普及，分布式计算的研究重心逐渐转移到了以网络计算平台为中心的分布式技术，研究如何利用网络把成千上万台计算机连接起来，组成一台虚拟的超级计算机，实现计算资源、通信资源、软件资源、信息资源和知识资源的共享，并利用它们的空闲时间和存储空间来完成单台计算机无法完成的超大规模的计算任务。

分布式计算的典型案例就是美国加州大学伯克利分校主办的 SETI@home 项目，该项目利用互联网上空闲的志愿者计算机资源共同搜寻外星生命。SETI@home 程序在志愿者计算机的空闲时间内，通常在屏幕保护模式下或以后台模式运行，不影响用户正常使用计算机。该项目自 1999 年启动，至 2005 年共吸引了 500 多万志愿者参加，这些用户的计算机累积计算量已达 243 万年，分析了大量积压数据。

分布式计算的发展过程中涌现出了许多分布式计算技术，如中间件技术、移动 Agent 技术等。中间件是一种独立的、基于分布式的系统软件或服务程序，运行于客户—服务器模式的操作系统上，将客户机中的应用软件与服务器中的系统软件连接起来，实现两者之间的信息交换和互操作。通过中间件对计算机资源和网络通信的管理，应用程序可以工作于多个不同的平台或多个操作系统环境中，共享资源。

7．网格计算模式

网格计算是伴随着互联网而迅速发展起来的，专门针对复杂科学计算的新型计算模式。通俗地讲，网格计算是利用互联网把分散在不同地理位置的计算机组织成一个"虚拟的超级计算机"，其中每台参与计算的计算机就是一个"节点"，而整个计算系统是由成千上万个"节点"组成的"一张网格"，所以这种计算方式被称为网格计算。

网格计算的目的是把分布在互联网上数以亿计的计算机、存储器、信息通信设备、数据库等结合起来，形成一个虚拟的、空前强大的超级计算机，满足不断增长的计算和存储需求，并使信息世界成为一个有机的整体。这样组织起来的"虚拟的超级计算机"有两个优势：其一是数据处理能力超强，可以解决对于任何单一的超级计算机来说仍然大得难以解决的问题；其二是能够充分利用网络的闲置计算能力。

8．云计算模式

上述计算模式的演化过程可以概括为"集中计算—分散计算—集中计算"的发展模式。早期的集中是由于主机成本昂贵，少数拥有主机的企业为没有主机的企业提供集中计算；随着计算机技术发展和应用普及，企业和个人都拥有了计算机，具有自我计算的能力，计算模式由集中走向分散；现在又以云计算的方式走向集中，但这次是"众人拾柴火焰高"的集中方式，将类型不同的大量计算资源集中起来，形成计算能力超强的信息资源"云"，以可计量的服务提供给企业使用，为企业节省构建信息资源管理平台的投资成本和运行维护成本。

不同于以前各阶段计算模式，云计算不是基于某种计算模式的单向发展，而是主机计算、效用计算、分布式计算、网格计算、并行计算等多种计算模式，以及网络存储及虚拟化等多种计算机技术和网络技术融合发展的产物，或者说是它们的商业实现。引用美国国家技术与标准局（NIST）给出的定义来概括："云计算是对基于网络的、可配置的共享计算资源池（包括网络、服务器、存储、应用和其他服务等），能够方便地、随需访问的一种模式。"

云计算实现了信息技术以硬件为中心，到以软件为中心，再到以服务为中心的发展和转换。早期的信息技术是以硬件为中心的，在互联网产生前，拥有计算机硬件就有了一切，计算机的计算能力、存储能力、多媒体处理能力决定了用户能够实现什么类型的计算处理。网络出现后，特别是互联网发展起来后，出现了基于网络的软件模式，包括 C/S、B/S、P2P（Peer-to-Peer，对等网）等，软件的工作模式和软件功能成为信息技术的核心。云计算使信息技术的核心转换为以服务为中心，这种计算模式具有以下优点：

① 按需供应，可以获取无限制的计算资源。
② 即获即用需要的软件、硬件资源和 IT 架构，节省了信息平台和资源建设的时间。
③ 按量付费使用计算资源，能够避免过大或过小的信息资源建设投资。
④ 增强计算能力，可解决中小企业资金不足，无法建设大型计算系统的难题。

9．物联网计算模式

物联网（Internet of Things，IoT）是信息技术在各行各业中的实际应用，是把所有物品通过射频识别（Radio-Frequency IDentification，RFID）、红外感应器、全球定位系统、激光扫描器等信息传感设备与互联网连接起来，进行信息交换与通信，实现物品的智能化识别、定位、跟踪、监控和管理。具体地讲，就是把感应芯片嵌入铁路、桥梁、公路、楼房、大坝、供水系统、油气管道、旅游景点、动植物等实物中，构造物物相连的网络，与现有的互联网整合起来，让所有能够被独立寻址的普通物理对象实现互连互通。物联网中存在能力超级强大的中心计算机群，能够对网络中的人员、机器、设备和基础设施进行实时的管理和控制，通过互联网，可以在任何时间、任何地点获取网络内的人或物的实时信息，如它在什么位置、处于什么状态……

物联网体系架构分为感知层、网络层、平台层和应用层，如图 8-2 所示。

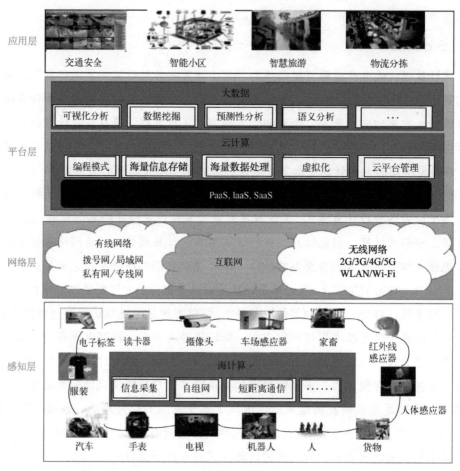

图 8-2　物联网体系结构

感知层由各种具有感知能力的设备组成，感知和采集物理世界中发生的事件和数据；网络层包括各种通信网与互联网形成的承载网，可以将感知层采集的信息通过如 2G/3G/4G/5G 网络、互联网等通信网络上传给平台层，完成感知层与平台层之间的信息通信；平台层由服务器、存储等硬件设备、数据库、中间件等第三方软件构成，采用云计算和大数据处理技术完成信息处理，为应用层提供技术支撑；应用层通过智能算法实现各类智慧应用。

8.1.3　云计算的特征、服务模式和类型

1．云计算的主要特征

云计算既是一种计算模式，也是一种商业模式。因此，对其具体特征的概括也就存在不同的观点，有的从应用层面进行概括，有的从技术层面进行概括。

1）按需自助服务

在超市购物时，顾客可以根据需要选择商品，然后进行付费就获得了商品，这就是自助服务。云计算也为用户提供了类似的自助服务功能，并通过 SaaS、PaaS、IaaS 三种服务类型予以实现，用户不需要同云计算服务提供商事先签订商业协议，就可以按照信息服务项目的价目表，结合自身的信息处理需求，自助地定制算力、存储和网络带宽的需求量，云计算平台能够根据用户的需求动态地划分和组合相应的信息资源，搭建出用户需要的信息平台或软件系统供用户使用，平台的运行维护由云计算商负责。因此，"云"用户不需要专业的培训，只需要熟悉自身业务的信息化处理就行了，可以节省 IT 运维管理的成本。

2）服务不限时间地点

云计算中的"云"就是网络，用户的所有资料、数据和工作程序都在互联网中，服务永不停止，永远在线。在任何时间和地点，只要在有网络的地方，用户可以使用任何终端（移动电话、笔记本电脑和 PDA）接入网络，访问云服务。

3）资源池化与独立划分

资源池化实质上是对资源进行聚集归类和标准量化，是实现云计算自助服务的基础。云计算提供商将大量同类型的计算资源聚集成公共信息资源池。比如，将所有磁盘聚集起来，将所有处理机聚集起来，将所有内存、网络带宽或虚拟机等分类聚集起来，并且对聚集的资源进行单位划分，分成可以独立使用的细小单位，形成相应的资源池，这个过程就称为资源池化。例如，将所有磁盘聚集起来，然后按 1 GB 或 1 TB 的单位进行划分，这样就形成了由 1 GB 或 1 TB 大小的"磁盘"聚集的磁盘池，无论用户需要多大的磁盘空间，都可以用 1 GB 或 1 TB 的"磁盘"组合出来。

资源池化不只是同类信息资源的聚集和单位化，还要屏蔽不同资源的性能差异。比如，机械硬盘速度慢，固态硬盘速度快，但池化后，分配给用户的磁盘空间，具体是机械硬盘还是固态硬盘，用户是无从感知的。再如，云平台中可能拥有 Intel、NEC、AMD 等类型的 CPU，但是池化后，用户能够看到的 CPU 的最小单位是虚拟的单核 CPU，具体是 Intel CPU 还是 AMD CPU 就无从知道了，事实上也不必知道。

云计算提供商通过资源池化形成计算能力强大的云计算平台，并以多租户的模式向用户提供服务，能够根据用户的需求来动态地划分或释放不同的物理和虚拟资源，不需知道所使用资源的详细位置就能够访问服务。

4）服务快速弹性伸缩

云计算能够快速弹性地分配和释放资源，可以适应用户信息服务需求的不断变化。比如，公司业务好时可以购买更多的云服务，业务不好时就关停或减少对云服务的购买，这种特性就是弹性伸缩。相比于企业自建信息平台而言，对于已经建成的信息平台进行扩建或者减少规模，并不是件容易的事情，而云计算能够适时应变，实现快速弹性伸缩。此外，云服务的快速弹性伸缩还体现在：用户可以全天候不限量地获得云服务，并可以根据需要在任何时间以任何量化的方式购买服务。

5）服务可计量

云计算能够监控每项服务的资源使用情况，能够自动计算资源的用量（如存储、处理、带宽和活动用户数等），并向服务商和用户提供透明的计量报告，实现服务度量和计费。

2．云计算的服务模式

云计算具有 IaaS、PaaS、SaaS 三种服务模式，分别从硬件基础设施、系统开发平台、应用软件系统三个层面向终端用户、开发人员和系统集成商或系统架构师三种类型的用户提供服务，满足他们对 IT 基础设施建设、信息平台建设和软件应用的需求，如图 8-3 所示。但需要注意，IaaS、PaaS、SaaS 三个层面并无紧密联系，不要求用户同时购买三类服务，用户可以根据需要单独购买其中任何类型的服务。图 8-4 是中国联通"沃云"计算的体系结构，从中可看到 IaaS、PaaS、SaaS 及虚拟化层在实际云计算服务平台中的关系。

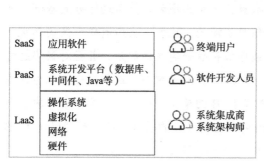

图 8-3　云计算三种服务模式

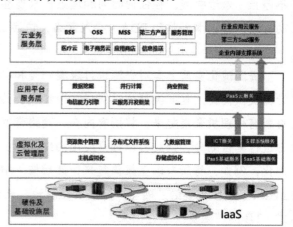

图 8-4　中国联通"沃云"计算的体系结构

1）IaaS（Infrastructure as a Service，基础设施即服务）

IaaS 位于云计算三层服务结构的底层，是指云计算以服务的形式向用户提供服务器、存储设备、网络硬件和基础资源，本质上是向用户提供计算和存储能力。也就是说，用户不必投资购买服务器、路由器和存储器等设备来构建自己的信息处理平台，只需向云计算服务商支付少量的服务费用，云计算服务商可以在云基础设施上采用虚拟化技术为用户提供基础平台，用户可在云基础设施上部署任何软件，包括操作系统和应用系统等，不仅能够控制操作系统、存储设备，以及部署的应用系统，还能够控制一些网络设施，如控制防火墙。

2）PaaS（Platform as a Service，平台即服务）

PaaS 位于云计算三层服务结构的中间层，通常也称为"云操作层"。NIST（美国国家标准与技术研究院）对 PaaS 的定义是：在此服务模式下，消费者使用提供商所支持的编程语言和工具，将自己创建和获取的应用部署到云基础设施上。消费者不会对底层云基础设施进行管理或控制，包括网络、服务器、操作系统、存储器等，但可以控制所部署的应用，并有可能控制配置应用的托管环境。

NIST 的定义比较确切地指出了 PaaS 是云服务提供商将软件开发平台（包括开发工具、

数据库、操作系统、网络等，如 Java、Python、.NET、Oracle、UNIX 等）作为一种服务提供给用户，用户可以在此平台上开发应用软件，但并不需要管理和控制云的基础设施，如网络、服务器、操作系统和存储设备等，它们都由云服务提供商进行维护。

3）SaaS（Software as-a service，软件即服务）

SaaS 位于云计算三层服务结构的上层，是基于互联网提供软件服务的软件应用模式，用户可以通过标准的 Web 浏览器使用云计算服务商提供的软件系统。云计算提供商为企业搭建信息化需要的所有网络基础设施及软件、硬件运行平台，并负责所有前期的实施、后期的维护等系列服务，企业不需要购买软件、硬件，也不需要建设机房或招聘 IT 人员，即可通过互联网使用信息系统。

SaaS 已经成为当前众多商业应用软件的应用和交易形式，如基于 SaaS 的企业财务系统、客户关系管理系统、企业资源计划、协同软件等方面的成功案例不胜枚举。

3．云计算的类型

云计算提供了一种既廉价又简洁的信息共享与协作方式，从事信息产业的企业都在大力推进云计算，提供云计算服务，无论是企业还是个人都受益于云计算提供的服务。以前，许多企业通常需要花费巨额资金用于构建信息处理中心，用于计算和管理企业的各种数据，现在可以将这些数据托管给云计算。这样做的优势非常明显，除了可以节省大量硬件、软件和能耗开支，还具有高效性和可靠性等特点，已经成为当前信息资源投资建设项目的首选方式。从投资建设、运行维护、拥有云平台的角度，云计算可以分为公有云、私有云、社区云和混合云 4 种。

1）公有云

公有云是指由第三方（云服务提供商）提供的、能够在互联网上被公开访问的云服务，因此所有非限定的公众都可以访问。公有云服务提供商可以从提供应用程序、软件运行环境到硬件基础设施等信息技术资源的安装、管理、部署和维护的完整服务，用户只需支付必要的费用就能够获得云服务提供商的信息服务，通过共享的信息技术资源，达成信息技术应用或信息管理的目标。

在公有云中，用户并不知道还有其他哪些用户在使用云资源、具体信息资源的底层结构和实现方式是怎样的，也不能够控制硬件基础设施。因此，公有云服务提供商必须保证信息资源的安全性和可靠性。比较典型的公有云包括 Google App Engine、Amazon EC2、腾讯云、阿里云、华为云等。

2）私有云

私有云是指为企业内部提供云服务的数据中心，基础设施运营在企业内部，由企业自己或云服务提供商来管理，但不对外开放服务。私有云相对传统数据中心的优势在于：云数据中心能够支持基础设施的动态扩展，降低了信息技术架构的复杂程度，使各种信息技术资源得以整合和标准化，能够适应业务变化灵活调整、优化配置信息技术资源，满足业务变化对信息技术的需求。

相对于公有云，私有云的用户完全拥有云中心的全部设施，如通信网、服务器、磁盘阵列、应用系统、数据资源等，可以控制云基础设施的部署、应用系统的安装、用户权限的管理和访问控制，如哪些员工能够访问系统中的哪些资源等。此外，由于私有云运行在企业内部，因此不必考虑公有云的诸多限制，如网络带宽和信息安全等。

3）社区云

社区云是一个社区而非独家企业所拥有的云平台，通常隶属于某个集团企业、机构联盟，或行业协会。如果一些企业、组织或机构具有较为紧密的联系，相互信任，并且具有共同或近似的信息技术需求，就可以联合构建社区云，共享云中的信息基础设施和信息资源，减少信息资源投资，降低系统运行维护成本。

4）混合云

混合云是将公有云和私有云结合在一起建成的云平台，用户以一种可控的方式部分拥有，部分与他人共享云中的信息资源。企业可以利用公有云的成本优势，将非机密、非核心的业务部署在公有云平台上运行，而机密、重要的关键业务部署在私有云平台上运行。

8.1.4　云计算的主要技术

云计算是分布式计算、效用计算、集群计算、服务计算等多种计算模式演化发展的结果，综合应用了多种技术，包括宽带网络与互联网架构技术、数据中心技术、虚拟化技术、Web技术、多租户技术、服务技术、负载均衡技术、数据存储技术、数据管理技术、编程模式、云计算平台管理技术等，在此仅对几种关键技术进行简要介绍。

1．数据中心技术

现代数据中心是一种特殊的 IT 基础设施，是一种用于将众多邻近 IT 资源有效地组织起来进行集中管理的技术。数据中心包括有物理层和虚拟层的 IT 资源，其中物理层放置的是计算机、服务器、数据库、网络与通信设备，以及软件系统等实际 IT 资源的基础设施；虚拟层将物理层资源抽象为虚拟化部件，这样更易于进行资源分配、操作、释放、监视和控制，通常是由虚拟化平台上的运行和管理工具构成的。

数据中心以标准化商用硬件为基础，用模块化架构进行设计，整合了多个相同的基础设施模块和设备，具有可扩展性、可增长性和快速更换硬件的特点。模块化和标准化能够实现采购、收购、部署、运营和维护的规模经济，是降低投资和运营成本的关键条件。

数据中心技术通常具有以下特点。

①　自动化。数据中心的管理平台和工具能够进行供给、配置、打补丁和监控等任务的自动执行，不需要监管。

②　远程控制。在数据中心，IT 资源的大多数操作和管理任务都由网络远程控制台和管理系统来指挥，技术人员不需进入放置服务器的专用房间，除非是物理设备的安装和维护。

③　高可用性。数据中心任何形式的停机都会对用户任务的连续性造成重大影响，为此数

据中心采用了高冗余度设计来应对系统故障，通常具有冗余的不间断电源、综合布线、环境控制子系统，保障系统能够不间断地运行。此外，数据中心还设置有冗余通信链路和集群硬件来实现负载均衡。对于数据中心的用户来说，能够维持高可用性。

2．虚拟化技术

虚拟化是一种资源管理技术，将计算机的各种实际资源，如 CPU、存储设备、网络等 IT 设施进行抽象，转化为虚拟资源，并且可以分割、组合成为一个或多个计算机配置环境。虚拟化允许用户在一台计算机上虚拟化出多台虚拟机，运行多个操作系统，并且各虚拟机中的程序可以在相互独立的空间内运行而互不影响，以达到最大化利用物理资源的目的，从而提高计算机的工作效率。

虚拟化本质上是通过某种方式隐藏底层物理硬件的过程，从而让多个操作系统可以透明地使用和共享底层硬件，技术实现通常有操作系统层虚拟化和硬件层虚拟化两种，如图 8-5 所示。

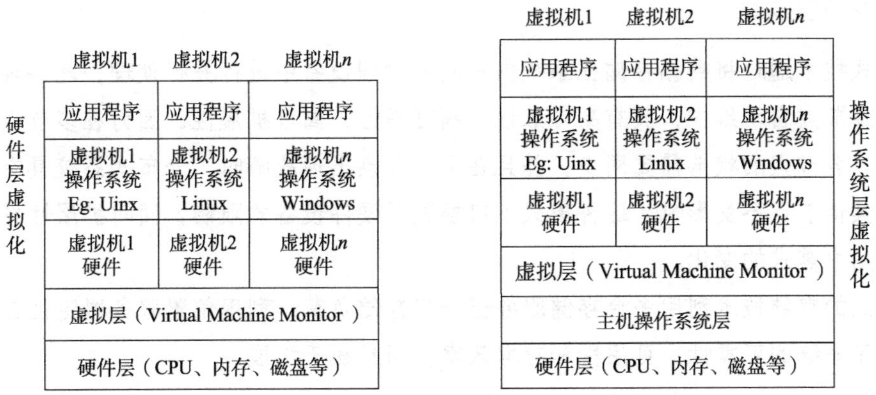

图 8-5　虚拟化技术

虚拟层会为每台虚拟机模拟一套独立的硬件设备，包括 CPU、主板、内存、显示卡、网卡等硬件资源，并在其上安装操作系统，最终的用户程序运行在虚拟机的操作系统之上。在某些时候，人们将物理机称为主机，其中的虚拟机称为客户机，因此图 8-5 中的虚拟机操作系统也被称为客户机操作系统。

虚拟机监视器（Virtual Machine Monitor，VMM）通常也被称为 Hypervisor，是一种可运行在物理主机、操作系统之间的中间软件层，允许多个操作系统和应用程序共享同一套基础物理硬件，因此也可以看成虚拟环境中的"元"操作系统，它可以协调访问主机上的所有物理设备和虚拟机。

如果 Hypervisor 运行在主机操作系统之上，然后在 Hypervisor 之上再运行虚拟机，就称为操作系统层虚拟化。典型的实现有 VMware Workstation 和 Microsoft Virtual PC。

如果 Hypervisor 直接在硬件上运行并在其上产生虚拟机，就称为硬件层虚拟化。这种方式更利于控制虚拟机的操作系统访问硬件资源，具有高性能和隔离性，硬件的效能能够更好地发挥出来。典型的实现有 Xen Server 和 Microsoft Hyper-V。

Hypervisor 是所有虚拟化技术的核心。当服务器启动并执行 Hypervisor 时，它会给每台虚拟机分配适量的内存、CPU、网络和磁盘，并加载所有虚拟机的操作系统。

在云计算中，从表现形式上，虚拟化又分两种应用模式。一是将一台性能强大的服务器虚拟成多台独立的小服务器，服务不同的用户。二是将多个服务器虚拟成一台强大的服务器，实现特定的功能。两种模式的核心都是实现资源的统一管理和动态分配，提高资源利用率。

虚拟化是云计算最重要的核心技术之一，为云计算服务提供了基础架构层面的支撑，是 ICT 服务快速走向云计算的主要驱动力。

上面介绍的都是全虚拟化技术，虚拟机操作系统所见到的虚拟机是一台与真实计算机并无任何差别的计算机，用于操作真实 CPU、内存、磁盘、输入、输出设备完全相同的技术来操作虚拟处理机、虚拟内存、虚拟 I/O 设备。

支撑全虚拟化技术的则是各类组成部件的虚拟化技术，如软件虚拟化、硬件虚拟化、内存虚拟化、网络虚拟化、桌面虚拟化、服务虚拟化、虚拟机等。

3．分布式技术

分布式技术通过将数据存储在系统内不同的物理设备中进行并行处理，能实现动态负载均衡与故障节点自动维护，具有高可靠性、高可用性、高可扩展性。因为在多节点的并发执行环境中，各节点的状态需要同步，并且在单个节点出现故障时，分布式系统具有有效的机制，保证其他节点不受影响。这种模式不仅摆脱了硬件设备的限制，同时扩展性更好，能够快速响应用户需求的变化。

分布式的存储技术利用多台存储服务器分担存储负荷，利用位置服务器定位存储信息，不但提高了系统的可靠性、可用性和存取效率，而且易于扩展。

4．平台管理技术

云计算系统的平台管理技术具有高效调配大量服务器资源、更好协同工作的能力，可以方便地部署和开通新业务，快速发现并恢复系统故障，通过自动化、智能化的手段实现大规模系统的可靠运营，是云计算平台管理的关键技术。

5．编程模型

云计算以互联网服务和应用程序为中心，背后是大规模集群和海量数据，在这样的场景下，需要一种不同于以往的新型计算模型，能够以低成本高效率地对海量数据进行快速处理与分析，并且具有安全、容错、负载均衡、高并发和可伸缩性等机制。

为此，云计算采用了基于大规模集群系统的分布式编程系统，使普通开发人员可以将精力集中于业务逻辑上，不用关注分布式编程的底层细节和复杂性，从而降低普通开发人员编程处理海量数据并充分利用集群资源的难度。常用的编程模型有 Google 公司提出并采用的 MapReduce 编程模型、Microsoft 公司设计并实现的 Dryad 编程模型等，这些编程模型允许程序员使用集群或数据中心计算资源的"数据并行处理编程系统"。

8.2　VirtualBox 虚拟机及应用

8.2.1　虚拟机及虚拟化软件概述

　　只要能够将处理机、内存、磁盘、输入设备、输出设备有机聚集，并按照计算机的体系结构组织成了一个有机整体，就能构造出一台可运行的计算机。同样，如果从一台物理计算机中划分出一部分 CPU、内存、磁盘空间，并与这台计算机本来的线路和体系结构组合在一起，也是一台可运行的计算机，这就是虚拟化的基本思想，体现了虚拟化的两种实现方式。一种方式是将多台计算能力普通的计算机聚集起来，虚拟化成一台计算能力超强的计算机，另一种方式是从一台功能强大的计算机虚拟化产生多台具有不同功能的计算机。

　　从实际计算机中虚拟化出的计算机被称为虚拟机。例如，一台具有 2 TB 硬盘、4 核 CPU、8 GB 内存的计算机，从中划出 500 GB 硬盘、1 核 CPU、2 GB 内存，由键盘、显示器和线路组成与原机公用的系统，就是一台虚拟机。虚拟机的运行和维护管理与原机是相互独立的，如同真实的计算机一样，可以在虚拟机中安装不同于原机的操作系统和应用程序。

　　在同一台计算机中，运用虚拟化软件可以创建多台虚拟机，能够帮助计算机系统和网络管理员使用相同的硬件并行运行不同的操作系统进程，并通过虚拟化网络安全高效地共享文件。完整的虚拟化过程涉及安装虚拟化软件，创建虚拟机、网络平台和存储设备，并在虚拟机中安装软件等。

　　虚拟化的概念并不限于计算机和网络的硬件环境，而且延伸到软件应用领域。比如，云计算的 IaaS、PaaS、SaaS 三个服务层面都广泛应用了虚拟化技术。目前市场上的虚拟化软件很多，虚拟化功能的侧重点各有不同，从硬件虚拟化到软件虚拟化，从网络虚拟化到服务项目虚拟化，从办公应用虚拟化到商业组织机构虚拟化，都能够找到对应的虚拟化实施软件。其中较为常用有 Citrix、Parallels、Virtuozzo、VMware、VirtualBox 等。

　　Critrix 是针对企业移动管理（emm）的虚拟化软件，能够向用户提供数据和管理数据的应用程序之间的安全和优化方面的服务。Parallels 是一款办公虚拟化软件，可以帮助办公人员在任何地方用任何设备运行应用程序访问 Office 工作桌面。Virtuozzo 是一款功能强大的在线托管服务虚拟化软件，可为用户提供在线托管公司，或向服务提供商提供托管服务。Virtual Iron 提供了服务器虚拟化和基础设施管理功能，ManageEngine 提供广泛的监控服务。而 Xen 是一种商业机构虚拟化软件，能够为许多商业组织提供虚拟化服务。例如，Amazon Web 服务就是使用 Xen 进行管理的。

　　VMware、VirtualBox 和 RedHat 等虚拟化软件包含了虚拟化软件应有的全部特性，目前已被许多组织用来实施他们的云服务，管理虚拟机。

8.2.2　VirtualBox 虚拟机软件安装

虚拟化软件种类较多，功能不一，有的直接在硬件基础上进行虚拟化，有的在操作系统基础上对主机进行虚拟化。在操作系统之上再从当前主机中虚拟化出多台虚拟机是云计算（或个人学习虚拟化技术）中最常见的虚拟化技术，VMware 和 VirtualBox 是其中最成熟、最常用的两种虚拟化软件。

VMware（Virtual Machine ware）是美国 VMware 公司的虚拟化管理软件，可以在硬件和操作系统两种层面上实现虚拟化，广泛用于全球云基础架构和移动商务，提供云服务器、桌面虚拟化等解决方案，功能强大，可靠性高，是当前应用最广泛的虚拟化软件。VMware 具有 VMware Player 和 VMware Workstation Pro 两个系列，前者免费但只能够安装一台虚拟机，如果要在同一台计算机中虚拟化多台计算机学习大数据技术，就不合适了。后者则可以管理多台虚拟机，但要收费（可免费试用 30 天）。

VirtualBox 是一款免费的开源虚拟机软件，由德国 Innotek 公司开发，简单易用，性能也很突出，可虚拟的系统包括 Windows 的所有版本、Mac OS X、Linux、OpenBSD、Solaris、IBM OS/2 甚至 Android 等操作系统。使用者可以在 VirtualBox 上安装并运行上述操作系统。

由于是开源软件，VirtualBox 的下载和安装都非常简单，过程如下。

<1> 在 VirtualBox 官网找到主机对应操作系统的 VirtualBox 版本。对于 Windows 系统，则选择 Windows hosts，如图 8-6 所示。选择后，系统会自动下载 VirtualBox 安装程序：VirtualBox-7.0.0-153978-Win.exe。

<2> 双击 VirtualBox-7.0.0-153978-Win.exe，即可运行该程序，显示安装向导，如图 8-7所示。

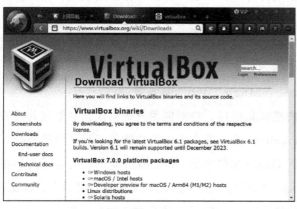
图 8-6　下载 VirtualBox 程序

图 8-7　VirtualBox 安装（一）

<3> 单击"下一步"按钮，弹出如图 8-8 所示的安装设置对话框，单击"浏览"按钮，可为 VirtualBox 指定磁盘安装位置，若不想改变默认安装位置，直接单击"下一步"按钮。

<4> 出现暂时断开网络的警告对话框，如图 8-9 所示，单击"是"按钮。

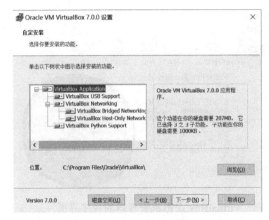

图 8-8　VirtualBox 安装（二）

图 8-9　VirtualBox 安装（三）

<5> 弹出如图 8-10 所示的对话框，显示缺少 Python 核心程序的对话框（若需要，可以之后安装），单击"是"按钮；弹出如图 8-11 所示的对话框，单击"安装"按钮，VirtualBox 就会自动完成软件安装。

图 8-10　VirtualBox 安装（四）

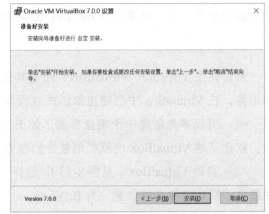

图 8-11　VirtualBox 安装（五）

8.2.3　用 VirtualBox 创建虚拟机

安装好 VitualBox 虚拟机管理软件后，就能够应用它来创建虚拟机了。通常，安装 VirtualBox 的计算机称为主机，从中用 VirtualBox 创建的虚拟机称为客户机。一台主机中可以创建多台虚拟机，这些虚拟机公用物理主机的 CPU 和内存空间，但各自是独立运行、互不干扰的。重要的是，可以在每台虚拟机中安装不同类型的操作系统和应用程序，这为想在同一台计算机中安装不同类型操作系统、程序运行环境或应用软件的用户带来了极大的便利。VirtualBox、主机和虚拟机的基本结构如图 8-12 所示。

现以在图 8-13 中创建第一台虚拟机 Hadoop 为例，说明利用 VirtualBox 创建虚拟机的方法和过程。

应用程序	应用程序	应用程序
Linux	Uinx	Windows
虚拟机1 （Master）	虚拟机2 （Slave 1）	虚拟机2 （Slave 2）
VirtualBox		
操作系统 （Windows、 Uinx等）		
硬件（CPU、内存、磁盘等）		

图 8-12　VirtualBox 虚拟机的结构

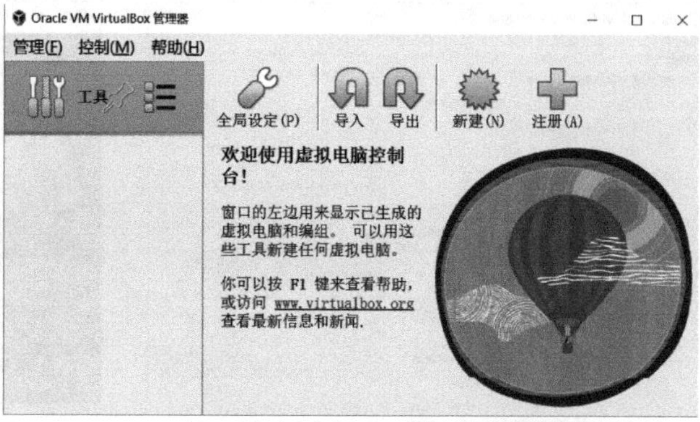

图 8-13　VirtualBox 虚拟机管理器的程序界面

1．准备虚拟机操作系统

虚拟机本身相当于一台"裸机"，需要在其上安装操作系统才能够正常启动和运行，这与一台真实计算机没有任何区别。因此，事先要准备好在虚拟机中安装的操作系统。在 Hadoop 虚拟机中，准备安装 Linux 系列的 Ubuntu 操作系统。该系统可在阿里云开源镜像站资源列表中找到并免费下载。这里选择 64 位的 16.04 版，即 ubuntu-16.04.7-desktop-amd64.iso。

2．创建虚拟机

无论是用 VMware、VirtualBox，还是其他类型的虚拟机管理软件，创建虚拟机的过程大同小异。在 VirtualBox 中创建虚拟机的过程如下。

<1> 可以事先创建一个磁盘目录，如 E:\Vbox，并指定为 VirtualBox 虚拟机的存储文件夹，以便了解 VirtualBox 虚拟机所包含的磁盘内容。

<2> 启动 VirtualBox（见图 8-13），选择"管理 | 全局设定"菜单命令，在弹出的对话框中指定"默认虚拟电脑位置"为 E:\Vbox。

<3> 然后单击"新建"按钮，弹出的"新建虚拟电脑"对话框（如图 8-14 所示），在 Name 中输入虚拟机名称 Hadoop，在 Folder 中指定虚拟机位置为 E:\Vbox，单击类型右边的下三角按钮，通过弹出的文件选择对话框选定 Linux，在版本中选择 Ubuntu（64-bit）。然后，单击"Next"按钮。

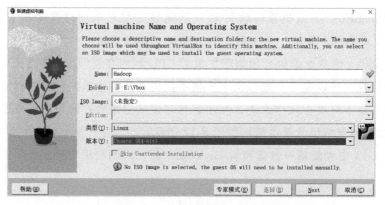

图 8-14　设置 VirtualBox 虚拟机名称和操作系统类型

<4> 在弹出的内存和处理机设置对话框中，指定虚拟机的内存大小和处理机个数。可以根据个人计算机的实际情况设置，通常默认即可。本机设置内存为 2048 MB（2 GB）、2 CPU，如图 8-15 所示。然后，单击"Next"按钮。

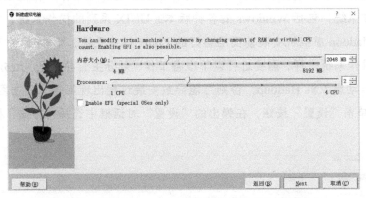

图 8-15　设置 VirtualBox 虚拟机内存大小和处理机个数

<5> 弹出虚拟机磁盘设置对话框，在 Disk Size 中输入磁盘大小的数据，如图 8-16 所示。虚拟盘大小可据计算机实际情况确定，当然越大就能够在虚拟机中安装更多的程序软件，其使用方法与实际计算机没有什么区别。确定大小后，单击"Next"按钮。

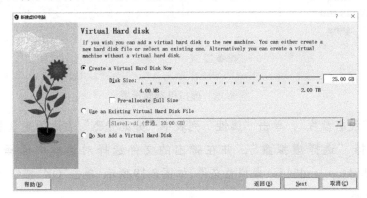

图 8-16　设置虚拟机磁盘大小

<6> 弹出摘要对话框，会显示前面各步设置情况的汇总信息，单击"Finish"按钮，就创建了一台虚拟机，即图 8-17 中处于关闭状态的 Hadoop。

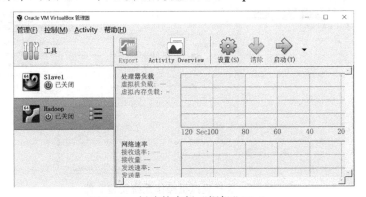

图 8-17　创建的虚拟"裸机"Hadoop

3．在虚拟机中安装 Linux 操作系统

前面创建的虚拟机 Hadoop 如同没有安装操作系统的新买计算机一样，没有任何可用功能，什么事情也做不了，需要为它安装一个操作系统才能正常工作。在虚拟机中也可以安装任何类型的操作系统，包括 Windows 的各种版本、UNIX 系列的操作系统。

现在，为 Hadoop 虚拟机安装前面准备好的 Linux 操作系统，即 64 位的 Ubuntu。与实际计算机中安装操作系统一样，需要进行以下准备工作：划分主引导分区，划分逻辑磁盘分区。

<1> 先不启动虚拟机 Hadoop，否则可能导致安装过程出现问题。单击图 8-17 中的虚拟机 Hadoop，再单击"设置"按钮，在弹出的"设置"对话框中选择"存储"标签，如图 8-18 所示。

图 8-18　虚拟机存储设置

<2> 选择"没有盘片"，单击"属性"列表中"分配光驱"右边的光盘图标，从弹出的快捷菜单中选择"选择虚拟盘"，并在弹出的文件选择对话框中选择在前面下载的 ubuntu-16.04.7-desktop-amd64.iso 虚拟盘文件，如图 8-19 所示，单击"OK"按钮，返回 VirtualBox 虚拟机管理器界面。

图 8-19　选择虚拟机操作系统安装文件

<3> 在 VirtualBox 虚拟机管理器界面中选中"Hadoop"虚拟机，单击"启动"按钮，经过一段时间的启动运行后，显示 Ubuntu 安装欢迎界面，从语言列表中选择"中文（简体）"（建议选择默认的 English 版本进行安装，中文版安装完成后，在一些命令执行过程中可能出现乱码，对于初学者而言，解决乱码也是一件麻烦事情），如图 8-20 所示。然后，单击"安装 Ubuntu"按钮。

<4> 弹出"准备安装 Ubuntu"对话框，如图 8-21 所示，单击"继续"按钮；弹出"安装类型"对话框，如图 8-22 所示，选择"其他选项"，然后单击"继续"按钮。

<5> 在弹出的对话框中双击"/dev/sda"，或单击"新建分区表"按钮，然后单击"要在此设备上创建新的空分区表吗？"对话框（如图 8-23 所示）中的"继续"按钮。

图 8-20　设置中文简体安装

图 8-21　Ubuntu 准备安装界面

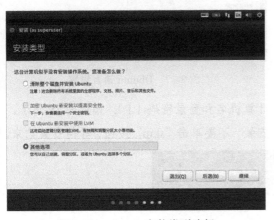

图 8-22　Ubuntu 安装类型选择

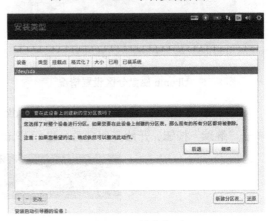

图 8-23　创建分区

<6> 弹出主分区设置对话框，如图 8-24 所示。在"大小"中输入 512（当然是越大越好），从"用于"下拉列表中选择"交换空间"。然后，单击"确定"按钮，返回分区设置对话框。

<7> 双击分区设置对话框的"空闲"列表项，弹出如图 8-25 所示的对话框，选中"逻辑分区"和"空间起始位置"，单击"挂载点"右边的下拉列表，从中选择根目录标识"/"，然后单击"确定"按钮，出现如图 8-26 所示的对话框。

图 8-24　设置交换分区

图 8-25　在 Ubuntu 逻辑分区中创建根目录

<8>　单击"现在安装"按钮，弹出"磁盘改写"警告对话框，提示本操作将格式化磁盘，原有数据将被破坏，如图 8-26 中的小对话框所示，单击"继续"按钮，弹出语言设置对话框，如图 8-27 所示。单击"继续"按钮。

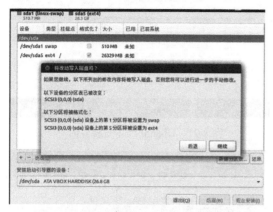

图 8-26　Ubuntu 磁盘分区设置情况

图 8-27　Ubuntu 语言设置

<9>　在弹出的对话框中输入用户名（dk）、计算机名和登录密码（1），如图 8-28 所示。单击"继续"按钮，开始复制文件，进行 Ubuntu 安装，不要单击"skip"按钮，等待安装结束。

图 8-28　设置虚拟机名称和初始用户

<10> 虚拟机安装完成后，可以在任何时间运行 VirtualBox，并启动 Hadoop 虚拟机。方法是先选中 Hadoop 虚拟机，然后单击"启动"按钮。虚拟机就会"开机"，并启动 Ubuntu 操作系统，在启动过程中需要输入用户名和口令，即前面创建的用户 dk、口令是 1。

Ubuntu 操作系统启动后，虚拟机就处于运行状态了。在安装 Ubuntu 时，虚拟机中还安装了火狐浏览器，通过它可以直接访问互联网，并可从互联网中下载文件、开发工具、程序语言到虚拟机中，操作方法与在安装了 Ubuntu 操作系统的真实计算机中完全相同。

8.3　Linux 基础

从发展和应用情况来看，操作系统主要有 Windows 和 UNIX 两大主流类型。个人计算机用户最熟悉的是 Windows 操作系统，而企业用户可能更多地会使用 UNIX 系统。Linux 是从 UNIX 演化来的多用户、多任务的操作系统，支持多线程和多 CPU，具有 UNIX 操作系统的几乎全部功能，能够执行 UNIX 的主要工具软件、应用程序和网络协议，且操作命令与应用方法与 UNIX 相同。更为重要的是，UNIX 是商业软件，而 Linux 是开源软件，可以免费下载源码，并允许对其源码进行修改以实现个性化的功能需求，能够为企业节省购买操作系统的费用，深受企业喜爱，发展非常快。

要用好计算机就必须掌握基本的操作系统命令，包括目录管理、文件管理。UNIX 是一个多用户操作系统，任何人要访问系统，都必须进行系统登录，我们还要掌握用户管理的基本命令。

8.3.1　Linux 磁盘文件结构

Linux 没有 Windows 系统中的磁盘符号（如 C、D 盘）的概念，只有一个根目录"/"，其他所有目录和文件都位于"/"下，在一个目录中允许有其他子目录或文件，如图 8-29 所示。其中，比较重要的目录包括 bin、etc、home、usr、home、sbin 等，如表 8-1 所介绍。

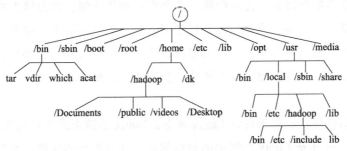

图 8-29　Linux 磁盘结构

在 Ubuntu 中，可以用 tree 命令查看磁盘文件的目录结构。启动 8.2 节创建的虚拟机 Hadoop，输入如下命令。

表 8-1 Linux 的重要目录说明

目录	简　介
~	当前用户的主目录
/bin	存放最常用的命令程序，如 ls、cat、mkdir、tar、mv、rm、cp 等
/sbin	存放系统管理的命令文件，如磁盘格式化（mkfs）、磁盘分区（fdisk）和网络配置（ifconfig）等命令
/etc	存放操作系统和应用程序的配置文件，如 profile，host.conf
/boot	静态启动文件，存放用于启动操作系统的文件
/home	主目录。Linux 系统中的每个用户通常都有一个自己的主目录，该目录就在/home 下。例如，图 8-29 中/home 目录中有/hadoop 和/dk 两个子目录，它们实际上是 hadoop 和 dk 两个用户的主目录。用户的主目录中包含该用户的数据、程序和相关的配置文件。通常，用户只能修改自己目录中的文件，只有获得授权的情况下才能访问其他文件
/root	root 用户的主目录，root 的主目录不在/home 中，而在根目录下
/opt	用户自行安装的非常规软件通常会安装在该目录
/dev	Linux 系统将设备按文件管理，如磁盘、优盘、无线网卡、摄像头和串口等都是一个文件，通常保存在/dev 目录中
/tmp	临时文件，应用程序产生的临时数据通常存储在该目录中，系统重启后目录中的数据将被清除

```
cd /                            # 进入根目录
sudo apt-get -y install tree    # 安装 tree 命令
tree -L 1                       # 参数 1 表示只显示 1 级目录，若为 2，就显示 2 级目录
```

tree 命令执行后，会显示如图 8-30 所示的目录和文件结构，其中包括了图 8-29 中的全部目录，用 cd 命令可以进入各子目录，能够逐级查看到各子目录。

8.3.2　用户管理

1．Linux 用户简介

Linux 是一个多用户操作系统，具有用户和用户组的概念，允许多个用户同时登录系统，不同用户拥有不同的权限，能够查看和操作不同的文件。在 Linux 中，每次都必须以一个用户的身份才能够登录系统，登录后能够进行什么操作也要根据用户身份来确定。

图 8-30　tree 命令显示的一级目录

Linux 系统中的每个目录、文件都属于某个用户和用户组，称为属主和属组。每个程序在执行时也会有其用户，该用户也与运行程序所能控制的资源有关。由此可见，用户、用户组与 Linux 系统的运行密切相关。用户能够修改什么目录和文件，能够执行哪些程序，取决于他是否对这些目录、文件和程序具有修改、查看或执行的权限。

1）用户类型

理解用户及其权限，有利于用好 Linux 命令。Linux 系统中的用户大致可以分为以下。

① root 用户。root 是 Linux 系统中的超级用户，拥有最大的权限，能够查看、修改、读写、创建或删除文件和目录，执行、安装或卸载所有的程序，等等。此外，root 能够为普通用户修改密码，可以直接切换到其他用户登录名且不需要密码。

② 初始安装用户，是指安装 Linux 时设置的用户，其权限比 root 用户少，但比普通用户多，并且可以创建普通用户。

③ 系统用户。系统用户通常用于运行服务，但是在 /home 目录中没有自己的主目录，也不能用于登录系统。例如，在 yum 安装 Apache、Nginx 等服务后，就会自动创建 Apache 和 Nginx 的用户和同名用户组。

④ 普通用户。普通用户只能由 root 用户创建，并且可以登录 Linux，其权限由 root 分配。每个普通用户拥有属于自己的运行环境，能够运行不同的程序，操作不同的磁盘目录或文件。

2）用户与 home 目录

home 目录位于根目录下，因此其路径为 /home，称为主目录（也称家目录）。每个登录用户都可以在 /home 中创建属于自己的主目录，并在自己的主目录中存放文件或安装程序，用户的主目录名称与其用户名相同。

但需要注意的是，系统用户没有主目录（/home 中没有系统用户的主目录）。此外，root 用户的主目录不在 /home 中，而是根目录下的 /root。

2．用户切换与启用 root 用户

root 是 Linux 的超级用户，只有它有权创建新用户。但是，Linux 系统初始安装时并没有启用 root 用户，需要初始安装用户为 root 用户设置密码，然后就可以切换到 root 用户，或者以 root 用户的身份登录 Linux 系统，创建新用户、用户组或者其他操作。

1）启用 root 用户

在 Ubuntu 系统中，如果是在图形方式下，就切换到命令行终端。从图形操作环境切换到命令行终端的方式是 Ctrl+Alt+F1 组合键（或 F2～F6 中的任一个），从命令行终端切换到图形方式的则是 Ctrl+Alt+F7 组合键。

【例 8-1】 在命令行终端为 root 设置密码。

按 Ctrl+Alt+f6 组合键，切换到命令行终端，输入如下命令：

```
passwd root                              # 然后按系统提示为 root 输入密码，如 1
```

其中，#是 Linux 操作系统中的注释命令符。但是，可以看到命令执行失败的信息，然后用下面的 passwd 命令为 root 设置密码：

```
sudo passwd root
```

这次命令成功了，执行过程如图 8-31 所示。

说明：Linux 命令行提示符的格式为

```
用户名@计算机名:/当前目录路径$              （$是普通用户的提示符，root 用的是#）
```

2）su 与用户切换

图 8-31 中用到了 su 和 sudo 命令，这两条命令都具用户切换功能，即将当前操作命令行终端的用户换成另一个用户。

①当前用户名：hadoop
②@的hadoop后为计算机名：
③~$为命令提示符，可以在后面输入命令
④passwd root是输入的命令
⑤passwd root执行失败
⑥输入sudo passwd root
⑦提示连续2次输入登录密码
⑧切换到root用户
  密码输入提示
⑨命令行提示符变成root的了

图 8-31　Linux 终端命令行格式和执行过 程

su 全称为 switch user，主要功能是切换用户，切换过来的用户就处于工作状态，拥有对命令行终端的控制权，可以执行命令。su 可以切换任何用户，具有两种用法：

| su 切换用户名 | #1 执行时要输入切换用户的密码 |
| su - 切换用户名 | #2 |

虽然 su 与 su - 只差了 1 个字符 "-"，但差异较大。参数 "-" 是 login-shell 的意思，就是重新把切换用户自己的环境变量和各种设置加载到当前的 shell 中。如果没有 "-"，切换用户就直接运用当前用户的 shell。

在用 su 进行用户切换时，需要输入切换用户的密码。例如，要切换到 root，就需要输入 root 的密码。

【例 8-2】 在图 8-31 中，Ubuntu 的初始安装用户 hadoop（安装 ubuntu 系统时输入的用户名）设置好 root 的密码，就采用了如下命令切换到 root 用户。

| su root | #执行时按提示输入 root 的密码 |

执行该命令后，命令行提示符变成 root 用户的了，这时 Ubuntu 的命令行终端已经被 root 用户控制。

【例 8-3】 设当前登录用户是 hadoop，切换到 u1 用户，切换后的 u1 仍然使用 hadoop 用户的工作环境。

| su u1 | #执行时，需要输入 u1 的密码 |

【例 8-4】 假设当前的登录用户是 hadoop，切换到 u1 用户，切换后的 u1 使用自己定制的工作环境。

| su － u1 | #执行时，需要输入 u1 的密码 |

例 8-3 和例 8-4 虽然都切换到了 u1 用户，但它们是不同的。如果不想因为切换到另一个用户导致自己在当前用户下的设置不可用，那么就可以用无 "-" 的方式切换；如果切换用户后，需要用到该用户的各种环境变量，那么使用有 "-" 的方式切换。

3）sudo 与普通用户使用 root 的工具命令

为了让某些用户（普通用户）协作 root 进行系统管理，可以让这些用户通过 su 命令切换到 root 用户，但必须把 root 密码告诉它们，存在安全隐患，可以用 sudo 命令解决这个问题。

sudo 是 Linux 的系统管理指令，可以将 root 用户的操作权限部分或者全部授予普通用户，让获得授权的普通用户可以执行 root 才有权运行的命令，如 halt、reboot、passwd 等。这样不仅减少了 root 用户的登录和管理时间，也提高了安全性。

sudo 命令的基本用户如下：

```
sudo [-u 新使用者账号] 要执行的命令
```

其中，"-u"参数用于指定执行命令的用户名，如果省略，就默认为 root。sudo 命令在执行时需要输入当前用户的密码。

【例 8-5】 Ubuntu 初始安装用户名为 hadoop，设置超级用户 root 的密码，启用 root。

hadoop 用户可以用 passwd 命令为 root 设置密码，因此在终端输入如下命令：

```
passwd root                    #1
sudo passwd root               #2 执行时要输入 hadoop 用户的密码
```

参考图 8-31 可知，第 1 条命令执行失败了，第 2 命令成功了。

形式上，su 和 sudo 似乎都是让普通用户能够"变身"为 root 超级用户，执行 root 才有权执行的命令，事实并非如此。其一，必须知道 root 的密码，su 切换 root 才能够成功；其二，只有 root 对用户授权后才能够执行 sudo，ubuntu 的初始安装用户具有 sudo 授权，因此执行"sudo passwd root"才会成功。su 与 sudo 有以下主要区别：① sudo 命令需要输入当前用户的密码，而 su 命令需要输入 root 用户的密码；② sudo 命令是以当前用户的身份执行命令（当前用户本身不具有执行这些命令的权限，但 root 向它授予了执行权），而 su 命令直接切换到 root 的 shell，以 root 的身份执行命令。

3．添加 Linux 用户

在 Ubuntu 中新建用户可用 adduser 和 useradd 两条命令，作用相同，但用法不同。useradd 的语法格式为：

```
useradd [para] 用户名
```

表 8-2 useradd 命令的参数选项

其中，para 是参数选项，如表 8-2 所示。

参数	说　　明
-m	为用户创建名为用户名的主目录
-r	创建系统用户
-N	不创建与用户名相同的组名
-s	指定默认登录的 shell 方式
-p	为用户指定默认密码

【例 8-6】 以 root 身份新建用户登录名 u1 和 u2，为 u2 建立主目录并指定 shell。

```
useradd u1
useradd -m -s /bin/bash u2
```

第 1 条命令创建了用户 u1，此用户没有密码，没有 shell，在 /home 中没有主目录；第 2 条命令创建了 u2 用户，该用户有主目录 /home/u2，没有密码，shell 为 /bin/bash（Ubuntu 常用的命令方式控制台，可以通过它执行 ubuntu 命令）。

在 Linux 系统中，任何用户登录系统必须提供密码。但是，useradd 命令创建的用户没有密码，用 adduser 命令创建的用户不登录系统，还需要用 passwd 命令为其设置密码后，才能登录系统。

用 adduser 命令创建用户时，会自动创建与用户名相同的用户组，并在 /home 中创建与用户名相同的主目录，还会提示用户输入密码，同时指定 /bin/bash 为默认的 shell。因此，用 adduser 命令创建的用户是可以登录系统的。该命令的格式为

```
adduser 用户名
```

【例 8-7】 用 adduser 命令创建用户 u3。

```
sudo adduser u3
```

该命令创建了一个名为 u3 的登录用户，并为他创建了一个名为 u3 的用户组，在 /home 目录中创建了一个名为 u3 的目录，这就是 u3 登录后的工作目录，u3 用户可以在这个目录中存放文件、创建目录、复制数据、安装程序。该命令执行过程中还会连续两次提示输入 u3 的登录密码，如图 8-32 所示。

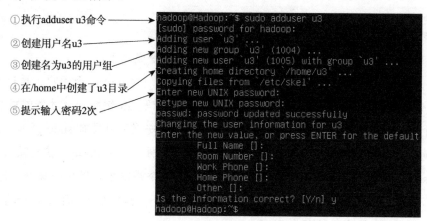

① 执行 adduser u3 命令
② 创建用户名 u3
③ 创建名为 u3 的用户组
④ 在 /home 中创建了 u3 目录
⑤ 提示输入密码 2 次

图 8-32　adduser u3 命令的执行过程

4. 修改用户密码

在 Linux 中，root 用户可以用 passwd 命令为普通用户设置和修改密码，普通用户也可以用 passwd 修改自己的密码，命令格式如下：

```
passwd 用户名
```

在执行这命令时会连接 2 次提示输入相同的密码。

【例 8-8】 前面创建的 u1、u2 用户不能够登录 Ubuntu，因为他们没有密码，为 u1 用户设置密码，让其能够登录 Ubuntu。

```
passwd u1                          # root 用户执行的命令，会出现下面的密码输入提示
Enter new UNIX password:
Retype new UNIX password:
```

当出现 Enter new UNIX password 和 Retype 提示时，连续两次输入相同的密码就行了。此后，u1 用户就可以用设置的密码登录系统了。

5. 删除用户

对于不再需要的用户，可以用 userdel 命令将其删除，命令格式如下：

```
userdel [-r] 用户名
```

-r 参数表示在删除用户的同时，将用户的主目录和本地文件存储的目录或文件也一同删除掉。如果没用参数-r，就不删除这些内容。

【例 8-9】 以 haodoop 用户登录删除用户 u1，删除用户 u2 和它的主目录。

```
userdel u1              #1 执行会失败，因为 hadoop 用户名没有 userdel 的执行权
sudo userdel u1         #2 执行成功，需要在执行时输入 hadoop 的密码
sudo userdel -r u2      #3 执行成功，需要在执行时输入 hadoop 的密码
```

第 1 条语句执行错误的原因是，hadoop 用户没有执行 userdel 命令的权力。由于 hadoop 是 Ubuntu 的初始安装用户，具有 root 的授权，因此用 sudo 授权方式能够删除用户。

6．用户组管理

用户组是简化用户管理的一种技术，如果对多个用户授予相同的操作权力，只需创建一个用户组并将相应的权力授予它，然后将用户加入用户组，那么该组内的用户就具有相同的权力。例如，Linux 中的 sudo 就是一个用户组（管理员用户组），该用户组的权限已经被系统设置好了，将某用户加入此组，就能够执行 sudo 命令。

ubuntu 查看、添加、删除用户组的命令如下：

```
groups 用户名或用户组名      #1 查看用户在哪些组，或组内有哪些用户
groupadd 用户组名           #2 创建用户组
groupdel 用户组名           #3 删除用户组
```

将用户加入、移出用户组的命令如下：

```
adduser 用户名 用户组名      #4 将用户名添加到指定的用户组中
usermod -g 用户组名 用户名   #5 将用户名添加用户组中
gpasswd -d 用户名 用户组名   #6 将用户名从用户组中移出
```

【例 8-10】 创建用户 u1 和用户组 group1，并将管理员权限授予该 u1，然后将用户 u1 添加到该用户组，并切换到用户 u1 执行 sudo passwd 命令修改密码为 3。

```
sudo adduser u1            #1 新建用户 u1
sudo adduser u1 sudo       #2 将用户加入 sudo 管理员组
groupadd group1            #3 新建 group1 用户组
adduser u1 group1
su u1
sudo passwd u1
```

8.3.3 目录操作

Linux 与 Windows 不同，没有磁盘概念，只有一个根目录"/"，8.3.1 节已经对 Linux 的目录结构进行了介绍，这里介绍目录操作的几条常用命令，包括查看到目录内容、创建目录、删除目录、更改当前目录。

首先，需要知道以下几个特殊目录标识符：.，代表当前目录；..，代表当前目录的上一级目录；~，代表当前用户的主目录。

1．查看和更改当前目录

查看和更改目录的命令格式：

```
ls 目录名                        # 查看指定目录中的内容
cd 目录名                        # 更改当前目录
```

【例 8-11】 查看当前目录，上级目录，/home 目录中的内容。

```
ls .                            #查看当前目录内容或者 ls ./
ls ..                           #查看上一目录中的内容
ls /home
```

【例 8-12】 查看/etc 目录中扩展名为.conf 的配置文件名。

```
ls /etc/*.conf
```

2．创建目录

创建目录的命令为 mkdir，用法如下：

```
mkdir [-p] 目录名                #-p 创建多级目录
```

【例 8-13】 登录用户为 hadoop，在主目录下创建目录 mydir，创建\md1\md2\md3 目录结构。

```
mkdir ~/mydir                   #~ 代表登录用户的主目录，默认为/home/用户名
```

mydir 在什么地方呢？在/home/hadoop 目录中，用如下命令可以查看到此目录。

```
ls /home/hadoop
```

【例 8-14】 以 root 身份在根目录下创建目录 mydir，创建\md1\md2\md3 目录结构。

```
mkdir /md1
mkdir /md1/md2
mkdir /md1/md2/md3
```

上面的三条命令创建了目录中的子目录，可以用-p 参数一次性创建这样的目录结构。

```
mkdir -p /md1/md2/md3
```

3．删除目录

删除不再需要的目录可用 rmdir 命令，格式如下：

```
rmdir  目录名
```

rmdir 命令只能删除空目录，如果目录中有文件，只有当这些文件被删除后才能够删除该目录；如果目录中有子目录，只有将子目录删除后才能够删除该目录。

【例 8-15】 以 root 身份删除例 8-13 创建的 mydir 目录。

```
rmdir ~/mydir                   #或 rmdir /home/hadoop/mydir
```

【例 8-16】 以 hadoop 用户身份删除例 8-14 创建的 md1 目录。

```
sudo rmdir  /md1/md2/md3        #删除 md3
sudo rmdir  /md1/md2            #删除 md2
sudo rmdir  /md1                #删除 md1
```

由于 hadoop 是初始安装用户，而 md1、md2、md3 目录是 root 创建的，因此需要以 sudo 方式才能执行 rmdir，删除这几个目录。如果用户删除自己创建的目录，就不需要 sudo 授权。

8.3.4　文件操作

文件的基本操作包括复制、删除、移动文件，以及文件压缩和解压。

1．文件复制

复制文件的命令是 cp，用法如下：

```
cp [命令选项] 源文件或目录  目标文件或目录
```

选项说明：-a，通常在复制目录时采用，将递归复制目录中的子目录和文件；-d，复制时保留文件的链接；-f，如果目标文件无法打开，就将它删除并且重试；-i，在覆盖目标文件前显示（Y/N），让用户确认；-p，除了复制文件，同时将文件的修改时间和访问权限复制到目标文件中；-r，若源文件是目录，将递归复制目录中的文件和子目录

【例 8-17】 以 hadoop 身份，创建目录 /hh，并将 /etc 中的 .conf 文件复制到 hh 目录中。

```
sudo mkdir /hh
sudo cp /etc/*.conf /hh
```

【例 8-18】 以 root 身份，将 hadoop 用户主目录中的全部目录和文件复制到 hh 目录中。

```
cp -r /home/hadoop /hh              # 将复制 hadoop 目录中的各级目录及其中的文件
```

2．文件移动

移动文件的命令是 mv，语法格式如下：

```
mv[命令选项] 源文件或目录  目标文件或目录
```

选项说明：-b，若目录文件已经存在，则在覆盖前先备份；-f，强制覆盖。若目标文件或目录与原文件相同，则会直接覆盖；-i，交互式。若目录文件与源文件相同，则显示（Y/N）提示；-v，复制过程中显示文件名或目录名。

【例 8-19】 以 root 身份，创建目录 h1 和 h2，并将 usr/sbin 目录中以 a 开头的文件复制到 h2 中，然后将 h2 文件夹移动到 h1 文件夹中。

```
mkdir /h1
mkdir /h2
cp usr/sbin/a*.* /h2
mv -v /h2 /h1
```

3．文件权限修改

修改文件权限可以用 chmod 命令，语法格式如下：

```
chmod [u/g/o/a] [+/-/=] [r/w/x] 文件名
```

选项说明：u，即 user，文件或目录的拥有者；g，即 Group，用户组，表示与该文件或目录的拥有者属于同一组；o，即 Other，除了文件或目录拥有者和所属用户组，其他用户都属于此范围；a，即 All，全部用户。

权限操作说明符：+，表示增加权限；-，表示取消权限；=，取消之前的权限，并给予唯一权限。

权限类型说明符：r，读权限；w，写权限；x，执行权限。

【例 8-20】 以 hadoop 身份，将 h1 中 a 开头的文件设置为所有人可写可读可执行。

```
sudo chmod ugo+rwx /h1/a*
```

4．文件压缩与解压

可以将多个文件、目录，包括多级子目录（且各子目录中又有子目录）的目录压缩成一个文件包，也可以将压缩文件包解压为文件或文件夹。

Linux 中常用 ZIP 和 TAR 两种压缩打包与解压技术，这里只对 TAR 压缩方法进行简要介绍。tar 命令的语法格式如下：

```
#压缩，打包
tar 命令选项 [压缩包名] 源文件名


#解压 -c 参数是创建新目录
tar 命令选项 压缩包名 [-c] [目录名]
```

表 8-3　tar 命令的参数说明

参数	常用参数
-c	创建 TAR 包文件
-v	v 列出文件名，vv 列出权限、大小等
-x	解压 TAR 包
-f	指定处理的文件名，只能用于最后参数
-r	将新文件加入 TAR 包
-j	用 bzip2 执行压缩或解压缩
-u	更新 tar 文件
-J	用 XZ Utils 执行压缩或解压缩
-t	列出 TAR 包中的文件信息
-z	用 gzip 执行压缩或解压缩

其中的命令选项分为功能参数和常用参数，如表 8-3 所示。若选用了参数 f，f 必须放在命令选项的最后。此外，-z 和-j 参数用于压缩文件，必须与-c 参数一起使用。

【例 8-21】 以 hadoop 身份将 /etc 目录中的文件打包至 /h1 目录中，包名为 abc.gz。

```
sudo tar -zcvf /h1/abc.gz /etc
```

【例 8-22】 以 root 身份将 /h1 中的 etc.gz 解压到 /h2 目录中。

```
tar -zxvf /h1/etc.gz /h2
```

5．文件与目录删除

删除文件或目录用 rm 命令，格式如下：

```
rm [命令选项] 目录或文件名
```

选项可以是：-f，强制删除；-r，删除目录中文件、子目录，以及子目录中的文件和子目录等；-i，删除前显示（Y/N），输入 Y 确认后删除。

【例 8-23】 删除 /h1 目录中的.py 文件、以 a 开头的文件、全部文件。

```
rm /h1/*.py
rm /h1/a*
rm /h1/*.*
```

【例 8-24】 删除 /h1 目录，包括其中的所有文件、所有子目录。

```
rm -r /h1
```

8.4 大数据基础

8.4.1 大数据技术概述

随着商业智能分析、社交网络分析、在线推荐、数据挖掘、机器学习等应用的普及和深入，海量数据处理的应用领域愈发呈现出多样化发展的趋势。而这些应用领域的问题可以抽象为结构化数据处理、大规模图计算、迭代计算等多种不同类型的计算，需要采用不同的计算模型。传统信息技术难以满足结构化数据处理之外的计算需求，只有大数据技术才能够提供对各类不同结构数据的计算模型，解决海量数据的计算问题。

1．大数据的特点

大数据是指规模大到无法利用现行主流软件工具在一定的时间内实现收集、分析、处理并转化成可用信息的数据量。互联网数据中心（IDC）认为大数据是为了更经济、更有效地从高频率、大容量、不同结构和类型的数据中获取价值而设计的新一代架构和技术。大数据具有 4 个特点，常称为 4V。

① Volume，数据体量巨大。通信和网络技术的快速发展，物联网、移动互联网、智能终端、Web2.0 和云计算等新兴信息技术的应用推广，微信、QQ 等新型的交互方式，以及电子商务的广泛应用，促使数据"爆炸式"增长，数据量从 TB 级别跃升到 PB 级别。

② Variety，数据种类多。从存储类型上可以归结为结构化数据、非结构化数据和半结构化数据。

结构化数据是通过二维表结构实现数据逻辑结构的表示，表中的数据称为记录，俗称行数据。结构化数据严格遵守数据规范化要求的约束条件，有固定的结构、属性划分和类型信息，是传统数据处理技术（关系数据库）中应用的主要存储结构。

非结构化数据则是指图片、地理位置信息、视频、网络日志等多种形式的数据，以及各种办公文档，很难用结构化方法进行存取，通常以各种文档形式存储和处理。

半结构化数据指既具有一定的结构，同时又能够灵活多变，本质上也是一种非结构化数据。与普通的文本文件、图像、音频等数据相比较，半结构化数据有一定的结构，但与关系数据库中的结构化数据相比，半结构化数据并不稳定，如超文本置标语言（HTML）和可扩展标记语言（XML）等。

③ Velocity，处理速度快。由于数据量大，数据类型多，需要通过算法进行快速处理，快速地创建和移动数据，以便能够从各种类型的数据中快速地获取高价值的信息，这与传统的数据挖掘技术有着本质的不同。

④ Value，价值密度低，商业价值高。单一数据的价值并不大，但将相关数据聚集在一起，就会有很高的商业价值。

2．大数据的基本技术

大数据难以用单台计算机进行处理，通常需要依托云计算的分布式技术、分布式数据库、云存储和虚拟化技术，采用分布式架构才能够完成，主要特点是对海量数据进行分布式数据挖掘。大数据系统的典型代表是 Hadoop 系统，不仅在企业中有着广泛的应用，也是其他大数据技术框架的基础。

1）Hadoop 技术架构

Hadoop 是大数据技术领域发展时间最长，应用较为广泛的一个系统，从数据采集、存储、计算处理到数据可视化形成了一个完整的大数据处理技术框架，也称为 Hadoop 生态圈，如图 8-33 所示。

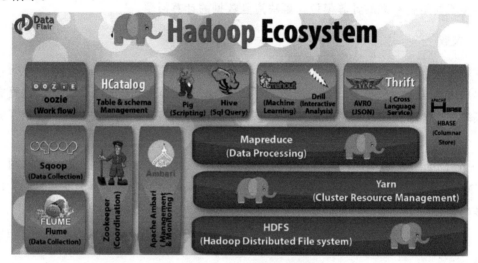

图 8-33　Hadoop 系统技术架构

Hadoop 分布式系统主要由分布式文件系统 HDFS、分布式计算框架 Mapreduce，以及分布式资源管理器 YARN 组成，在这个基础上实现了大数据采集（如 Flume、Sqoop 等）、存储（如 Hbase、Avro）、机器学习（如 Mahout）、数据分析（如 Pig、Hive 等），以及分布式集群管理（Zookeeper、Ambari）等功能。

2）HDFS 分布结构

HDFS（Hadoop Distributed File System）即 Hadoop 分布式文件系统，该系统将若干计算机组成集群，在集群中设置一个 NameNode（名称节点，即主节点 Master）和若干 DataNode（数据节点，即从节点 Slave）。其文件存取方法是，由 NameNode 进行统一调度管理，把大数据文件划分成若干小块并分配到各个 DataNode 中进行存储和运算。HDFS 中的各个节点可以是一台实际的 linux 系统计算机或者虚拟机，NameNode 同时也可以用作 DataNode（兼有两种节点的身份）进行数据运算和存储，如图 8-34 所示。

HDFS 采用 Master/Salver（主/从节点方式）结构存储数据，由 Master（NameNode）节点负责集群任务调度，Salver（DataNode）节点负责执行任务和数据块存储。NameNode 管理文件系统的命令空间，维护着整个文件系统的文件目录树结构，从中可以获取到每个文件的组

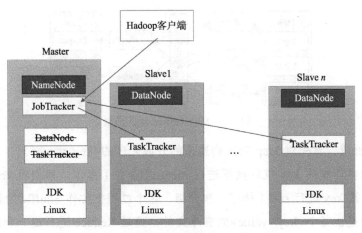

图 8-34　Hadoop 系统的节点部署形式

成文件块在各 DataNode 中的位置。Hadoop 系统每次启动时，NameNode 节点都会动态地重建文件目录结构。

NameNode 中的作业控制程序 JobTracker 负责监控和接收 Hadoop 客户端提出的执行任务，称为作业，并将接收到的作业进行分解，发布到各个 DataNode 节点进行计算。Hadoop 客户端通过 NameNode 可以获取数据在各 DataNode 中的存储信息，并与 DataNode 进行交互，访问 HDFS 文件系统，进行数据存取，获取作业运算结果。

DataNode 节点是 HDFS 中的工作节点，供客户端和 NameNode 调度并执行具体任务，存储数据块，向 NameNode 节点发送数据块信息和工作状态。

3）YARN 资源管理器

YARN（Yet Another Resource Negotiator，另一种资源协调者）是一种新的 Hadoop 资源管理器，它是一个从 MapReduce 模型演变而来的通用资源管理系统，可以解决 Hadoop 系统可扩展性差、不支持多计算框架等问题。YARN 可为它的上层应用提供统一的资源管理和调度，能够提高集群利用率，便捷实现数据共享。

4）MapReduce 编程模型

MapReduce 是 Google 公司最早提出的一种面向大规模数据处理的并行计算模型，本质上是一种分治法。采用"分而治之，先分后合"的方法，将一个大的、复杂的工作或任务拆分成多个小任务后，在多个计算节点上进行并行处理，然后对各节点的运算结果进行合并。MapReduce 被广泛应用于规模较大的大数据并行计算之中。

MapReduce 的基本思想是将计算过程划分为 Map 和 Reduce 两个阶段，在 Map 阶段把一堆杂乱无章的数据按照某种特征归纳起来并进行拆分，即把复杂的任务分解为若干"简单任务"来并行处理。可以进行拆分的前提是这些小任务可以并行计算，彼此间几乎没有依赖关系。然后在 Reduce 阶段对数据进行汇总，即对 map 阶段的结果进行全局汇总，得到最终结果，如图 8-35 所示。具体做法是，在 Map 阶段，对来源于 HDFS 中不同节点、不同类型文件中的杂乱无章、互不相关的数据进行合并映射，从文件中提取出每个数据的 key 和 value，也就是提取了数据的特征，构造出关于每个数据的无序<key, value>。

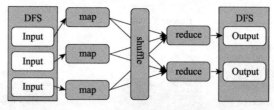

图 8-35　MapReduce 计算模型

在 Reduce 阶段，首先对 Map 阶段构造出的分散无序的<key, value>对，按照 key 从不同 map 文件中拉取具有相同 key 值的数据进行 merge（合并）操作，将相同 key 的数据合并成一个大文件，并按 key 进行 sort（排序）和分组，这个过程也称作 Shuffle 阶段。经过 Shuffle 处理后，重新构造出每个<key, value>的有序文件，通过 Reduce 进行进一步的处理，以便得到结果。

例如，要统计多个不同文件中每个单词出现的次数，这些文件可能具有不同的类型，或者位于不同的节点中，采用 MapReduce 模型进行分布式计算的过程如图 8-36 所示。

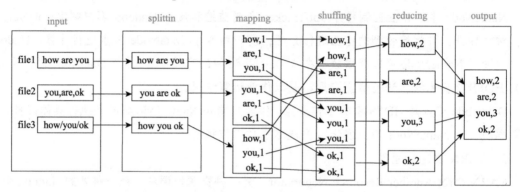

图 8-36　MapReduce 统计文本中的单词个数

假设有 3 个源于不同节点的文件，要统计不同单词在 3 个文件中总共出现的次数。MapReduce 首先对 3 个文件中进行 splitting 操作，分离出每个文件中的单词，然后通过 mapping 将每个单词映射为<单词, 1>这样的<key, value>对，这个过程就是 Map 阶段。

然后进行 shuffing 操作，为每个单词建立一个独立分区，再从 mapping 形成的各<单词, 1>文件中将相同的单词拉取到对应的单词分区中。接下来进行 reducing 操作，对每个分区中的单词进行合并计数，统计每个单词的总数。最后，将每个单词及统计的总数写入输出文件。

MapReduce 得到了广泛应用，如用于反向索引构建、分布式排序、Web 访问日志分析、机器学习、基于统计的机器翻译、文档聚类等。

8.4.2　在虚拟机中安装 Java

大数据环境中的许多软件都需要 Java 语言作为运行支撑，Hadoop 也要依靠 Java 环境运行，因此需要在 Ubuntu 中安装 Java。UNIX 系列的软件安装非常简便，大多数软件都支持联机自动安装和人工安装两种方式。所谓联机自动安装，就是保持计算机与互联网的连接，然后在计算机中执行安装程序，安装程序就能够自动连接到指定网站进行程序下载和安装，整个过程基本上不需要人工参与。人工安装则需要主动从网上下载程序进行安装，并进行软件运行环境的配置。

1．手动安装 JDK 1.8

可以到 Oracle 官方网站上查找对应的 Java JDK 版本，前面安装的 Ubuntu 是 64 位的，因此也需要使用 64 位版本的 JDK。Oracle 网站的信息较多，查找比较麻烦，下载 JDK 时还需要注册，极不方便。可以到华为云中下载，其中包括适用于不同版本、不同 CPU 类型的 JDK 安装包。

注意：最好直接用虚拟机中的浏览器将 JDK 下载到虚拟机中，以便能够直接使用它。不要在主机的浏览器中下载 JDK，否则还需要采用在主机和虚拟机之间建立共享文件之类的方法将下载到的 JDK 传到虚拟机中，这对初学者而言也是一件麻烦的事情。

在为虚拟机安装 Ubuntu 操作系统时，已经为虚拟机默认安装了火狐浏览器，可以用它来下载 JDK，过程如下。

<1> 启动虚拟机 hadoop，单击火狐浏览器，然后在其地址栏中输入华为云 JDK 网址，根据需要，在列表中查找需要的 JDK 版本，本机安装 JDK 1.8，即 JDK8。因此，找到并单击列表中的"8u191-b12/"，显示 JDK 1.8 的各版本列表，如图 8-37 所示。

图 8-37　JDK 1.8 的各版本列表

<2> 单击"jdk-8u191-linux-x64.tar.gz"，会弹出下载对话框，直接单击"Save File"按钮，开始下载该文件。下载完成后的文件通常保存在"home/当前用户名/下载"目录中。

<3> 按 Ctrl+Alt+F6 组合键，切换到 Ubuntu 控制台，用 root 身份，在当前用户 home 中 dk 用户目录下创建 abc 文件夹，命令如下：

```
su root                          # 提示输入 root 的口令
sudo mkdir /home/dk/abc
```

<4> 按 Ctrl+Alt+F7 组合键，切换回 Ubuntu 图形窗口，右击下载到的

"jdk-8u191-linux-x64.tar.gz"，从弹出的快捷菜单中选择"copy"，然后选中"home"文件夹，在其右边的窗口中双击打开刚建立的 abc 文件夹，接着右击此文件夹的任一空白位置，从弹出的快捷菜单中选择"Parse"。这样将"下载"中的 JDK 文件复制到了 /home/dk/abc 文件夹中，主要是便于下一步解压操作。

<5> 按 Ctrl+Alt+F6 组合键，切换到 root 或 dk 用户，执行如下命令，建立 /opt/jvm 文件夹，并将 JDK 解决到此文件夹中。

```
sudo mkdir /opt/jvm                          # 创建目录
sudo tar -zxvf/home/dk/abc/ jdk-8u191-linux-x64.tar.gz -C /opt/jvm
```

<6> 配置 JDK 环境变量。Linux 是一个多用户的操作系统。每个用户登录系统后都会有一个专用的运行环境。通常，每个用户登录时，Linux 都会自动执行 /etc/profile 配置文件，为所有用户提供一个相同的默认运行环境，这个默认环境实际上由 /etc/profile 配置文件中的一组环境变量定义。用户可以修改 profile 文件中相应的系统环境变量，订制个性化的运行环境。

Java 安装后，为了让所有用户能够应用它，可以用 vim 编辑命令在 /etc/profile 文件中设置 JAVA_HOME 等环境变量，在这里修改的内容是对所有用户起作用的。命令如下：

```
sudo vim /etc/profile
```

注意：vim 是 linux 系统中的一个文本编辑程序，首次执行 sudo vim 时，如果出现"udo: vim：command not found"错误信息，就执行如下安装命令：

```
sudo apt-get install vim-gtk
```

在打开的 profile 文件末尾添加如下语句行：

```
export JAVA_HOME=/opt/jvm/jdk1.8.0_191
export JRE_HOME=${JAVA_HOME}/jre
export CLASSPATH=.:${JAVA_HOME}/lib:${JRE_HOME}/lib
export PATH=${JAVA_HOME}/bin:$PATH
```

保存/etc/profile 并退出 vim 后，执行 source 命令，让 JDK 配置立即生效。

```
source /etc/profile
```

在终端输入如下命令，查询 Java 的版本号：

```
java -version
```

如果出现图 8-38 所示的结果，则说明 JDK 安装成功了。

图 8-38　java -version 执行结果

2．自动安装 JDK 1.8

保持计算机与互联网的连接，启动虚拟机 Hadoop，以 root 身份登录，或切换到 root 用户。执行如下命令：

```
sudo apt-get update                 # 如果 apt-get 已经更新了就不用执行
sudo apt-get install openjdk-8-jdk  # 自动从 Oracle 相关网站下载，并安装 JDK
```

用 apt-get 安装的 Oracle OpenJDK 会自动配置 JDK 系统环境，因此可不用修改/etc/profile 文件。当 apt-get install 命令执行后，运行如下命令，查看 Java 的版本：

```
java -version
```

如果出现图 8-39 所示的版本信息，就表示已安装好 Java。下面在此环境中安装 Hadoop。

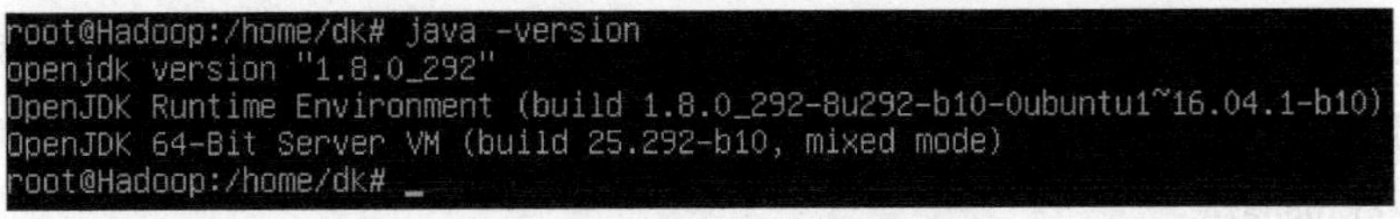

图 8-39　用 apt-get 自动安装的 OpenJDK

同样，为了让所有用户应用 Java，需要在系统配置文件/etc/profile 中设置 JAVA_HOME 等环境变量。apt-get install 智能安装的 openjdk-8 在/usr/lib/jvm 目录下。因此修改过程如下：

```
sudo vim /etc/profile
```

在 profile 末尾添加如下 Java 环境变量设置语句：

```
export JAVA_HOME=/usr/lib/jvm/java-8-openjdk-amd64
export JRE_HOME=${JAVA_HOME}/jre
export CLASSPATH=.:${JAVA_HOME}/lib:${JRE_HOME}/lib
export PATH=${JAVA_HOME}/bin:$PATH
```

8.4.3　在虚拟机中安装 Hadoop

1．准备工作

为了保障 Hadoop 的顺利安装，需要做好三件准备工作：一是安装好 Java，二是创建登录用户，三是在虚拟机中进行 apt 更新。由于前面已经安装好 Java，我们只需创建登录用户和更新 apt。

1）创建 hadoop 用户

启动虚拟机，当 Ubuntu 启动后，按 Ctrl+Alt+F6（或 Ctrl+Alt+T）组合键，打开一个控制台终端，以 root 身份登录，创建一个名为 hadoop 的用户（只是为了见名知义，当然也可以用其他用户名），命令如下：

```
sudo useradd -m hadoop -s /bin/bash
```

其中，-s /bin/bash 可以为 hadoop 用户指定 bash（ubuntu 的命令处理器程序）作为 shell。完成后，用如下命令为 hadoop 用户设置登录密码：

```
sudo passwd hadoop
```

该命令执行后，会出现"Enter new UNIX password"，输入密码（如 1），系统会要求重复输入。密码设置完成后，可以用如下命令为 hadoop 用户增加管理员权限，以方便 hadoop 的安装和部署。

```
sudo adduser hadoop sudo
```

上述操作完成后，就创建好了具有管理员权限的用户名 hadoop，启动 Ubuntu 时就可以用 hadoop 用户名登录系统了，也可以用 su 命令切换到 hadoop 用户：

```
su hadoop
```

2）apt 更新

apt 是一个命令行实用程序，用于在 Ubuntu、Debian 和相关 Linux 发行版上安装、更新、删除和管理 deb 软件包。当在 Ubuntu 中安装软件时，apt 能够自动连接到互联网上的指定网站进行软件下载。Ubuntu 安装后，必须进行 apt 更新，才能保证软件安装的正确性。

```
sudo apt-get update
```

3）设置 SSH

SSH（Secure Shell）是建立在应用层上的安全协议，专门为远程登录会话和其他网络服务提供安全性的协议，正确使用时能够弥补网络中的漏洞，可以有效防止远程管理过程中的信息泄露问题。SSH 最初是 UNIX 系统的一个程序，后来迅速扩展到其他操作平台。当前几乎所有 UNIX 平台，包括 HP-UX、Linux、AIX、Solaris、Digital UNIX、Irix 以及其他平台，都可以运行 SSH。

SSH 由服务器和客户端两部分组成，SSH 服务器在后台运行并响应来自多个客户端的连接请求，SSH 客户端包括 ssh 程序、远程复制 scp、远程登录 slogin、安全传输 sftp 等程序。其工作机制为：SSH 客户端程序发送一个连接请求到远程 SSH 服务器，服务器检查客户端 SSH 请求的数据包和 IP 地址，再发送密钥给 SSH 客户端，最后 SSH 客户端将密钥发送给服务器。双方的连接就此建立，就可以进行数据传输了。

Hadoop 的 NameNode 节点（名称节点）需要通过 SSH 来启动 Slave（从节点）列表中的各台主机中的守护程序，因为 SSH 需要用户名和密码登录，但 Hadoop 没有提供 SSH 密码登录的方式，为了能够在系统运行时完成客户端节点免除密码登录并访问服务器 SSH，就需要将 Slave 列表的各台主机设置为名称节点免登录方式。设置方法是创建一个认证文件，使得客户端用户能够以 public key 方式登录，而不用人工输入密码。

Ubuntu 安装时已经默认安装了 SSH 客户端，但没有安装 SSH 服务端程序。因此，需要用如下命令安装 SSH Server。

```
sudo apt-get install openssh-server
```

在安装过程中会提示输入用户密码，并显示"Are you continue(y/n)"，输入 y，apt 会自动下载安装 SSH 服务器端程序。安装完成后，用如下命令登录本机：

```
ssh localhost
```

执行后，会出现"Are you sure you want to continue connecting (yes/no)?"信息，输入"yes"，

要求输入当前用户（用户名为 hadoop）的密码（前面设置的密码 1）。如果再次登录 hadoop（前面已经创建的虚拟机名），还是需要密码，用如下命令设置为公钥（免密码）登录。

```
cd ~/.ssh/                      # 若提示没有 ssh 目录，则执行：ssh localhost 命令
ssh-keygen -t rsa
```

执行 ssh-keygen 过程中会出现"Enter……"提示信息，回车，最后会生成 RSA 公钥，如图 8-40 所示。

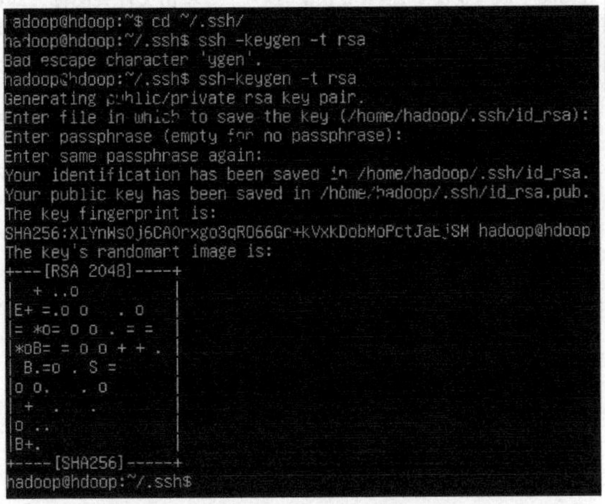

图 8-40　生成 RSA 公钥密码对

用如下命令进行免密码登录的授权处理。

```
cat ./id_rsa.pub >> ./authorized_keys
```

执行完成后，再次执行"ssh localhost"命令，不用输入密码就能够登录了。

2．Hadoop 下载

Hadoop 发行商非常多，均是基于 Apache Hadoop 衍生的，当前主要应用的版本为 2.x、3.x 系列（安装前需要了解 Hadoop 与 Java 版本的对应关系）。通常，可以下载 Hadoop2.x.y.tar.gz 软件包，tar.gz 是可用于 UNIX 系列的安装文件。

下载 hadoop-2.10.2.tar.gz 到虚拟机中的过程如下。

<1> 在 VirtualBox 管理器中启动前面创建的虚拟机 hadoop，在启动过程输入安装 Ubuntu 时的用户名或 root 登录虚拟机。

<2> 虚拟机启动后，运行火狐浏览器，输入相关网址，单击 stable2/（stable 是稳定版），显示如图 8-41 所示的下载列表。

<3> 单击 hadoop-2.10.2.tar.gz，在弹出的"Opening…"对框中单击"OK"按钮，开始下载 hadoop-2.10.2.tar.gz。在下载过程中，火狐地址栏位置显示代表"下载"的下箭头。

<4> 为了便于即将进行的文件解压操作，将文件复制到 /home/dk/abc（前面安装 Java 时建立的）。

如果不知道下载到 Ubuntu 系统的什么文件夹中，可以单击图 8-41 中的下载箭头，将显示文件夹，从中找到文件夹，将"hadoop-2.10.2.tar.gz"复制到 abc 文件夹。

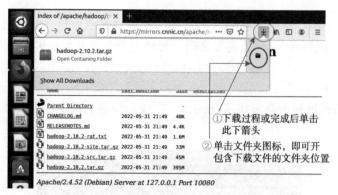

①下载过程或完成后单击
此下箭头
②单击文件夹图标，即可开
包含下载文件的文件夹位置

图 8-41　在虚拟机浏览器中下载 Hadoop

3．Hadoop 安装

Hadoop 安装与 JDK 安装相似，非常简单，将文件解压到指定文件夹即可。现将 Hadoop 安装到虚拟机的用户目录中，操作如下。

<1> 以 hadoop 用户登录系统或用如下命令切换到 hadoop 用户。

```
su hadoop                              # 切换时按提示输入密码
```

<2> 通常，用户在 Linux 中安装的软件保存在 /usr/local 目录中，这里也将 Hadoop 安装在这个目录中。为此，执行如下解压命令：

```
sudo tar -zxf  /home/dk/abc/hadoop-2.10.2.tar.gz  -C  /usr/local
```

<3> 为了方便信息查看，执行如下命令，将 /usr/local 中的 hadoop-2.10.2 改名为 hadoop。为了避免对 Hadoop 系统文件的误操作，可以将它设置为只读文件。

```
cd /usr/local
sudo mv ./hadoop-2.10.2 ./hadoop        # 改名文件夹为 hadoop
sudo chown -R hadoop ./hadoop           # 修改 Hadoop 文件夹为只读
```

Hadoop 解压完成后，也就安装好了。可以用如下命令检查 Hadoop 是否安装成功。

```
cd /usr/local/hadoop
./bin/hadoop version
```

执行后，如显示如下版本信息，就表明 Hadoop 安装成功了。

```
hadoop 2.10.2
......
```

8.4.4　在 VirtualBox 中复制虚拟机

VirtualBox 虚拟机管理器能够方便地复制、删除虚拟机，为了方便 Hadoop 集群配置，现对 hadoop 虚拟机进行复制，通过复制生成 Master、Slave1、Slave2 三台虚拟机，这就可以省去在重新创建虚拟机和在虚拟机下载和安装 Java 和 Hadoop 的过程。

<1> 启动 VirtualBox，选中要复制的虚拟机 hadoop（必须处于关闭状态），然后选择"管理 | 导出虚拟电脑（E）…"菜单命令，弹出"导出虚拟电脑"对话框，选中要复制的虚拟机

hadoop，然后单击"Next"按钮。

    <2> 在弹出的对话框中选择导出文件的保存目录 E:\Vbox，然后单击"Next"按钮。

    <3> 弹出如图 8-42 所示的虚拟电脑配置信息对话框，单击"Finsh"按钮，VirtualBox 就会进行虚拟电脑的导出复制，等待虚拟电脑导出过程的完成。

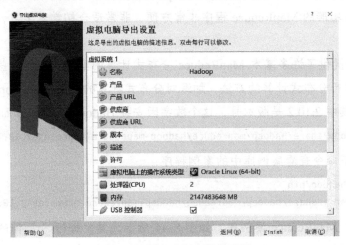

图 8-42　导出虚拟电脑的配置

    <4> 选择"管理 | 导入虚拟电脑"菜单命令，在弹出的对话框中指定导入的虚拟电脑文件"E:\Vbox\hadoop.ova"。单击"Next"按钮，弹出图 8-43 所示的对话框，双击"名称"，将 hadoop 1 改为 Master，然后单击"Finish"按钮，等待 VirtualBox 复制虚拟电脑文件，完成虚拟电脑的导入。

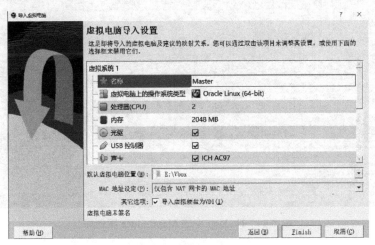

图 8-43　双击修改虚拟电脑名称为 Master

    重复步骤<4>，复制生成 Slave1 和 Slave2 两台虚拟电脑。

8.4.5　Hadoop 独立模式

Hadoop 集群具有独立模式（Standalone mode）、伪分布式模式（Pseudo-Distributed mode）

和分布式模式（Cluster mode）三种部署方式。

独立模式又称为单机模式，是 Hadoop 的默认安装模式。按照前面的方法安装在本地计算机中的 Hadoop 就是单机模式。单机模式不需运行任何守护进程，所有的程序都在单个 JVM 上执行，其安装过程非常简单，只需将 Hadoop 下载到本地计算机中解压即可。在独立模式下，调试 Hadoop 集群的 MapReduce 程序非常方便，非常适合初学者学习，或者在开发阶段调试使用。

Hadoop 本身提供了许多基本 MapReduce 分布式计算的案例，运行这些案例，有助于掌握在 Hadoop 中进行分布式计算的方法，加深对分布式计算的理解。Hadoop 的案例库保存在以下文件夹中（其中 2.10.2 是版本号，这个数字因安装 Hadoop 的版本号而不同）。

```
/usr/local/hadoop/share/hadoop/mapreduce/hadoop-mapreduce-examples-2.10.2.jar
```

可以运行如下命令查看案例库中的案例程序：

```
cd /usr/local/hadoop/bin
./bin/hadoop jar ./share/hadoop/mapreduce/hadoop-mapreduce-examples-2.10.2.jar
```

会显示 Hadoop 中 MapReduce 案例库，如图 8-44 所示。其中每行":"前的就是分布式案例程序的名称，如 dbcount、wordcount 等。

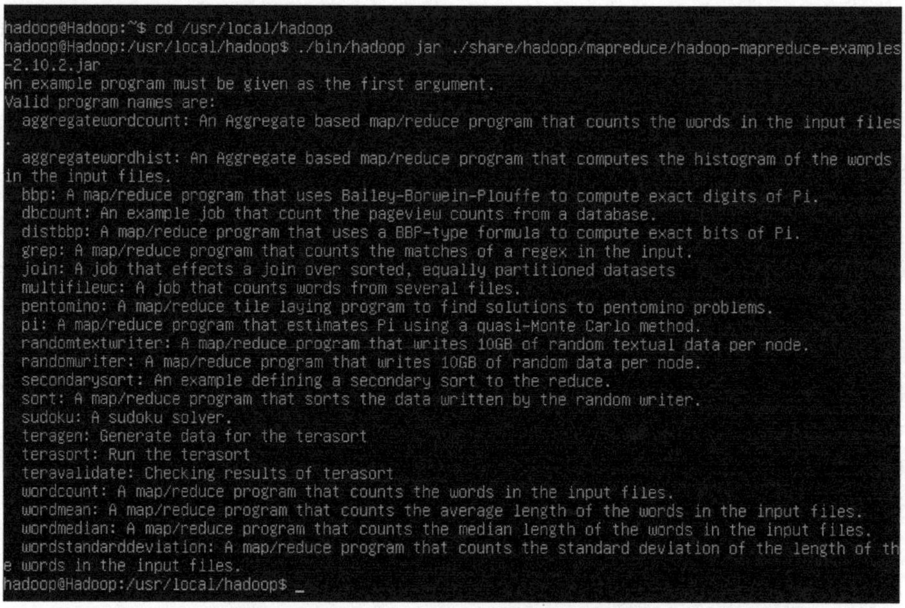

图 8-44　Hadoop 中的 MapReduce 案例库

【例 8-25】 运用 Hadoop 的 wordcount 分布式程序统计/usr/local/hadoop 目录中所有.txt 文件中的单词数目。

/usr/local/hadoop 文件夹中有 license.txt、notice.txt、readme.txt 等文件，可以在/usr/local/hadoop 目录中建立一个 input 文件夹，并将这几个 TXT 文件复制到 input 文件夹中，然后调用 wordcount 程序统计这些文件中的单词，并将运算结果输出到 output 文件，再用 cat 命令查看统计结果。在前面创建的 hadoop 虚拟机中，依次执行如下命令：

```
cd /usr/local/hadoop
mkdir input
cp ./*.txt ./input
./bin/hadoop jar ./share/hadoop/mapreduce/hadoop-mapreduce-examples-2.10.2.jar wordcount ./input ./output
cat ./output/*                        #查看运行结果
```

cat 命令执行后，会将 input 目录的所有文件（可以是成百上千个，
文件类型可以多样化，如可以有.xml、.txt、.java、.c 等）中的单词出
现次数统计出来。由于单词很多，从中摘录部分，如图 8-45 所示。

如果 input 文件夹中加入了更多的文件，再次执行 wordcount 程序，
以便重新统计其中的单词情况，程序就会出现运行错误。原因是 Hadoop
不会覆盖之前的结果文件 output，当它发现之前已有同名结果文件时，
就会报告错误。为此，可用如下命令删除不再需要的结果文件夹，以
便能够再次应用它。

图 8-45　统计结果

```
rm -r ./output
```

当然，也可以将命令最后的 ./output 文件夹名改为另外的名称，将结果输出到其中。

8.4.6　Hadoop 伪分布模式

在单机模式下，Hadoop 在一台单机上运行，不会启动 NameNode 节点、DataNode 节点，
以及 JobTracker 和 TaskTracker 等守护进程，而是直接读写本地操作系统的文件系统，相当于
没有采用分布式文件系统。

伪分布模式是在单个节点（一台计算机或虚拟机）以伪分布方式运行 Hadoop。它将同一
节点既设置为 NameNode（名称节点），又设置为 DataNode（数据节点），并且采用分布式文
件系统 HDFS 进行数据存取，与真正的分布式模式非常近似，但配置过程更简单，运行更稳
定。人们通常使用伪分布式模式用来调试 Hadoop 分布式程序的代码，以及检测程序执行是
否正确。伪分布式模式是完全分布式模式的一个特例。

现在，将前面的虚拟机 Hadoop 设置成伪分布模式，步骤如下。

1．设置伪分布模式的配置文件

伪分布模式需要修改/usr/local/hadoop/etc/hadoop/目录中的两个配置文件：core-site.xml
和 hdfs-site.xml。首先设置 core-site.xml 配置文件，在 Hadoop 虚拟机中，执行如下命令。

```
vim /usr/local/hadoop/etc/hadoop/core-site.xml
```

打开 core-site.xml 后，从中可以看到属性的设置情况为：

```
<configuration>
</configuration>
```

在其中添加对临时文件保存目录和 HDFS 访问节点的设置，修改完成后的情况如下：

```
<configuration>
```

```
    <property>
        <name>hadoop.tmp.dir</name>
    <value>file:/usr/local/hadoop/tmp</value>
    </property>
    <property>
        <name>fs.defaultFS</name>
        <value>hdfs://localhost:9000</value>
    </property>
</configuration>
```

其中，hadoop.tmp.dir 用于指定临时文件的保存位置，fs.defaultFS 将本机（hocalhost）的 9000 端口（Hadoop 的默认端口，也可设置为其他端口号）设置为 HDFS 的访问位置。

在 hdfs-site.xml 配置文件中需要对伪分式的 namenode 和 datanode 节点进行设置，命令如下：

```
vim /usr/local/hadoop/etc/hadoop/hdfs-site.xml
```

在其中可以看到属性的设置情况为：

```
<configuration>
</configuration>
```

从中添加设置集群节点数和 namenode、datanode 节点位置，修改完成后的情况如下：

```
<configuration>
    <property>
        <name>dfs.replication</name>
        <value>1</value>
    </property>
    <property>
        <name>dfs.namenode.name.dir</name>
        <value>file:/usr/local/hadoop/tmp/dfs/name</value>
    </property>
    <property>
        <name>dfs.datanode.name.dir</name>
        <value>file:/usr/local/hadoop/tmp/dfs/data</value>
    </property>
</configuration>
```

其中，dfs.replication 参数用于设置指定副本的数量，由于伪分布式模式只有一个节点，因此设置为 1。

2．格式化 namenode

完成对 core-site.xml 和 hdfs-site.xml 配置文件和修改后，需要对伪分布模式的名称节点进行格式化，命令为：

```
cd /usr/local/hadoop
./bin/hdfs namenode -format
```

如果配置文件没有问题，那么 namenode 格式化过程中会输出类似图 8-46 的格式化信息。

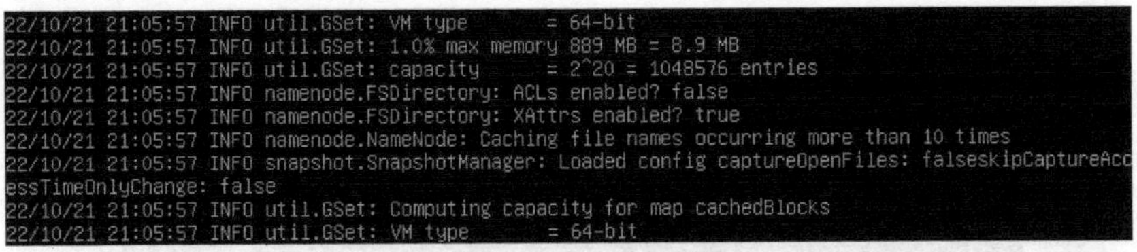

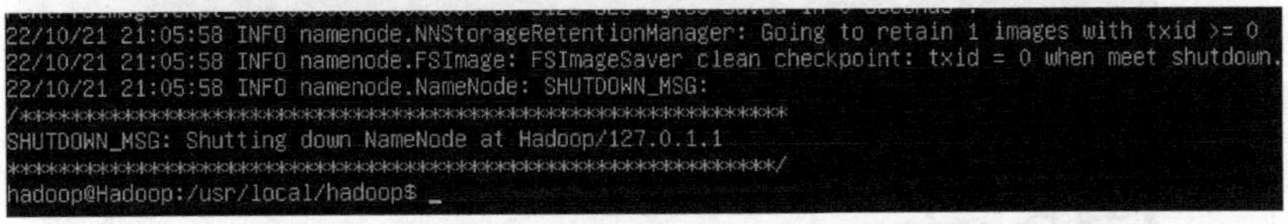

```
22/10/21 21:05:57 INFO util.GSet: VM type          = 64-bit
22/10/21 21:05:57 INFO util.GSet: 1.0% max memory 889 MB = 8.9 MB
22/10/21 21:05:57 INFO util.GSet: capacity          = 2^20 = 1048576 entries
22/10/21 21:05:57 INFO namenode.FSDirectory: ACLs enabled? false
22/10/21 21:05:57 INFO namenode.FSDirectory: XAttrs enabled? true
22/10/21 21:05:57 INFO namenode.NameNode: Caching file names occurring more than 10 times
22/10/21 21:05:57 INFO snapshot.SnapshotManager: Loaded config captureOpenFiles: falseskipCaptureAcc
essTimeOnlyChange: false
22/10/21 21:05:57 INFO util.GSet: Computing capacity for map cachedBlocks
22/10/21 21:05:57 INFO util.GSet: VM type          = 64-bit
```

······   ······

```
22/10/21 21:05:58 INFO namenode.NNStorageRetentionManager: Going to retain 1 images with txid >= 0
22/10/21 21:05:58 INFO namenode.FSImage: FSImageSaver clean checkpoint: txid = 0 when meet shutdown.
22/10/21 21:05:58 INFO namenode.NameNode: SHUTDOWN_MSG:
/************************************************************
SHUTDOWN_MSG: Shutting down NameNode at Hadoop/127.0.1.1
************************************************************/
hadoop@Hadoop:/usr/local/hadoop$ _
```

图 8-46   Hadoop 伪分布模式的 namenode 节点格式化

3．运行 hadoop 伪分布模式

现在，可以按分布式方式启动 Hadoop，命令如下：

```
cd /usr/local/hadoop
./sbin/start-dfs.sh
```

注意：在执行./sbin/start-dfs.sh 的过程中，可能出现了类似如下错误。

```
1 localhost:Error: JAVA_HOME is not set and cuuld not be found.
2 localhost:Error: JAVA_HOME is not set and cuuld not be found.
```

解决方法：将 hadoop-env.sh 文件中的 JAVA_HOME 参数修改为 Java 的绝对磁盘路径，命令如下。

```
vim /usr/local/hadoop/etc/hadoop/hadoop-env.sh
```

找到其中的 export JAVA_HOME=\${JAVA_HOME} 行，如图 8-47 所示，将其修改为绝对路径：

```
export JAVA_HOME=/usr/lib/jvm/java-8-openjdk-amd64
```

这个位置是 apt-get 自动安装 openjdk 的默认位置，需要根据本机安装 Java 的实际位置确定。

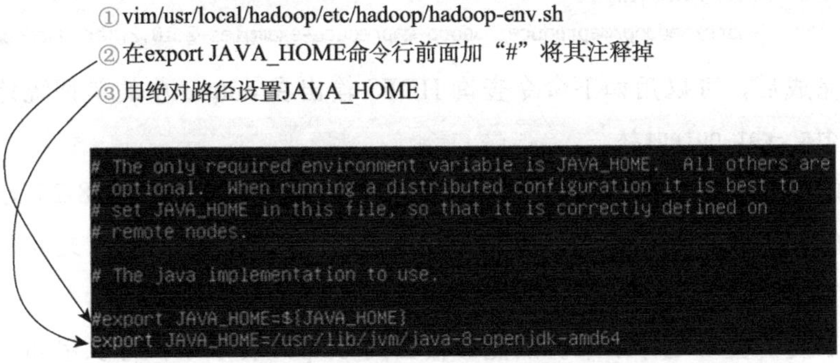

① vim/usr/local/hadoop/etc/hadoop/hadoop-env.sh
② 在 export JAVA_HOME 命令行前面加 "#" 将其注释掉
③ 用绝对路径设置 JAVA_HOME

图 8-47   修改 hadoop-env.sh 中的 JAVA_HOME

修改 hadoop-env.sh 配置文件后，再次按上面的方式执行启动 Hadoop 的命令 start-dfs.sh。启动成功后，按 Ctrl+Alt+F7 组合键，切换到 Hadoop 图形界面，单击 Ubuntu 中的火狐浏览器，在地址栏中输入 "http://localhost:50070"，可以看到如图 8-48 所示的 Web 页面，表明 Hadoop 伪分布模式配置成功。

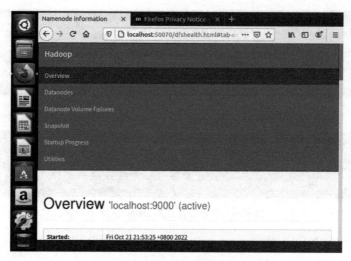

图 8-48 Hadoop 伪分布模式运行信息

【例 8-26】在伪分布模式下，运用 Hadoop 的 wordcount 分布式程序统计/usr/local/hadoop 目录中所有 TXT 文件中的单词数目。

伪分布模式不在本机的操作系统中读写文件，而在使用 HDFS 分布式文件系统来完成。要使用 HDFS 文件系统，首先需要用 HDFS 中的命令在 Hadoop 虚拟机中创建一个用户目录，如创建名为 hadoop 的目录，命令如下：

```
cd /usr/local/hadoop
./bin/hdfs dfs -mkdir -p /user/hadoop
```

再创建一个 input 目录，将/usr/local/hadoop 文件夹中有 license.txt、notice.txt、readme.txt 等文件复制到 input 目录中，并用 wordcount 程序进行分布式计算。命令如下：

```
cd /usr/local/hadoop
./bin/hdfs dfs -mkdir input
./bin/hdfs dfs -put *.txt input
./bin/hadoop jar ./share/hadoop/mapreduce/hadoop-mapreduce-examples-2.10.2.jar wordcount input output
```

程序运行完成后，可以用如下命令查询 HDFS 输出在 output 中的单词统计结果：

```
./bin/hdfs dfs -cat output/*
```

虽然输出的结果与例 8-25 相同，但它们的计算方式是不同的。例 8-25 是在本机操作系统中进行处理的，采用的是 Linux 文件系统，而例 8-26 采用的是 HDFS 文件系统，是用分布式技术进行运算的。

同样，为了使下次的运算结果仍然能够输出到 output 目录中，可以用如下命令在 HDFS 中将 output 文件夹删除。

```
./bin/hdfs dfs -rm -r output
```

4．关闭伪分布模式 Hadoop 系统的运行

如果要关闭伪分布模式（包括分布式）Hadoop 系统的运行，可以用如下命令完成。

```
cd /usr/local/hadoop
./sbin/stop-dfs.sh
```

8.4.7 Hadoop 完全分布模式

在完全分布模式中，集群由多个主机节点构成，Hadoop 的守护进程分别运行在由多个主机搭建的集群上，不同节点担任不同的角色，在实际应用开发中通常使用该模式构建企业级的 Hadoop 系统。

Hadoop 集群中的节点分为名称节点（NameNode）和数据节点（DateNode）两种。名称节点只有 1 个，是主节点，用于控制集群其他节点的工作，通常称为 Master。数据节点可以有多个，其运行受到名称节点的控制，是从节点，通常称为 Slave。伪分布模式实际上是集群模式的特例，只是将主节点和从节点合二为一。

搭建 Hadoop 完全分布式集群需要经过以下步骤。

<1> 在所有节点上安装 Java 环境，创建 Hadoop 用户。

<2> 在 Master 节点上安装 SSH 服务器，实现 Master 通过 SSH 无密码登录各 Slave 节点。

<3> 在 Master 节点上安装 Hadoop，并在 Master 中完成 Hadoop 集群配置。

<4> 将 Master 节点上的 /usr/local/hadoop 目录及其中的内容复制到所有的 Slave 节点。

<5> 通过 Master 启动或停止集群。

现在，以搭建具有 Master 和 Slave1 两个节点的集群为例，说明具有 *N* 个节点的 Hadoop 集群的通用方法和步骤。

1．配置网络

1）将各虚拟机节点的网络连接方式设置为"桥接网卡"

在虚拟机上搭建 Hadoop 分布式集群，首先需要将集群中各台虚拟机的网络连接方式设置为"桥接网卡"模式，这样才能够实现各节点互连，同时必保证各节点虚拟机的 MAC 地址是不同的。Master 虚拟机网络配置过程如下。

<1> 启动 VirtualBox 虚拟机管理器（不要启动虚拟机 Master），选中 Master 虚拟机，然后单击 VirtualBox 管理器的"设置"按钮，弹出"Master 设置"对话框，如图 8-49 所示。选中"网络"，然后单击"连接方式"的下拉列表，选中"桥接网卡"。单击"Advanced"按钮，展开隐藏的列表，可以看到 MAC 地址（不用修改，按默认设置即可）。

<2> 按照同样的方法，将 Slave1 虚拟机的网络连接方式也设置为"桥接网卡"，结果如图 8-50 所示。注意：如果 Master 和 Slave1 的 Mac 地址相同，就将其修改为不同的值。

2）设置各节点/etc/hosts 配置文件的 IP 地址表

为了实现集群节点之间的相互访问，必须保证每个节点都有一份相同的 IP 地址配置信息，该信息保存在各节点的/etc/hosts 文件中，可按如下过程修改 hosts 配置文件。

<1> 启动 Master 和 Slave1 虚拟机，按 Ctrl+Alt+F6 组合键，以 root 身份切换到虚拟机的命令控制终端，输入 ifconfig 命令，查询出 Master 和 Slave1 的 IP 地址。本书查询的 IP 地址为：Master IP，192.168.2.12；Slave1 IP，192.168.2.9。

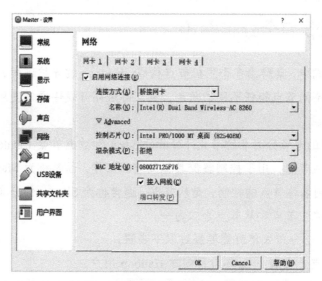

图 8-49　设置 Master 节点的连接方式

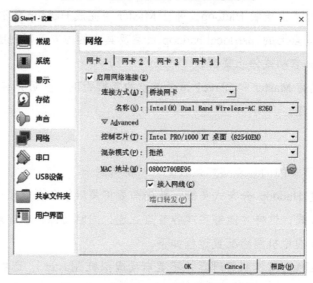

图 8-50　设置 Slave1 节点的连接方式

<2> 修改 Master 节点中的 /etc/hosts 配置文件，从中添加集群中所有主机名称与其 IP 地址映射表。

```
sudo vim /etc/hosts                                      # 打开 Master 节点配置文件
```

在本文件的最后增加如下 2 行：

```
192.168.2.12 Master
196.168.2.9 Slaver
```

<3> 按同样的方法，修改 Slave1 虚拟机的 /etc/hosts 文件，同时删除（或用#注释）hosts 文件最前面的地址设置"127.0.0.1 localhost"。修改后的 hosts 文件如图 8-51 所示。

如果集群中有多个虚拟机节点，重复步骤<3>，所有从节点的 hosts 文件除第 1 行的本机名称不同之外，其他内容完全相同。

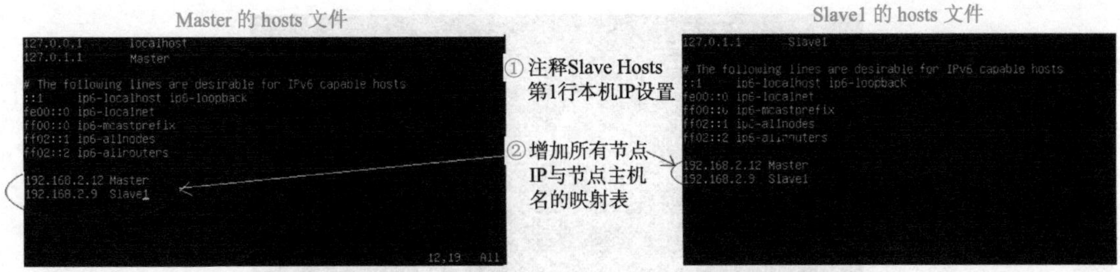

Master 的 hosts 文件 ... Slave1 的 hosts 文件

①注释Slave Hosts 第1行本机IP设置

②增加所有节点 IP与节点主机 名的映射表

图 8-51　Master 和 Slave1 节点的 hosts 配置文件修改结果

注意：如果 Hadoop 集群中有多个节点，除了 1 台主机 Master 的 hosts 文件中保留 127.0.0.1 本地机 IP 设置，所有节点主机的 hosts 配置内容除了第 1 行，其余内容完全相同。其原因是，Hadoop 集群中只能有一台主机可以使用 127.0.0.1，对应的主机名为 localhost。

<4> 重新启动 Master 和 Slave1，用 ping 命令测试两台主机的/hosts 设置是否成功。

```
ping slave1 -c 3
ping master -c 3
```

参数-c 3 指定 ping 3 次结束，否则会重复 ping，直到按 Ctrl+C 组合键结束。ping 通之后会显示的结果如图 8-52 所示。

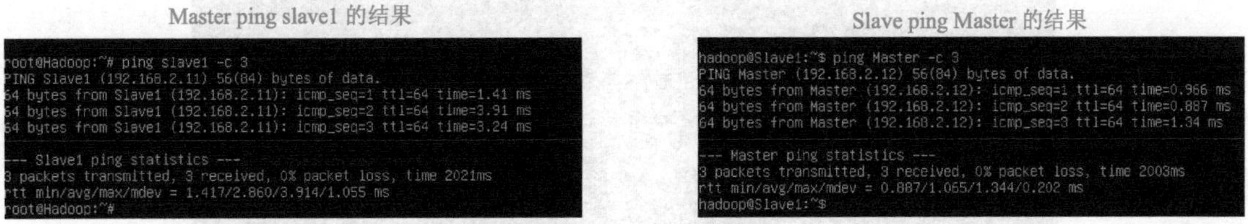

Master ping slave1 的结果 ... Slave ping Master 的结果

图 8-52　ping 通的结果

注意：如果没有 ping 通，就需要查找原因，反复测试，直到 ping 通为止，否则会影响后面的测试。

2．设置 SSH 无验证登录

Hadoop 集群中，主节点 Master 需要登录各从节点，以便于数据传递和命令执行。因此需要设置为 Master 通过 SSH 无密码登录从节点的方式。

<1> 在 Master 虚拟机中输入如下命令，生成 RSA 公钥。

```
su hadoop              #切换到 hadoop 用户
cd ~/.ssh              #进行 hadoop 主目录中的.ssh 目录
rm ./id_rsa*           #如果以前有公钥，删除之
ssh-keygen -t rsa      #生成公钥
```

在 ssh-keygen 执行时，会遇到输入密码之类的提示，一律按 Enter 键，直到命令结束，结果如图 8-53 所示。

<2> 在 Master 终端输入如下命令，设置 Master 无密码 SSH 登录本机。

```
cat ./id_rsa.pub >> ./authorized_keys    # 设置 Master 无密码登录
ssh Master                               # 验证 SSH 登录
```

图 8-63　Master 创建 SSH 公钥

ssh Master 命令执行时遇到提示，输入"yes"，结果如图 8-54 所示。

图 8-54　Master 无密码登录本机

执行 ssh Master 命令成功后，输入"exit"命令，返回原来的终端。

<3> 在 Master 终端执行如下命令，将产生的公钥发送到 Slave1 节点。

```
sudo scp ~/.ssh/id_rsa.pub hadoop@Slave1:/home/hadoop/
```

执行上条命令时遇到"yes/no"，则输入"yes"，然后提示输入 Slave1 中 hadoop 用户的密码
（本书前面设置的密码为 1）。

<4> 在 Slave1 终端上输入如下命令，为 Slave1 节点加入 SSH 公钥登录授权。

```
su hadoop                              # 切换到 hadoop 用户
mkdir ~/.ssh                           # 在 hadoop 用户的主目录中创建 .ssh 目录
cat ~/id.rsa.pub >> ~/.ssh/authorized_keys
```

<5> 在 Master 虚拟机的终端上输入如下命令，验证 Slave1 无密码 SSH 登录成功否。

```
ssh Slave1
```

执行结果如图 8-55 所示，表明 Slave1 的 SSH 无密码登录设置成功。

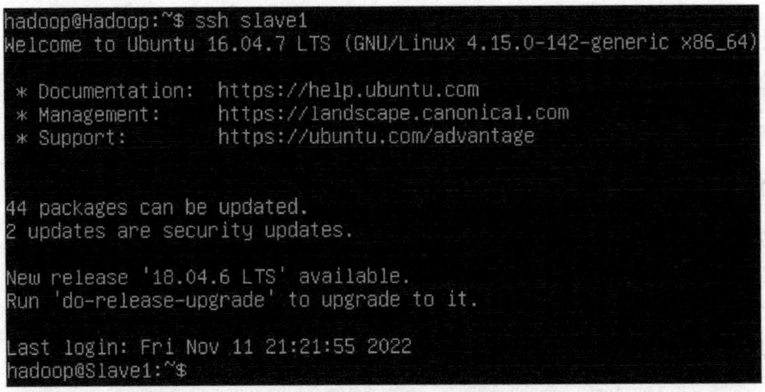

图 8-55　Master SSH 无密码登录 Slave1 节点

3．设置 Master 的 Path

为了在 master 终端的任何目录位置都可以执行 hadoop 和 hdfs 等命令，将 sbin 和 bin 目录添加到系统环境变量的路径中。在 Master 终端输入用 vim 编辑器打开~/.bashrc 文件：

```
vim ~/.bashrc
```

在打开文件最上面的位置输入下面一行内容，注意最后的“:”不可少。

```
export PATH=$PATH:/usr/local/hadoop/bin:/usr/local/hadoop/sbin:
```

执行如下命令，使设置文件生效。

```
source ~/.bashrc
```

可以执行如下命令，如果列出了一些文件目录，就表明路径配置成功。

```
hdfs dfs -ls                        # 查看 hadoop 目录下的文件
```

4．分布式环境配置

1）配置 slaves 文件

slaves 文件用于设置数据节点，需要把所有作为数据节点的主机名称写入该文件，一个主机名称占 1 行。例如，如果有 100 个数据节点，就需要把 100 个节点的主机名称写入 slaves 文件。本例中只有 Master 和 Slave1 两个节点，节点太少，所以让 Master 既作为名称节点又作为数据节点。在 Master 的终端输入如下命令，打开 /usr/local/hadoop/etc/hadoop/ 目录中的 slaves 文件。

```
vim /usr/local/hadoop/etc/hadoop/slaves
```

文件打开后，其中有“localhost”一行（代表 Master 节点），输入 Slave1，该文件的全部内容如下：

```
localhost
Slave1
```

2）配置 core-site.xml

core-site.xml 文件用于设置 hadoop 集群的通用属性，如名称节点、临时文件的保存目录设置等。在 Master 节点的终端中，用如下命令打开 core-site.xml 文件。

```
vim /usr/local/hadoop/etc/hadoop/core-site.xml
```

core-site.xml 打开后，可以看到下面两行：

```
<configuration>
</configuration>
```

从中添加默认名称节点和临时文件保存目录，修改后的结果如下：

```
<configuration>
  <property>
    <name>fs.defaultFS</name>
    <value>hdfs://Master:9000</value>
  </property>
  <property>
    <name>hadoop.tmp.dir</name>
    <value>file:/usr/local/hadoop/tmp</value>
  </property>
</configuration>
```

3）配置 hdfs-site.xml

hdfs-site.xml 配置文件用于设置 hadoop 集群中分布式文件系统 HDFS 的属性，包括数据结点存储的位置和节点个数、名称节点的地址等。本例共 2 个节点，让 Master 节点同时充当名称节点和数据节点。在 Master 节点的终端中输入如下命令打开 hdfs-site.xml 文件。

```
vim /usr/local/hadoop/etc/hadoop/hdfs-site.xml
```

修改其中的<configuration>系统配置属性，修改后的结果如下：

```
<configuration>
  <property>
    <name>dfs.namenode.secondary.http-address</name>
    <value>Master:50090</value>
  </property>
  <property>
    <name>dfs.replication</name>
    <value>2</value>
  </property>
  <property>
    <name>dfs.namenode.name.dir</name>
    <value>file:/usr/local/hadoop/tmp/dfs/name</value>
  </property>
  <property>
    <name>dfs.datanode.data.dir</name>
    <value>file:/usr/local/hadoop/tmp/dfs/data</value>
  </property>
</configuration>
```

4）配置 mapred-site.xml

hadoop 在/usr/local/hadoop/etc/hadoop 目录中设置了一个 mapred-site.xml.template 的文件，需要将此文件改名为 mapred-site.xml：

```
cd /usr/local/hadoop/etc/hadoop              # 进入目录
mv mapred-site.xml.template mapred-site.xml  # 改名
```

mapred-site.xml 用于设置 mapreduce 分布式计算模型的资源调配器、作业历史服务器地址等。用如下命令打开前面改名得到的 mapred-site.xml 文件。

```
vim vim /usr/local/hadoop/etc/hadoop/mapred-site.xml
```

修改其中的<configuration>系统配置属性，结果如下：

```
<configuration>
  <property>
    <name>mapreduce.framework.name</name>
    <value>yarn</value>
  </property>
  <property>
    <name>mapreduce.jobhistory.address</name>
    <value>Master:10020</value>
  </property>
  <property>
    <name>mapreduce.jobhistory.webapp.address</name>
    <value>Master:19888</value>
  </property>
</configuration>
```

5）配置 yarn-site.xml

yarn 是 Hadoop 的资源调配器，需要在其中设置名称管理器获取数据的方式，以及资源管理器的地址等内容。在 Master 终端输入如下命令，打开 yar-site.xml 文件。

```
vim vim /usr/local/hadoop/etc/hadoop/yarn-site.xml
```

修改其中的<configuration>系统配置属性，结果如下：

```
<configuration>
  <property>
    <name>yarn.resourcemanager.hostname</name>
    <value>Master</value>
  </property>
  <property>
    <name>yarn.nodemanager.aux-services</name>
    <value>mapreduce_shuffle</value>
  </property>
</configuration>
```

5．复制 Master 的 hadoop 文件夹到各数据节点

在 Master 节点中配置完上述 5 个文件后，需要把 Master 节点中/usr/local/hadoop 文件夹复制到所有节点中。在 Master 终端上执行如下系列命令，完成向 Slalve1 节点的文件复制。

```
cd /usr/local
sudo rm -r ./hadoop/tmp                      # 删除临时文件
sudo rm -r ./hadoop/logs/*                   # 删除日志文件
tar -zcf ~/hadoop.master.tar.gz  ./hadoop    # 压缩 hdoop 目录，可能用较长时间
cd ~                                         # 进入 hadoop 用户主目录
scp ./hadoop.master.tar.gz  Slave:/home/hadoop   # 复制文件到 Slalve1 节点
```

然后在 Slave1 的终端执行如下命令，解压出复制的 hadoop 目录。

```
sudo rm -r /usr/local/hadoop              # 删除 slave1 节点上的原有 hadoop 目录
sudo tar -zxf ~/hadoop.master.tar.gz -C /usr/local   # 解压生成 hadoop 目录
sudo chown -R hadoop /usr/local/hadoop    # 修改目录为只读
```

6．名称节点格式化、集群启动和停止

hadoop 集群主要包括 HDFS 分布式文件系统和 Mapreduce 分布式计算框架，首次启动集群之前，需要在 Master 节点的终端输入如下命令，对 HDFS 文件系统进行格式化：

```
hdfs namenode -format
```

此命令执行成功后，在 Master 节点上依次输入如下命令，启动 hadoop 集群。

```
start-dfs.sh                              # 启动 hadoop 集群
```

注意：如果在执行 start-dfs.sh 命令时出现了"Error:JAVA_HOME is not set and could be found"错误，就可以用 vim 命令将 Master 和 Slave1 节点的 hadoop-env.sh 环境配置文件中的 export JAVA_HOME 路径都修改为绝对路径。命令如下：

```
vim /usr/local/hadoop/etc/hadoop/hadoop-env.sh
```

找到 hadoop-env.sh 的 export JAVA_HOME=${JAVA_HOME}，修改为绝对路径，如图 8-56 所示。

```
JAVA_HOME=/usr/lib/jvm/java-8-openjdk-amd64
```

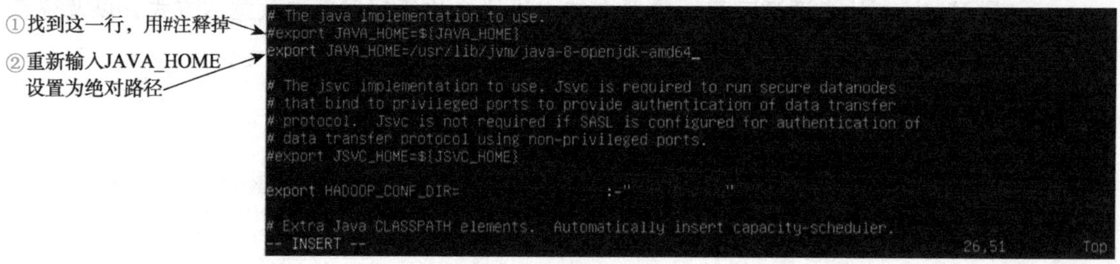

①找到这一行，用#注释掉
②重新输入 JAVA_HOME 设置为绝对路径

图 8-56　设置 hadoop-env.sh 环境配置文件的 JAVA_HOME

完成上面的路径修改并保存后，执行如下命令使之生效：

```
source /usr/local/hadoop/etc/hadoop/hadoop-env.sh
```

然后，依次执行如下命令：

```
start-dfs.sh
start-yarn.sh
mr-jobhistory-daemon.sh start historyserver   # 启动历史服务器
```

historyserver 是 hadoop 提供的历史服务器，可以查看已经运行完成了的作业记录信息，如用了多少 map 和 reduce、作业提交与完成时间等。默认情况下，historyserver 服务器是没有启动的，可以用上面的命令启动它。

当上面 3 条 hadoop 集群命令都成功执行后，可以通过 jps 命令查看各节点启动的进程，以此判断集群是否正常工作。在 Master 节点的终端执行 jps 命令，可以看到 NodeManger、JobHistoryServer、DataNode、ResourceManager、SecondaryNameNode、NameNode 和 jps 进行，表示主节点 Master 成功启动，如图 8-57 所示。

在 Slave1 节点的终端上执行 jps 命令，如果列出了 DataNode、jps、NodeManager 进程，就表明从节点 Slave1 启动成功，如图 8-58 所示。

Master 节点执行 jps 命令的输出

```
jhadoop@Hadoop:~$ jps
3798 NodeManager
4279 JobHistoryServer
2424 DataNode
3672 ResourceManager
2618 SecondaryNameNode
2300 NameNode
4670 Jps
hadoop@Hadoop:~$ _
```

Slave1 节点执行 jps 命令的输出

```
hadoop@Slave1:~$ jps
2289 DataNode
2852 Jps
2495 NodeManager
hadoop@Slave1:~$ _
```

图 8-57　Master 节点执行 jps 的输出　　　　　　　　图 8-58　Slave1 节点执行 jps 的输出

上面是逐步启动集群的方法，也可以用如下命令一次性全部启动或停止集群。

```
start-all.sh                        # 集群全部启动
stop-all.sh                         # 集群全部停止
```

7．Hadoop 集群分布式计算案例

在 Hadoop 集群模式中进行分布式运算的方法和过程与 Hadoop 伪分布模式是相同的，只是伪分布模式在一台虚拟机中进行运算，而集群模式是在多台虚拟机中进行真正的 MapReduce 分布式运算。现以之前在 Hadoop 单机和伪分布模式下都运算过的单词统计为例，简要介绍 Hadoop 集群模式下进行分布式运算的方法。

【例 8-27】在 Hadoop 分布式模式下，运用 Hadoop 的 wordcount 程序统计/usr/local/hadoop 目录中所有 TXT 文件中的单词数目。

同伪分布模式一样，Hadoop 分布式模式不在本机的操作系统中读写文件，而在使用 HDFS 分布式文件系统来完成。要使用 HDFS 文件系统，首先需要 HDFS 中的命令在 hadoop 虚拟机中创建一个用户目录（如创建名为 hadoop 的目录），命令如下：

```
cd /usr/local/hadoop                    # 此为 hadoop 用户在本地机中的目录
./bin/hdfs dfs -mkdir -p /user/hadoop   # 这个 hadoop 目录是在分布式系统中的
```

然后在此用户目录中创建一个 input 目录，并将/usr/local/hadoop 文件夹的 license.txt、notice.txt、readme.txt 等文件复制到 input 目录中，用 wordcount 程序进行分布式计算。命令如下：

```
cd /usr/local/hadoop
./bin/hdfs dfs -mkdir input
./bin/hdfs dfs -put *.txt input
./bin/hadoop
jar ./share/hadoop/mapreduce/hadoop-mapreduce-examples-2.10.2.jar wordcount
input output
```

程序运行完成后，可用如下命令查询 HDFS 输出在 output 中的单词统计结果，如图 8-59 所示。

```
./bin/hdfs dfs -cat output/*
```

虽然输出的结果与例 8-25 和例 8-26 相同，但计算方式不同，本例的单词统计结果是在具有两台虚拟机的 Hadoop 集群中运用真正的

图 8-59　统计结果

MapReduce 分布式计算框架完成的。

同样，为了使下次的运算结果仍然能够输出到 output 目录中，可以用如下命令在 HDFS 中将 output 文件夹删除掉。

```
./bin/hdfs dfs -rm -r output
```

习 题 8

一、选择题

1. 下面关于云计算的说法中，正确的是（　　）。

A. 云计算是一种单一的计算模式

B. 云计算是一种单纯的商业模式

C. 云计算既是一种计算模式，也是一种商业模式

D. 以上都不对，云计算只是一种基础设施平台

2. 将公司的 CPU、内存、网络带宽、存储容量等信息技术资源打包成可以度量的计算资源出租给用户使用，并按照使用量进行收费，这种计算模式称为（　　）。

A. 云计算　　　　　B. 效用计算　　　　　C. 集群计算　　　　　D. 服务计算

3. 将商业服务和信息支撑技术整合成服务程序，提供给用户使用，用户可以随意组合使用而不是买断这些服务程序，这种计算模式称为（　　）。

A. 云计算　　　　　B. 效用计算　　　　　C. 集群计算　　　　　D. 服务计算

4. 将一个需要巨大计算能力才能解决的复杂问题分解成许多子问题，分配给多台计算机单独处理，最后将计算结果合成最终结果，这种计算模式称为（　　）。

A. 云计算　　　　　B. 分布式计算　　　　　C. 网格计算　　　　　D. C/S 模式

5. 以下不是云计算特征的是（　　）。

A. 资源池化　　　　　B. 快速弹性　　　　　C. 服务限时限地　　　　　D. 按需自助服务

6. 云服务提供商将软件开发平台作为一种服务提供给用户，用户不用自己购买硬件和软件就可以在此平台上开发应用软件，这种服务模式称为（　　）。

A. PaaS　　　　　B. SaaS　　　　　C. Iaas　　　　　D. 以上都不对

7. 由多家公司联合构建的云，大家共享云中的信息基础设施和信息资源，其目的是减少信息资源投资，降低系统运行维护成本，这种云称为（　　）。

A. 公有云　　　　　B. 私有云　　　　　C. 社区云　　　　　D. 混合云

8. 云计算是多种技术的集大成者，除了分布式编程模型、平台管理技术、数据中心技术、和分布式技术之外，还包括（　　）等技术。

A. 独立主机技术　　　B. 信息安全技术　　　C. 虚拟化技术　　　D. 大数据

9. 各种虚拟化软件都有不同的侧重面，如 Parallels 侧重办公软件的虚拟化，Vituozzo 侧重在线托管服务的虚拟化，但 VMware 和（　　）等虚拟化软件能够提供硬件和软件全部特性的虚拟化。

A. ManageEngine　　B. VirtualBox　　C. Xen　　D. Critrix

10. 在虚拟机中安装操作系统与在真实计算机中安装操作系统的过程完全相同，大致包括三个步骤：在虚拟机中划分主引导分区，划分（   ），安装操作系统。

A．C 盘　　　　　　　　B．C 盘和 D 盘　　　　　C．逻辑分区　　　　　　　D．数据交换区

11. 下面关于 Linux 磁盘文件结构的说法中，正确的是（   ）。

A．Linux 与 Windows 系统一样，可以将磁盘划分为 C、D、E 等多个逻辑磁盘

B．Linux 系统中没有 C 盘 D 盘之类逻辑磁盘的概念

C．Linux 和 UNIX 系统中，只有一个根目录 /，所有文件和目录都位于 / 目录中

D．Linux 系统中所有用户的主目录都在 /home 中

12. 下面的 Ubuntu 目录中，当前用户的主目录是（   ）。

A．~　　　　　　　　　B．/　　　　　　　　　　C．/root　　　　　　　　D．/etc

13. Ubuntu 系统的配置文件保存在（   ）目录中。

A．~　　　　　　　　　B．/　　　　　　　　　　C．/root　　　　　　　　D．/etc

14. root 是 Linux 系统的超级用户，具有最大的系统操作权限，它的主目录是（   ）。

A．~　　　　　　　　　B．/　　　　　　　　　　C．/root　　　　　　　　D．/etc

15. Ubuntu 的常用操作命令保存在（   ）目录中。

A．/etc　　　　　　　　B．/sbin　　　　　　　　C．/bin　　　　　　　　　D．/opt

16. 在 Linux 系统中，普通用户获取 root 授权后，（   ）执行 root 才有权执行的命令。

A．直接　　　　　　　　B．通过 su　　　　　　　C．通过 sudo　　　　　　D．输入 root 密码

17. 在 Ubuntu 系统中，删除目录及其中的子目录和文件用（   ）命令。

A．rm -r　　　　　　　　B．rm　　　　　　　　　　C．rmdir　　　　　　　　D．rm -i

18. 大数据的特征是 4V，其中数据种类多指的是（   ）。

A．Volume　　　　　　　B．Variety　　　　　　　C．Velocity　　　　　　　D．Value

19. Hadoop 系统的基础技术包括分布式文件系统、分布式资源管理器和（   ）。

A．MapReduce　　　　　B．HDFS　　　　　　　　C．Yarn　　　　　　　　　D．AVRO

20. Hadoop 系统的部署包括伪分布模式、完全分布模式和（   ）三种主要模式。

A．一体式　　　　　　　B．主从模式　　　　　　　C．独立模式　　　　　　　D．B/S 模式

二、实践题

1. 在互联网下载并安装某虚拟机管理软件，如 Vmwae、Docker 或 VirtualBox。

2. 应用安装的虚拟机管理系统创建一台虚拟机 VirComputer。

3. 在虚拟机中安装 Linux 系统，如 CentOS、RedHat、Ubuntu 或其他 Linux 系统。

4. 练习 Linux 系统的常用操作命令，包括 ls、cd、mkdir、mv、cp、tar、rm、adduser、su、sudo。

5. 在 VirComputer 中安装 Hadoop。

6. 创建 3 台 Hadoop 虚拟机 Master、Slave1、Slave2，将其搭建成具用 3 个节点的 Hadoop 分布式系统。

7. 在搭建的 Hadoop 分布式系统中，应用 "hdfs dfs-mkdir" 命令创建 /input 目录，并通过 "hddfs dfs -put" 命令将 /etc/ 目录中所有 .conf 文件复制到 /input 目录中，然后调用 hadoop-mapreduce-examples-*.jar 中的单词统计分布式程序 wordcount，统计 /input 目录的所有文件的单词数。

第 9 章

信息安全基础

COMPUTER

本章介绍信息安全、计算机病毒、网络空间安全、信息安全技术及信息安全法规方面的基础知识。

9.1 信息安全概述

在社会高度信息化的今天，与物质和能源等同重要的信息资源，已经深入社会生活的各个领域，与国计民生密切相关。国家经济、政治、军事和科技等重大领域离不开信息，老百姓的日常工作和生活同样少不了各种信息，上网、各种银行卡、网上订票、电子商务都与信息密切相关。信息安全已经成为任何国家、部门、行业和个人必须认真对待的重大问题。

9.1.1 信息安全的概念

信息安全涉及的内容和范围都很广。从国家的军事、政治和商业等方面的机密安全，到企业的商业机密泄露、个人信息泄露的防范，以及网上不良信息浏览的阻止、电子银行的信息保护等，都属于信息安全的范畴。

简单地说，信息安全就是保护信息系统或信息网络中的信息资源免受各种类型的威胁、干扰和破坏，即保证信息的安全性，包括4方面：① 系统设备和相关设施（计算机、通信线路、路由器等）运行正常；② 软件系统完整（操作系统、网络软件、应用软件和数据资料、数据库系统等）；③ 系统资源和信息资源使用合法；④ 系统具有或生成的信息和数据完整、有效、合法、不被破坏和泄露。

国际标准化组织概括信息安全具有4方面的属性：信息的完整性、可用性、可靠性和保密性。

完整性是指保证信息的一致性，防止信息被未经授权的用户修改。也就是说，在信息的存储、传输和使用的过程中，它具有不会被偶然、有意或无意地进行修改、伪造、重放、增减等破坏或丢失的特性，信息只有被允许的人才能够修改，并且能够判别出信息是否已被修改。此属性要求信息保持原样，正确地生成、存储和传输。

可用性是指保证合法用户对信息和资源的使用不会被不正当地拒绝，即授权用户可以随时访问需要的信息。

可靠性是指系统软件、硬件无故障或差错，具有在规定条件下执行预定信息处理的能力，及时为授权用户提供所需信息。可用性是指信息资源服务功能和性能可靠性的度量，是对信息网络总体可靠性的要求，涉及网络、软件和硬件系统性能、数据和用户等多方面的因素。

保密性是指保证机密信息不被窃听，或窃听者不能了解信息的真实含义。即保障信息不会泄露给未授权的第三方所知，不被非法使用。

此外，信息还应当具有真实性、不可抵赖性、可控性和可审查性。真实性是指对信息的来源进行判断，能够对伪造来源的信息予以鉴别。不可抵赖性是指建立有效的责任机制，防止用户否认其行为，这一点在电子商务中极其重要。可控性是指对信息的传播及内容具有控制能力。可审查性是指信息可对出现的网络安全问题提供调查的依据和手段。

概言之，信息安全需要通过管理和技术手段的有效结合，做到非授权用户无法进入信息系统，未经授权不能复制带走机密数据，如果通过各种非法手段获取到了机密数据，也无法看懂信息内容，因为这些内容已经通过密码学方法进行了加密处理。此外，对于获取信息（包括合法和非法获取）可看不可改，如果非法访问、修改了机密数据，通过审计、身份认证等技术手段可以进行事后追踪调查，找到窃密者或破坏者，如图9-1所示。

图 9-1　信息安全目标

信息安全发展至今，已成为是一门涉及计算机科学、网络技术、通信技术、密码技术、信息安全技术、数学和信息论等多个学科的综合性学科。任何单一的手段都很难保障信息安全，必须通过技术、管理及行政等多种手段实施对信息的保护，信息安全的目的才能实现。

9.1.2　常见信息安全问题

计算机系统和通信系统固有的缺陷使信息在存储、处理和传输的过程中，都存在泄密或被截收、窃听、篡改和伪造的可能性。在网络环境中，经常会发生以下的信息安全事故。

① 信息泄露：信息被泄露或透露给某个非授权的实体。

② 木马：隐藏到其他软件中的有害程序段，当它被执行时，会破坏或盗取用户的信息。

③ 抵赖和重放：抵赖是一种来自用户的攻击，即不承认自己曾经发布过的信息。例如，否认自己曾经发布过的某条消息，或者伪造过的一封对方来信等。重放是出于非法目的，将所截获的某次合法通信数据的拷贝，在不恰当的时机重新发送出来，以造成混乱，达到非法目的。

④ 计算机病毒：一种在计算机系统运行过程中能够实现传染和破坏功能的程序。

⑤ 拒绝服务：无条件地阻止别人对信息系统或其他资源的合法访问。

⑥ 非法使用：在未被授权的情况下，非法访问或应用信息资源。

⑦ 窃听：用各种可能的手段窃取系统中的信息资源和敏感信息。例如，对通信线路中传输的信号搭线监听，或者利用通信设备在工作过程中产生的电磁泄露截取有用信息等。

⑧ 破坏信息的完整性：数据被非授权地进行增删、修改或破坏而受到损失。

⑨ 假冒：通过欺骗达到非法用户冒充成为合法用户，或者特权小的用户冒充成为特权大的用户的目的。黑客大多采用假冒攻击。

⑩ 旁路控制：利用系统的安全缺陷或安全的脆弱之处获得非授权的权利或特权。

除此之外，信息在其存储、传输和应用过程中的安全问题还有许多，如后门软件、废弃媒体（如从废弃的银行卡、磁盘、IC 卡中获取信息）等。

9.1.3　信息安全的演化

信息安全与计算机和网络技术的发展密切相关，可以粗略地划分为以下几个时期。

1．通信安全时期（20 世纪 40—70 年代）

1949 年，香农发表了《保密通信的信息理论》。1977 年，美国国家标准局公布了数据加密标准 DES（Data Encryption Standard）。1976 年，美国斯坦福大学的迪菲（Diffie）和赫尔曼（Hellman）提出了公开密钥算法。它们是通信安全时期的理论基础和技术保障。

在通信安全时期，通信技术尚不发达，信息安全的主要威胁是搭线窃听、用密码学方法破译密码。信息安全性是指信息的保密性，侧重于保证数据在从一地传输到另一地时的安全性，故称之为通信安全，对安全理论和技术的研究也仅限于密码学。

在该时期，信息安全的核心思想是保证计算机的物理安全和传输过程中的数据保护。主要措施是把计算机安置在相对安全的地点，不允许非授权用户接近，以保证数据的安全性；通过密码技术解决通信保密，保证数据的保密性和完整性。

2．计算机安全时期（20 世纪 70—80 年代）

在美国国家数据加密标准（DES）公布后，1983 年，美国国防部公布了"可信计算机系统评价准则"，即（TCSEC-Trusted Computer System Evaluation Criteria，俗称橘皮书），标志着信息安全进入了计算机安全时期。

在该时期，计算机和网络技术发展迅速，可以通过计算机网络进行数据的传输，信息安全已经逐渐扩展为以保密性、完整性和可用性为目标的信息安全阶段。主要目的是保证信息在传输过程中不被窃取，即使窃取了也不能读出正确的信息；保证数据在传输过程中不被篡改，让读取信息的人能够看到正确无误的信息。

在该时期，信息安全受到的主要威胁是非法访问、恶意代码、口令破译等，采取的保护措施是预防、检测和减少计算机系统用户（授权和未授权用户）执行的未授权活动所造成的后果，对加工处理和存储的数据进行保护。

3．计算机网络安全时期（20 世纪 90 年代）

进入 20 世纪 90 年代，互联网技术飞速发展，无论是企业内部还是外部的信息都得到了极大的开放，由此产生的信息安全问题跨越了时间和空间，信息安全的中心已经从传统的保密性、完整性和可用性三个原则衍生为诸如可控性、抗抵赖性、真实性等其他原则和目标。

1993 年 6 月，美国、加拿大及欧共体等提出了"信息技术安全评价通用准则"（The Common Criteria for Information Technology Security Evaluation，CC），并将其推广到国际标准。CC 定义了系统安全的 5 个要素：系统安全策略、系统可审计机制、系统安全的可操作性、系统安全的生命期保证，以及针对以上系统安全要素而建立并维护的相关文件。其目的是建立一个各国都能接受的、通用的信息安全产品和系统的安全性评估准则。CC 标志着信息安全进入了网络安全时期。

在该时期，信息安全的范畴进一步扩大，国际信息安全组织将其划分为十大领域，包括物理安全、商务连续和灾害重建计划、安全结构和模式、应用和系统开发、通信和网络安全、访问控制领域、密码学领域、安全管理实践、操作安全、法律侦查和道德规划。

在该时期，信息安全的主要威胁是网络入侵、病毒破坏、信息对抗的攻击等，主要保护措施包括防火墙、防病毒软件、漏洞扫描、入侵检测、PKI 和 VPN 等技术手段，并结合安全管理、重点保护信息，确保信息系统及信息在存储、处理、传输过程中不被破坏，确保合法用户的服务和限制非授权用户的服务，以及必需的防御攻击的措施，强调信息的保密性、完整性、可控制、可用性。

4．网络空间安全，信息保障时期（21 世纪以来）

21 世纪初，以谷歌、百度为代表的搜索引擎出现，促进了 Web 网页浏览技术的发展。

2005 年以后，Web 2.0 技术的应用促进了博客、微博、微信等新型业务模式的快速发展，彻底改变了媒体和信息传播的方式。智能终端、App 应用迅速普及，互联网与传统行业加速融合，网络应用深入到金融、交通、物流、医疗、教育、军事等方面，信息安全的范畴不断扩大，引申出了一系列相关的概念，如信息主权、信息疆域、信息战等。

所谓信息主权，是指一个国家对本国的信息传播系统和传播内容进行自主管理的权利，是信息时代国家主权的重要组成部分。由此形成了信息疆域的概念，即同国家安全有关的信息空间及物理载体随着全球社会信息化的深入发展和持续推进，相比物理的现实社会，网络空间中的数字化在各领域所占的比重越来越大。以数字化、网络化、智能化、互联化、泛在化为特征的网络社会，为信息安全带来了新技术、新环境和新形态，信息安全以往主要体现在现实物理社会的情况发生了变化，开始更多地体现在网络安全领域，反映在全球化的互联互通、跨越时空的网络系统和网络空间之中，信息安全进入了网络空间安全、信息保障时期。

9.2　计算机病毒

1988 年 10 月 2 日，美国康奈尔大学计算机科学系年轻的研究生莫里斯（Morris）在因特网上启动了他编写的蠕虫程序。几小时内，美国因特网中约 6000 台基于 UNIX 的 VAX 小型机和 SUN 工作站遭到蠕虫程序的攻击，使网络堵塞，运行迟缓，直接经济损失达 6000 万美元以上。这件事就像是计算机界的一次大地震，引起巨大反响，震惊了全世界，引发了人们对计算机病毒的恐慌，也使更多的计算机专家重视和致力于对计算机病毒的研究。

1999 年的 CIH 病毒、梅丽莎病毒，以及 2003 年的冲击波等病毒，都在全世界范围内造成了巨大的经济和社会损失。随着计算机和网络应用的普及，计算机病毒会造成更大范围内的数据破坏和社会财富损失。

2017 年名为 WannaCry（想哭）的勒索病毒袭击全球 150 多个国家和地区，影响领域包括政府部门、医疗服务、公共交通、邮政、通信和汽车制造业。之后，勒索病毒不断演化，经常出现，2020 年网络上还出现了一种名为 WannaRen 的新型勒索病毒，勒索人们钱财。

9.2.1　计算机病毒的基本知识

1．病毒的定义

病毒是某些人有意编写的一段可以执行的程序代码。就像生物病毒具有传染性一样，计算机病毒也有独特的自我复制能力，病毒程序能够把自身附着在各种类型的文件上，当文件被复制或从一台计算机传送到另一台计算机时，它们就随同文件传播到了其他计算机中。

计算机病毒至今还没有确切的定义，不过有许多大致相同或相近的说法。有人定义为：计算机病毒是能够实现自身复制且借助一定的载体存在的具有潜伏性、传染性和破坏性的程序。还有人定义为：病毒是一种人为制造的程序，通过不同的途径潜伏或寄生在存储媒体（如磁盘、内存）或程序里，当某种条件或时机成熟时，它会进行自我复制并传播，使计算机的资源受到不同程度的破坏。

计算机病毒（Computer Virus）在《中华人民共和国计算机信息系统安全保护条例》中的定义是："指编制或者在计算机程序中插入的破坏计算机功能或者破坏数据，影响计算机使用并且能够自我复制的一组计算机指令或者程序代码。"

2.计算机病毒的特点

计算机病毒一般具有以下特点。

① 传染性。对于绝大多数计算机病毒来讲，传染是一个重要特性。它通过修改别的程序代码，把病毒代码隐藏到被传染程序中，从而达到扩散的目的。

② 潜伏性。病毒潜入系统后，一般不会立即发作，它可以长时间地潜伏。处于潜伏期的病毒不易被用户发现，甚至不影响系统的正常运行。在一定条件下，如果激活了它的传染机制，就进行传染；如果激活了它的破坏机制，就进行破坏。

③ 隐蔽性。大多数病毒程序都能够隐藏在正常的程序之中，在进行传染时，很难被发现。

④ 破坏性。凡是用软件手段能够触及的计算机资源都可能受到计算机病毒的破坏。其表现为：占用 CPU 时间和系统内存，从而造成进程堵塞(用户会感到系统的运行明显慢了许多)；对数据或文件进行破坏（如删除磁盘文件，故意格式化磁盘等）；在屏幕上显示乱字符；盗取计算机用户的各种密码(如 QQ 号、微信号、银行账号和密码)；盗窃用户计算机中的数据(如科研成果，国家机密，商业密码)，如此等等。

3.计算机"中毒"后的主要症状

一台计算机被病毒感染后，可能会出现以下症状：磁盘坏簇莫名其妙地增多，可执行程序容量增大，计算机的可用系统空间变小，造成异常的磁盘访问，系统启动变慢，磁盘数据莫名其妙地丢失，系统异常增多（如突然死机、突然重启动），屏幕上出现一些无意义的画面或字符，程序运行出现异常现象或不合理的结果，系统不认识磁盘或硬盘，不能引导系统，如此等等。

9.2.2 计算机病毒的寄生方式和类型

1.计算机病毒的寄生方式

计算机病毒是一种可以直接或间接执行的程序，它依附于其他文件，不能以独立文件的形式存在，只能隐藏在计算机硬件中或现有程序的代码内，是没有文件名的"秘密程序"。病毒的寄生方式主要有以下几种。

① 寄生在磁盘引导扇区中。任何操作系统都有自举的过程（即在计算机加电时，操作系统将自己从磁盘中加载到计算机内存里的过程）。操作系统在自检时，首先要读取磁盘引导扇

区中的引导记录（引导扇区是磁盘上的一个特殊扇区，在该扇区中存放有操作系统的系统文件信息。一般说来，磁盘上的 0 磁面 0 磁道 1 扇区就是引导扇区），并依靠这些引导记录将操作系统的系统文件从磁盘加载到内存中。

引导型病毒程序就利用了操作系统自举的这一特点，它将部分病毒代码放在引导扇区中，而将原来引导扇区中的引导记录及病毒的其他部分放到磁盘的其他扇区，并将这些扇区标志为坏簇。这样，在开机启动系统时，病毒首先就被激活了。病毒被激活后，它首先将自身拷贝到高端内存区域，然后设置触发条件。当这些工作完成之后，病毒程序才将计算机系统的控制权转交给原来的引导记录，由引导记录装载操作系统。在系统的运行过程中，一旦病毒设置的触发条件成立，病毒就被触发，然后就进行传播或破坏。

② 寄生在程序中。这种病毒一般寄生在正常的可执行程序中（宏病毒则可寄生在程序源代码中），一旦程序被执行，病毒就被激活。当被病毒感染的程序被激活时，病毒程序会将自身常驻内存，然后设置触发条件，可能立即进行传染，也可能先隐藏下来以后再发作。

病毒通常寄生在程序的首部和尾部，但都要修改源程序的长度和一些控制信息，以保证病毒成为源程序的一部分。这种病毒传染性比较强。

③ 寄生在硬盘的主引导扇区中。主引导扇区中的程序先于所有的操作系统执行，病毒程序隐藏在这里可以破坏操作系统的正常引导。例如，前些年频繁出现的大麻病毒就寄生在硬盘的主引导扇区中。

2．计算机病毒分类

计算机病毒种类繁多，分类方法也不尽相同，按照病毒的危害性可以将其分为良性病毒和恶性病毒。

良性病毒只表现自己，干扰用户的工作，危害性小，不破坏系统和数据，但大量占用系统资源，使机器无法正常工作，陷于瘫痪。恶性病毒是指其目的是破坏计算机系统的软、硬件资源，可能会造成系统瘫痪，或者毁坏数据文件，甚至使计算机停止工作，即使被清除后也无法恢复丢失数据的病毒。如早期的 CIH 病毒、冲击波病毒等。

按照病毒寄生方式可以将病毒分为引导型病毒、文件型病毒和复合型病毒三类。

① 引导型病毒。这类病毒将自身或自身的一部分放到硬盘或软盘的引导扇区内，而把磁盘引导扇区的引导记录及它自身的其他部分隐藏在另外的磁盘扇区中。这种病毒在系统引导阶段就获得 CPU 的控制权，当系统启动时，首先被执行的是病毒程序，使系统带病毒工作，并伺机发作，如大麻病毒。

② 文件型病毒。这类病毒将自身附着在可执行文件中，感染扩展名为 .com、.exe、.ovl、.sys 等类型的文件。宏病毒则常攻击扩展名为 .doc、.dot 的 Word 文件（也可以隐藏在其他的 Office 文件中，如 Excel 工作簿、PowerPoint 演示文稿等）。当带有病毒的程序被执行时，文件型病毒才能被调入内存，随后进行传染，如耶路撒冷病毒。

③ 复合型病毒。既能够传染磁盘引导扇区，也能够传染可执行文件，如幽灵病毒。

按照病毒连接的方式可将病毒分为源码病毒、入侵型病毒、操作系统型病毒和外壳病毒。

计算机病毒不是一个独立的文件，它总是隐藏在其他合法程序或文件中。但是，为了取得对 CPU 的控制权，它必须与被传染的程序相连接。连接主要有以下 4 种方式：

① 源码计算机病毒。是用高级语言编写的病毒源程序，它在应用程序被编译之前将自身的程序源码插入到源程序中。在应用程序被编译后，它就成为该应用程序的一部分。

② 入侵型计算机病毒。它将自身连接于被传染程序中间，并替代主程序中部分不常用到的功能模块，这种病毒一般是针对某些特定程序而编写的，难编写，也难消除。

③ 操作系统型病毒。用病毒自身的代码取代操作系统的部分模块（圆点病毒和大麻病毒是典型的操作系统病毒），这种病毒具有很强的破坏力，可以导致整个系统的瘫痪。

④ 外壳病毒。常附在主程序的首尾，对源程序不做更改，这种病毒较常见，易于编写，也易被发现，一般测试可执行文件的长度就能够发现它。

9.2.3 计算机病毒的传染

1．病毒的传播媒体

① U 盘。U 盘体积小，易携带，是当前最常用的文件传输介质，人们通过它把文件从一台计算机复制到另一台计算机，U 盘中的病毒也就从一台计算机传播到了另一台计算机。

② 光盘。目前，各种类型的光盘已被广泛应用于计算机中，用户通过它传输数据、安装软件和游戏。病毒也就由此在不同的计算机中传播。

③ 网络。因特网引入了新型的病毒传播机制，病毒比以往任何时候都扩散得快。

2．计算机病毒的传染步骤

病毒传播的第一步是驻留内存，其次是通过网络或存储介质（优盘、磁盘、光盘、移动硬盘）进行扩散、传播。病毒进驻内存之后，就会寻找传播机会和攻击对象，一旦符合传染条件时就进行传染，将病毒文件写入磁盘，或者通过网络进行传播。

3．计算机病毒的触发时机

当计算机感染了病毒之后，病毒一般不会立即发作，而是潜伏下来，等待某个条件成熟时再发作。一般而言，触发病毒的可能条件有：

① 日期/时间触发。计算机病毒程序读取系统内部时钟，当满足设计的时间或日期时就发作。如杨基病毒每当下午 5 点就发作，CIH 病毒在每月的 26 日发作，黑色星期五则每当遇到 13 日且这一天又是星期五才发作。

② 计数器触发。这类病毒程序在其内部设置了一个计数器，当计数器达到指定次数时，病毒就发作。如 2708 病毒，它统计系统的启动次数，当计算机启动 32 次时就发作。

③ 键盘触发。根据键盘的击键次数、访问次数或组合键作为触发条件。如 Devil's Dance 病毒在用户第 2000 次击键时就发作。

④ 特定字符触发。当键入某些特定字符时就发作。如 AIDS 病毒，用户一旦敲入 AIDS 这四个字符时就会发作。

⑤ 感染触发。这类病毒会统计被感染文件的个数、被感染的文件编号或被感染的磁盘个数，当这些统计数据达到一定数量时，病毒就被触发，进行各种破坏作用。如黑色星期天病毒在感染第 240 个文件时就自动发作。

9.2.4　计算机病毒的防治策略

计算机病毒的防治要从防毒、查毒、解毒三方面来进行。对于一个病毒防范系统能力和效果的评价也要从防毒能力、查毒能力和解毒能力三方面进行。

"防毒"是指根据系统特性，采取相应的系统安全措施预防病毒侵入计算机系统。"查毒"是指对于确定的环境，能够准确地报出病毒名称。所谓的环境包括内存、文件、引导区（含主引导区）、网络等。"解毒"是指清除系统中的病毒，并恢复被病毒感染的对象。感染对象包括内存、引导区、可执行文件、文档文件、网络等。

防毒能力是指预防病毒侵入计算机系统的能力。通过采取预防措施，可以准确地、实时地监测、预防经由光盘、硬盘、局域网、因特网（包括 FTP 方式、E-mail、HTTP 方式）或其他形式的文件下载等多种方式进行的数据复制或数据传输，能够在病毒侵入系统时发出警报，并记录携带病毒的文件，及时清除其中的病毒。对网络而言，能够向网络管理员发送关于病毒入侵的信息，记录病毒入侵的工作站，必要时还能够注销工作站，隔离病毒源。

查毒能力是指发现和追踪病毒来源的能力，能够准确地发现计算机系统是否感染有病毒，准确查找出病毒的来源，并能给出统计报告。查毒能力应由查毒率和误报率来评判。

解毒能力是指从感染对象中清除病毒，恢复被病毒感染前的原始信息的能力。解毒能力应由解毒率来评判。

国内外对病毒的防治、检查和清除主要有硬件和软件两种方法。硬件主要是防病毒卡，软件主要是各种杀毒软件。目前较常用的杀毒软件有 360 安全卫士、奇安信、金山毒霸、火绒等。下面以金山毒霸杀毒软件为例，简要介绍病毒防范软件的应用。

金山毒霸杀毒软件是由金山软件股份有限公司开发的病毒防范程序，能够检查、清除和预防当前绝大多数计算机病毒程序，具有病毒查找、实时监控、清除病毒、恢复被病毒感染的程序或系统的功能。

金山毒霸杀毒软件能够运行于 DOS 和 Windows 等操作系统中，支持在线智能升级，只要安装了金山毒霸杀毒软件的计算机系统连接到因特网，系统就能自动监测金山软件公司的最新版本，并能通过网络自动升级。

若 Windows 系统中安装了金山毒霸杀毒软件，用它清除病毒的方法如下。

选择"开始 | 全部程序 | 金山毒霸 | 金山毒霸"，出现金山毒霸杀毒软件，如图 9-2 所示。如果只需对指定的磁盘或文件进行病毒清除，可以单击"自定义扫描"，然后在弹出的文件选

图 9-2 金山毒霸杀毒软件

择对话框中设置要查毒的文件。然后单击"全盘扫描"或"快速扫描",就开始清查磁盘上的病毒了,最后会将病毒清查的结果显示在屏幕上。

金山毒霸杀毒软件功能强大,具有定时杀毒、硬盘数据备份与恢复、计算机监控等功能,通过它提供的"设置"菜单项还可以对特定的文件类型进行病毒检查。

9.3 信息安全技术

信息在存储、传输过程中若被怀有不良动机的人员盗取或截获,就可能造成泄密或财产损失(如银行账号和密码被盗取)。因此,必须保证信息在网络传输或存储过程中的保密性、完整性和不可抵赖性,即信息安全。当前常用的信息安全技术包括密码技术、数字签名和身份认证等。

9.3.1 信息加密技术

加密技术是最常用的信息保密手段,利用密码算法对重要的数据进行加密计算,将信息(明文)转换成不可识别的乱码(密文)传送,到达目的地后再用解密算法还原成加密前的信息(明文)。即使信息被非法截获,也会因为没有解密算法和密码而无法打开加密文件,这就达到了信息保护的目的。

算法和密钥是加密技术的两个要素,算法是将信息原文与密钥相结合,生成不可理解的密文的计算机程序。密钥管理体制主要包括对称密钥密码体制和非对称密钥密码体制两种,与之对应的数据加密技术也分为对称加密(私人密钥加密)和非对称加密(公开密钥加密)两种,对应的加密、解密过程分别如图 9-3 和图 9-4 所示。

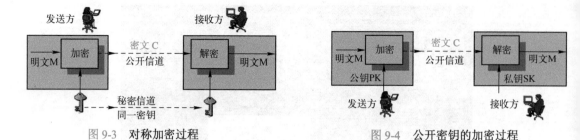

| 图 9-3 对称加密过程 | 图 9-4 公开密钥的加密过程 |

对称加密技术的加密密钥和解密密钥相同，即加密密钥也可以用作解密密钥。对称加密算法的特点是使用简单，加密速度快，密钥较短，且破译困难。其典型代表是 IBM 公司提出的 DES（Data Encryption Standard，数据加密标准）和国际数据加密算法（IDEA）。

非对称加密算法有两个密钥：公开密钥和私有密钥。公开密钥与私有密钥是一对，如果用公开密钥对数据进行加密，只有用对应的私有密钥才能解密；如果用私有密钥对数据进行加密，那么只有用对应的公开密钥才能解密。因为加密和解密使用的是两个不同的密钥，所以称为非对称加密算法。非对称加密通常的典型代表是 RSA（Rivest Shamir Ad1eman）算法为代表，它支持变长密钥，通常用于数字签名。

9.3.2 信息认证技术

信息在一个完备的保密系统中通常既要求信息认证，也要求用户认证。信息认证是指信息从发送到接收的整个过程中没有被第三方修改或伪造；用户认证是指通信双方都能证实对方是本次通信的合法对象。常用的认证技术有数字签名、身份认证和三方认证。

① 数字签名（Digital Signature），又称为公钥数字签名或电子签章，是附加在电子文件中的电子签字或签章，可以区分真实数据和伪造、被篡改过的数据，类似人们在文件资料中的签名或加章。数字签名用于保证信息传输的完整性，证实发送者的身份，防止交易中的抵赖发生。

数字签名主要采用非对称加密技术实现，信息发送使用自己的私钥对数据进行校验或加密处理，完成对数据的签名，数据接收方则利用公钥来对收到的数字签名进行解密，并对解密结果数据进行完整性检验，以确认签名的合法性。数字签名技术是在网络环境中确认身份的重要技术，类似于现实过程中的"亲笔签字"，在技术和法律上有保障。

② 身份认证是指计算机及网络系统确认用户身份的过程，身份认证技术包括静态密码、动态密码、数字证书、指纹识别、IC 卡，以及视网膜和声音等生理特征技术。

③ 数字证书是由一个称为证书授权（Certificate Authority，CA）的权威机构签发的，包含用户身份信息的数据文件，相当于用户的"网上身份证"，可以用来验证用户在网络中的身份，也可以用于数字签名和信息的保密传送。

CA 机构是基于互联网平台建立的一个公正、独立、有权威性、广受信赖的组织机构，是受信任的第三方，承担公钥体系中公钥合法性检验的责任，主要负责数字证书的发行、管理及认证服务。它负责产生、分配并管理所有参与网上交易的个体所需要的数字证书，以保证网上业务安全可靠地进行。我国目前的数字认证中心较多，如中国金融认证中心、上海市数字证书认证中心等。

具有 CA 机构数字签名的数字证书使得攻击者不能伪造和篡改。数字证书采用公钥体制，即利用一对互相匹配的密钥进行加密、解密。每个用户自己设定一个只有本人知道的私钥，用它进行解密和签名；同时还设定一个公钥并由本人公开，为一组用户所共享，用于加密和验证签名。当发送一份保密文件时，发送方使用接收方的公钥对数据加密，而接收方则使用自己的私钥解密，这样信息就可以安全到达目的地了。

9.3.3　信息安全协议

安全协议又称为密码协议，是建立在密码学基础上的一种通信协议，用密码算法来实现身份认证和密钥分配，保障信息在网络中的安全传递与处理。安全协议广泛应用于金融、电子商务、电子政务、军事和科技等方面。常用的安全协议包括 SET、SSL 和 PKI 等。

① SET（Secure Electronic Transaction）协议即安全电子交易协议，是由 Master Card 和 Visa 联合 Netscape、Microsoft 等公司设计开发的一种电子支付模型，用于解决用户、商家和银行三方之间通过信用卡交易的支付问题。SET 的核心技术包括对称和非对称加密技术、数字签名、电子信封、数字证书等，提供了许多保证交易安全的措施。

SET 协议采用了双重签名技术对 SET 交易过程中消费者的支付信息和订单信息分别签名，使得商家看不到支付信息，只能接收用户的订单信息；而金融机构看不到交易内容，只能接收用户支付信息和账户信息，从而充分保证了消费者账户和定购信息的安全性。

除了双重签名技术外，SET 协议还采用了 X.509 电子证书标准、数字签名、报文摘要等技术，可以确保商家和客户的身份认证和交易行为的不可抵赖性。同时，SET 协议还使用了数字证书对交易各方的合法性进行验证，确保交易中的商家和客户都是合法可信赖的。

SET 协议是公认的信用卡网上交易国际标准，用于保证在互联网上使用信用卡进行在线购物的安全，是电子商务交易中的主要安全协议。

② SSL（Secure Socket Layer）协议即安全套接层协议，是基于 Web 应用的安全协议，综合使用了公钥加密技术、私钥加密技术和 X.509 数字证书技术，来保护信息传输的机密性和完整性，但不能保证信息的不可抵赖性。SSL 协议适用于点对点之间的信息传输，提供的主要服务有：认证用户和服务器，确保数据发送到正确的客户机和服务器；加密数据，以防止数据中途被窃取；维护数据的完整性，确保数据在传输过程中不被改变。

SSL 是用户与网络之间进行保密通信的事实标准，几乎所有浏览器都内置了 SSL 技术。然而对于电子商务应用来说，由于 SSL 不对应用层的消息进行数字签名，虽然可以保证信息的真实性、完整性和保密性，但不能提供交易的不可抵赖性服务，其安全性不及 SET 协议高。

③ PKI（Public Key Infrastructure，公钥基础设施）是利用公钥理论和技术建立的提供安

全服务的基础平台，是一套完整的网络安全解决方案，能够为所有网络应用提供加密、数字签名及其所需的密钥和证书管理体系，人们可以通过 PKI 平台提供的服务进行安全通信。

PKI 主要包括加密、数字签名、数据完整性机制、数字信封、双重数字签名等技术，并具有权威认证机构 CA，此机构在公钥加密技术基础上对数字证书的产生、管理、存档、发放和撤销进行管理。CA 是 PKI 的核心，包括实现其功能的全部硬件和软件、人力资源、相关政策和操作程序，以及为 PKI 体系中的全体成员提供的安全服务。目前，PKI 技术是信息安全技术的核心，也是电子商务的关键和基础技术。

9.4　网络空间安全

9.4.1　网络空间安全概述

1．网络空间的发展

1984 年，作家威廉·吉布森在他的科幻计算机网络小说《神经漫游者》中描写了网络独行侠凯斯，被派往全球电脑网络构成的空间中执行一项冒险任务。凯斯只需在大脑神经中植入插座，接通电极就可以感知计算机网络，当网络与人的思想意识合而为一后，就能够进入一个巨大的空间并在其中邀游，该空间里没有鸟兽山河，也没有城镇村庄，只有庞大的三维信息库和各种信息在高速流动。吉布森把这个空间取名为"赛博空间"（Cyberspace），也就是现在所说的"网络空间"。虽然是科幻小说，但其构造的赛博空间与当前的网络空间非常接近。

2005 年 2 月，美国总统信息技术顾问委员会在报告《网络空间安全：迫在眉睫的危机》（*Cyber Security: A Crisis of Prioritization*）中，首次正式提出了网络空间安全（Cyber Security）一词，该报告建议联邦政府建立新的网络和信息安全体系结构及安全技术，从而保障美国国家 IT 基础设施的安全，保持美国在 IT 领域的全球领先地位。2008 年，美国政府发布了国家网络安全综合倡议；2009 年，发布了《网络空间政策评估：确保信息和通讯系统的可靠性和韧性》报告，成立了网络战司令部，并任命网络安全专家担任"网络沙皇"。2009 年，英国也提出了"网络安全战略"，并将其作为同时推出的新版《国家安全战略》的核心内容。

什么网络空间呢？时至今日，尚无确切的定义。学术界或者民用领域通常将其等同于传统的网络系统或网络信息空间，而军事领域则将电磁空间也包括进来，认为计算机网络和电磁空间是一个统一的整体，即网络—电磁空间。近年来，随着大数据、云计算和物联网的发展和应用，网络空间的概念进一步扩大。

物联网是一种通过信息传感设备，按照约定的协议，把所有物体与互联网连接起来，进行信息交换和通信，以实现智能化识别、定位、跟踪、监控和管理的一种网络。物联网是在互联网基础上延伸和扩展的网络，先把世界上所有的物体都连接到一个网络中，形成"物联网"，然后"物联网"与现有的"互联网"结合，最终形成物与物、人与物之间的自动化信息交互与处理的智能网络。

如果说物联网扩展了网络基础设施，云计算和大数据则丰富了网络中的信息内容。越来越多的企业和个人运用大数据分析，利用云计算系统实现信息化管理与办公。信息技术已经植根到了人们的生活和工作之中，网络不再只是传统的计算机网络，而是一个人造的、广阔的虚拟网络空间，已经成为人类活动不可缺少的场所、环境和工具，对其依赖性越来越大。人们可以在虚拟网络空间中工作、学习和娱乐，可以是真实的身份，也可以是匿名的身份，可以合作交流，也可以竞争对抗。同时，网络空间及其存在的信息也成了敌对势力和恶意人员的攻击目标。

2011 年 7 月，美国国防部发布了《网络空间行动战略》，明确将网络空间与陆、海、空、太空并列为五大行动领域，将网络空间列为作战区域，提出了变被动防御为主动防御的网络战进攻思想，提出了"确立网络空间的应有军事地位，进行主动防御，保护关键设施，防护集体网络，加强技术创新"五大倡议，加快了网络空间军事化的进程，同时也将信息安全提升到了事关国家安全的高度。至此，网络空间及其安全问题上升到了前所未有的高度。

简单地说，网络空间是继海、陆、天空、太空之后，人类对全球空间的新认识，即网络空间与现实空间中的陆域、海域、天空域、太空一起，共同形成了人类自然与国家社会的公域空间，具有全球空间的性质，如图 9-5 所示。

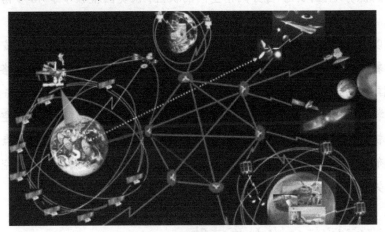

图 9-5　网络空间示意

同疆土具有国界一样，一个国家对其建设的网络空间拥有控制的主权。国家网络空间是指该国运营、许可运营以及按传统主权疆域依法管理的全部网络信息系统的总体，包括地理位置超越其领土、领海、领空的通信设备（如海底光纤、地球卫星，以及无线传输介质如声、电磁波、可见光等）和分布在全世界的上述信息系统的用户（包括设备和使用者，如领馆及出访的元首）。

注意，网络空间的通信设备还包括可以利用载波传输数据的公众电力网——几乎与所有网络信息系统连接并且侦测后者传输的信息，以及信息可外泄的单机、非始终联网或非实时联网的数据存储设备如手机、U 盘、相机和录音机等。

2．网络空间安全的重要性

当前网络空间中的信息安全远比早期复杂得多，之前的网络安全主要包括传统的信息系统安全和计算机安全，侧重点是网络的线上安全和网络社会安全。网络空间安全则在此基础上有了进一步扩展。在网络空间中，由于大量运用了物联网、智慧城市、云计算、大数据、移动互联网、智能制造、空间地理信息集成等新一代信息技术或信息载体，这些新技术和新载体都与网络紧密相联，形成了跨时空、多层次、立体化、广渗透、深融合的信息安全新形态，具有网络和空间的特征。其侧重点是与陆、海、空、太空等并行的空间概念，更加注重空间和全球的范畴，一开始就具有军事性质。

在网络空间中，网络武器、网络间谍、网络犯罪、网络政治动员等相继产生，信息安全的范畴不断扩大，涉及网络政治、网络经济、网络文化、网络社会、网络外交、网络军事等诸多领域，而且安全侵害的手段多、速度快，且威胁不可预知，致使安全主体易受攻击，易形成群体极化。

在当前，网络空间已经被公认为与领土、领海、领空（天空）并列的国家新维度疆域，网络空间安全的重要性受到世界各国的高度重视。早在 2014 年，包括中国、美国、英国、法国、德国、俄罗斯在内的 40 多个国家和地区就已颁布了网络空间国家安全战略，以争取和维护网络空间中的优势地位，维护自身网格空间的权益，仅美国就颁布了 40 多份与网络安全有关的文件。

我国一直以来就非常重视网络空间安全的建设，2014 年成立了中央网络安全和信息化领导小组，标志着网络安全上升为国家战略。为了实施国家安全战略，加快网络空间安全高层次人才培养，国务院学位委员会 2015 年在"工学"门类下增设了"网络空间安全"一级学科，授予"工学"学位；2016 年，下发了《国务院学位委员会关于同意增列网络空间安全一级学科博士学位授权点的通知》，当年的首批网络空间安全一级学科博士学位授权点共 29 个。2020 年，教育部颁布了《普通高等学校本科专业目录（2020 年版）》，设立了网络空间安全本科专业，属计算机类专业，授予工学学士学位。

9.4.2　网络空间安全的主要威胁

2015 年，我国陆续出台了"互联网＋"行动计划、"宽带中国 2015 专项行动"等举措，以加快网络强国的建设。据统计，我国目前已有超过 80% 的涉及国计民生的关键基础设施都依靠网络信息系统。截至 2021 年 1 月，全球手机用户数量为 52.2 亿，互联网用户数量为 46.6 亿，而社交媒体用户数量为 42 亿，我国网民规模超过 10 亿。

网络在为人们的工作带来便利、提高效率的同时，也带来了更为严峻的安全问题。一方面，网络空间的内容越来越丰富，包括国家机密，国家基础设施，政治、军事、经济、个人私密与财产信息等诸多方面，这些信息比以往更容易触及和获取；另一方面，网络罪犯接入网络更加便捷，通过计算机、智能手机、可穿戴设备、手持终端等可以随时随地接入网络空间进行信息访问，降低了网络破坏和犯罪的成本，自然会带来更多的安全问题。

中国互联网协会《中国网民权益保护调查报告（2022）》显示，从 2021 年下半年到 2022 年上半年的一年内，我国网民因垃圾信息、诈骗信息、个人信息泄露等遭受的经济损失高达 805 亿元。网民遭遇冒充公安、社保等部门进行的诈骗，以及社交软件上受到诈骗的情况呈现增长趋势，据不完全统计，73% 的网民曾遇到过冒充银行、互联网公司、电视台等进行中奖诈骗的网站，37% 的网民因收到各类网络诈骗而遭受经济损失，近 50% 的网民认为个人信息泄露情况严重，83% 的网民曾亲身感受到由于个人信息泄露带来的不良影响。近一年来，我国网民因垃圾、诈骗信息、个人信息泄露等遭受的经济损失为人均 124 元以上，7% 的网民经济损失在 1000 元以上。

1．国家面临的网络空间安全问题

网络空间已经成为继陆地、海洋、天空、太空之后的"第五空间"，在此空间中，社会公众参与面的广泛性、表达方式的多样性、交互手段的随意性是任何传统媒体都难以比拟的，网民的心理状态、知识结构、价值观念、道德修养和思维方式可以原生态地呈现，西方国家借助经济、文化发达的区域优势，通过特定的海量宣传、论坛跟帖、社交袭扰等手段对目标对象国进行价值观破解，进而引发政治离心倾向和社会心理危机。

因范围上的超疆域和结构上的渗透性，网络空间已成为当前国际战略文化博弈的主战场，以互联网为工具进行意识形态渗透甚至可以使现实世界中的国家政权颠覆。当一个国家出现重大舆情或社会焦点事件时，通过网络集中攻击或者域名劫持，使网民非理性的宣泄和不良心理易被敌对势力所利用，从而撕裂理性的网络交流，严重破坏网络文化价值体系，甚至能够让一个国家在互联网版图上消失。例如，在 2011 年的"茉莉花革命"中，以推特（Twitter）、脸谱（Facebook）等为代表的社交媒体发挥了推波助澜的作用，导致中东、北非多个政权迅速瓦解。

2014 年，黑客攻击事件频发，其中最大的一起莫过于索尼影业遭攻击，包括员工信息、财务信息、通信邮件及影片剧本等多种数据泄露，由一场普通的企业信息泄露事件演化成国际政治事件。此事牵动了朝鲜、美国、韩国等政府。

2015 年，针对我国网络空间实施的安全事件时有发生。例如，境外"海莲花"黑客组织多年以来针对我国海事机构实施 APT（Advanced Persistent Threat，高级持续性威胁，是黑客以窃取核心资料为目的的网络攻击和侵袭行为，是一种"恶意商业间谍威胁"）攻击；国内安全企业发现了一起名为 APT-TOCS 的长期针对我国政府机构的攻击事件。2015 年，Hacking Team 公司的信息泄露事件揭露了部分国家相关机构雇佣专业公司对我国重要信息系统目标实施网络攻击的情况。

据抽样监测，2015 年共发现 10.5 万余个木马和僵尸网络控制端，控制了我国境内 1978 万余台主机。其中，位于我国境内的控制端近 4.1 万个，境外有 6.4 万多个。全年我国境内有近 5000 个 IP 地址感染了窃密木马，存在泄密和运行安全风险。

2．军事方面的网络空间安全问题

20 世纪 40 年代，计算机一开始就为军事应用而产生，在此后发展至今的历程中，从来就没有脱离过军事。美军在 2009 年成立了网络战司令部，2013 年初又开始组建网络部队，其网军由 3 个分支组成：一支执行进攻任务的作战部队，一支保护国防部内部网络的网络保护部队，一支保护美国重要基础设施的国家任务部队。《2021 美国陆军统一网络计划》报告提出，美国陆军应整合各种现代化网络资源，共享信息数据，为多域战提供重要支撑。美国陆军决定将原本 3000 人的网络部队扩充至 6000 人，整体规模扩大 1 倍。服务于美国国民警卫队和预备役的网络专家的数量也要从 5000 人提升至 7000 人。2023 年美国政府将在该领域增大投入。2025 年至 2027 年，完成美国陆军统一网络建设，以实现作战分队被投送至世界各地的同时，迅即联入统一网络。

美国是第一个提出网络战的国家，网络战司令部的建设意味着未来战争转变为依托网络的信息化战争，网络部队成为在网络中进行作战的一种新型作战力量，或者是一个新的作战兵种，今后在网络上的防御行动可能会变为次要行动，而攻击行动则会变为主要行动。这种调整也是美国战略转型的重要组成部分，将陌生空间、虚拟空间和以前的边缘空间安全领域建立为核心竞争力。

网络战加快了信息技术渗透到军事各领域的进程，使战争形态由机械化向信息化演变，精准高效打击成为制胜的关键。2011 年，美国利用 GPS 卫星定位和直角坐标经纬度对本·拉登进行了定位，并通过精准袭击击毙了本·拉登，就是典型的信息战例子。

在当前，网络作战行动已进入实战化，美国等世界主要国家正在加快网络安全战略的制定，普遍增加经费、人员等投入，大力发展网络空间作战力量，致力于提升网络攻击能力，打造网络军事同盟，以期在未来的新型战争中取得战略主动权。

3．网络社会管理方面的安全问题

当前，网络空间已经成为人类社会的"第二活动空间"，任何人只需一部小小的手机就可以进入网络空间。对于网络犯罪分子而言，网络空间是一个越来越有吸引力的攻击对象和赚钱来源，他们会制造破坏，甚至对企业和政府机构实施网络攻击。在真实社会中存在的各种犯罪活动，都在源源不断地迁入网络空间中，这对传统社会治理方式带来很大挑战。在舆论影响方面，互联网在传播社会正能量的同时，也被利用为煽动民众情绪，助推事件升级的重要工具，网络暴力、网络谣言、网络欺诈时有发生。

1）网络诈骗

网上诈骗是指通过伪造信用卡、制作假票据、篡改电脑程序等手段来欺骗和诈取财物的犯罪行为。2016 和 2 月，浙江人小胡急需钱，在网上发现一个网站可以办理信用卡，额度 3～100 万元不等，于是填写了自己的信息。很快就有人和他联系，说收到了他的申请，但办卡需要 600 元制作工本费，之后对方寄给他一张假的信用卡，称需要"激活"，又向他索要各种费用。小胡前后花了近万元，但这张卡还是刷不出钱来，于是报了警。6 月 29 日，在公安部刑侦局统一指挥下，浙江、湖北等多省公安厅整体协调，同时收网，抓捕了35名涉案人员。此案涉及全国33省市，受害者有1500余人，涉案金额2000余万元。2021年，全国共破获电信网络诈骗案件39.4万起，抓获犯罪嫌疑人63.4万名，打掉"两卡"(电话卡和银行卡)违法犯罪团伙4.2万个，查处犯罪嫌疑人44万名，惩处营业网点、机构4.1万个。

2）网络赌博

在网络时代，赌博犯罪也时常在网上出现。美国纽约曼哈顿区检察院曾于1998年2月底对在互联网上赌博的14名赌徒进行了起诉。负责该案的美国联邦检察官认为，美国有几十个公司利用因特网和电话进行体育赌博活动，每年赌资可能有10多亿美元。2022年7月，广西梧州警方打掉了一个网络赌博平台内，该平台提供真人体育、真人娱乐、电子竞技、彩票投注、电子游艺、棋牌游戏等多种赌博方式，并设置了银行卡、三方支付、虚拟币等多种支付渠道，已发展境内参赌人员2万余人，分布于全国25个省、自治区、直辖市，涉案账户多达3000余个，参赌资金高达3亿多元。

3）网络洗钱

网上银行给客户提供了一种全新的服务,顾客只要有一部与互联网络相连的电脑或手机，就可在任何时间、任何地点办理该银行的各项业务。这些方便条件为"洗钱"犯罪提供了巨大便利，利用网络银行清洗赃款比传统洗钱更容易，而且可以更隐蔽地切断资金走向，掩饰资金的非法来源，侦破难度大。

2008年，闻某发现某家购物网站，只要输入账号、密码、姓名等信用卡用户的正确个人信息，就能够从交易支持平台骗得现金，于是他通过QQ购买了100多张国外信息卡的信息资料。此后，闻某在该购物网站上注册了2卖家，并在网上发布了虚假的出售产品的广告，随即又注册113个买家，然后利用购买的信息卡信息，用自己的113个买家向前面注册的2个卖家购买货物，并将钱打给交易支付平台。最后，闻某利用卖家的权限发布虚假的发货信息，再用买家身份发出"交易完成"的到货说明，并向支付平台发出收款信息，这样支付平台就把信用卡中的钱打到他的招商银行卡。

由于国外信用卡刷的都是美元，闻某收到钱后，电话通知招商银行将卡内的美元按当天汇率换成人民币，然后从ATM机提取现金。警方破案发现，闻某在1个月内虚假交易200多次，涉案金额6万美元。

4）网络传销

网络传销和现实中的传销差不多，是传统传销的变种。它利用网络等手段进行传销，传销者通常有自己的网站，通过拉人加入，人拉人然后拉下线，拉得越多赚钱就越多。虽然网络传销交的会费低，但是人数多，发展快，影响恶劣。2015年10月，大连警方破获了全国首例利用微信实施传销牟利的特大网络传销案，抓获5名涉案犯罪嫌疑人。此案是一起新型的利用互联网实施的犯罪案件，因参与门槛低、返利高，微信平台推广，发展速度迅猛，仅半个月便吸纳会员64.4万人，其中已缴费会员16.3万人，非法牟利170多万元。会员遍及全国所有省份及港澳台地区，以及境外多个国家。

5）网络盗窃

网上盗窃案件以两类居多：一类发生在银行等金融系统，一类发生在邮电通信领域。前者的主要手段表现为通过网络将他人账户上的存款转移到虚开的账户上，或者将现金支付给实际上并不存在的另一家公司，从而窃取现金。在电信领域，网络犯罪以盗码并机犯罪活动最突出。

6）网络教唆或传播犯罪方法

网上教唆他人犯罪的重要特征是教唆人与被教唆人并不直接见面，教唆的结果并不一定取决于被教唆人的行为。这种犯罪有可能产生大量非直接被教唆对象，同时接受相同教唆内容等严重后果，具有极强的隐蔽性和弥漫性。

7）网上色情

有了互联网，所有人都可以在全世界范围内查阅色情信息。互联网比传统的传播淫秽物品行为更具广泛性、集中性和快捷性。

8）高技术污染

在网络空间中传播有害数据、发布虚假信息、滥发商业广告、侮辱诽谤他人的犯罪行为。

4．产业方面的网络空间安全问题

随着云计算、大数据、物联网、虚拟动态异构计算环境等新型信息技术应用的推广普及，特别是新一代信息技术与制造业的深度融合，工业互联网成为推动制造业向智能化发展的重要支撑，越来越多事关国计民生的关键基础设施都依靠网络信息系统，进入了网络空间，为敌对势力、犯罪分子及恐怖分子对网络设备、域名系统、工业互联网等基础网络和关键基础设施进行攻击提供了更多的机会。近年来，针对全球民航、汽车、医疗、交通、核工业等领域有组织的网络攻击事件频频发生，能源、关键制造、电力等重要基础设施的工控系统普遍成为网络攻击的重点。

2010 年伊朗发生"震网"事件，其核设施关键操作系统遭受到来自网络的严重破坏，使得伊朗核计划被迫推迟两年。2015 年 12 月，因遭到网络攻击，乌克兰境内近三分之一的地区发生了断电事故。据分析，此次网络攻击利用了一款名为"黑暗力量"的恶意程序，获得了对发电系统的远程控制能力，导致电力系统长时间停电。

近年来，我国也已发生了多起针对工业控制系统的网络攻击，2015 年国家信息安全漏洞共享平台共收录工控漏洞 125 个，发现多个国内外工控厂商的多款产品普遍存在缓冲区溢出、缺乏访问控制机制、弱口令、目录遍历等漏洞风险，可被攻击者利用实现远程访问。

2022 年 2 月 23 日，北京奇安盘古实验室科技有限公司发布报告，披露了来自美国的后门——"电幕行动"（Bvp47）的完整技术细节和相关攻击组织。"电幕行动"在全球已肆虐十余年，广泛入侵中国、俄罗斯、日本、德国、西班牙、意大利等 45 个国家和地区，涉及287 个重要机构目标。

5．网络空间的个人隐私安全问题

在移动互联、网络社交、定位系统与大数据分析广为应用的今天，手机、导航仪、计算机、电视机、可穿戴设备等都可能成为数据的记录端口，加上从电子商务消费者平常交易中采集到的数据，借助强大的搜索引擎和数据挖掘技术，通过计算机可以容易地从网络空间中获取大量的个人隐私数据，如个人的姓名、身份、肖像、声音、消费习惯、病历、宗教信仰、财务资料、工作、住所、社会关系、犯罪前科等记录。比如，通过分析用户的微信、微博信息，可以发现用户的政治倾向、消费习惯、个人偏好、好友群等，从这些信息中获取商机固然有利，但如何防止这些数据被莫名泄露或被不法分子利用，也面临严峻的挑战。

2013年，斯诺登揭露了"棱镜"窃听计划：美国情报机构自2007年起一直在9家美国互联网公司中进行数据挖掘工作，从音频、视频、图片、邮件、文档及链接信息中分析个人的联系方式与行动。监控10种类型的电子信息：信息电邮，即时消息，视频，照片，存储数据，语音聊天，文件传输，视频会议，登录时间，社交网络资料的细节。其中包括两个秘密监视项目：一是监视、监听民众电话的通话记录，二是监视民众的网络活动。这引发了全人类对网络空间个人隐私保护的担忧。

对个人隐私而言，由于信息技术产品存在漏洞、安全措施不到位等原因，近年来大规模数据泄露事件频繁发生。2013年，中国人寿80万投保用户个人信息泄露。2014年，"12306"网站泄露13万用户个人信息。2015年，我国发生多起危害严重的个人信息泄露事件。例如，某票务系统近600万用户信息泄露事件，约10万条应届高考考生信息泄露事件等。2021年11月以来至2022年9月期间，公安部网安局部署开展依法严厉打击偷拍偷窥黑色产业链条行动，侦破刑事案件160余起，抓获犯罪嫌疑人860余名，打掉窃听窃照专用器材生产窝点15个，缴获专用器材1.1万件，查获被非法控制的网络摄像头3万个。

个人信息泄露引发网络诈骗和勒索等"后遗症"，不法分子利用个人信息进行的网络欺诈、网络钓鱼等犯罪活动频频发生，严重侵害了公民的个人财产和个人隐私等权益。几乎每年都发生了多起因网购订单信息泄露引发的退款诈骗事件，犯罪分子利用遭泄露的收件地址和联系方式等用户购物信息，向用户发送虚假退款操作信息，迷惑性很强，造成网民财产损失。在中国，还出现了犯罪团伙通过关注父母微博，绑架孩子的恶性事件。

6．网络空间中的其他安全问题

网络空间除了以上几类主要的安全威胁，还有网上侵犯知识产权、网络贩枪、网络贩毒、网上恐怖、网上报复、网络谣言、网上盯梢等多种类型的安全问题。概言之，现实生活中有的犯罪活动，都已经或正在迁移到网络间空中。

9.4.3　网络空间安全的主要技术

网络空间安全涉及的内容非常广泛，其中最为重要的是网络安全。网络安全是指网络系统的硬件、软件及系统中的数据受到保护，不受恶意或偶然的因素而遭到破坏、更改或泄露，使系统持续可靠地正常运行，网络服务不中断。然而，在网络环境中，病毒、木马、蠕虫、黑客等经常对信息资源或信息的传输过程实施攻击，威胁网络安全。

一般而言，网络通信过程中常见的安全威胁主要有中断、伪造、篡改、截获四种。中断是指攻击者有意中断他人在网络上的通信；伪造是指攻击者仿造信息在网上发布；篡改是指攻击者故意篡改在网络中传送的报文；截获是指攻击者利用通信介质的电磁泄漏或者搭线窃听等手段获取他人在网络中通信的内容。

对于信息资源网络的攻击主要有：① 非授权访问，即在没有得到授权许可的情况下，对网络设备及信息资源进行非正常使用或越权使用等；② 冒充合法用户，指利用各种假冒或欺骗的手段非法获得合法用户的使用权限，以达到占用合法用户资源的目的；③ 破坏数据的完整性，使用非法手段，删除、修改、重发某些重要信息，干扰用户的正常使用；④ 干扰系统正常运行，指改变系统的正常运行方法，减慢系统的响应时间等。

统计数据表明，近年的网络罪犯及黑客对网络进行攻击的主要技术手段包括：木马和僵尸网络、移动互联网恶意程序、拒绝服务攻击、漏洞、网页仿冒、网页篡改等，如图9-6所示。许多网络空间安全事件都是用这些技术手段实现的，而防范这些攻击手段的安全防范技术主要有以下几种。

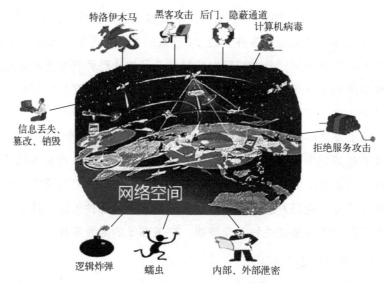

图 9-6　网络空间的安全问题

1．防火墙技术

防火墙是设置在被保护的内部网络（也可以是一台独立的个人计算机）和外部网络之间的硬件和软件的组合，它能够对内部网络和外部网络之间的通信进行控制，通常用来防止从外部（Internet）到内部网络或到 Intranet 的未授权访问，如图9-7所示。

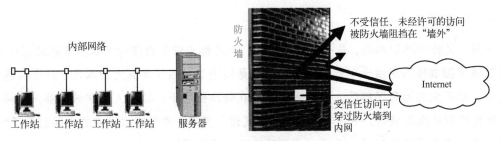

图 9-7　防火墙示意

防火墙在某种意义上可以说是一种访问控制产品。它在内部网络与不安全的外部网络之间设置障碍，阻止外界对内部资源的非法访问，防止内部对外部的不安全访问，主要技术有包过滤技术、应用网关技术、代理服务技术。防火墙能够有效地防止黑客利用不安全的服务对内部网络的攻击，并且能够实现数据流的监控、过滤、记录和报告等功能，较好地隔断内部网络与外部网络的连接。

概言之，通过防火墙可以：限制他人或入侵者进入内部网络，过滤掉不安全的服务，阻止非法用户进入系统，限制对特殊站点的访问，监视局域网（或个人计算机）的安全。

防火墙可由独立的硬件实现，也可由软件实现。在个人计算机中经常使用软件形式的防火墙，如天网防火墙软件。Windows 系统也为用户提供了防火墙功能，称为 Internet 连接防火墙（ICF），它允许受信任的网络通信通过防火墙进入内部网络（或个人计算机），但拒绝不安全的通信进入内网。ICF 的设置和应用过程如下：

选择"开始 | 控制面板 | Windows Defender 防火墙"，弹出"Windows 防火墙"对话框，如图 9-8 所示。通过它可以启用或关闭 Windows 防火墙；如果对外网访问本地计算机或本地计算机访问外网进行更严格的管控，可以单击"Windows 防火墙"对话框中的"高级设置"选项，弹出图 9-9 所示的对话框；其中的"入站规则"和"出站规则"可以设置本机访问网络或网络访问本机的条件。

图 9-8　启用防火墙

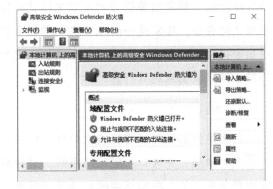

图 9-9　Windows 10 防火墙设置

通过防火墙的设置，可以指定本机能够访问的外网，也可以指定可以访问本机的外网，对于不符合条件的访问，防火墙就会阻止它。

2．木马防范

木马，又称特洛伊木马，是一种后门程序，此名称来源于希腊神话《木马屠城记》。传说古希腊联军围攻特洛伊城十年都未能成功，于是制造了一匹异常高大的木马，让士兵隐藏在木马中，然后假装撤离了部队，而将木马丢弃在特洛伊城下。城中人见围城已解，就将"木马"作为战利品拖入城内。午夜时分，全城军民进入梦乡，隐藏在木马中的士兵打开了城门，里应外合，占领了特洛伊城。后来，人们称这匹木马为特洛伊木马。

如今，木马成了一种黑客程序的代名词，主要指在人们正常访问的程序、电子邮件附件、即时通信工具（如 QQ、微信）以及网页中隐藏了可以控制用户计算机的程序，拥有这些隐藏的控制程序的人可以通过网络控制用户计算机，盗取用户计算机中的各种文件、程序，以及用户计算机中使用过的账号和密码等资料。

现在，许多防病毒软件如金山毒霸、360 安全卫士等都可以防止和清除木马程序。

3．VPN

VPN（Virtual Private Network，虚拟专用网络）是对企业内部网的扩展，使用隧道技术、密码技术、密钥管理技术、使用者与设备身份认证技术，通过公用网络（通常是因特网）在两个或多个内部网之间建立的临时、安全的连接，是一条穿过公用网络的安全、稳定的隧道，在不同的内部网络间传送信息。

虚拟专用网技术可以用来在互联网中建立企业网站之间安全通信的虚拟专用线路，经济有效地连接到商业伙伴和用户。可以帮助远程用户、公司分支机构、商业伙伴及供应商同公司的内部网建立可信的安全连接，并保证数据的安全传输。

4．入侵检测系统

入侵检测系统（Intrusion detection system，IDS）是一种对网络传输进行即时监视，当发现可疑传输时就发出警报或者采取主动反应措施的网络安全设备。它与其他网络安全设备的不同之处在于，IDS 是一种积极主动的安全防护技术，会根据已有的各种攻击程序的代码对进出于被检测网段的信息代码进行监控、记录和分析，一旦发现危险就告警或采取措施，从而防止网络攻击或犯罪行为。

5．黑客防范

黑客是指那些对计算机技术和网络技术非常精通，利用网络安全的脆弱性，以网络系统的漏洞和缺陷为突破口入侵网络系统，进行网络破坏或恶作剧的人。黑客多数是编程技术高超的程序员，他们在网络中的破坏活动通常包括修改网页、非法进入主机、破坏程序、侵入银行网络并转移资金、窃取网上信息、进行电子邮件骚扰以及阻塞用户和窃取密码等。

黑客采用的攻击技术较多，通常包括：口令破解、系统漏洞、缓冲区溢出攻击、IP 欺骗和嗅探攻击、拒绝服务和端口扫描等。

1）口令破解

黑客通常采用的口令破解技术包括密码算法、字典攻击、虚假登录等。密码算法是指黑客利用各种加密算法和解密算法反复尝试各种口令，直到成功。一种常见的方法是采用某种候选密码生成算法，不断生成密码并尝试用它登录系统，直到成功。

许多用户选择密码时会很草率，如采用生日、身份证号、电话号码、姓名或其他易于记忆的单词或数字，黑客可以收集这些内容并将它们集中在一个文件中，称为字典。在攻击时，就从字典中选取候选密码去尝试登录系统。

虚假登录是指设计一个与真登录程序外观完全相同的假登录程序并嵌入到相关的网页中，当用户在其中输入用户名和密码后，此程序就会将它记录下来。攻击者可由此获取用户账户和口令。

2）IP 欺骗和嗅探攻击

IP 欺骗是将网络中的计算机 A 伪装成另一台主机 B，欺骗网络中的用户误将计算机 A 认为是主机 B，并向它发送信息或资料，或者允许假冒者进入其系统或修改系统中的数据。

在一般情况下，网卡只接收和自己的地址有关的数据包，即传输到本地主机的数据包。嗅探（又称为网络监听）通过改变网卡的工作模式，让它可以接收流经该计算机的所有网络数据包，这样就能够捕获储存在这些数据包中的密码、各种信息、秘密文档等信息。

3）系统漏洞

无论是应用程序还是操作系统，它们在设计上总会存在缺陷或错误，称为漏洞。黑客通常利用漏洞来植入木马、病毒或实施缓冲区溢出攻击，由此来攻击或控制网络中的计算机，窃取别人计算机中的重要资料和信息，甚至破坏系统。

4）端口扫描

端口是计算机与外界通信交流的数据出入口，包括硬件端口和软件端口。硬件端口又称接口，如 USB、RS-232 端口等。软件端口一般指网络中进行数据传输的通信协议端口，是一种抽象的软件结构，包括一些数据结构和数据输入输出的缓冲区。每个软件端口都有一个数字编号，称为端口号，范围是 0～65535，通过端口号可以区别不同的端口。

网络通信是通过软件端口实现的，不同的通信服务具有不同的端口。例如，HTTP 常用端口 80（用户浏览网页是通过 80 端口进行信息传输的），FTP 常用端口 21 为作为正常的联机信道。联网计算机通常有许多端口与互联网进行不同类型的信息传递。

端口扫描就是利用一些扫描软件或硬件对目标计算机的端口进行扫描，查看该机有哪些端口是开放的，获知可与目标计算机进行哪些通信服务，由此获取目标计算机中的数据或实施攻击。

5）拒绝服务

拒绝服务即攻击者想办法让目标计算机停止提供服务或资源访问（资源包括磁盘空间、内存、进程甚至网络带宽），从而阻止正常用户的访问。最常见的拒绝服务攻击就是对网络带宽进行的消耗性攻击。例如，SYN Flood 拒绝服务攻击利用 TCP 协议缺陷，发送大量伪造的

TCP连接请求，使被攻击计算机资源耗尽（CPU满负荷或内存不足）而不能提供正常的服务访问。

为了防止黑客攻击，要从技术和管理上加强防范。常用的防范技术包括数据加密、身份认证、审计和访问控制等。数据加密是采用密码算法对系统中的文件、数据、口令进行加密，即使黑客获取了系统中的信息也因不能解密而无法应用，达到信息保护的目的。

身份认证是通过密码或个人特征信息（如指纹、声音）来确定用户的真实身份，只对通过了身份认证的用户给予访问系统的相应权限。禁止未通过身份认证的用户进入系统。

审计是指以日志文件的方式将系统中与安全有关的事件记录下来，如用户注册、登录和访问系统的信息、登录的时间、IP地址、登录成功和失败的次数，以及访问系统资源的情况。当遭遇黑客攻击时后，可以通过记载的日志作为调查黑客的依据或证据。

访问控制是指建立严格的访问控制权限，设置用户可访问的资源权限，并对网络端口、文件目录进行权限设置，运用防火墙等技术阻挡非法访问。

此外，在使用网络的过程中，应该养成良好的防范意识，不随便下载网上的软件或打开陌生人的邮件，不随意点击具有诱惑性或欺骗性的网页，在系统中安装具有检测、拦截黑客攻击程序的工具软件，随时安装系统程序的补丁，经常进行数据备份等。

9.5　信息安全的法规和道德

9.5.1　信息安全的法规

随着计算机和网络的普及应用，社会上形形色色的犯罪分子也逐步转向计算机犯罪。例如，美国曾有一家保险公司为了掩盖亏损，欺骗顾客，在其信息系统上伪造保险合同，30多亿美元的合同中假合同超过了60%；不少商业集团为了在竞争中击败对手，千方百计地从对方系统中窃取商业情报；更有不少犯罪分子采用网络诈骗、木马、假冒、病毒等手段非法获取他人计算机中的资源、国家机密、个人信用卡信息；还有人在网上发布虚假信息，散布谣言；利用网络技术进行诈骗、网络传销等。

什么是计算机犯罪呢？公安部计算机管理监察司给出的定义是：所谓计算机犯罪，就是在信息活动领域中，利用计算机信息系统或计算机信息知识作为手段，或者针对计算机信息系统，对国家、团体或个人造成危害，依据法律规定，应当予以刑罚处罚的行为。

《刑法》第285～287条有关于计算机犯罪的规定如下。

第285条（非法侵入计算机信息系统罪）违反国家规定，侵入国家事务、国防建设、尖端科学技术领域的计算机信息系统的，处三年以下有期徒刑或者拘役。

第286条（破坏计算机信息系统罪）违反国家规定，对计算机信息系统功能进行删除、修改、增加、干扰，造成计算机信息系统不能正常运行，后果严重的，处五年以下有期徒刑或者拘役；后果特别严重的，处五年以上有期徒刑。

第 287 条（利用计算机实施的各类犯罪）利用计算机实施金融诈骗、盗窃、贪污、挪用公款、窃取国家秘密或者其他犯罪的，依照本法有关规定定罪处罚。

可以看出，不管采用什么手段或方式，凡是向计算机信息系统装入欺骗性数据或记录，未经批准使用计算机信息系统资源，篡改或窃取信息或文件，盗窃或诈骗信息系统的电子钱财，破坏计算机资产等行为都可能是计算机犯罪行为，会受到相应的处罚。

我国从 1994 年制订出《中华人民共和国计算机信息系统安全保护条例》以后，针对互联网的应用和我国的实际情况，为了加强计算机信息系统的安全保护和互联网的安全管理，打击计算机违法犯罪行为，陆续制订了一系列有关计算机安全管理方面的法律法规和部门规章制度，如：

❖《电子认证服务密码管理办法》。
❖《涉及国家秘密的通信、办公自动化和计算机信息系统审批暂行办法》。
❖《计算机信息系统国际联网保密管理规定》。
❖《计算机信息系统保密管理暂行规定》。
❖《互联网电子邮件服务管理办法》。
❖《电子认证服务管理办法》。
❖《互联网电子公告服务管理规定》。
❖《互联网安全保护技术措施规定》。
❖《计算机病毒防治管理办法》。
❖《金融机构计算机信息系统安全保护工作暂行规定》。
❖《计算机信息网络国际联网安全保护管理办法》。
❖《互联网信息服务管理办法》。
❖《中华人民共和国电信条例》。
❖《中华人民共和国计算机信息网络国际联网管理暂行规定》。
❖《中华人民共和国电子签名法》。
❖《全国人民代表大会常务委员会关于维护互联网安全的决定》。
❖《关键信息基础设施安全保护条例》（2021 年）。
❖《中华人民共和国数据安全法》（2021 年）。
❖《中华人民共和国个人信息保护法》（2021 年）。
❖《信息安全技术网络数据处理安全要求（GB/T 41479-2022）》（2022）。

可以从中国信息安全法律网查阅到上述法律法规中关于信息安全管理的法律法规的条文。其中，《信息安全技术网络数据处理安全要求》是 2022 年发布的新标准，该标准规定了网络运营者开展网络数据收集、存储、使用、加工、传输、提供、公开等数据处理的安全技术与管理要求，适用于网络运营者规范网络数据处理，以及监管部门、第三方评估机构对网络数据处理进行监督管理和评估。

9.5.2　网络行为的道德规范

互联网遍布全世界，其内容涉及社会生活的各方面，宗教、科技、艺术、军事、娱乐、教育、经济等应有尽有，有人更形象地称之为"网络社会"，每个上网的用户则是一个"网民"。网民可以访问网络中的计算机系统，使用网络中的各种信息资源。

同真实社会生活中的每个居民必须遵守社会公德和法律法规一样，网民在网上的某些行为和言论也是受限制或禁止的，需要遵守一定的规范和原则。例如，在互联网上发布虚假错误报道、传播淫秽色情信息、宣传封建迷信、刊登违法广告、传播病毒、盗窃他人银行账号等行为都是不允许的，会受到有关法律法规的惩罚或制裁。

到目前为止，互联网上并没有一种全球性的网络规范和原则，只有各地区、各组织为了网络正常运作而制订的一些协会性、行业性计算机网络规范。这些规范涉及网络行为的方方面面，其中值得每个网民遵守或注意的是美国计算机伦理学会为网民制定的十条戒律：

① 不应用计算机去伤害别人。

② 不应干扰别人的计算机工作。

③ 不应窥探别人的文件。

④ 不应用计算机进行偷窃。

⑤ 不应用计算机作伪证。

⑥ 不应使用或拷贝你没有付钱的软件。

⑦ 不应未经许可而使用别人的计算机资源。

⑧ 不应盗用别人智力成果。

⑨ 应该考虑你所编的程序的社会后果。

⑩ 应该以深思熟虑和慎重的方式来使用计算机。

我国目前的网民人数超过 10 亿，其网络行为对互联网的影响之大是不言而喻的，为了保障互联网的健康发展，更好地服务于人类。每个网民都应该培养高尚的道德情操，不阅读、不复制、不传播、不制作妨碍社会治安和污染社会环境的暴力、色情等有害信息；不编制或故意传播计算机病毒，不模仿计算机"黑客"的行为；树立良好的信息意识，积极、主动、自觉地学习和使用现代信息技术。

习　题　9

一、选择题

1. 下列关于计算机病毒的叙述中，错误的是（　　）。

A. 计算机病毒是人为编制的一种程序

B. 计算机病毒是一种生物病毒

C. 计算机病毒可以通过磁盘、网络等媒介传播、扩散

D. 计算机病毒具有潜伏性、传染性和破坏性

2. 计算机黑客是指（　　）。

A. 能自动产生计算机病毒的一种设备

B. 专门盗窃计算机及计算机网络系统设备的人

C. 非法编制的、专门用于破坏网络系统的计算机病毒

D. 非法窃取计算机网络系统密码，从而进入计算机网络的人

3. 下列措施能有效防止感染计算机病毒的措施是（　　）。

A. 安装防、杀毒软件　　　　　　　B. 不随意删除文件

C. 不随意新建文件夹　　　　　　　D. 经常进行磁盘碎片整理

4. 为了提高使用浏览器的安全性，可以采取许多措施，下列措施无效的是（　　）。

A. 加强口令管理，避免被别人获取账号

B. 安装病毒防火墙软件，防止病毒感染计算机

C. 改变 IE 中的安全设置，提高安全级别

D. 购买更高档的计算机上网

5. 计算机预防病毒感染有效的措施是（　　）。

A. 定期对计算机重新安装系统　　　B. 不要把 U 盘和有病毒的 U 盘放在一起

C. 不准往计算机中拷贝软件　　　　D. 安装防病毒软件，并定时升级

6. 以下设置密码的方式中，（　　）更加安全。

A. 用自己的生日作为密码

B. 全部用英文字母作为密码

C. 用大小写字母、标点、数字以及控制符组成密码

D. 用自己的姓名的汉语拼音作为密码

7. 计算机病毒主要会造成下列（　　）的损坏。

A. 显示器　　　　B. 电源　　　　　C. 磁盘中的程序和数据　　　D. 操作者身体

二、名词解释

计算机病毒　　　信息安全　　　　防火墙　　　　　　入侵检测系统　　　VPN

黑客　　　　　　对称加密技术　　非对称加密技术　　数字签名　　　　　身份认证

二、简答题

1. 简述计算机病毒的特征。

2. 举例说明最近出现的病毒名字，并说明它的类型及感染后计算机的症状。

3. 简述计算机病毒的传染方式及寄生方式。

4. 常用的网络安全技术有哪些？

5. 简述黑客常用攻击技术。

6. 什么是网络空间？主要存在哪些安全问题？

参考文献

COMPUTER

[1] 华为技术有限公司. 大数据技术. 北京：人民邮电出版社，2021.

[2] 曹洁，孙玉胜. 大数据技术. 北京：清华大学出版社，2020.

[3] 李暾，毛晓光等. 大学计算机基础（第3版）. 北京：清华大学出版社，2018.

[4] 战德臣，张丽杰. 大学计算机（第3版）. 北京：高等教育出版社，2019.

[5] 冯祥胜，朱华生. 大学计算机基础. 北京：电子工业出版社. 2019.

[6] 张丕振，顾健. 大学计算机基础. 北京：电子工业出版社. 2020.

[7] 唐培和，徐奕奕. 计算思维——计算学科导论. 北京：电子工业出版社，2015.

[8] 张亚玲，王炳波等. 大学计算机基础——计算思维初步. 北京：清华大学出版社，2015.

[9] 苑俊英，郭中华等. 计算机应用基础. 北京：电子工业出版社，2014.

[10] 董卫军，邢为民等. 计算机导论（第2版）. 北京：电子工业出版社，2014.

[11] 郭艳华，马海燕等. 计算机与计算思维导论. 北京：电子工业出版社，2014.

[12] 赵丹亚，石新玲. 计算机应用基础教程. 北京：清华大学出版社，2013.

[13] 任小康，荀平章. 大学计算机基础. 北京：平常出版社，2010.

[14] 管会生. 大学计算机基础. 北京：科学出版社，2009.

[15] 段鹏，佘玉梅. 大学计算机基础. 北京：科学出版社，2009.

[16] [美] Brian k.Williams，Stacey C.Sawyer. 信息技术教程（第六版）. 徐士良，等译. 北京：清华大学出版社，2005.

[17] [美] James A.senn. 信息技术基础（第3版）. 施平安，沈敏，顾碧君，译. 北京：清

华大学出版社，2005.

[18] 周明德. 微型计算机硬件软件及其应用. 北京：清华大学出版社，1982.

[19] [美] Ron White. 计算机奥秘. 杨洪涛，等泽. 北京：清华大学出版社，2003.

[20] [美] June Jamrich Parsons Dan Oja. 计算机文化（英文第五版）. 北京：电子工业出版社，2003.

[21] 谢希仁. 计算机网络（第 8 版）. 北京：电子工业出版社，2022.

[22] 来宾，张磊. 计算机网络原理与应用. 北京：冶金工业出版社，2003.

[23] 百度百科.

[24] 维基百科.

[25] 互动百科.

[28] ...

[29] ...Proc...

[30] 《The Time Machine Reading Dos Chia...》

反侵权盗版声明

电子工业出版社依法对本作品享有专有出版权。任何未经权利人书面许可，复制、销售或通过信息网络传播本作品的行为；歪曲、篡改、剽窃本作品的行为，均违反《中华人民共和国著作权法》，其行为人应承担相应的民事责任和行政责任，构成犯罪的，将被依法追究刑事责任。

为了维护市场秩序，保护权利人的合法权益，我社将依法查处和打击侵权盗版的单位和个人。欢迎社会各界人士积极举报侵权盗版行为，本社将奖励举报有功人员，并保证举报人的信息不被泄露。

举报电话：（010）88254396；（010）88258888

传　　真：（010）88254397

E-mail：　dbqq@phei.com.cn

通信地址：北京市万寿路 173 信箱
　　　　　电子工业出版社总编办公室

邮　　编：100036